建设工程101问系列

图解Revit二次开发101问

章 琛 编著

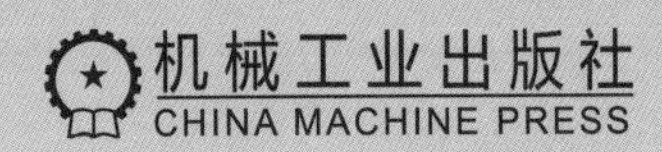

本书内容来源于作者在 Revit 二次开发实际工作中对所遇到的问题的总结和思考，全书共分 4 章，精炼出了工作中典型的疑难困惑知识点 101 个，内容涵盖了 Revit 的开发环境、实战中的 C#语言应用、如何对接 Revit 以及相关的其他专业背景知识。同时，书中使用了大量的图片、表格和实际工程代码，从而极大地降低了工程专业人员学习 Revit 二次开发的难度。而且，基于本书作者的工程专业出身，特别了解非计算机专业人员学习二次开发会遇到哪些问题，故书中所提炼出的问题都具有极强的针对性和专业性，同时也对计算机专业出身的 Revit 二次开发人员有很好的启发。

图书在版编目（CIP）数据

图解 Revit 二次开发 101 问/章琛编著. —北京：机械工业出版社，2023. 4
（建设工程 101 问系列）
ISBN 978-7-111-72698-2

Ⅰ. ①图…　Ⅱ. ①章…　Ⅲ. ①建筑设计 – 计算机辅助设计 – 应用软件 – 图解　Ⅳ. ①TU201. 4-64

中国国家版本馆 CIP 数据核字（2023）第 035202 号

机械工业出版社（北京市百万庄大街 22 号　邮政编码 100037）
策划编辑：薛俊高　　　责任编辑：薛俊高
责任校对：韩佳欣　王明欣　　封面设计：张　静
责任印制：李　昂
北京联兴盛业印刷股份有限公司印刷
2023 年 5 月第 1 版第 1 次印刷
184mm × 260mm · 20. 5 印张 · 546 千字
标准书号：ISBN 978-7-111-72698-2
定价：118. 00 元

电话服务　　　　　　　网络服务
客服电话：010-88361066　　机　工　官　网：www. cmpbook. com
　　　　　010-88379833　　机　工　官　博：weibo. com/cmp1952
　　　　　010-68326294　　金　　书　　网：www. golden-book. com

机工教育服务网：www. cmpedu. com

序

如何应用先进技术及工程团队流程化管理机制改善工程建设行业（AEC Industry）长年存在的质量不良、时程延宕、偷工减料、过度设计等问题，一直是工程建设行业领域关心的问题及追求的目标。在工程建设行业进行数字化转型的过程中，导入建筑信息模型（BIM，Building Information Model）技术、工作流协助改善此类问题，并优化相关工作流程，已然成为行业的趋势。不过，在导入BIM过程中面临的挑战不少，例如一般情况下，业主多半不会因为BIM的导入，进而调整且增加整体工程项目的时程安排，是故，如何在相同的时程安排下，通过BIM的导入改善、优化既有工作流程，并有效地减少所需的工作时间，同时保持工程质量不变，甚或是提供更高端的产出，一直都是BIM工程师追求的目标。

BIM，即Building Information Model及Building Information Modeling的缩写，其不只是在建模软件（如Revit）里提供虚拟空间中建构的工程项目数字模型，也是一种强调团队协作的工作流。不同团队间（如建筑、结构、机电等）如何有效地沟通并正确地交换信息、设计文档等，是在日常工作中需要面对及处理的课题。在使用Revit时，常见的重复性高的工作项目包含：项目模版建置、明细表导入导出、图纸产出、MEP系统的参数及颜色区别设置、IFC导出，或是CAD图纸的翻模工作等。此时，如能通过编程手段操作Revit工程数据，针对这些重复性高的工作用自动化脚本来执行，将可大幅提升整体工作效率，为此在Revit里提供了强大且丰富的Revit API供用户使用，我们可以通过调用Revit API编写自动化脚本（也称作Revit插件）。针对不熟悉编程的朋友，也可使用Dynamo来达成，这Dynamo的背后亦是一系列的集成Revit API，让用户可通过“节点”的方式组合、操作Revit API。（在Dynamo节点不够使用的情况下，用户也可通过Dynamo Python节点来调用Revit API编写自定义节点以满足需要的功能。）

虽然Revit API丰富且强大，但Revit本身终究是面向工程建设行业的设计软件，对象客户群多半是本科学习土木、建筑、结构专业等，不是计算机专业出身的工程师。换言之，通常会有调用Revit API（即进行Revit软件二次开发）需求的用户多半不熟悉计算机编程，然而Revit插件开发仍需要些编程基础，这无疑增加了非计算机专业的用户学习开发Revit插件的难度。为此，市场上也有不少关于Revit软件二次开发的书籍，但大多都默认读者已有基础的编程能力，且内容围绕在Revit API各功能主题介绍上，这对于刚接触Revit二次开发的读者仍有些学习难度。

本书从工程建设专业人员的角度切入编写，梳理汇总了本书作者自身学习Revit API的历程经验，以及多年从事Revit二次开发中所应用的编程技巧，更大方地分享了应用Revit API进行CAD翻模的工作实践小贴士，带来干货满满的内容，欲入门Revit二次开发或欲提升 Revit 插件开发功力的朋友们都不容错过!

对于初次入门 Revit API 且非计算机专业的朋友们，建议在阅读本书时从第 1 章开始，逐章学习如何建置开发环境和认识编程语言，并从第 3 章的前 3 个小节学习基本 Revit 二次开发的开发框架，接着按照第 1 章第 2 节“编程的基本方法和注意点”，针对自身的业务需求进行调研、插件开发规划及实操，当遇到问题时再到后续章节中寻找答案，这样面对解决问题、从实操经验中学习 Revit 插件开发的效率是最快速、也是最有效益的。

对于已有编程或是 Revit 插件开发经验的朋友们，建议从本书第 3 章的前 3 个小节学习、复习基本 Revit 二次开发的开发框架后，可将本书作为工具书使用，按需查找需要的技巧及知识点，各个章节里的每一问都是很好的敲门砖。因为 Revit API 实在太多，很难在短期内学习完，或是很难在一个项目里应用到 Revit 的每个 API。

常言道“工欲善其事，必先利其器”，欲快速入门应用 Revit API，建议先学习及了解如何操作对应 Revit 软件的功能后再开始，即每个 Revit API 都是有对应的 Revit 功能的。切莫一股脑就开始钻研如何使用某特定的 Revit API，而忽略 Revit 软件本身的基本操作。换言之，如果 Revit 软件本身无法做到的事多半也无法通过操作 Revit API 来达成。在了解了这个大前题下，再开始的 Revit 插件开发才能对团队带来最大的效益。

Autodesk 开发技术推广及支持团队

开发技术顾问　康益昇

2023 年元月

前言

使用编程解决问题，有点像是处理海外的房地产纠纷。当事人不仅需要懂外语，懂当地的法律，还需要了解房地产行业的有关知识，并且掌握辩护或申述的技巧。在 Revit 二次开发中，对应的就是 C#语言、API 规则、Revit 操作和计算机图形学等背景知识以及软件开发原则和技巧。

目前市场上关于 Revit 二次开发的书，内容主要是以 Revit API 里面的各种类为中心进行介绍，默认读者已经掌握了其他三种能力。而实际上，想从事插件开发的人，大部分是非计算机专业的工程人员，他们并不熟悉各种背景知识，因此拿到一本 Revit API 开发教程后，会有读不进去的感觉。

本书的目标是为工程专业人员学习 Revit 二次开发提供一个相对平缓的学习曲线，从而帮助工程人员快速掌握二次开发需要的各种能力。本书内容都来自作者的工作实践，因此对于计算机专业的读者，也能提供一些有益的参考。

本书第 1 章介绍搭建开发环境、基本的编程要点以及插件调试方法等内容。只有掌握这些知识，才能真正入门 Revit 二次开发。

第 2 章对实战中会用到的 C#语言有关技术和概念进行介绍。很多人自学 C#语言之后，发现还是看不懂二次开发教程中的代码。本章介绍引用类型、面向对象、LINQ、用户交互等二次开发中非常关键而普通的 C#语言教程又不会深入介绍的概念和技术。通过本章的学习，读者能达到独立编写 Revit 插件的水平。

第 3 章介绍在实际工作中常用的 Revit API 有关操作，内容上分图元选择和过滤、构件参数、构件生成和编辑、机电、几何、视图、用户交互等 7 个专题。书中代码全部是作者工作中实际使用的代码，可以直接拿来使用。除了重视实用性，这部分内容还注意介绍相关的原理和背景知识。比如几何一直是 Revit 二次开发中比较难掌握的内容，本书结合几何原理讲解 Revit 中的几何类，让学习这部分内容时也不会很吃力。

第 4 章介绍算法编写、设计原则和模式的应用、版本控制、与其他软件交互等工作中需要用到的其他背景知识，从而帮助读者掌握二次开发所有的基本招式。

衷心希望本书能帮助工程专业人员快速提高自己的 Revit 二次开发能力。让我们一起努力，在追求个人身心幸福的同时，为社会、为国家发展做出更大的贡献！

目录

第1章 熟悉开发环境

◀第1节 搭建开发环境▶

Q1 怎样搭建开发环境

为了进行 Revit 二次开发，需要搭建开发环境，主要工作是安装 Visual studio、Revit SDK、Addin Manager 和 Revit LookUp。

图 1.1-1 Visual studio 被程序员称为宇宙第一 IDE

1. Visual studio

Visual studio 是我们编写和调试代码的地方。百度“visual studio”，打开官网（图 1.1-2），下载社区版（社区版是免费的）。本书编写时，VS 最新版本为 2022，读者下载最新版本即可。

安装过程同常规软件，工作负荷选 .NET 桌面开发、通用 Windows 平台开发、ASP. NET 和 Web 开发，如图 1. 1-3 所示。

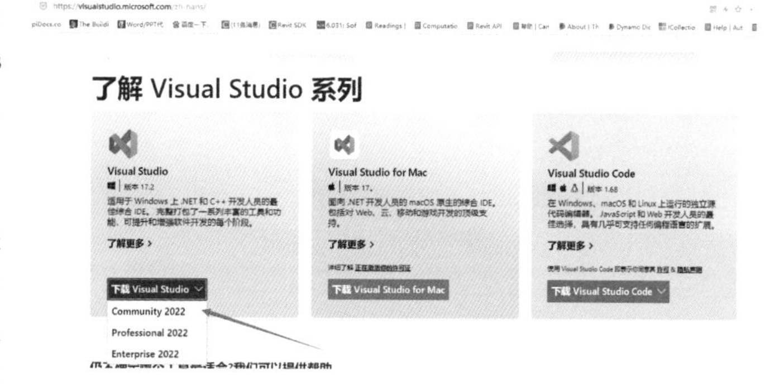

图 1. 1-2 Visual studio 下载界面

2. Revit SDK 和 Addin Manager

SDK 是 Software Development Kit 的缩写，包含辅助开发某一类软件的相关文档、范例和工具。Addin Manager 就包含在 Revit SDK 中，其作用是直接运行我们编写的程序，不需要每次都重启 Revit。

安装方法：

百度 Revit SDK 进入 Autodesk 官网下载，如图 1. 1-4 所示。

下滑网页，找到 Tools 下的 Revit SDK 下载链接（图 1. 1-5），进行下载。

如果用户电脑上的 Revit 版本比以上网页中显示的版本低，那也没有关系，下载最新版即可。

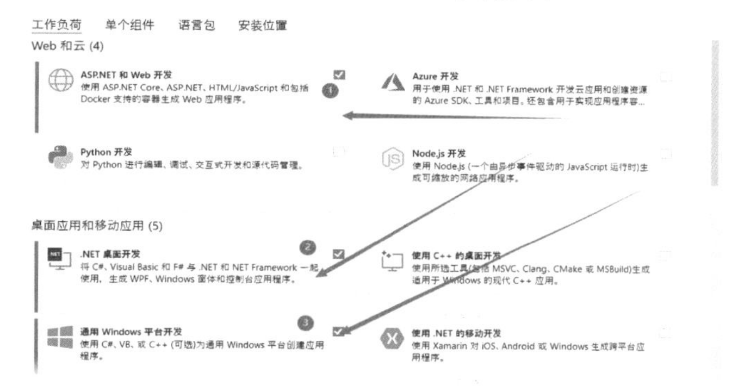

图 1. 1-3 选择工作负荷

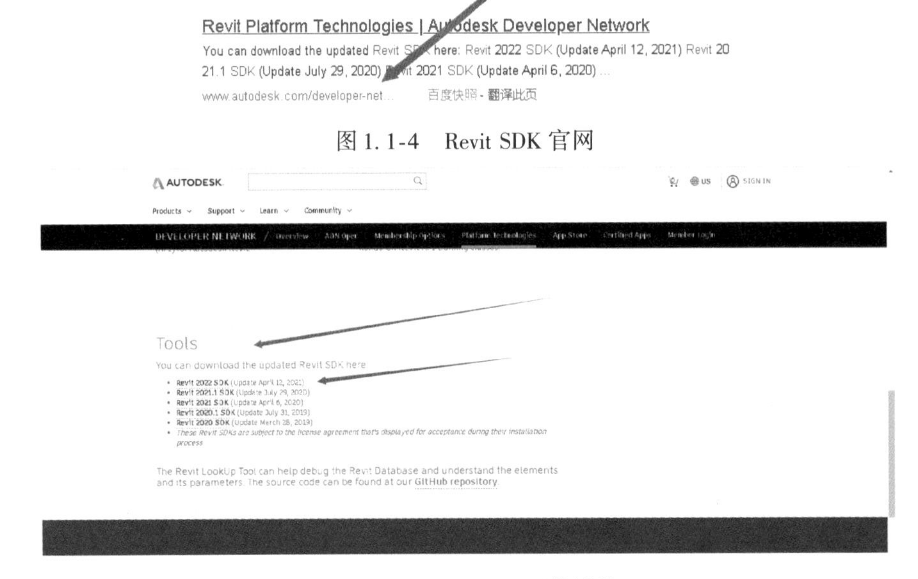

图 1.1-4 Revit SDK 官网

图 1.1-5 Revit SDK 下载链接

下载完成后进行安装，安装结束后，会得到一个文件夹（图 1.1-6）。里面有 AddinManager. addin 和 AddinManager. Command. dll。

图 1.1-6 AddinManager. addin 文件位置

我们选中 AddinManager. addin 这个文件，复制到 Autodesk 的插件目录文件夹（图 1.1-7，路径为“C:\ProgramData\Autodesk\Revit\Addins\版本号”）里面。

注意 ProgramData 这个文件夹是隐藏文件夹，如果找不到的话需要设置一下查看隐藏文件夹。

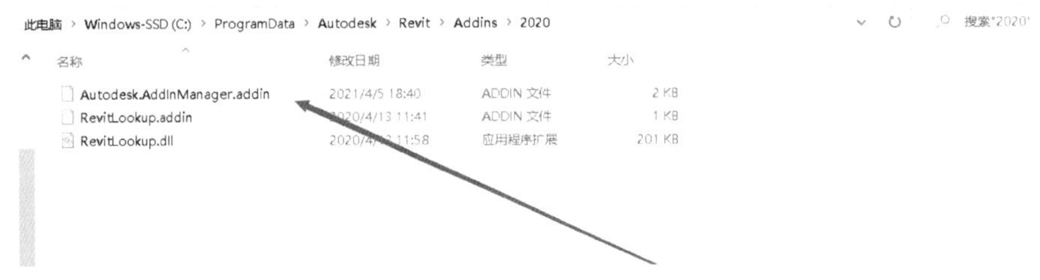

图 1.1-7 Revit 插件注册文件所在位置

用记事本打开复制后的文件，将一共 3 个［TARGETDIR］替换成 AddinManager. dll 所在的文件路径，如图 1.1-8 和图 1.1-9 所示。

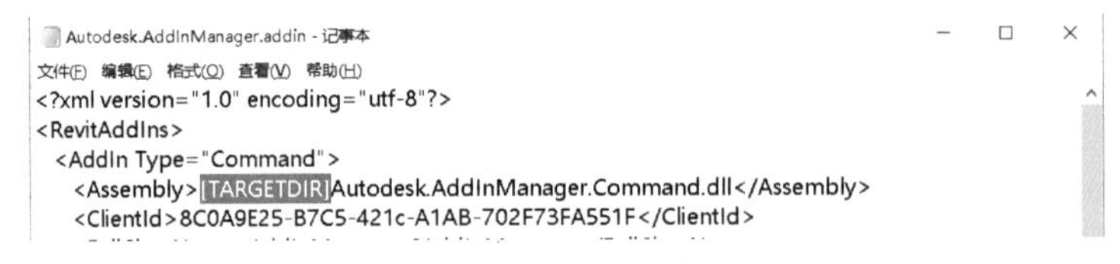

图 1.1-8 替换前

Revit 启动后，会在“C:\ProgramData\Autodesk\Revit\Addins\版本号”目录下找到所有的 addin 文件，然后加载 addin 文件对应的 dll 文件（dll 文件地址在 <Assembly> 里面）。因此，如果不想显示某个插件，将其 addin 文件挪到别的文件夹即可。

启动 Revit，在附加模块里面就可以找到 Add-in Manager 了，如图 1.1-10 所示。

3. Revit LookUp

Revit LookUp 用于快速查询对象的属性，下载地址在 Revit SDK 下载页面的最下面，如图 1.1-11 所示。

单击后跳转到 GitHub，选择下载对应版本的 ZIP 文件（图 1.1-12、图 1.1-13）。有时候访问 GitHub 需要科学上网，如果条件有限的话，也可以百度下载。

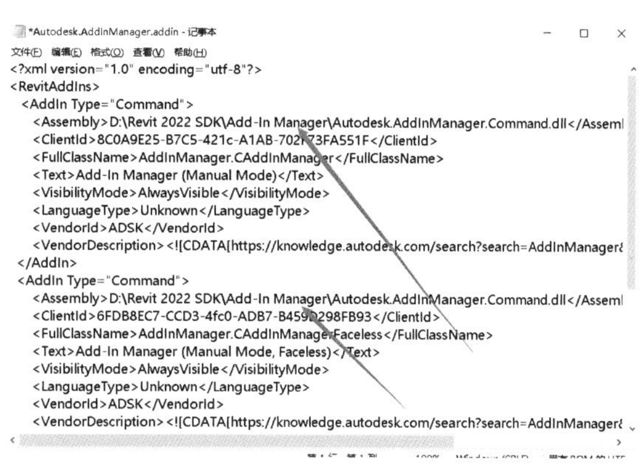

图 1.1-9　替换后

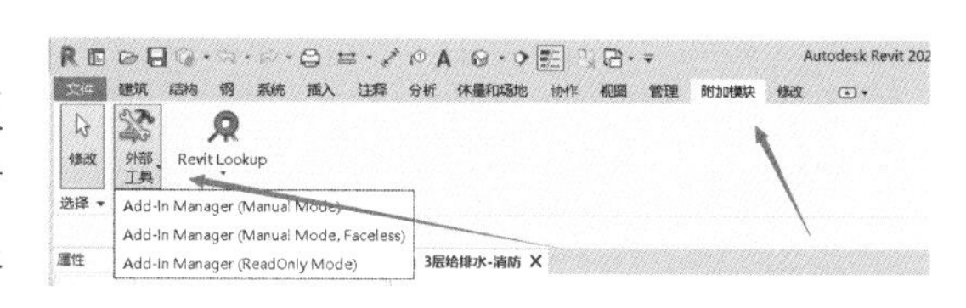

图 1.1-10　成功安装的 Add-in Manager

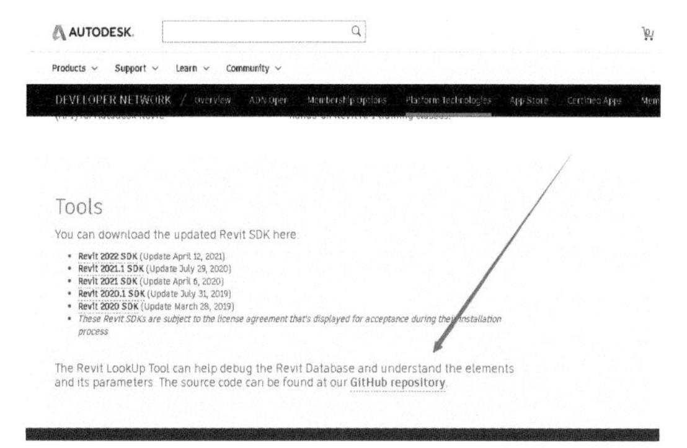

图 1.1-11　Revit LookUp 下载地址

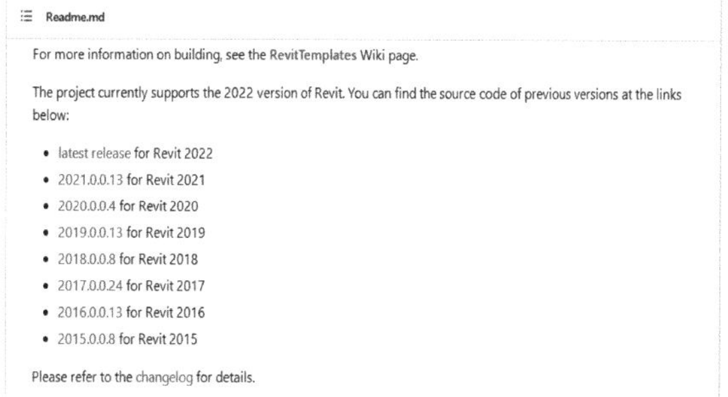

图 1.1-12　找到对应的版本

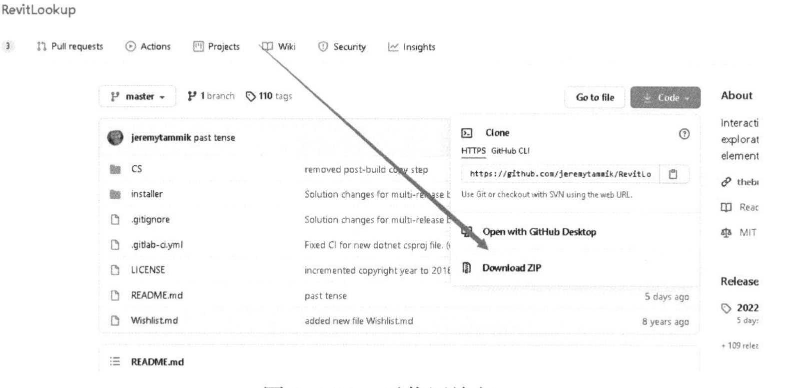

图 1.1-13　下载压缩包

对于 2022 以前的版本，解压后文件夹中有安装程序。例如对于 2020 版本，单击“Revit LookUp. msi”进行安装即可，如图 1.1-14 所示。

图 1. 1-14　带安装程序的 RevitLookup

安装完成后效果如图 1. 1-15 所示。

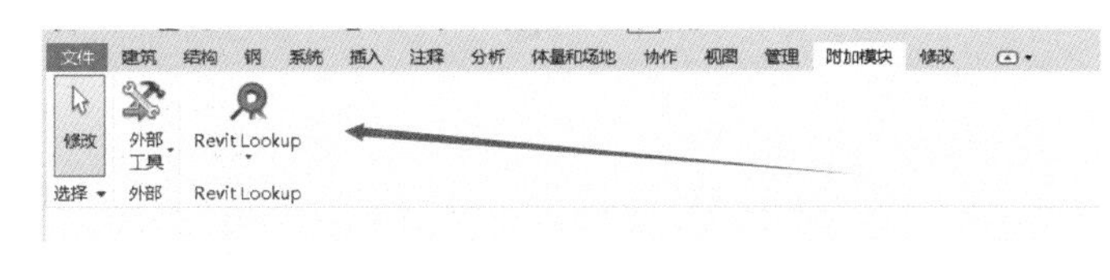

图 1. 1-15　安装完成后效果

对于 2022 版本，解压之后没有自带安装程序，需要手动注册，方法为：

使用 Visual Studio 打开压缩包中的 RevitLookup. sln 文件（图 1. 1-16）。

如图 1. 1-17 所示，单击“生成”→“生成解决方案”，复制生成的 dll 文件路径（图 1. 1-18）。

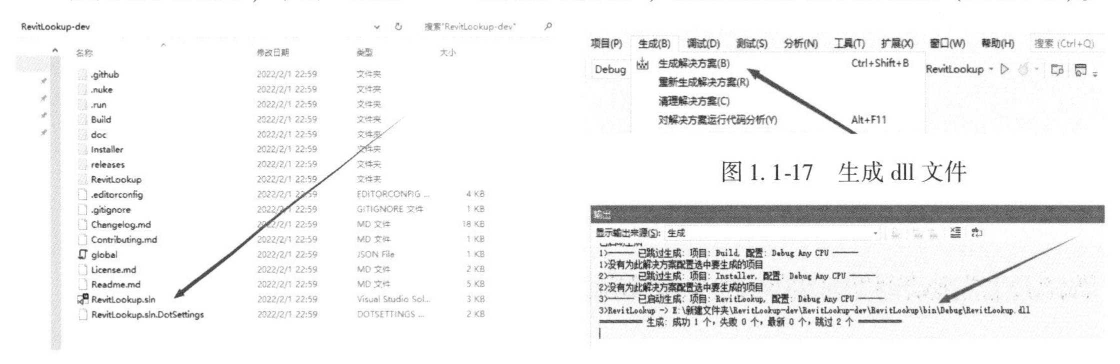

图 1. 1-17　生成 dll 文件

图 1. 1-16　项目文件位置

图 1. 1-18　dll 文件路径

在 RevitLook 文件夹中找到 RevitLookup. addin 文件（图 1. 1-19），用记事本打开。

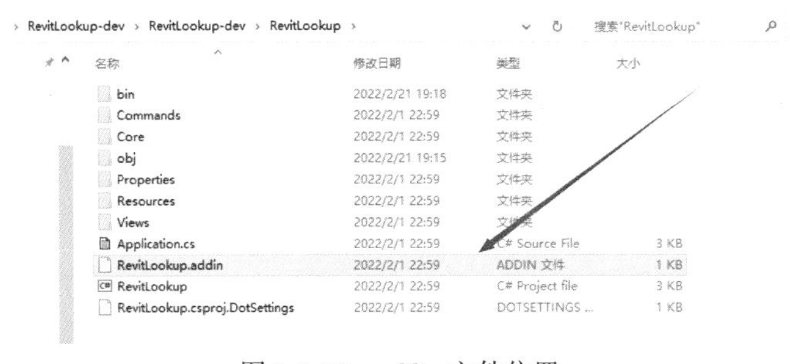

图 1. 1-19　addin 文件位置

替换 <Assembly> RevitLookup/RevitLookup. dll </Assembly> 中间的内容为刚才生成的 dll 文件路径。

替换前如图 1. 1-20 所示。

图 1. 1-20　替换前

替换后如图 1. 1-21 所示。

然后将替换后的文件移动到 Revit 插件注册文件夹下即可。

安装后第一次打开 Revit 时，会提示是否加载附加模块，单击“确定”按钮即可。安装完成后可以给 AddinManager 和 RevitLookup 命令添加快捷键，以方便调用。

图 1. 1-21　替换后

Q2 二次开发有哪些常用术语

二次开发常用术语有 API、. Net Framework、源代码、程序集等。读者可对照下一节新建管道的内容，结合下面的介绍，加深对这些名词的理解。

1. API

API 全名为 Application Programming Interface，意为程序编程接口。我们平时在 Revit 中的操作都是通过鼠标和键盘操作用户界面实现的。比如移动一根管道，需要先选中管道，然后输入 MV 快捷键，接着单击鼠标移动管道。而在 API 中，定义了移动管道的方法后，我们只要在代码中调用这个方法就能移动管道。

就像我们去饭店吃饭时，服务员会给我们菜单，菜单就是用户界面，只能点特定的菜品。通过 API 访问程序，就像我们直接进入饭店厨房，厨房里面有原料和炊具，可以根据自己的口味来随意做菜。

Revit API 在线文档网站如图 1. 1-22 所示。

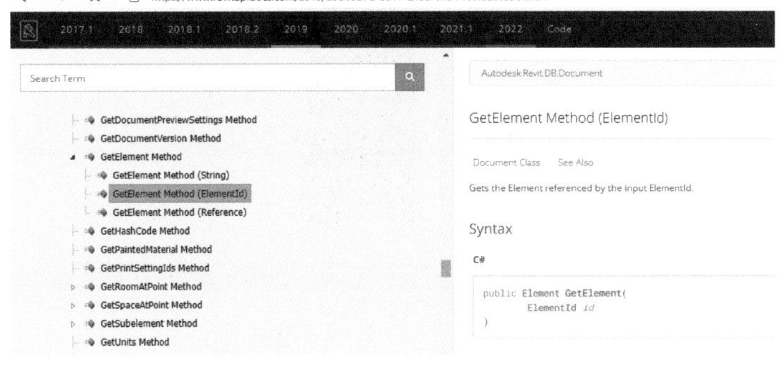

图 1. 1-22　Revit API 在线文档网站

2. .NET Framework

. NET Framework 是 Windows 操作系统的软件开发资源包。程序有 Windows 风格的界面，比如窗口、滚动条，就是因为使用了 . NET 的库。另外，因为不同程序间共用 . NET 资源，它们彼此之间也能交流数据。如果说 Revit API 是原料和炊具的话，那么 . NET 就是厨房，给我们做菜提供了一个平台，而 . NET Framework 就是煤气、电源等公共设施。

3. 源代码 Source Code

源代码就是我们在 Visual Studio 中敲的代码。

4. 编译 Compile

计算机只能识别 0 和 1 组成的二进制指令，将源代码转化为计算机指令的过程，称为编译。在 Visual Studio 中，编译快捷键为 Ctrl + B。

5. IDE 和 Visual Studio

理论上使用记事本程序就可以编写源代码。但是实际工作一般都需要在集成开发环境 IDE（Integrated Development Environment）中进行。Visual Studio 就是开发 Revit 插件使用的 IDE。

6. C#语言

C#读作 C Sharp，是编写插件用的语言。许多人学 C#的方法是看书和教学视频，结果会因为枯燥、没有成果而学不下去。笔者建议可把 C#语法有关的教学资源看作字典。以开发插件为主线，发现不理解的地方再查字典，这样有目的地去学习，能力提高会比较快。

7. 类 Class

类是代码组织的单元。一定功能的方法和数据集成在一起，称为类。二次开发就是将实际问题分解成一个个小问题，然后通过编写对应的类来解决实际问题的过程。

8. 面向对象 Object Oriented Programming

面向对象是结构化编程的发展形式，是一种编程技术。在软件设计阶段，通过划分和分配职责，可设计不同的类。在编码阶段，通过封装、继承、多态等方法消除重复代码，以创建通用性强的构件。

9. 属性和方法 Property and Method

类和外界交互，是通过对外可见的属性和方法完成的。

可以使用在线文档查询 Revit API 中类的方法和属性，如图 1. 1-23 所示。

该在线文档查询网址为 https://apidocs.co。其最左侧用于点选软件版本，中间是搜索和导航栏，右侧为具体的说明。

以管道类 Pipe 为例，首先在搜索栏输入 pipe，单击“Pipe Class”（图 1. 1-24）。

如图 1. 1-25 所示，就可以看到类的信息。

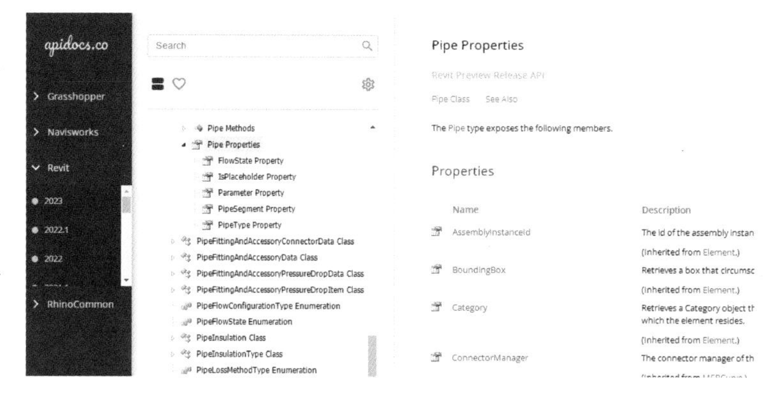

图 1. 1-23　Revit API 在线文档

展开左侧导航栏 Pipe 边上的小三角（图 1. 1-26），可以看到 Pipe 类的属性和方法。

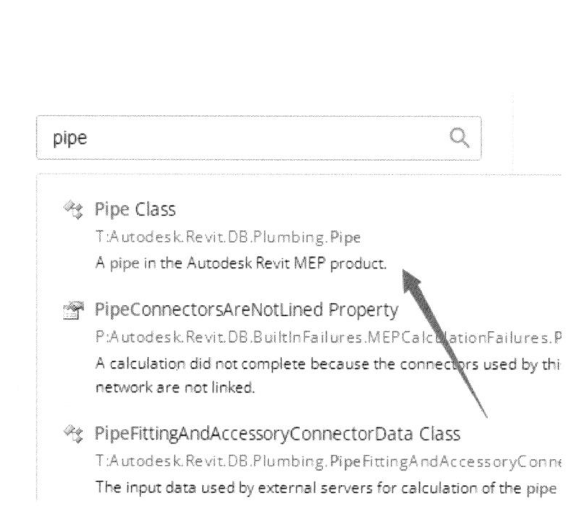

图 1. 1-24　搜索 Pipe 类

图 1. 1-25　Pipe 类有关信息

10. 类库 Class Library

许多个类组合在一起就是类库。我们编写的插件的成果就是类库。

类库需要在一定的环境下才能被调用，对于二次开发来说，我们写的插件只能在 Revit 中运行。如果可以独立于环境运行的话，那我们只要引用 Revit 的库就可以自己做一个类似 Revit 的软件了，但这显然是不现实的。

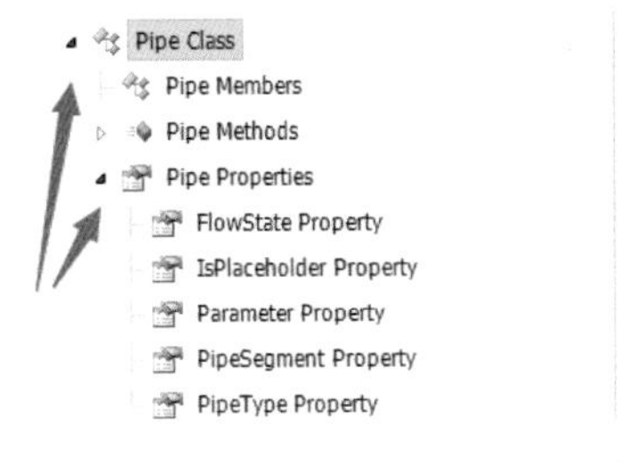

图 1.1-26　Pipe 类属性和方法的导航

11. 程序集 Assembly

实际工作中，类库编译之后形成的后缀为“.dll”的文件，称为程序集。我们编写完成插件后，就需要生成一个 dll 文件。

12. 解决方案和项目 Solution and Project

为了更方便地组织代码，Visual Studio 提供了解决方案和项目的概念。一个解决方案下面可以有多个项目，每个项目里面有多个类。在二次开发中，一般一个项目对应多个插件功能。

每个项目编译后生成一个 dll 文件。

在 Visual Studio 的解决方案资源管理器中新建文件夹时，本地磁盘上会增加对应的文件夹，如图 1.1-27 所示。

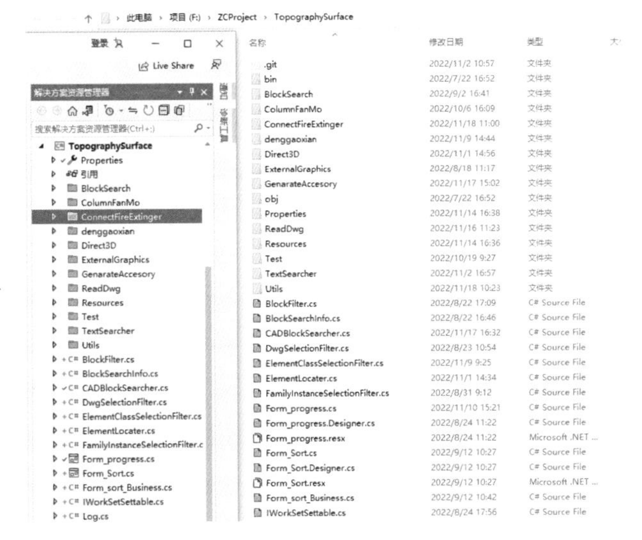

图 1.1-27　解决方案管理器和磁盘上的文件对应关系

在本地文件夹中，有以下几类文件：

（1）csproj 文件　该文件记录了项目属性的所有文件清单，使用记事本或是浏览器打开该文件后，在 ItemGroup 标签上可以看到文件清单。

（2）sln 文件　解决方案文件，记录解决方案里面有哪些项目。

（3）pdb 文件　编译过程中产生的中间文件，内含符号跟位址的清单、档案名称、符号定义的行号，供 VS 调试器进行断点调试使用。可以手动删除，下次编译时 VS 会自动加上。

（4）cs 文件　代码文件，用记事本打开后可以发现里面的内容和 VS 中看到的一样。

本地文件夹中还有一个 bin 文件夹，如图 1.1-28 所示。

在调试时，生成的 dll 都在 Debug 文件夹下。插件发布时，切换配置管理器为 Release 后编译（图 1.1-29），生成的 dll 文件会比 Debug 状态下更小一些。

图 1.1-28　bin 文件夹

图 1.1-29　配置管理器

13. 程序集的引用 Add Reference

要在自己的项目中使用其他程序集中的类，就需要添加到程序集的引用。添加引用相当于告诉 Visual Studio 可以使用这个 dll 文件中的类。

14. 命名空间 NameSpace

命名空间是为了解决类的重名问题。例如工程部有个人叫张三，商务部也有一个人叫张三。为了区别，就分别称他们为“工程部．张三”和“商务部．张三”。

也就是说，类的全名是“命名空间．类名”（也称为完全限定名）。例如 Revit 的类库和Winform 的类库中都有 Form 类，需要使用命名空间区分。两者的全名分别为：Autodesk. Revit. DB. Form 和 System. Windows. Forms. Form。

Q3 怎样在 Revit 中创建一根管道

通过创建一根管道，能够接触二次开发中很多重要的概念。本小节从零开始介绍，在 Revit 中创建一根长度为 1500mm，距离参照标高偏移为 2600mm，直径为 150mm 的管道的方法。

理解了本小节内容，读者就掌握了 Revit 二次开发的 60%。这样说并不夸张，因为万事开头难。读者掌握本节内容后，接着学习 Revit API 的常用的几十个类，了解 XML、LINQ、Winform 等相关的技术，学会查询 CSDN 和 API 论坛，再学点算法和面向对象的知识，插件设计就变得很简单了。

对于初步接触插件开发的读者，如果遇到读不懂的代码，不要着急，后面会有更详细的介绍，这里只要跟着在 Visual Studio 中敲代码即可。

1. 新建项目

打开 Visual Studio，单击右侧的“创建新项目”，如图 1. 1-30 所示。

图 1. 1-30　创建新项目

选择类库项目，注意是“. NET Framework”类型，如图 1. 1-31 所示。

修改项目名称和解决方案名称，如图 1. 1-32 所示。

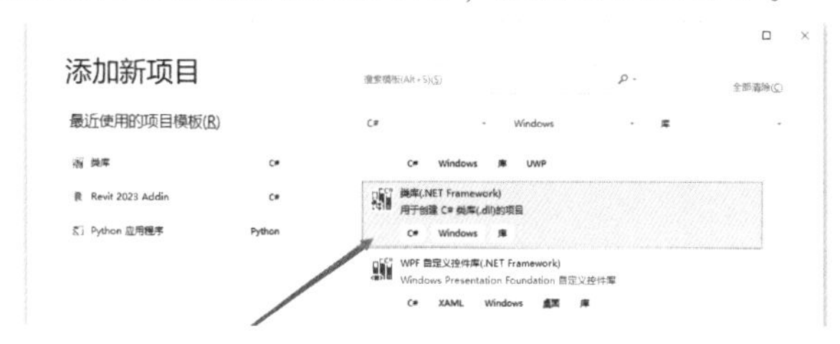

图 1. 1-31　创建 . NET Framework 项目

图 1. 1-32　修改项目名称

点击下一步 => 创建，即完成了项目的新建。

2. 添加引用

为了创建管道，需要使用 Revit API。我们在右侧的“解决方案管理器”下找到 CreatePipe 项目的“依赖项”，单击右键 => 添加项目引用，如图 1. 1-33 所示。

图 1. 1-33　添加项目引用

在弹出的窗口中单击“浏览”，在 Revit 安装目录下找到 RevitAPI. dll 和 RevitAPIUI. dll 两个程序集，见图 1. 1-34。

RevitAPI. dll 里面是 Revit 数据库操作有关的类，RevitAPI-UI. dll 里面是 UI（User Interface 用户交互界面）操作有关的类。二次开发中几乎每个插件都要引用这两个程序集。

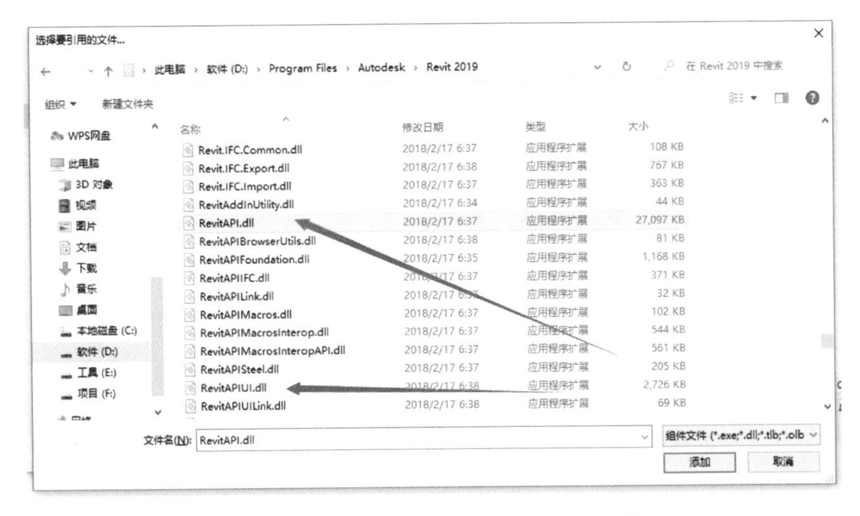

图 1. 1-34　RevitAPI. dll 和 RevitAPIUI. dll 位置

单击图 1. 1-34 中的“添加”按钮后，在 Visual Studio 中选中引用完成的程序集，单击右键 => 属性，设置“复制本地”属性为否，如图 1. 1-35 所示。

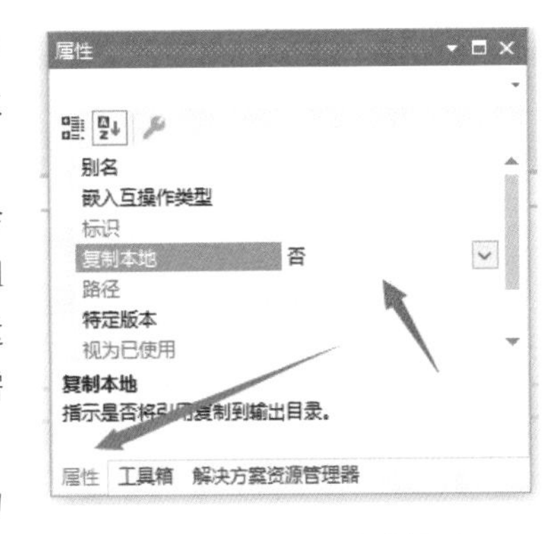

图 1. 1-35　设置“复制本地”

对于 . NetFramework 里面的程序集，插件运行的时候会从 Windows 系统目录（C:\Windows\assembly）中找相应的 dll 文件，所以不需要选择复制本地。对于 Revit 的程序集，运行的时候 Revit 软件用的是内部自带的 dll 文件，所以也不需要复制本地。

对于其他类型的程序集，则需要设置复制本地属性为“是”。我们自己编写的程序集称为私有程序集，私有程序集必须在同一目录或是同一目录的子目录下。

3. 引入命名空间

管道的英语单词是 Pipe，我们在 API 文档里面查找 Pipe Class，如图 1. 1-36 所示。

可知 Pipe 类的全名是 Autodesk. Revit. DB. Plumbing. Pipe。

完成程序集的引用后，我们在代码区输入 Autodesk. Revit. DB. Plumbing. Pipe pipe，即可新建一个管道变量，如图 1. 1-37 所示。

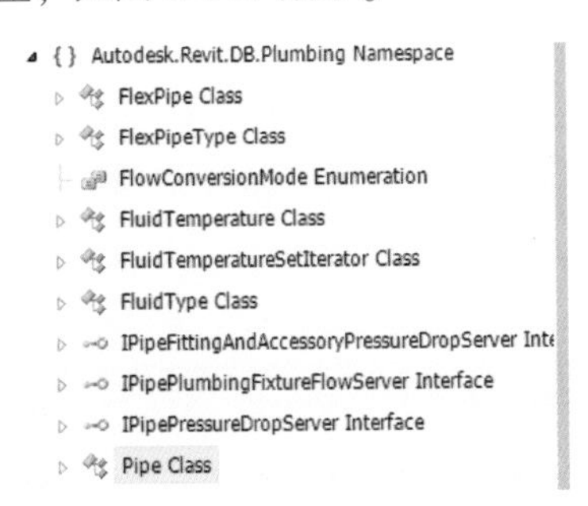

图 1. 1-36　API 文档中的 Pipe 类

图 1. 1-37　新建变量

每次都要输入这么长的语句很不方便，为此我们在 namespace 关键字上方或是下方输入 using 语句，告诉 Visual Studio，以后我输入一个类名，你先看看是不是在 using 语句之后的命名空间里面，如果是就不用写全名了，见图 1.1-38。

最新版本的 Visual Studio 里面操作更加简单，我们输入“Pipe”，VS 会自动添加管道所在的命名空间的 using 语句。

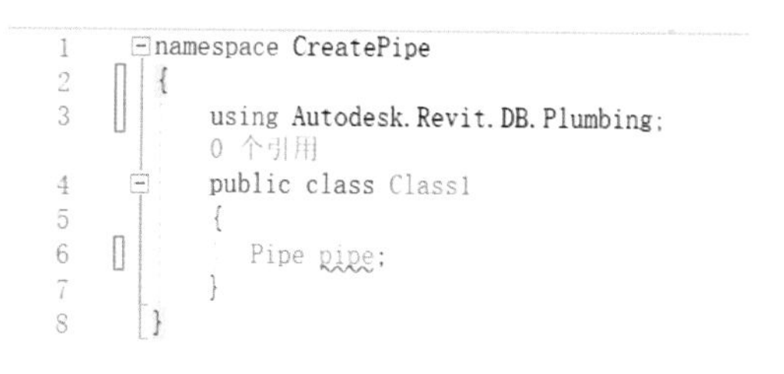

图 1.1-38　使用 Using 语句简化类名称

4. 对接 Revit

要在 Revit 中新建管道。首先需要对接 Revit，获取当前文件的文档对象。插件开发中，对接 Revit 代码都是重复的，可以提取成模板。先在 Visual Studio 中输入以下的代码模板：

```
1.using Autodesk.Revit.Attributes;
2.using Autodesk.Revit.DB;
3.using Autodesk.Revit.UI;
4.using Autodesk.Revit.UI.Selection;
5.using System;
6.using System.Collections.Generic;
7.using System.Linq;
8.using System.Text;
9.using System.Threading.Tasks;
10.
11.namespace CreatePipe
12.{
13.    [Transaction(TransactionMode.Manual)]
14.    [Regeneration(RegenerationOption.Manual)]
15.    [Journaling(JournalingMode.UsingCommandData)]
16.    public class MyClass : IExternalCommand
17.    {
18.        public Result Execute(ExternalCommandData commandData, ref string message, ElementSet elements)
19.        {
20.            UIDocument uidoc = commandData.Application.ActiveUIDocument;
21.            Document doc = uidoc.Document;
22.            Selection sel = uidoc.Selection;
23.            View activeView = uidoc.ActiveView;
24.
25.            using (Transaction ts = new Transaction(doc))
26.            {
27.                ts.Start("测试");
28.
29.                ts.Commit();
30.            }
```

```
31.
32.             return Result.Succeeded;
33.         }
34.     }
35.}
```

各行代码的具体意义为：

第 1 ~9 行代码为 using 语句，是为了简化类名的输入。

第 11 行为命名空间，表示在括号范围内的类，其全名为“命名空间．类名”。本例中 MyClass的全名就是“CreatePipe. MyClass”。

第 13 ~15 行为特性，修饰下方的 MyClass 类。

特性，本质是一个类，作用是为目标元素提供附加信息。目标元素可以是程序集、类型、属性、方法、事件，等等。特性以“[ ]”形式展现，放在紧挨着的元素上。“[ ]”内可以用特性的全名（如“[TransactionAttribute]”），也可以省略“Attribute”（如“[Transaction]”）。

特性是一个类，类有构造方法，还可以在“[ ]”内完成特性类的初始化。第 13 行的代码表示使用枚举 TransactionMode. Manual 为参数，新建一个 TransactionAttribute 类的实例，用于修饰 MyClass 类。Revit 在使用 MyClass 类的时候，会通过反射的方法获取到修饰这个类的特性的实例，从而获取相关信息。

如图 1. 1-39 所示，Revit API 中共有 3 个特性类。

配置 Transaction 特性的时候，有两个枚举参数可选：TransactionMode. Manual 和 TransactionMode. ReadOnly。前者表示需要用户自己创建事务，后者表示被修饰的类只能读取模型，不能修改模型。一般使用 Manual 属性。

{ } Autodesk.Revit.Attributes Namespace
JournalingAttribute Class
JournalingMode Enumeration
RegenerationAttribute Class
RegenerationOption Enumeration
TransactionAttribute Class
TransactionMode Enumeration

图 1. 1-39　Revit API 中的特性类

Regeneration 特性用于指定文档刷新的方式，该特性只有一个枚举参数：RegenerationOption. Manual。

JournalingAttribute 用于指定是否将这个外部命令写到 Revit 日志文件中。日志文件的默认地址为：C:\Users\用户名\AppData\Local\Autodesk\Revit\Autodesk Revit 2019\Journals。

在实际工作中，我们只要知道继承外部命令接口 IExternalCommand 的类，前面需要写上 13 ~15 行的固定语句即可。

第 16 行声明一个 MyClass 类型，这个类型继承 Revit 的 IExternalCommand 接口。既然继承了接口，就要实现方法，也就是第 18 行的 Execute 方法。

当我们点击 Revit 上的插件按钮时，Revit 找到按钮对应的类。先新建一个该类的实例，然后运行这个实例的 Execute 方法。

第 20 行获取 UIDocument 类的变量 uidoc，这个类主要和视图以及选择等 UI 操作有关。例如第 22 行从 uidoc 获取了选择有关的类 Selection，第 23 行获取对活动视图的引用。

第 21 行获取 Document 类，这个类用于对接 Revit 数据库。Document 类对应项目或是族文件，UIDocument 是使用 Revit 打开了的项目和族文件。使用 Revit API，可以在后台打开项目和族文件，而只有 Revit 软件中打开的文件才会有 UIDocument。

第 23 ~30 行开启了事务。对 Revit 文档的修改都要放在事务中进行。具体详见事务一节，这里我们只要知道对 Revit 文件的修改都要放在 ts. Start （"事务名称"） 和 ts. Commit( ) 之间即可。

第 32 行返回 Result. Succeeded。接口 IExternalCommand 的 Execute 方法如果返回 Result. Succeeded 枚举，Revit 会执行对文件的修改，如果返回的不是 Result. Succeeded，则不会修改文件。

这里我们再关注一下 Execute 方法的参数：

第一个参数 commandData 用于获取 uidoc 和 doc，第二个参数 message 用于方法执行失败时，返回错误信息。第三个参数用于方法失败时返回错误信息中的元素集合。

从 commandData 出发，还可以获取 Application 和 UIApplication 类的实例。Application 代表 Revit 应用，UIApplication 代表活动的 Revit 会话。

5. 新建管道

前面我们介绍了对接 Revit 的类的模板代码，并不是每个类都需要这样写。我们接着新建一个 PipeCreater 类，专门用于创建管道。

在项目上右键单击 => 添加 => 类，添加一个新类 PipeCreater，如图 1. 1-40、图 1. 1-41 所示。

图 1. 1-40　新建类

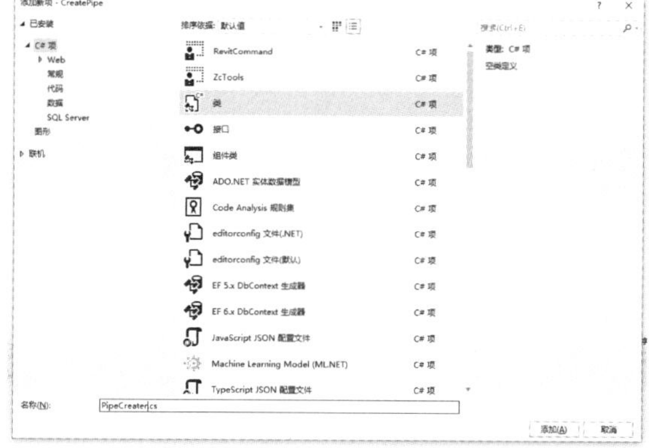

图 1. 1-41　为新建的类命名

我们接着在 Revit API 中查询 Pipe 类的属性和方法（图 1. 1-42），可以找到一个静态方法 Create。

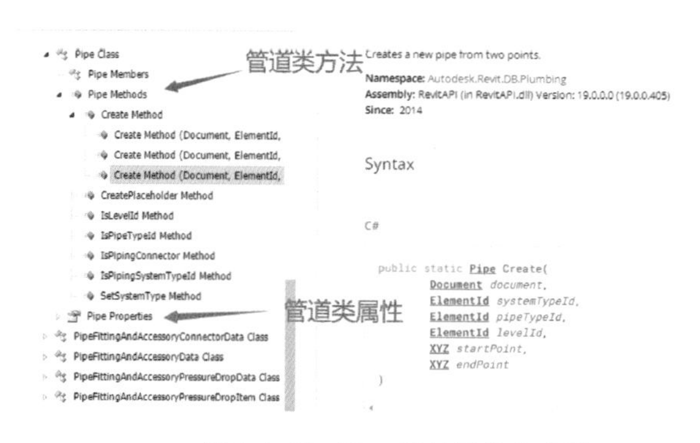

图 1. 1-42　Pipe 类的属性和方法

该方法第一个参数为 Document 类，表示需要新建管道的项目，这个参数在前面对接 Revit 的时候已经获取了。我们将通过 PipeCreater 类的构造函数传递这个参数。

第二个和第三个参数为管道系统类型 Id 和管道类型 Id。就是我们在 Revit 中绘制管道的时候，需要选择的系统类型和管道类型。

在二次开发中，获取类型的方法是先用过滤器筛选出所有类型，然后根据一定条件选出需要的类型。另外对于部分构件，Document 类有一个 GetDefaultElementTypeId 方法，可以获取默认类型的 Id。在本例中，系统类型使用过滤器获取；管道类型将使用默认类型。

第四个参数为管道参照标高的 Id。可以从活动视图的 GenLevel 属性获取。

最后两个参数为管道端点。我们单击方法上的参数名称“XYZ”，可以跳到 XYZ 类的说明中，找到点的 XYZ 的构造方法，如图 1.1-43 所示。

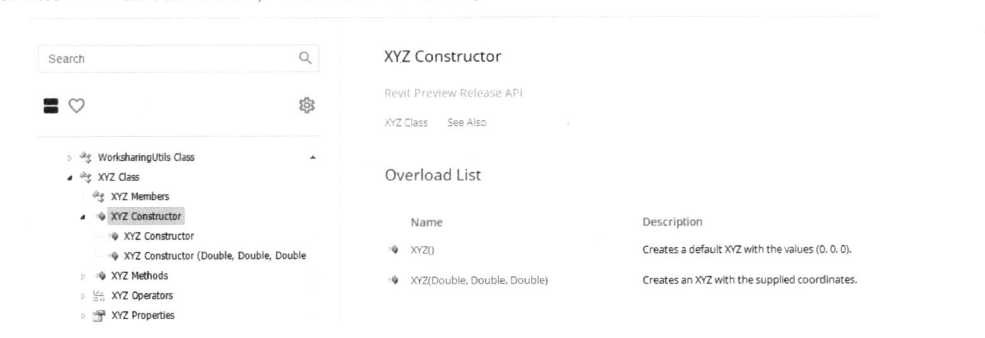

图 1.1-43　点的 XYZ 构造方法

可见创建点需要提供 3 个坐标值。

了解了创建管道需要的参数的来源之后，我们在 PipeCreater 类中新建一个 UIDocument 类型的类变量，然后在变量上右键单击 => 快速操作和重构 => 生成构造函数，如图 1.1-44 所示。

自动添加构造函数后的结果如图 1.1-45 所示。

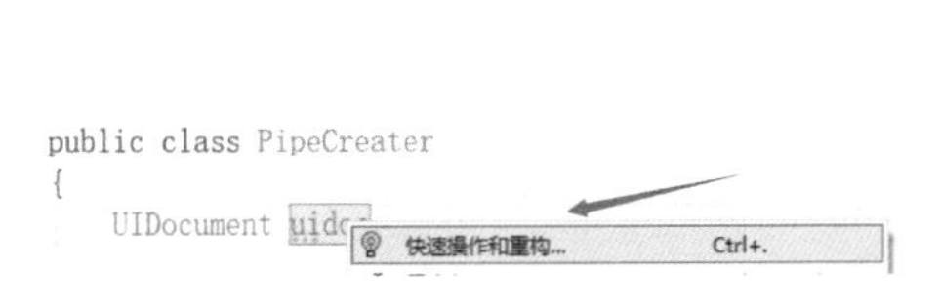

图 1.1-44　快速重构命令

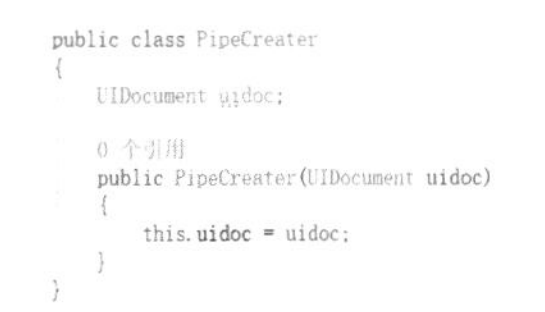

图 1.1-45　自动添加构造函数

我们接着为 PipeCreater 类新建一个实例方法：

```
1.public void GetResult()
2.{
3.    //获取第一个参数 Document
4.    Document doc = uidoc.Document;
5.    //获取第二个参数 systemTypeId
6.    FilteredElementCollector systemTypeCol = new FilteredElementCol
lector(doc);
7.    PipingSystemType pipingSystemType = (PipingSystemType)system
TypeCol.OfClass(typeof(PipingSystemType)).First();
8.    ElementId systemTypeId = pipingSystemType.Id;
9.    //获取第三个参数 pipeTypeId
10.       ElementId pipeTypeId = doc.GetDefaultElementTypeId(Element
TypeGroup.PipeType);
```

```
11.        //获取第四个参数 levelId
12.        ElementId levelId = uidoc.ActiveView.GenLevel.Id;
13.        //获取最后两个参数
14.        XYZ startPoint = new XYZ(0, 0, 0);
15.        XYZ endPoint = new XYZ(1500 / 304.8, 0, 0);
16.        //创建管道
17.         Pipe pipe = Pipe.Create(doc, systemTypeId, pipeTypeId, levelId, startPoint, endPoint);
18.    }
```

然后我们在主方法中新建一个 PipeCreater 的实例，并调用实例的 GetResult 方法：

```
1.using (Transaction ts = new Transaction(doc))
2.{
3.    ts.Start("测试");
4.    PipeCreater pipeCreater = new PipeCreater(uidoc);    //实例化类
5.    pipeCreater.GetResult();    //调用类的方法
6.    ts.Commit();
7.}
```

6. 编译代码

单击 Visual Studio 的生成 => 生成解决方案命令，可以在输出窗口看到生成的 dll 文件位置，我们复制这个文件地址，如图 1.1-46 所示。

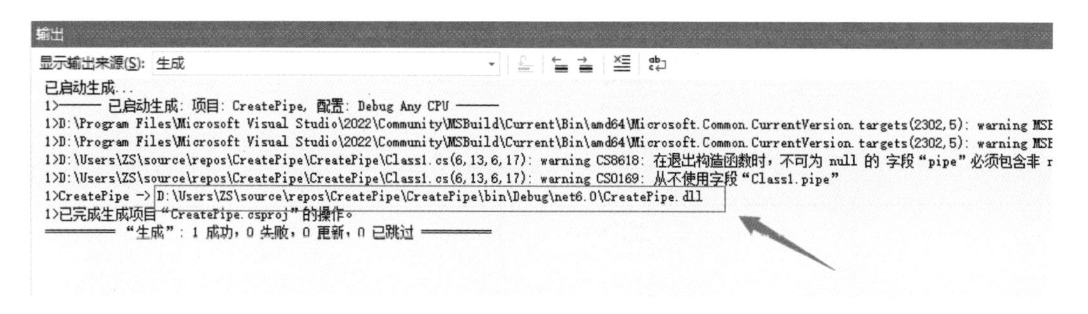

图 1.1-46　复制生成的 dll 文件位置

7. 在 AddinManager 中加载插件

在 Revit 中单击附加模块 => 外部工具 => Add-In Manager（Manual Mode），启动 Addin Manager，如图 1.1-47 所示。

图 1.1-47　Add-In Manager 位置

在弹出的对话框中，单击 Load 按钮。在新弹出的对话框中复制我们刚才生成的 dll 文件位置，然后单击对话框的“打开”按钮，如图 1.1-48 所示。

8. 在 Addin Manager 中运行插件

选中外部命令所在的类，单击 Run（图 1.1-49）。在 Revit 中调整视图显示范围，设置详细程度为精细，就可以看到我们刚才新建的管道了。

图 1.1-48 打开生成的 dll 文件

图 1.1-49 选择要运行的方法所在的类

9. 修改管道直径和标高

Revit 中的构件都是参数化的，修改管道的直径和标高需要修改其对应的参数。

我们选中新生成的管道，单击附加模块 => Revit LookUp => Snoop current selection，可以看到管道所有的属性和方法，如图 1.1-50 所示。

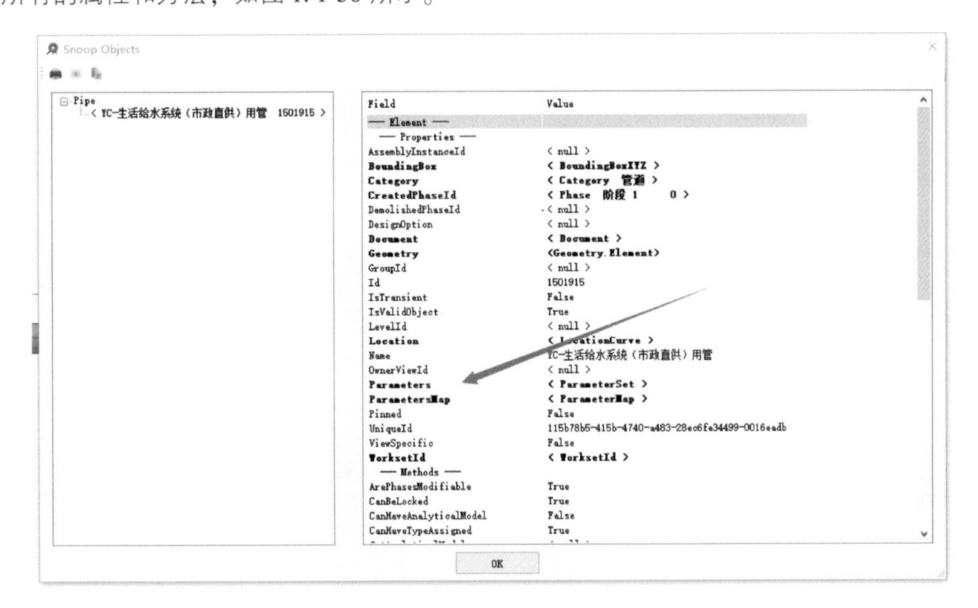

图 1.1-50 管道的参数属性位置

单击“Parameters”属性，找到“直径”参数，如图 1.1-51 所示。

单击“Definition”，找到 BuiltInParameter 对应的值，复制这个值。BuiltInParameter 是 Revit 内部参数对应的枚举，比如管道的直径，对应的就是 BuiltInParameter.RBS_PIPE_DIAMETER_PARAM，如图 1.1-52 所示。

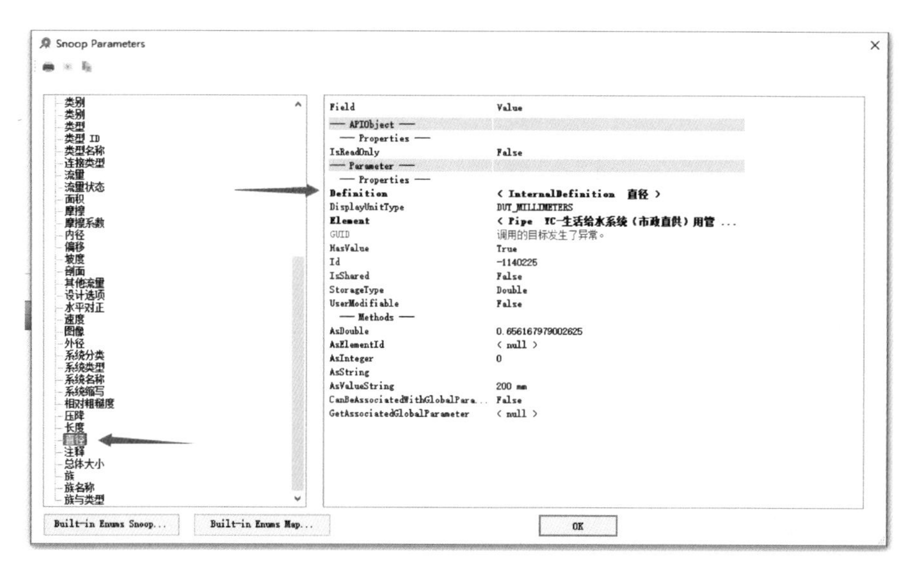

图 1.1-51 管道的具体参数

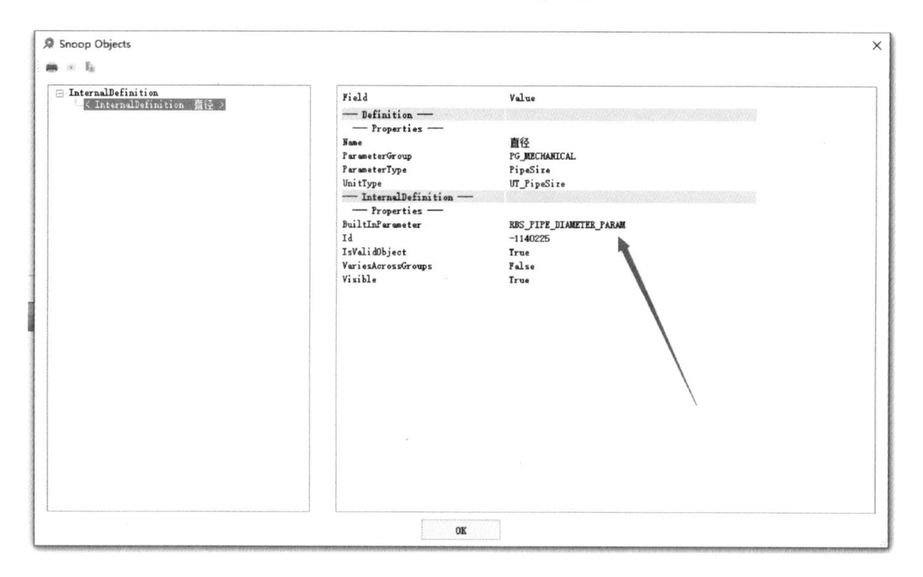

图 1.1-52 管道参数对应的内置枚举

然后回到 PipeCreater 类，添加以下的语句，用于获取和修改参数：

```
1.//创建管道
2.Pipe pipe = Pipe.Create(doc, systemTypeId, pipeTypeId, levelId, startPoint, endPoint);
3.double dia_ft = UnitUtils.ConvertToInternalUnits(150, DisplayUnitType.DUT_MILLIMETERS);
4.pipe.get_Parameter(BuiltInParameter.RBS_PIPE_DIAMETER_PARAM).Set(dia_ft);
```

Revit 内部的单位不是毫米（mm），而是英尺（feet），所以需要进行转化。UnitUtil 类是专门用于不同单位之间转化的类。其 ConvertToInternalUnits 方法可以将外部单位转化为 Revit 内部单位，该方法第一个参数是要转化的数值，第二个参数是数值对应的单位。在本例中，管道的直径是150mm，毫米对应的枚举为 DisplayUnitType. DUT_MILLIMETERS。当精度要求不高时，将毫米单位的数值除以304. 8即可转化为英尺数值。

第4行先用 get_Parameter 方法获取直径对应的参数，该方法使用我们刚才在 Revit LookUp 中获取的枚举作为输入值。获取参数后，使用 Set 方法设置直径。

完成修改后，重新编译代码。在 Revit 中删除第一次生成的管道，然后重新使用 Addin Manager 加载外部命令，就可以生成一根直径为150mm 的管道了。

第二次运行 Addin Manager 时，可以选择 Manual Mode，Faceless 选项，这样会直接运行上次运行的命令，不再弹出对话框。

修改相对标高偏移的步骤和修改直径一样，读者可以自行尝试。

10. 小结

经过以上的步骤，我们可能会觉得在 Revit 中连新建一个简单的管道都这么麻烦。实际上以上创建管道的步骤已经包含了很大一部分二次开发有关的概念，后期各种插件的开发流程其实和这个创建管道的步骤是差不多的。

建议零基础的读者一定要亲自动手敲每一行代码，慢慢来，不要着急。另外如果觉得涉及的概念和类比较多，也可以往本书的后面查看更具体的解释说明。

Q4 怎样设置开发模板

二次开发中，有些代码内容都是固定的，使用模板可以减少重复操作，节约时间。本节介绍设置类模板和项目模板的方法。

1. 设置类模板

以上一小节对接 Revit 外部命令的类为例，设置类模板的方法如下：

在 Visual Studio 中单击“项目” => “导出模板”，选择“项模板”，见图1. 1-53。

选择样板代码所在的类，接着选择需要引用的程序集，如图1. 1-54 所示。

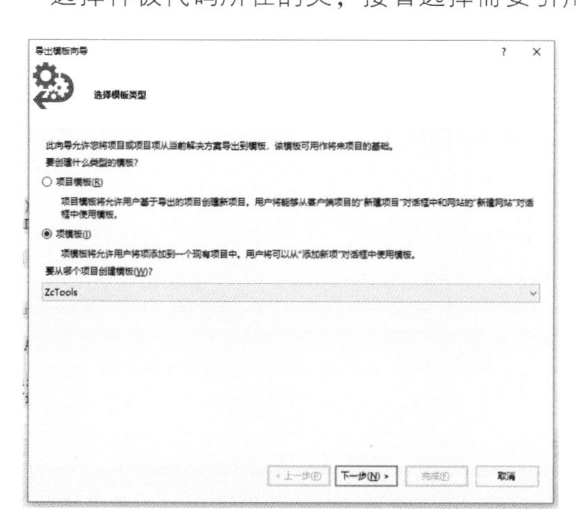

图 1. 1-53　导出类模板

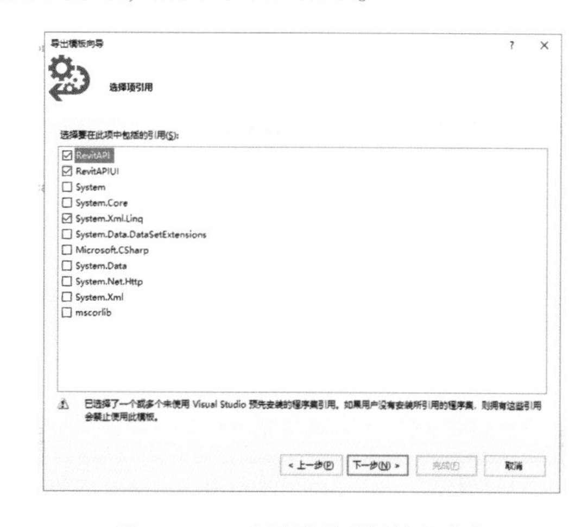

图 1. 1-54　选择需要引用的程序集

命名模板文件后，单击“完成”，如图1. 1-55 所示。

重启 Visual Studio，在项目中新建类时，就可以看到类模板文件了（图1. 1-56）。

图 1. 1-55　命名模板名称

图 1. 1-56　新建类时，可以选择模板

2. 新建项目模板

通过新建项目模板，可以节约添加引用等工作的时间，具体步骤为：

打开以下网址：https://github.com/jeremytammik

下载 VisualStudioRevitAddinWizard，见图 1. 1-57、图 1. 1-58。

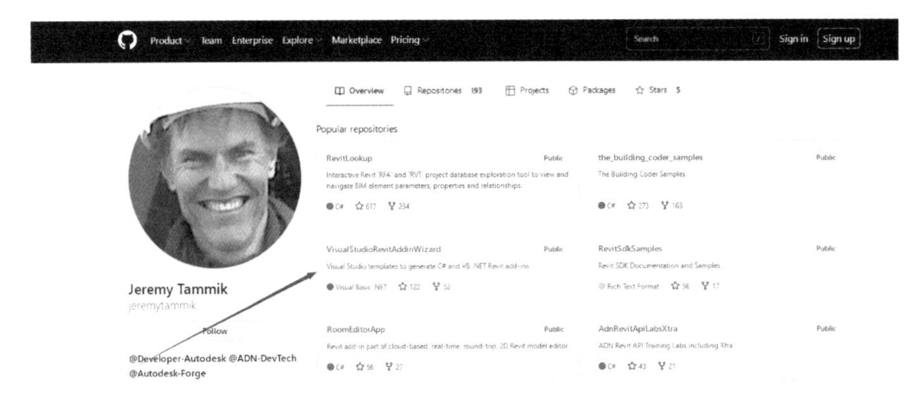

图 1. 1-57　项目模板下载网页

图 1. 1-58　下载压缩包

用快捷键 Win + R，打开“运行”窗口，输入 CMD，进入命令提示符窗口（图 1. 1-59）。

复制解压后的文件夹路径（图 1. 1-60）。

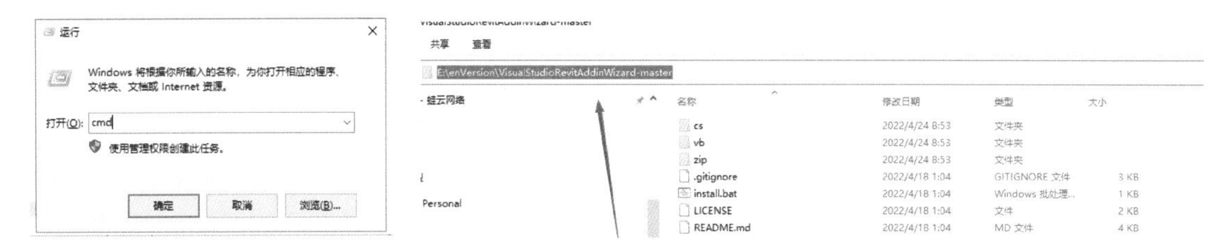

图 1. 1-59　运行命令提示符窗口　　　图 1. 1-60　复制文件夹路径

如图 1. 1-61 所示，先输入盘符“E:”，回车，然后输入 cd + 空格键 + 文件夹路径，回车；最后输入“install 2022”，回车。这里的 2022 是 VisualStudio 的版本，“cd”是切换文件夹路径的意思。

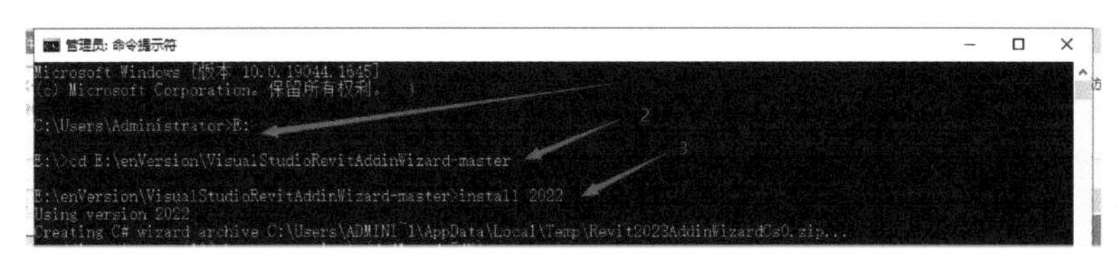

图 1. 1-61　操作步骤

打开 Visual Studio 后，可以在创建新项目对话框中看到新的项目模板，如图 1. 1-62 所示。

图 1. 1-62　项目模板

第 2 节　编程的基本方法和注意点

Q5 插件的开发流程是怎样的

插件的开发流程一般为：需求分析 => 插件设计 => 调试和测试 => 代码重构 => 发布 => 更新和迭代。

1. 需求分析

分解用户使用的步骤，例如喷淋管翻模功能，用户的操作可以提炼如图 1. 2-63 所示。

2. 插件设计

插件设计包括 UI 设计、流程设计、架构设计和数据结构设计。

(1) UI 设计　对比用户使用步骤，设计 UI 界面，如图 1.2-64 所示。

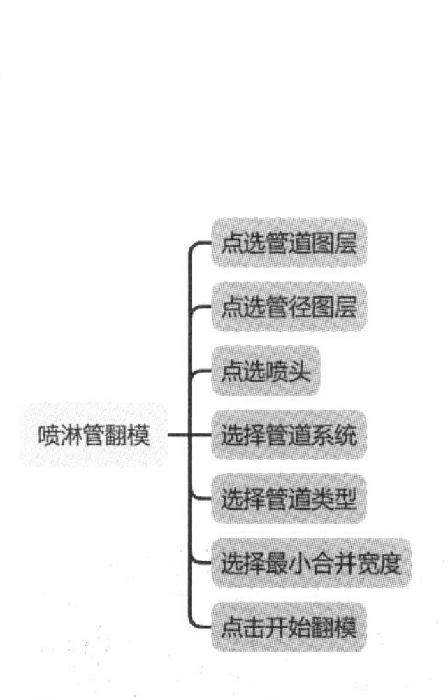

图 1.2-63　分解用户的操作

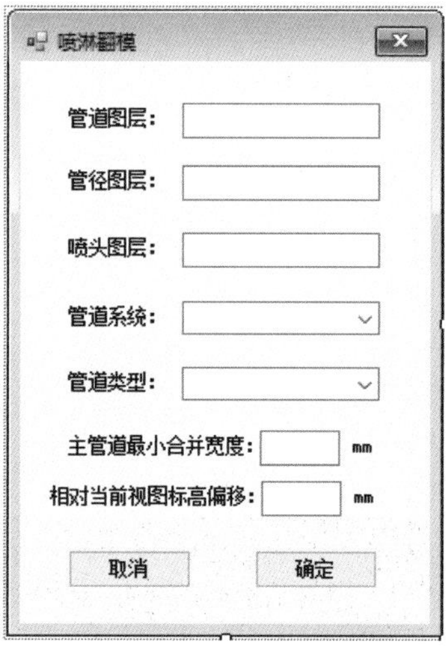

喷淋翻模
管道图层:
管径图层:
喷头图层:
管道系统:
管道类型:
主管道最小合并宽度: mm
相对当前视图标高偏移: mm
取消
确定

图 1.2-64　设计 UI 界面

(2) 流程设计　分析程序各个步骤（图 1.2-65），不断分解，直到问题变得很小、很容易解决。可以使用 XMind 软件分解业务流程。

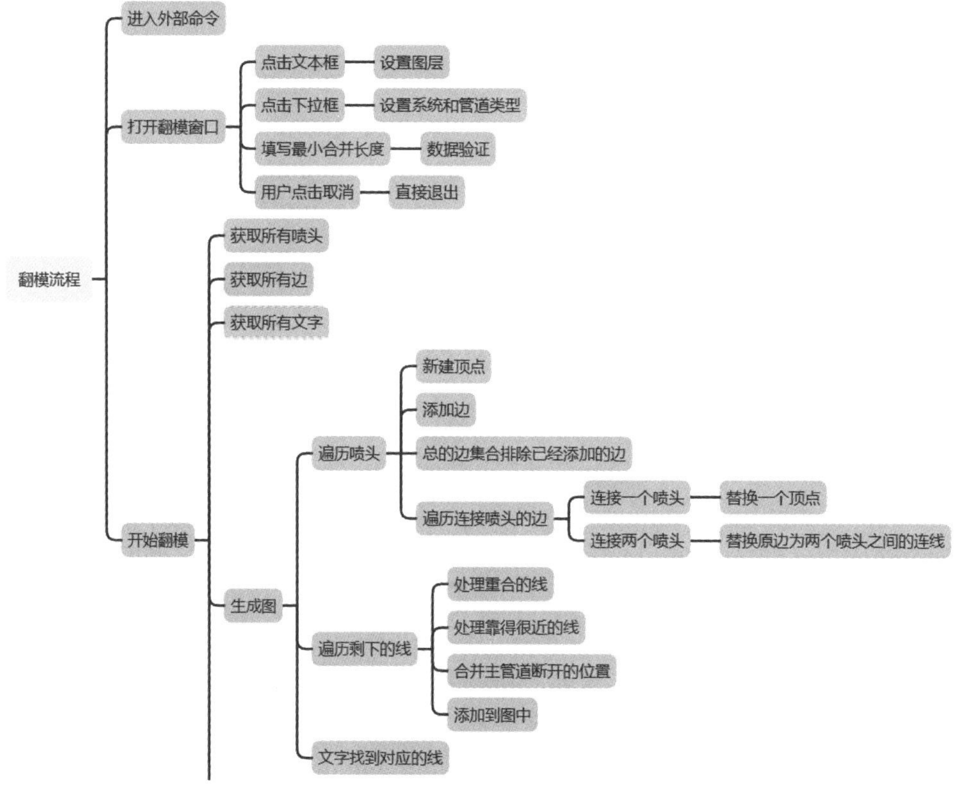

图 1.2-65　分解业务流程

(3) 架构设计　按照单一职责原则，分析各个子问题对应的类。根据问题具体情况，建立类之间的关系（图 1.2-66）。并不是每个子问题都需要一个对应的类，如果子问题 A 和子问题 B 需要的已知条件是一样的，那么就可以用一个类解决这两个子问题。

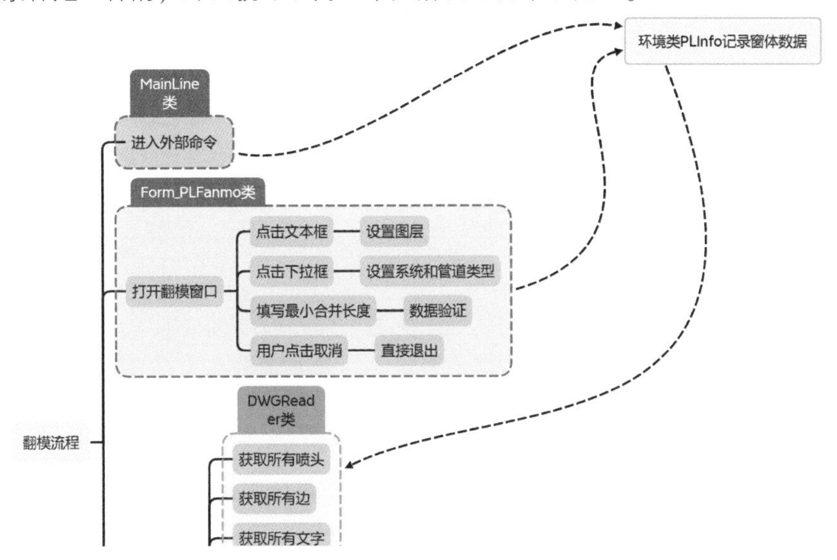

图 1.2-66　设计子流程对应的类

此时用 XMind 设计类之间的关系已经比较麻烦了，可以直接打印纸质版后手动绘制类之间的关系。

对于二次开发来说，最常见的数据处理流程参见表 1.2-1。

表 1.2-1　二次开发常用的数据处理流程

用户操作	类的数据活动
单击插件按钮	(1) 调用 MainLine 类的方法，接入 Revit 命令，获取 uidoc 变量。 (2) 新建窗体实例，uidoc 作为参数传入窗体的构造方法。 (3) 窗体类新建外部事件实例
修改窗体	(4) 窗体类对用户输入的数据进行验证
单击确定	(5) 窗体的工具类验证用户输入是否合理。 (6) 窗体的各种选项转化为一个信息类，记录用户的设置。 (7) 信息类作为参数，传递给数据处理组织类 Constructor。 (8) 窗体类提交外部命令。 (9) 窗体类关闭
获取结果	(10) 外部事件提交后，组织类依次调用数据处理类的方法。 (11) 对用户展示处理结果

具体样例详见下节内容。

(4) 代码实现　根据类的功能和关系图，具体编写类的代码。类的写法详见“代码是怎样组织的”一节。

3. 调试和测试

提前准备用于调试的 Revit 项目，编写完一个功能后立刻测试，确认没有问题后再接着开发下一个功能。整个程序完成后，多运行几个项目，观察有无问题。

4. 代码重构

即使一开始插件各个类之间关系设计得很好，在开发过程中还是会遇到添加新功能、调整类之间关系等问题。如果发现有可以让代码变得更容易被理解的地方，则应直接进行重构。

每天花 10% 的时间进行重构，思考让代码怎样变得容易理解、可扩展，达到代码就像一开始就知道了所有的问题，并进行了充分设计的效果。在代码重构上多花点时间，可以提高后期的调试或添加新功能的效率。

5. 发布

请用户在别的电脑上试运行，检测是否有问题。让用户运行，可以发现错误输入等自己测试的时候不容易出现的问题。另外，换一台电脑运行也可能会发现新的问题。

测试无误后，就可以添加登录验证模块，然后注册到公司的插件面板上发布了。发布的程序集需要按公司要求进行加密，防止被反编译软件（如 ILSpy）等解析。

6. 更新和迭代

插件发布后，用户会报告一些使用过程中发现的新问题，也会提出新的需求。这些都需要修改代码，因此开发好的插件还需要后期持续的更新和迭代。

Q6 插件的数据处理流程是怎样的

本小节以消火栓转箱化插件为例，介绍二次开发常用的数据组织方法。数据的传递过程如图 1. 2-67 所示。

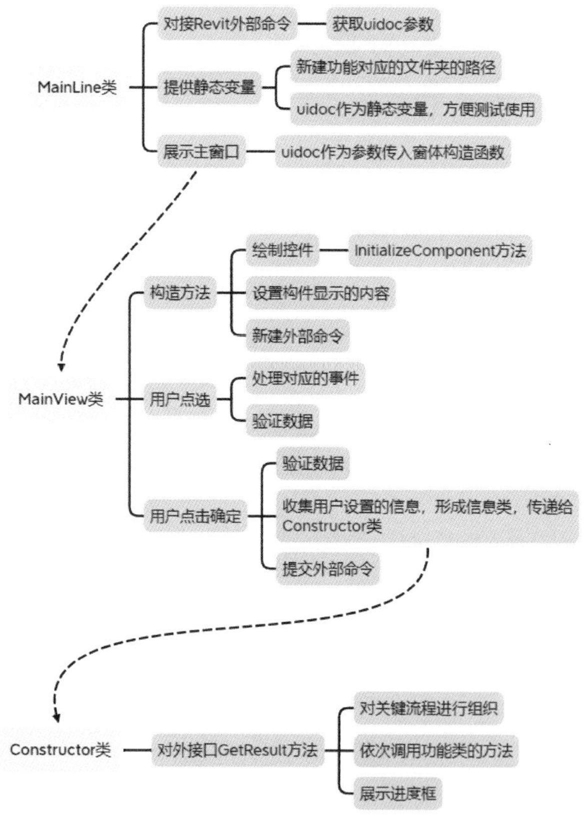

图 1. 2-67 数据处理流程

1. MainLine 类

这个类用于对接 Revit 的外部命令，样例如图 1.2-68 所示。

```
19    public class MainLine : IExternalCommand
20    {
21        public static UIDocument uidoc;//方便测试用
22        public static string xmlFolder; //xml文件夹位置
23        public static string xml_userOption;//记录用户上一次选项的文件
          0 个引用
24        public Result Execute(ExternalCommandData commandData, ref string message, ElementSet elements)
25        {
26            //获取基本参数
27            uidoc = commandData.Application.ActiveUIDocument;
28
29            //验证是否登录 以及 是否有权限使用该功能
30            #region
38
39            //新建功能文件夹
40            YCDirectory yCDirectory = new YCDirectory(uidoc, "FireBoxConvert");
41            xmlFolder= yCDirectory.CreateFileFolderForProject("boxesToCheck");
42            xml_userOption =Path.Combine( yCDirectory.CreateFileFolderForProject("userOptions"),"ops.xml");
43
44            //展示主窗口
45            MainView mainView = new MainView(uidoc);
46            mainView.Show();
47
48            其他工作
52            return Result.Succeeded;
53        }
54    }
```

图 1.2-68　MainLine 类样例

如图 1.2-68 所示，这个类继承 IExternalCommand 接口，在 Execute 方法中获取了 uidoc 参数。有的插件需要在磁盘上建文件夹存放数据，文件夹的地址用这个类的静态变量表示，使用起来比较方便。第 45 行代码将 uidoc 变量作为参数传递给主窗口，并调用 Show 方法显示窗体。

2. MainView 类

主窗体对应的类，样例如图 1.2-69 所示。

```
27    public partial class MainView : Window
28    {
29        private UIDocument uidoc;
30        private ZCExternalEventHandler eventHandler = new ZCExternalEventHandler("消火栓转化");
31        private Autodesk.Revit.UI.ExternalEvent externalEvent;
32        private IntPtr revitWindow = Autodesk.Windows.ComponentManager.ApplicationWindow;
33        private CADBlockSearcher blockSearcher = new CADBlockSearcher();
34
35        private ElementLocater elementLocater;
36        ZCTriangleDrawingServer server;
37
          1 个引用
38        public MainView(Autodesk.Revit.UI.UIDocument uidoc)
39        {
40            InitializeComponent();
41
42            //绑定窗体数据源
43            mainViewModel = MainViewModel.CreateInstance(uidoc.Document);
44            mainViewModel.mainWindow = this;
45            this.DataContext = mainViewModel;
46
47            //新建外部命令
48            externalEvent = ExternalEvent.Create(eventHandler);
49            this.uidoc = uidoc;
50
51            //注册绘制临时图元的服务
52            server = ElementLocater.CreateAndRegisterDrawingServices(uidoc.Document);
53            elementLocater = new ElementLocater(server);
54        }
```

图 1.2-69　MainView 类样例

MainView 类的构造方法中首先调用第 40 行 InitializeComponent 方法，绘制窗体中的控件。接着第 43～45 行设置控件的数据，其中 MainViewModel 类是记录窗体信息的类。

代码第 48、49 行新建了外部命令，第 51～53 行继续实例化其他需要的变量。

当用户单击确定，希望执行插件的时候，MainView 类会生成一个总承包类 Constructor，如图 1. 2-70 所示。

```
269        private void RaiseEvent()
270        {
271            Constructor constructor = new Constructor(blockSearcher, mainViewModel);
272            eventHandler.action = constructor.GetResult;
273            externalEvent.Raise();
274        }
```

图 1. 2-70　MainView 类中用户单击确定后的处理方法样例

3. Constructor 类

Constructor 类类似于工地上提供总承包服务的总包单位，在内部组织各个具体步骤的先后顺序，并调用对应的功能类的方法。如图 1. 2-71 所示，在 Constructor 类中依次调用处理区域转化、加载族文件、获取工作集信息等功能类的方法。Constructor 类不提供具体的实现方法，而是调用其他类，这样万一以后需要修改流程或是替换算法，都比较简单。

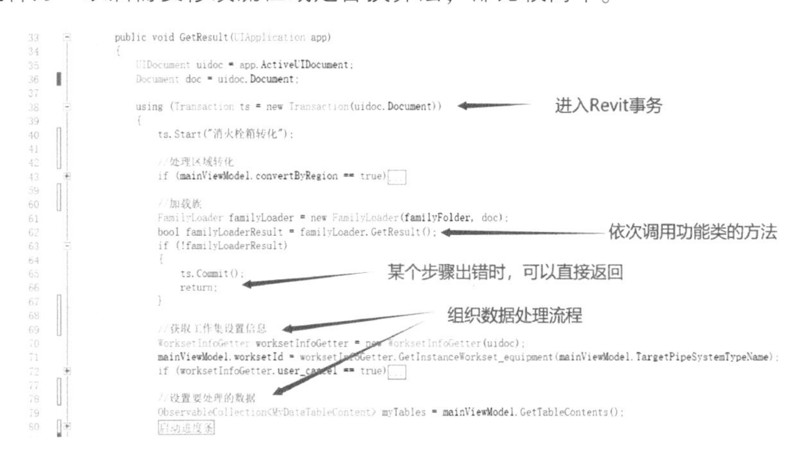

图 1. 2-71　Constructor 类实例

使用 Constructor 类还有一个好处是方便控制程序退出的时机。例如图 1. 2-71 第 66 行，没有找到对应的族文件时，可以在 Constructor 类里面马上退出事务，而不必运行后面的代码。

各种功能类的写法详见下一小节有关内容。

Q7 代码是怎样组织的

1. 解决方案和项目的组织

每个项目都会生成一个 dll 文件。没有必要使每个插件对应一个单独的项目，那样需要生成很多个 dll 文件，使用上并不方便。一般一个解决方案下面有 1 ~ 2 个项目即可，每个项目里面可以包含多个插件功能。

2. 项目内部不同功能插件的组织

项目内部为每一个插件功能新建一个文件夹，不同插件的代码放在对应的文件夹中。一些通用的类可以放在项目的 Utils 文件夹中。项目图片等资源放在 Resource 文件夹中。

3. 每个功能内部有关类的组织

可以将完成一定的子功能有关的类放在一个文件夹中，也可以根据类的性质进行整理。类级别以上的结构，其组织方法如图 1. 2-72 所示。

如图 1.2-72 所示，可以使：

1）每个解决方案下对应 1～2 个项目。

2）每个项目下有多个插件功能，通过文件夹区分。

3）每个插件文件夹下，按照类的功能，继续划分文件夹进行组织。

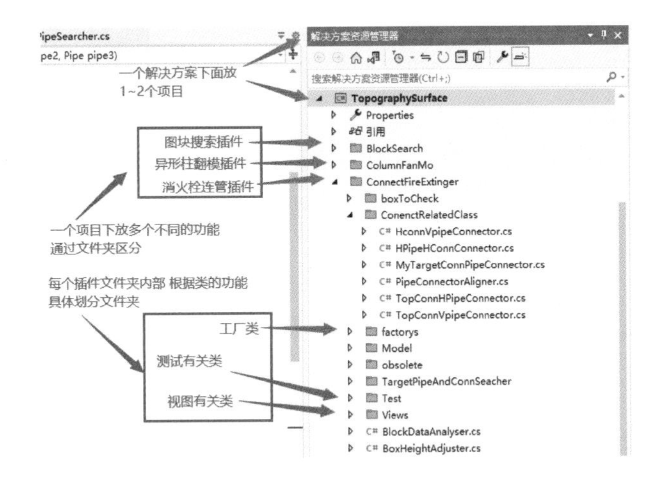

图 1.2-72　解决方案、项目、类之间的组织方式

4. 每个类内部代码的组织

以功能类为例，其编写方法如图 1.2-73 所示。

图 1.2-73　功能类的结构

功能类是为了实现一个具体的职责而编写的类。如图 1.2-73 所示，在翻模过程中，需要把引线上的文字和管道线建立一一对应的关系，我们编写一个 TextDeliver 类用于完成这个功能。

功能类中的代码由变量区、初始化区、主方法区和子方法区 4 部分构成。

（1）变量区　变量区用来存放类中所有的变量。需要与外界交互信息的变量写成公共变量和属性，其他内部使用的变量访问权限为 private。比如为了完成把引线的文字挪到管道边上这个任务，就需要知道 CAD 图纸上所有的文字和线，因此需要新建变量 allTextModels 和 allCADGeometryModels。

（2）初始化区　一般在构造函数中完成变量的初始化。使用构造函数赋值，一方面可以减少类对外的接口，另一方面可以避免忘记初始化变量的问题。

也可以把 TextDeliver 类的 allTextModels 和 allCADGeometryModels 这两个变量的访问权限改成 public，然后在外界调用的时候赋值。这样做的缺点是容易出现忘记给其中一个变量赋值的情况。

（3）主方法区　一般使用一个名称为 GetResult 的方法，对外公开。外界调用该方法，就能完成具体的任务。

（4）子方法区　用自然语言描述主方法需要完成的任务，将整个任务整合成流水线的形式，从任务中抽象出子任务，然后分别实现能完成各个子任务的子方法。主方法依次调用子方法。子方法访问权限为 private，以减少类对外暴露的信息。

主方法和子方法之间的数据交互，可以通过子方法的参数传递，也可以通过类变量交互。尽量使用方法参数的方式，可以提高子方法的复用性。当子方法需要对外公开或是提取静态类时，修改比较方便。

（5）功能类的调用　功能类的调用过程如图 1.2-74 所示。

首先实例化一个功能类的实例，用带参数的构造方法给类中的变量赋值，接着调用实例的

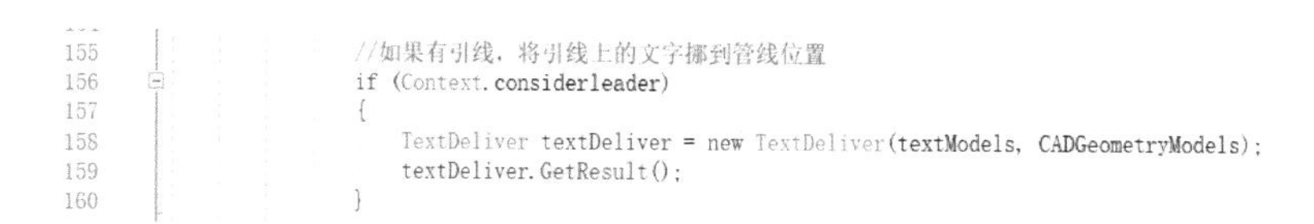

图 1.2-74 功能类的调用

主方法得到需要的结果。

功能类在设计时的思路和过程如图 1.2-75 所示。

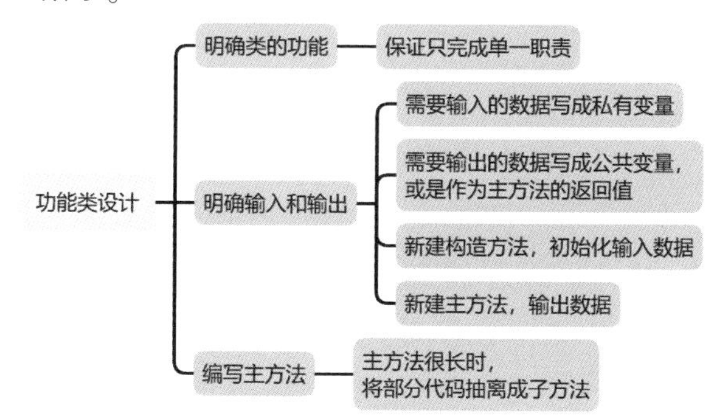

图 1.2-75 功能类的设计思路

并不是每个子任务都需要对应的功能类。当两个子任务前后执行，且需要的输入信息一样时，用一个类处理即可。

5. 其他类的组织

窗体类（MainView）、主线类（Mainline）、组织类（Constructor）已经在上一小节介绍过了，从形式角度划分，还有以下常用的类：

（1）实体类　类是方法和变量的集合。有时候我们会新建一些方法很少的类，比如用于记录用户选项的类，这种类主要是用于记录数据，称为实体类。

（2）包装类　例如直线类 Line 是没有轮廓 OutLine 的，而插件中经常需要使用直线的轮廓，每次都计算一遍的话比较麻烦。此时可以新建一个 MyLine 类，这个类有一个 Line 变量，可以在构造方法中生成被包装的直线的轮廓，并作为属性对外公开，这样外界可以方便地获取需要的信息。

（3）工具类　如果不同的业务之间有一些通用的公共方法，则可以将公共方法放在工具类中，以减少重复代码。

工具类名字通常以 Utils 或 Helper 结尾。工具类里面的方法都是静态方法，不需要实例化即可调用，方便编码。

要注意相关的方法放在一个工具类中，不相关的方法可以新建多个工具类存放。不要在一个工具类里面放几十个方法，这样调用时不好找需要的方法。

图 1.2-76 在静态类中使用扩展方法

除了类名 + 方法的形式调用，还可以在静态类中使用扩展方法，如图 1.2-76 所示，为 Pipe 类型添加了扩展方法 ConnectAtPoint。

这样在有 pipe 实例的地方就可以直接调用扩展方法，如图 1.2-77 所示。

图 1.2-77 调用扩展方法

（4）外部事件处理器类　用于非模态窗口重新进入 Revit 上下文，详见第 3 章的有关小节。

（5）Ribbon 有关类　负责在 Revit 面板上生成按钮。

（6）测试类　负责插件子功能的测试，命名时以 Test 结尾，每个要检测的功能类或方法对应一个测试类。测试类实现 IExternalCommand 接口，里面新建一个功能类的实例并调用其主方法，用于快速检测功能类是否符合要求。详见最后一章单元测试的有关小节。

Q8 编程中有哪些基本要点

1. 基本编程方法

（1）分析法　编程的基本方法是分析法，也就是大学编程课所说的“自顶而下，逐步求精”的方法。对于复杂的任务，首先用自然语言分析任务，把大问题拆成小问题（problem decomposition）。为小问题设计解决方案，然后把解决方案综合在一起。这样代码容易修改，且看上去易于阅读。

例如压排翻模功能，整体比较复杂。经过分析，可以分解为用户输入信息 => 载入族 => 确定族类别 => 获取管道类型和管道系统 => 计算集水坑边界 => 计算定位标高 => 确定各个定位点 => 布置阀门实例 => 布置水泵实例 => 创建阀门和水泵之间的管道 => 连接管道 => 管道连接阀门 => 不同水泵立管之间连接横管 => 生成汇总立管 => 汇总立管和水泵之间的横管连接 => 生成排出横管 => 汇总立管和排除横管连接等步骤。这样每个步骤的难度就都在可以解决的范围内了。

对于复杂的系统，也是分而治之（divide and conquer），将复杂的系统分解成很多个子系统，分别处理子系统，最后再整合成完整的系统。详见前面两小节内容。

写代码之前，应先把数据处理的流程在大脑中过一遍，如果比较复杂的话，可使用草稿纸记录和分析。有了大体框架后再去写代码，没有想清楚就不要着急写。

（2）步步为营法　不要一口气写几百行代码，然后期待一次成功。应该采用步步为营、摸着石头过河的方法。每次只修改或是增加一个子功能，然后马上进行测试，没有问题再开发下一个功能。例如在编写压排翻模插件时，布置阀门的代码写完之后，可先在 Revit 中查看布置效果，再去开发创建管道的子功能。

（3）抽象法　分析任务的输入量、输出量，分析问题的本质是什么，抽象出和具体用例无关的内容。其实，许多看上去不同的业务，在经过抽象之后，都可以使用相同的流程处理。

例如压排翻模工作，当立管位于集水坑外面时，需要新建集水坑中的立管、视情况生成 1～2 根出集水坑横管、再生成一根集水坑外的立管。当立管位于集水坑内部时，则只要新建一根立管。这个问题一眼看上去需要分情况依次新建不同数量的管道，接着新建弯头，那么代码量就会很大。

我们分析这个问题，本质上是给定一组点，两两之间生成管道。这组点除去第一个点和最后一个点，中间部分的点需要生成弯头。

这样无论需要生成几根管，我们只需要计算出端点的集合 points，就可以统一处理了，具体代码如下：

```
1.//连接两点之间
2.List<Pipe> pipes = new List<Pipe>();
3.for (int i = 0; i < points.Count - 1; i++)
4.{
5.    XYZ firstPoint = points[i];
6.    XYZ secoundPoint = points[i + 1];
7.
```

```
8.     Pipe pipe = Pipe.Create(doc, pipingSystemId, pipeTypeId, levelId, firstPoint, secoundPoint);
9.     pipe.get_Parameter(BuiltInParameter.RBS_PIPE_DIAMETER_PARAM).Set(pipeDia1_ft);
10.    pipes.Add(pipe);
11.}
12.
13.//生成弯头
14.List<FamilyInstance> elbows = new List<FamilyInstance>();
15.for (int i = 1; i < points.Count - 1; i++)
16.{
17.    Pipe pipeA = pipes[i - 1];
18.    Pipe pipeB = pipes[i];
19.    FamilyInstance elbow = MyPipe.ConnectTwoPipe(pipeB, pipeA, points[i]);
20.    elbows.Add(elbow);
21.}
```

由此可见，经过抽象之后，不同的业务都可以用同一段代码处理，且抽象后的代码通用性强，可以在别的地方重复使用。

2. 基本编程注意点

(1) 确定正确的开发顺序　一个插件有多个功能时，分析这些功能的重要性和相互依赖关系。先开发能形成最小的“可运行”系统的功能，比如窗体的数据验证等功能就可以等后期再开发。完成关键功能开发后，找产品经理或是用户确认，没有问题后再进行下一步开发，这样可以减少设计变更带来的大量修改。

(2) 边开发，边测试　准备好测试的项目和环境，开发完一个子功能后就测试，没有问题再进行下一个子功能的开发。

(3) 成员的名字要有意义，能表达足够的信息　变量、方法、类等成员的名字，要达到“望文生义”的效果，详见“程序中的成员是怎样命名的”小节有关内容。

(4) 一次只做一件事情　一个方法里面当然可以做很多事情，但是要一个接一个完成，不要同时做很多事情。可以使用空白行划分段落，使长篇代码变成一个个清晰的代码块，如图 1.2-78 所示。

```
338  public static Solid CreateSolidFromBoundingBox(BoundingBoxXYZ bbox)
339  {
340      //BoundingBoxXYZ bbox = inputSolid.GetBoundingBox();
341
342      // Corners in BBox coords
343
344      XYZ pt0 = new XYZ(bbox.Min.X, bbox.Min.Y, bbox.Min.Z);
345      XYZ pt1 = new XYZ(bbox.Max.X, bbox.Min.Y, bbox.Min.Z);
346      XYZ pt2 = new XYZ(bbox.Max.X, bbox.Max.Y, bbox.Min.Z);
347      XYZ pt3 = new XYZ(bbox.Min.X, bbox.Max.Y, bbox.Min.Z);
348
349      // Edges in BBox coords
350
351      Line edge0 = Line.CreateBound(pt0, pt1);
352      Line edge1 = Line.CreateBound(pt1, pt2);
353      Line edge2 = Line.CreateBound(pt2, pt3);
354      Line edge3 = Line.CreateBound(pt3, pt0);
355
356      // Create loop, still in BBox coords
357
358      List<Curve> edges = new List<Curve>();
359      edges.Add(edge0);
360      edges.Add(edge1);
361      edges.Add(edge2);
362      edges.Add(edge3);
363
```

图 1.2-78　清晰的代码块

有人建议一个方法的代码一定要少于 12 行或 20 行。笔者认为没必要做这样的硬性规定，我们的目标是让代码易于阅读。将方法划分太细，阅读时需要反复跳转视图，反而增加了理解代码的时间。

(5) 对于复杂的任务，先用自然语言描述任务，将任务整合成流水线的形式，从任务中抽象出子任务，然后分别实现能完成各个子任务的方法。这样的代码看上去清晰，也容易调试和修改。如图 1.2-79 所示，没有合理地划分出子任务，导致代码很长，调试时不能快速定位，也做不到代码的有效复用。

```
199    if (mainForm.checkBox_ShowAlert.Checked == true)
200    {
201        processBar.progressBar1.Value = 80;
202        processBar.label_currentWork.Text = "正在计算需要报警的梁";
203
204        //读取用户上次决定不显示的梁
205        beams_UserDecidedNotNeedToshow = Utils.ReadXmlFile_DoNotShowNextTime(beamAlertSetting_FileLocation);
206        //获取clashedElements、showNextTime等信息
207        foreach (var clashInfo in clashInfos)
208        {
209            Utils.SetClashInfo_doNotShowNextTime(clashInfo, beams_UserDecidedNotNeedToshow);
210            DataAnalyseUtils.GetClashedElements(clashInfo, 0, user_alert_deep_mm, structureDoc);
211        }
212        //注册监听活动视图切换
213        //UIApplication uIApplication = uiDoc.Application;
214        //uIApplication.ViewActivated += UiUtils.ActiveViewChanged;
215
216        List<ClashInfo> beamsWithClash = new List<ClashInfo>();//有碰撞的梁
217        beamsWithClash = clashInfos.Where(c => c.clashedElements.Any()).ToList();
218
219        List<ClashInfo> showList = new List<ClashInfo>();//这次需要显示的梁
220
221        List<ClashInfo> notShowList_SetByUser = new List<ClashInfo>();  //用户定义的不报警列表
222        notShowList_SetByUser = beamsWithClash.Where(c => c.doNotShowNextTime == true).ToList();
223
224        List<ClashInfo> BeamsWithWall_beanth = new List<ClashInfo>();  //墙上梁列表
225
226        //则根据和梁碰撞的图元中有没有标高和视图标高一致的规则，确定当前平面视图填表数量
227        List<ClashInfo> beamsWithClashToCurrentViewEles;
228
229        beamsWithClashToCurrentViewEles = UiUtils.ElimateBeams_toshowByViewLevel(beamsWithClash, activeView.GenLevel);
```

图 1.2-79　没有分块的长代码

而如图 1.2-80 所示，将相关性不大的子任务由不同的类实现，看上去就比较清晰。测试时，哪个步骤出了问题也可以快速定位到需要修改的地方。

```
96     //设置族类别
97     FamilySymbolAssignerBase familySymbolAssigner = new FamilySymbolAssigner_Pipe(uidoc, myDataRows);
98     familySymbolAssigner.GetResult();
99
100    //生成族实例
101    form_progress.label1.Text = "正在生成族实例";
102    InstanceGenerater instanceGenerater = new InstanceGenerater(myDataRows, uidoc, mainViewModel);
103    List<InstanceInfo> instanceInfos = instanceGenerater.GetResult();
104
105    //连接族实例到管道
106    form_progress.label1.Text = "正在连接阀门到管道";
107    InstanceCurveConnector instanceCurveConnector = new InstanceCurveConnector(uidoc, instanceInfos);
108    instanceInfos = instanceCurveConnector.GetResult();
```

图 1.2-80　划分的子任务

(6) 按单一职责的原则设计类　类和方法一样，也要注意单一职责问题，不要想着一个类解决所有问题。比如窗体的事件处理方法就不要都写在窗体类中。

(7) 建立自己的工具库　出现 3 次以上的代码，需要放在自己的代码库中，方便下次直接调用。这样可以加快编程速度。

(8) 要站在帮助他人更快读懂代码的角度写注释　没必要每个位置都写注释，也不要一个注释都不写。

(9) 熟悉类库　很多我们觉得很复杂的问题，可能在 Revit API 和 .NET 的类库中已经都有解决方法了，因此要每天花点时间熟悉相关的类库。

Q9 Visual Studio 有哪些使用技巧

工欲善其事，必先利其器。本小节即介绍作为插件开发 IDE 的 Visual Studio 的使用技巧。

1. 智能感知相关功能

(1) 使用智能感知　在代码区中输入类或方法的头几个字母，VS 就会自动找出有关的内容。这就是智能感知 IntelliSense 功能。如图 1.2-81 所示，输入 Cons 即可找到 Console 类。

图 1.2-81　智能感知功能

智能感知结果列表中被选中的部分背景颜色会变蓝，此时按下 tab、空白键、回车键都可以快速输入选中的内容。

图 1.2-81 中蓝色背景的内容是一个类，只要点击键盘上“.”，即可自动补全类名，并提供类的成员列表。如果蓝色部分是方法，则按键盘上“(”后，方法会自动补全。可以通过键盘上的上下键切换内容列表中被选中的部分。

如果觉得智能感知内容挡住了下面的代码，可以按住 Ctrl 键，此时列表会变透明，松开 Ctrl 键后又会恢复原状。

输入类或方法名字中的关键字或是大写的字母，IntelliSence 也能找到对应的内容。

如果发现智能感知被关闭了，使用快捷键 Ctrl + J 即可打开。

(2) 设置自动填充模式　如果发现智能感知的内容中没有蓝色背景的被选择内容，可以依次单击编辑 => IntelliSence => 在自动和仅限 Tab 的 IntelliSence 完成之间切换。在“自动”模式下会有默认的选中项，“仅限 Tab”模式下则只能按 Tab 后才会补全代码。

2. 浏览文档相关操作

(1) 给一个文档开多个窗口　一个文档很长时，上下来回切换查看很麻烦。此时可选择“窗口”→“新建窗口”功能，新建一个窗口，然后将新窗口拖到到另外一个计算机屏幕上，这样就容易分析一个长文档了。

(2) 将文档拖回主窗口　拖到外面的子窗口，如果想放回主窗口，可以先拖到窗口到主窗口内，此时主窗口上会显示定位导航，将子窗口拖到定位导航的中间松开鼠标即可（图 1.2-82）。

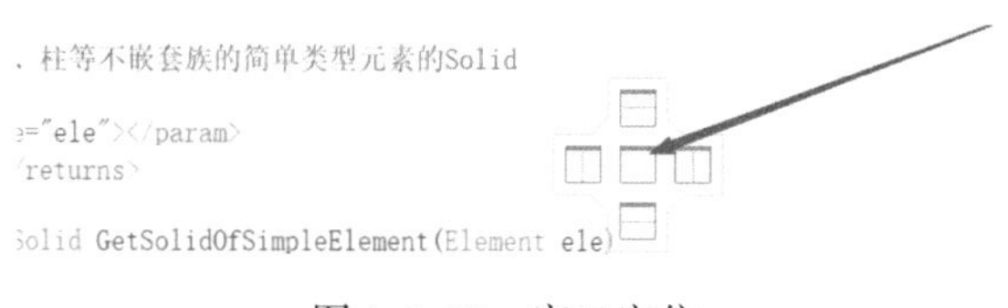

图 1.2-82　窗口定位

(3) 方法和代码之间的相互跳转　单击方法的代码上方“＊个引用”文字（图 1.2-83），就可以预览使用这个方法的代码。双击预览窗口的代码，就可以跳转到使用这个方法的代码。

如果想从方法名称跳转到方法的定义，可以将光标放在方法名称上，按住 Ctrl 键，此时鼠标的

```
BeamClearHeightAnalyse\ProcessBar.cs (1)
  39 : this.label_timeConsumed.Text=GetTimeConsumed(start_time);
全部折叠
                                    ue / 100).ToString("0%");
1 个引用
private string GetTimeConsumed(DateTime startTime)
{
    TimeSpan timespan = DateTime.Now - startTime;
    string timeConsumed = string.Format("{0:00}:{1:00}",timespan.Minutes, timespan.Seconds);
    return timeConsumed;
}
}
```

图 1.2-83　方法和代码之间跳转

光标变成一个手的形状，单击鼠标即可跳转到方法的代码。也可以直接按快捷键 F12 跳转到方法的定义。

（4）查找方法或变量的所有引用

在代码区单击一个变量，窗口中该变量出现的地方都会高亮显示，如图 1.2-84 所示。

```
128        if (newEnd.Count == 2)
129        {
130            currentLine = myLines.FirstOrDefault(x => x.Ischecked == false);//重设当前线
131            continue;
132        }
133
134        //分解当前直线
135        myLines.Remove(currentLine);
136        newEnd = newEnd.OrderBy(x => x.DistanceTo(startPoint_currentLine)).ToList();
137        for (int i = 0; i < newEnd.Count - 1; i++)
138        {
139            Line line = Line.CreateBound(newEnd[i], newEnd[i + 1]);
140            MyLine myLineNew = new MyLine(line);
141            myLineNew.Ischecked = true;
142            myLines.Add(myLineNew);
143        }
```

图 1.2-84　突出显示功能

如果想查找类、变量、方法所有出现的地方，可以在变量上右键单击 => 查找所有引用，如图 1.2-85 所示。

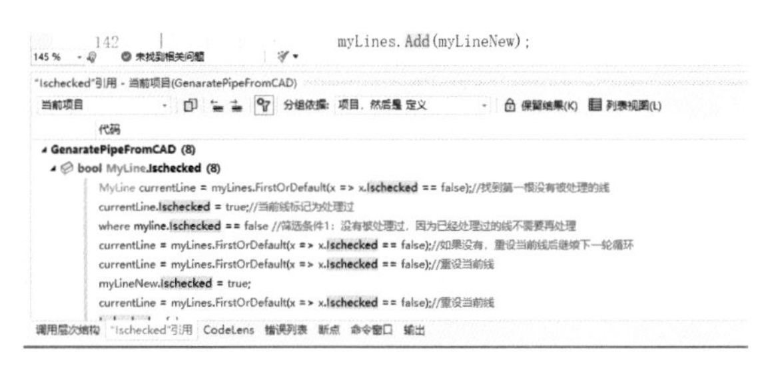

图 1.2-85　查找所有引用

（5）回到上一个视图　如图 1.2-86 所示，文件菜单边上有两个导航菜单，可以按顺序切回以前浏览的位置。

图 1.2-86　回到上一个视图

（6）设置外观样式　电影中的黑客的编程界面总是非常酷炫，我们也可以通过设置配色方案达到类似的效果。单击“工具”→“主题”，可以选择自己喜欢的设置。

也可以单击“获取更多主题”，进入官网下载自己喜欢的主题效果。

(7) 设置代码区文字大小　通过 Ctrl + 滚轮可以调整文字大小。

(8) 窗体设计器和代码切换　在窗体设计页面点击 F7 切换到窗体的代码，快捷键 Shift + F7 为反向切换。

(9) 折叠代码　可以单击代码区左侧大纲上的“ - ”，或是双击竖线折叠代码。

也可以选中要折叠的代码，用快捷键 Ctrl + H 隐藏代码。

使用编辑 => 大纲显示 => 折叠到定义，可以批量折叠。

对折叠后的代码，可以快速选择后复制。

(10) 查看类说明　将光标放在类上，单击键盘上的 F12，可以查看类的方法和属性。

(11) 对象浏览器　视图 => 对象浏览器，可以打开浏览对象的视图，如图 1.2-87 所示。

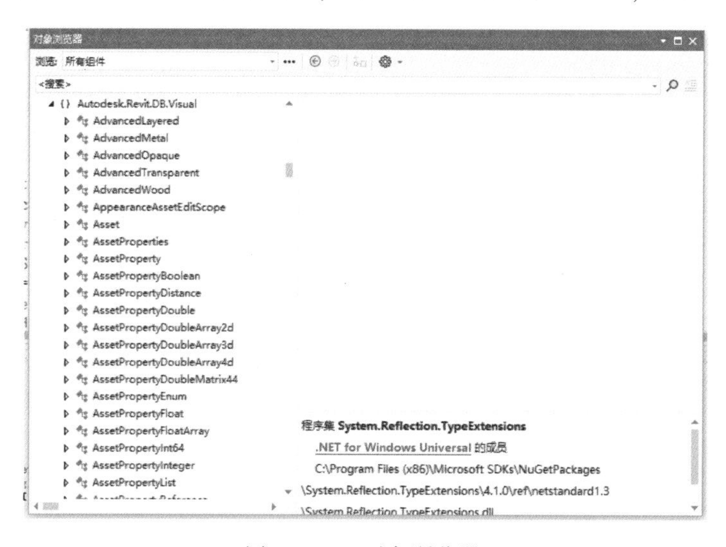

图 1.2-87　对象浏览器

在对象浏览器中不仅可以查看当前项目的类，还可以查看引用的工作集中的方法和变量。在对象浏览器中搜索方法和变量也是非常方便的。

3. 文件管理相关

如果在解决方案管理器中误删了文件，在回收站中还原被删除的文件即可。

4. 查找相关操作

(1) 快速定位关键字　用鼠标选中关键字（全选或光标位于关键字内），使用快捷键 Ctrl + F，就可以在文档中定位所有关键字。也可以先打开搜索栏后输入关键字，如图 1.2-88 所示。

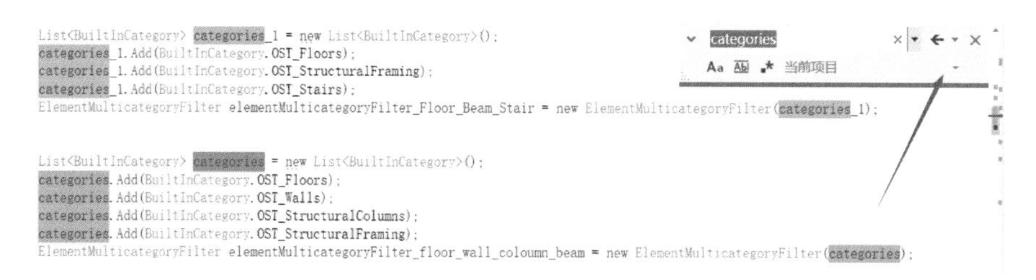

图 1.2-88　定位关键字搜索栏

使用快捷键 F3 可以定位到下一个位置，快捷键 Shift + F3 定位到上一个位置。也可以单击搜索栏上的箭头定位。

搜索栏使用菜单打开的方法为：编辑 => 查找和替换。

（2）快速替换关键字　使用快捷键 Ctrl + H，可以打开替换操作窗口，相关操作和 Word 文件中类似。

（3）查询带关键字的方法　如果只是需要查找有关键字的方法，可以先选中关键字，然后快捷键 Shift + F12，下方的窗口会显示有关键字的引用，如图 1. 2-89 所示。

```
246         }
            1 个引用
247         public static DirectShape SolidToDirectShape(Solid solid, Document doc)
248         {
249             Transaction ts = new Transaction(doc, "添加实体");
250             ts.Start();
251             DirectShape directShape = DirectShape.CreateElement(doc, new ElementId(BuiltInCat
252             List<GeometryObject> geometries = new List<GeometryObject>();
253             geometries.Add(solid);
254             directShape.SetShape(geometries);
255             ts.Commit();
256             return directShape;
257         }
```

图 1. 2-89　项目中“DirectShape”相关的方法

（4）快速查询类的定义　相关类的说明除了查询 API 文档外，还可以在 Visual Studio 中先将鼠标定位到相关的类，然后点击 F12，可以快速查询类有关的定义。

（5）转到给定的行　程序调试报错时，会提示哪个类的哪一行出现了问题。可以在类文件窗口中使用快捷键 Ctrl + G，打开“转到行”窗口，快速定位到相关的行。

（6）新建资源管理器　一个项目中插件功能比较多时，可在功能对应的文件夹上右键单击，选择新建资源管理器，这样就可以单开一个新的、只有当前项目有关类的资源管理器。

5. 代码编辑相关

（1）成员重命名　鼠标放在类、方法或变量上 => 右键单击 => 重命名，即可重命名当前成员。

（2）自动创建类的构造方法、封装字段　如图 1. 2-90 所示，在类中新建变量后，选中变量 => 右键单击 => 快速操作和重构，就可以选择快速生成类的构造函数或是封装字段。

（3）自动创建子方法　编程过程中发现一个方法代码过多，需要提取子方法复用时，可以使用选中需要提取的代码 => 右键单击 => 快速操作和重构 => 提取方法 => 给方法重命名。

（4）代码自动对齐　快捷键 Ctrl + K + D 即可整理和对齐代码。

（5）代码注释和取消注释　快捷键 Ctrl + K + C 注释代码，Ctrl + K + U 取消注释。

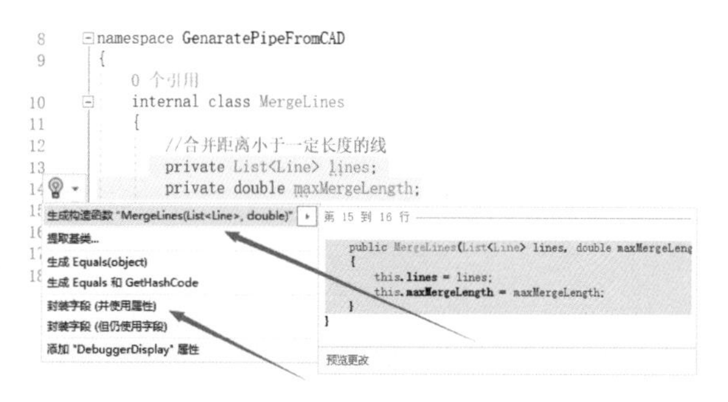

图 1. 2-90　自动封装字段

（6）生成 Guid　部分 Revit API 方法需要 Guid，单击工具→创建 Guid，即可使用 Visual Studio 创建 Guid。

（7）代码输入区光标变成小黑块　原因是按下了键盘上的“Insert”键，切换到了替换模式，此时只能替换光标所在的文字，而不能输入新文字。只需要再按一下“Insert”键即可切换回输入模式。

（8）批量替换类型　按住 Alt 键，单击鼠标左键后拖动，即可像 CAD 中框选一样建立选区（图 1.2-91）。然后输入新的类型名称，即可批量替换选中的类型。

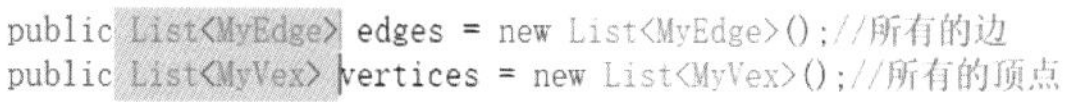

```
public List<MyEdge> edges = new List<MyEdge>();//所有的边
public List<MyVex> vertices = new List<MyVex>();//所有的顶点
```

图 1.2-91　建立选区

（9）快速输入 if 块　输入 if 之后按两次 Tab 键，即可快速输入一个 if 块。While、foreach、try catch 块也可以用类似方法生成。

（10）撤销和重做　快捷键 Ctrl + Z 撤销修改，也可以在工具栏单击撤销和重做按钮。

（11）自动提取基类型　在类名上右键单击 => 快速操作和重构 => 提取基类，然后选择需要提取到基类的成员以及需要抽象的方法，可快速从当前类生成基类，如图 1.2-92 所示。

图 1.2-92　提取基类型

（12）快速注释方法　在方法上方输 3 个“/”，Visual Studio 会自动生成注释的格式，用户填写具体内容即可，如图 1.2-93 所示。

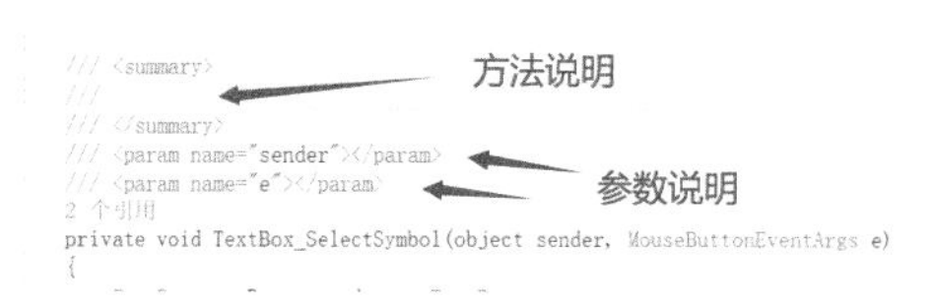

图 1.2-93　自动生成注释

（13）自动切换命名空间　在类名上右键单击 => 快速操作和重构 => 移动到命名空间即可。

（14）自动生成工具类　将方法的签名改成 public static，然后右键单击 => 快速操作和重构 => 将静态成员移到另一类型。

第 3 节　调试和获取帮助

Q10 怎样调试程序

在插件开发中，程序员的很大一部分时间是花在了调试出现的问题上。本小节介绍调试中经常用到的一些方法和技巧。

1. 常规调试方法

程序出现问题后，会弹出对话框，如图 1.3-94 所示。单击“详细信息”，会显示出问题的代码位置。

根据对话框提供的位置找到出现问题的代码，然后检查代码。如果不能直接发现问题所在，可以打上断点后再调试状态观察变量。

首先在想让程序暂停的代码上按 F9，打上断点。

然后在 VS 中依次单击调试 => 附加到进程 => 选中 Revit. exe => 附加，进入调试状态，如图 1. 3-95 所示。

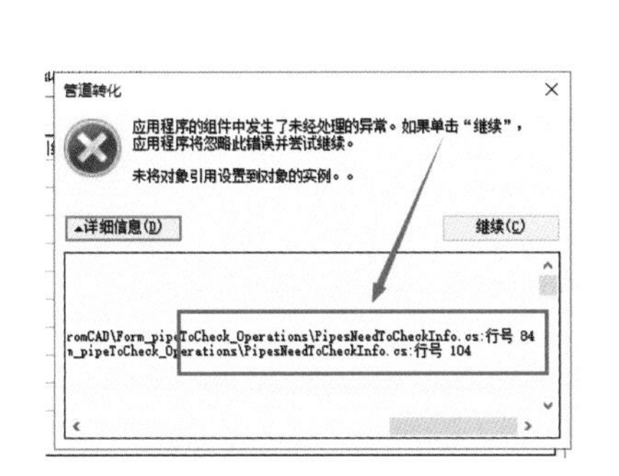

图 1. 3-94 问题位置

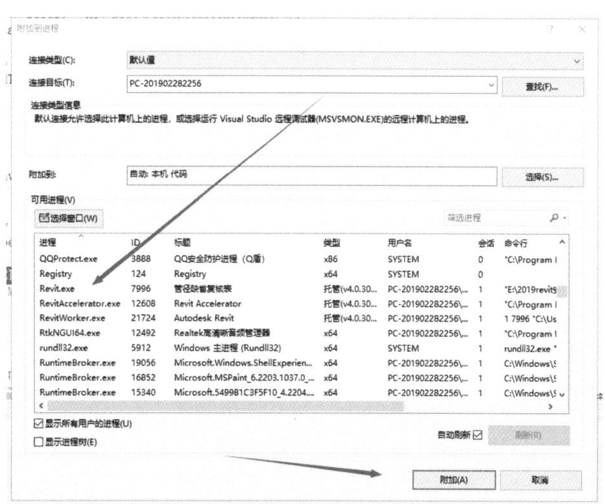

图 1. 3-95 附加到进程

当前代码应该和 Revit 中运行的 dll 文件相对应。如果上一次编译之后又修改了代码，则需要重新编译后再进入调试状态，否则如图 1. 3-96 所示，不一定会命中此断点。

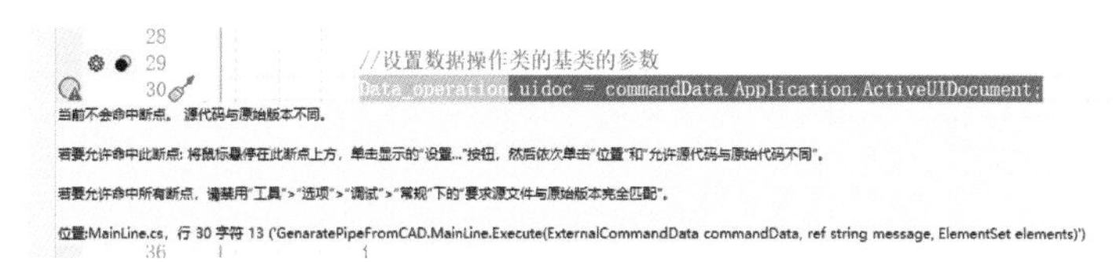

图 1. 3-96 源代码和正在运行的 dll 文件不一致

接着运行插件代码。在调试状态下运行插件，运行到有断点的代码时，程序会暂停。在 Visual Studio 下方会出现变量窗口（图 1. 3-97），可以观察此时各个变量的具体数据，方便找出问题。

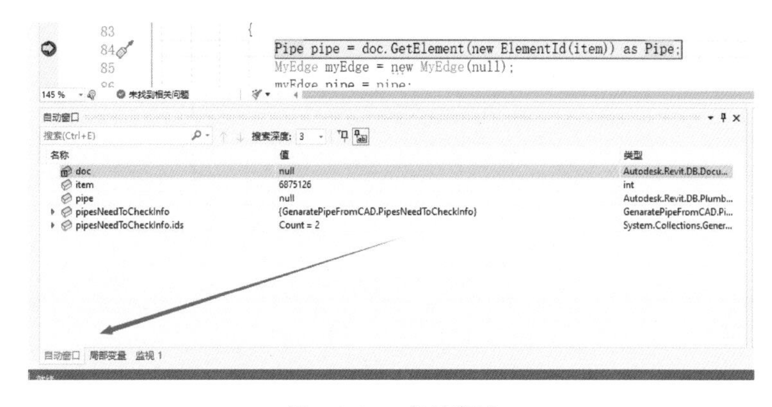

图 1. 3-97 变量窗口

单击变量左侧的小三角（图 1. 3-98），可以展开数据，进一步观察引用类型变量内部的值。

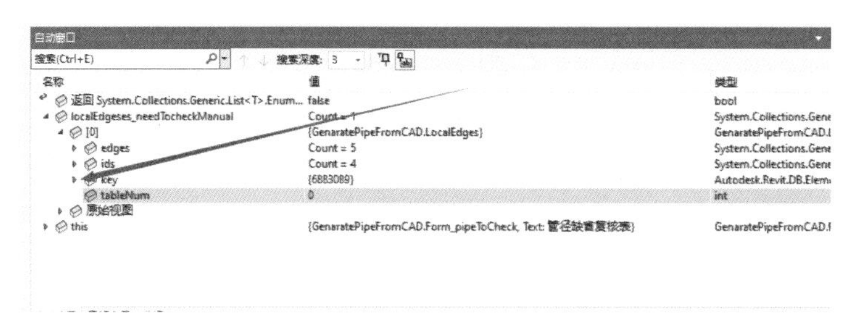

图 1.3-98　展开变量内容

如果想看的变量在自动窗口中找不到，可以切换到“监视”窗口（图 1.3-99），填写需要查看的变量或表达式。

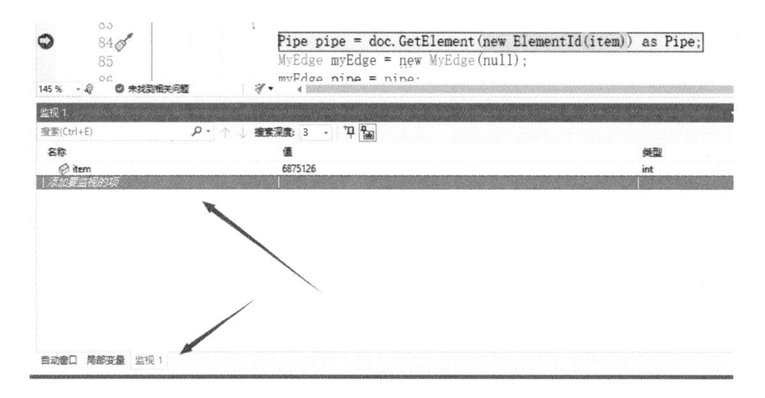

图 1.3-99　添加需要监视的变量

将鼠标移动到代码区的变量上，也能展示变量的值，如图 1.3-100 所示。

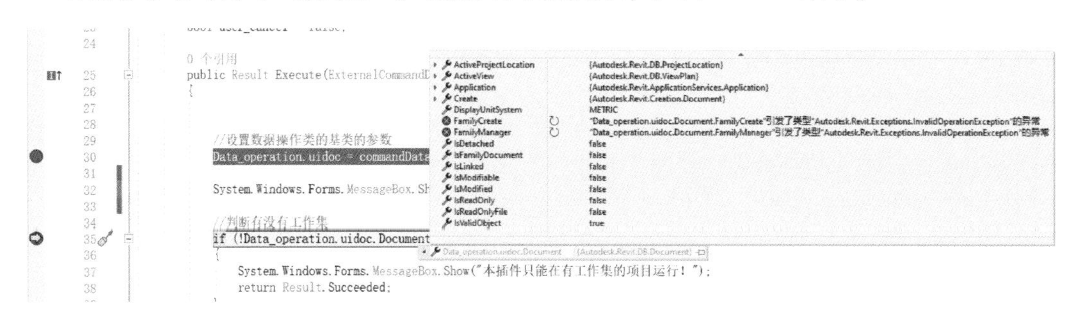

图 1.3-100　鼠标放在变量上的效果

如果想让程序接着运行下一条，则单击 F10 或 F11 键。单击 F10 键时，程序运行到下一行，单击 F11 键时，如果本行有调用其他方法，则程序会进入其他方法内的下一条暂停。

可以一次设置多个断点，如果需要直接运行到下一个断点，单击 F5 键。

取消断点的方法为鼠标单击断点处的小红点或是光标放在断点处按下 F9 键。

调试过程中如果需要修改代码，则需要单击状态栏上的红色方块退出调试状态，如图 1.3-101 所示。修改后重新编译，接着继续调试。

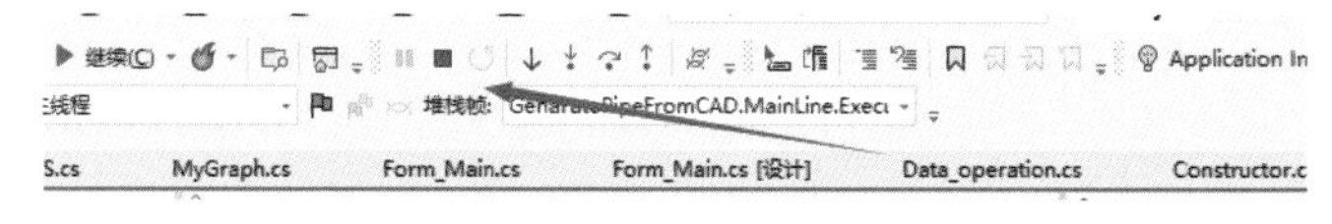

图 1.3-101　退出调试状态

如果想查看调用该方法的代码，则单击“调用堆栈”选项中的方法列表（图 1.3-102），此时会自动跳到相应代码的视图。

在调试状态时，解决方法资源管理器窗口在 VS 的最右上方折叠，可单击展开。

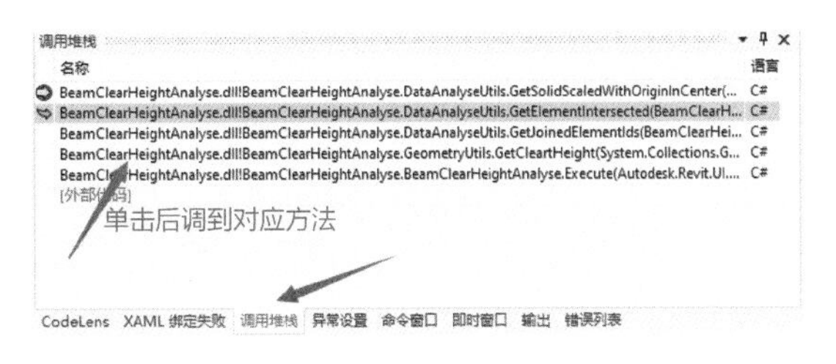

图 1.3-102　查看方法调用过程

2. 记事本调试法

据说最高端的程序员往往使用最简单的调试方法：打印数据后观察。例如打印字典类型数据的代码如下所示：

```
1.public static void WriteDictionary<T1, T2>(Dictionary<T1, T2> dictionary)
2.{
3.    lock (locker)
4.    {
5.        string path = Environment.GetFolderPath(Environment.SpecialFolder.DesktopDirectory);
6.        string LogAddress = path + @"\测试.txt";
7.
8.        StreamWriter sw = new StreamWriter(LogAddress, true, System.Text.Encoding.Default);
9.        sw.WriteLine(DateTime.Now.ToString());
10.        foreach (KeyValuePair<T1, T2> log in dictionary)
11.        {
12.            string s = log.Key.ToString() + "  " + log.Value.ToString();
13.            sw.WriteLine(s);
14.        }
15.        sw.WriteLine("*********************************");
16.        sw.Close();
17.    }
18.}
```

上方代码中，第 3 行 lock 的作用是使文件被打开时仍然可以写入数据。一般使用 NotePad++ 查看打印出的数据，因为数据更新后该软件可以提示用户刷新数据，并定位到最新写入数据的位置。

3. 一些调试技巧

1）不要一次写很长的代码，不然出问题后很难找到原因。尽量一次写一小片代码，运行后确认没问题再写下一段，步步为营。

2）调试最难的部分在于确定问题的位置。如果很长的代码出现了问题，可以使用二分法查找出问题的地方。如果前面二分之一的代码没有问题，那就把断点打在后半部分的中间，以此类推，不断二分。

3）修改代码后直接继续调试新代码。

依次单击：工具 => 选项 => 调试 => 常规 => 勾选“启用编辑并继续”和“热重载”（图 1.3-103）。即可直接调试修改后的代码，不需要退出调试状态后再重新编译。

4）几何图元有关的调试。可以使用 DirectShape 将点、线、面、体、范围盒等可视化，具体详见几何专题有关内容。

还可以动态观察几何运算的过程，详见第 4 章回溯法有关内容。

5）设置发生异常后程序暂停的位置。异常发生后，如果代码定义了处理方法，则程序调试时默认不会在发生异常的地方暂停。如果异常处理的层次很多，有时候会不容易找到发生问题的位置。此时可以在异常设置选项栏中全选 CLR 异常（图 1.3-104）。这样一旦发生异常，VS 就会在异常第一次出现的地方暂停。

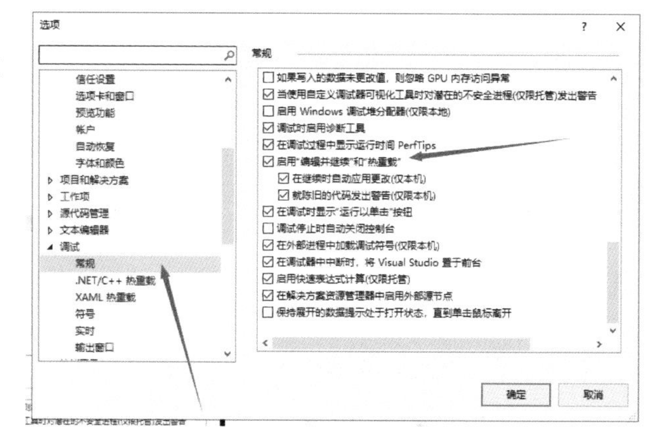

图 1.3-103　启动热重载

图 1.3-104　异常设置窗口

Q11 怎样测试插件

好的插件有以下特点：

（1）可靠　能得到用户期望的结果，不会弹出报错窗口无法完成任务，也不会留下很多需要用户接着手工修改的地方。

（2）友好　有简单的交互界面，不用运行很长的时间就能得到结果。

这两点的实现都离不开插件的测试工作。本小节即介绍插件开发中经常用到的测试方法。

1. 分步集成测试

准备一个样例项目，每次开发完成一个子功能后就对插件进行测试，确认当前子功能无误后再进行下一步的开发。一次只处理一个子功能，不断完善，直到所有功能全部完成。

例如翻模需要 CAD 图纸预处理、图数据结构生成、管道生成、管件生成等步骤。先编写“CAD 图纸预处理”的代码，完成后在样例项目中测试一下，没有问题后再接着开发“图数据结构生成”功能。

2. 兼容性测试

插件编写完成后，改变其运行环境，如切换到不同的项目、不同的电脑等，以测试插件的兼容性。

3. 高级用户测试

兼容性测试完成后，可以提交给公司里面的高级用户进行测试。高级用户是指了解插件开发知识、插件内部流程、用户需求的人，通常是公司里面的技术负责人或是插件业务的负责人，和他们一起运行插件，以便有效地寻找问题和讨论解决方法。

4. 单元测试

对于简单的插件，以上 3 种测试就足够用了。对于复杂的插件，则需要使用单元测试的技术。本节介绍单元测试的原理和基本操作，关于在 Revit 中进行自动化的单元测试的更多方法详见本书最后一章有关内容。

（1）单元测试的原理　如果一下子写完很多相互调用的方法再测试，则出问题的概率很大。不仅问题位置很难被发现，而且修改了一个底层方法之后，可能会给调用它的高层方法带去新问题。

一种好的解决方法就是写完一个方法后就测试，确认没有问题再接着写其他方法。对一个函数或是类进行检查和验证，这就是单元测试。

（2）怎样进行单元测试　使用单元测试可以及早发现问题，节省调试的时间。为了加快单元测试速度，一般需要使用框架，本小节将介绍 VS 自带的 MSTest 框架。

（3）创建单元测试项目　如图 1.3-105 所示，图纸标注中管径和标高标在了一起，需要提取其具体的直径。

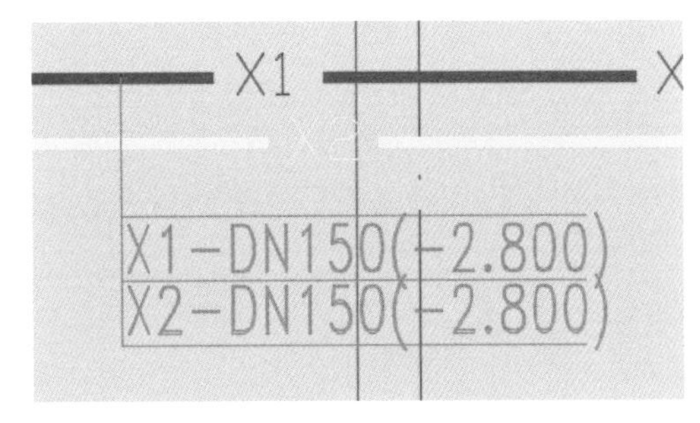

图 1.3-105　图纸中的标注

我们可以编写一个方法 GetNumberFromText 用于提取图 1.3-105 所示的标注中的管径。

```
1.public static double GetNumberFromText(string str)
2.{
3.    //从直径标注中提取具体的数字
4.    if (! str.Contains("DN")) //
5.    {
6.        return 0;
7.    }
8.
9.    //获取 DN 之后的文字
10.       string wordAfterDN;
11.       if (str.StartsWith("DN"))
12.       {
13.           wordAfterDN = str.Substring(2);
14.       }
15.       else
16.       {
17.           wordAfterDN = str.Split("DN".ToCharArray())[2];
18.       }
19.
20.       //提取 DN 之后的数字，如果发现不是数字，则跳出
21.       char[] refArray = {'0', '1', '2', '3', '4', '5', '6', '7', '8', '9'};
22.       char[] inputArray = wordAfterDN.ToCharArray();
23.       string numbAfterDN = string.Empty;
```

```
24.         foreach (char item in inputArray)
25.         {
26.             if (refArray.Contains(item))
27.             {
28.                 numbAfterDN + = item.ToString();
29.             }
30.             else
31.             {
32.                 break;
33.             }
34.         }
35.
36.         //转化字符串为数字
37.         double d;
38.         try
39.         {
40.             d = Convert.ToDouble(numbAfterDN);
41.         }
42.         catch (Exception)
43.         {
44.             d = 0;
45.         }
46.         return d;
47.   }
```

在方法名字上单击右键 => 创建单元测试 => 确定，如图 1.3-106 所示。

Visual Studio 会自动生成一个新项目，代码如图 1.3-107 所示。可见新项目已经添加了到被测试项目的引用上。

图 1.3-106　创建单元测试窗口

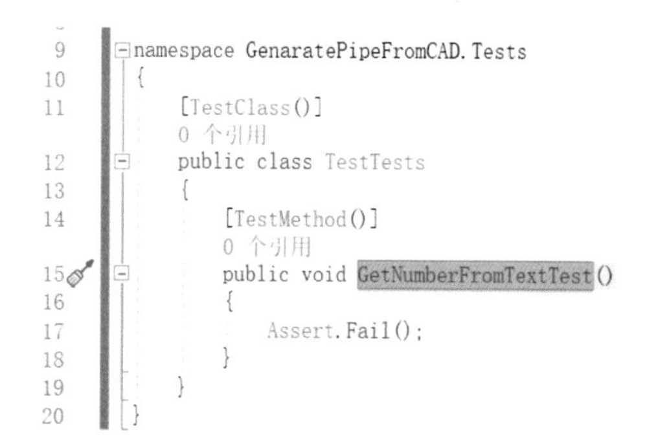

图 1.3-107　自动生成的单元测试代码

接着手动补充测试代码如图 1.3-108 所示。

使用快捷键 Ctrl + B 生成项目，依次单击测试 => 测试资源管理器，打开测试资源管理器的窗口（图 1.3-109）。选择需要测试的方法后单击绿色箭头运行。

```
 8
 9  namespace GenaratePipeFromCAD.Tests
10  {
11      [TestClass()]
        0 个引用
12      public class TestTests
13      {
14          [TestMethod()]
            |0 个引用
15          public void GetNumberFromTextTest()
16          {
17              string str = "jkjkjkDN150jfjk";
18              Assert.AreEqual(150, GenaratePipeFromCAD.Test.GetNumberFromText(str));
19          }
20      }
21  }
```

VS自动生成的项目　测试用的输入　需要测试的方法　期待的输出结果

图 1.3-108　设置测试条件

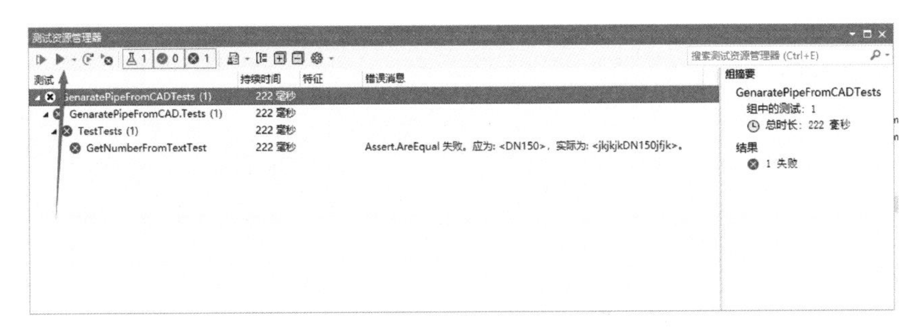

图 1.3-109　测试资源管理器

可以使用 DataRow 标签，自动化依次运行多个测试，如图 1.3-110 所示。

```
 9  namespace GenaratePipeFromCAD.Tests
10  {
11      [TestClass()]
        0 个引用
12      public class TestTests
13      {
14          [TestMethod()]
15          [DataRow("DN150",150)]
16          [DataRow("", 0)]
17          [DataRow("135DN150", 150)]
18          [DataRow("DN150gf200", 150)]
19          [DataRow("kk65fdDN150jj200", 150)]
            |0 个引用
20          public void GetNumberFromTextTest(string str,double result)
21          {
22              Assert.AreEqual(result,GenaratePipeFromCAD.Test.GetNumberFromText(str));
23          }
24      }
25  }
```

测试资源管理器
GenaratePipeFromCADTests (5)
GenaratePipeFromCAD.Tests (5)
TestTests (5)
GetNumberFromTextTest (5)

图 1.3-110　运行多个测试

如果需要测试过程中调试，则在测试窗口中单击右键 => 调试，如图 1.3-111 所示。

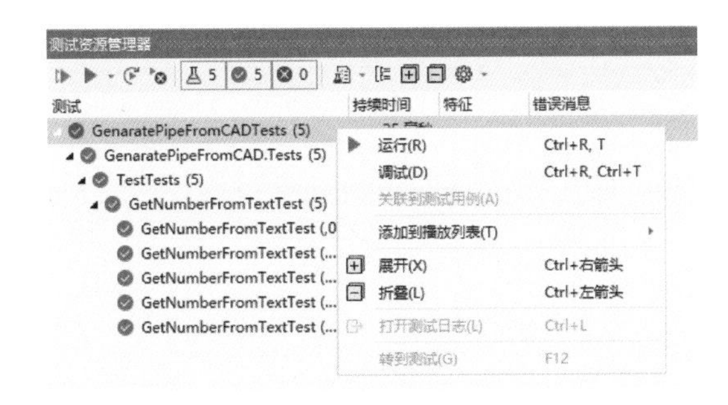

图 1.3-111　调试测试

5. 其他测试有关的常用方法

上例中，我们使用了 Assert 类的 AreEqual 方法判断方法输出结果是否和期待的一样。Assert 类其他常用的方法见表 1. 3-2。

表 1. 3-2　Assert 类其他常用方法

Assert. AreEqual()	验证值相等
Assert. AreSame()	验证引用相等
Assert. AreNotSame()	验证引用不相等
Assert. IsTrue()	验证条件为真
Assert. IsFalse()	验证条件为假
Assert. AreNotEqual()	验证值不相等
Assert. IsInstanceOfType()	验证实例匹配类型
Assert. IsNotInstanceOfType()	验证实例不匹配类型
Assert. IsNotNull()	验证条件不为 NULL
Assert. IsNull()	验证条件为 NULL
Assert. Fail()	验证失败

对于字符串，可以使用 StringAssert 类的静态方法，见表 1. 3-3。

表 1. 3-3　StringAssert 类常用方法

StringAssert. AreEqualIgnoringCase()	用于断言两个字符串在不区分大小写情况下是否相等，需要提供两个参数，第一个是期待的结果，第二个是实际结果
StringAssert. Contains()	用于断言一个字符串是否包含另一字符串，其中第一个参数为被包含的字符串，第二个为实际字符串
StringAssert. StartsWith()	断言字符串是否以某（几个）字符开始，第一个参数为开头的字符串，第二个为实际字符串
StringAssert. EndsWith()	断言字符串是否以某（几个）字符结束
StringAssert. Matches()	断言字符串是否符合特定的正则表达式

对于集合，可使用 CollectionAssert 类的静态方法，见表 1. 3-4。

表 1. 3-4　CollectionAssert 类常用方法

CollectionAssert. AllItemsAreNotNull	断言集合里的元素全部不是 Null
CollectionAssert. AllItemsAreUnique	断言集合里面的元素全部是唯一的，即集合里没有重复元素
CollectionAssert. AreEqual	用于断言两个集合是否相等
CollectionAssert. AreEquivalent	用来判断两个集合的元素是否等价，如果两个集合元素类型相同，个数也相同，即视为等价，与上面的 AreEqual 方法相比，它不关心顺序
CollectionAssert. Contains	断言集合是否包含某一元素
CollectionAssert. IsEmpty	断言某一集合是空集合，即元素个数为 0
CollectionAssert. IsSubsetOf	判断一个集合是否为另一个集合的子集，这两个集合不必是同一类集合（可以一个是 array，一个是 list），只要一个集合的元素完全包含在另一个集合中，即认为它是另一个集合的子集

6. 对接 Revit 时的测试方法

以上介绍的是单元测试的通用做法，当方法中涉及 Revit 文档读取时，自动生成测试代码就比较困难了。下面接着介绍一些笔者的经验：

（1）测试类法　在插件开发中，可以为每个需要测试的方法新建一个测试类，如图 1. 3-112 所示。

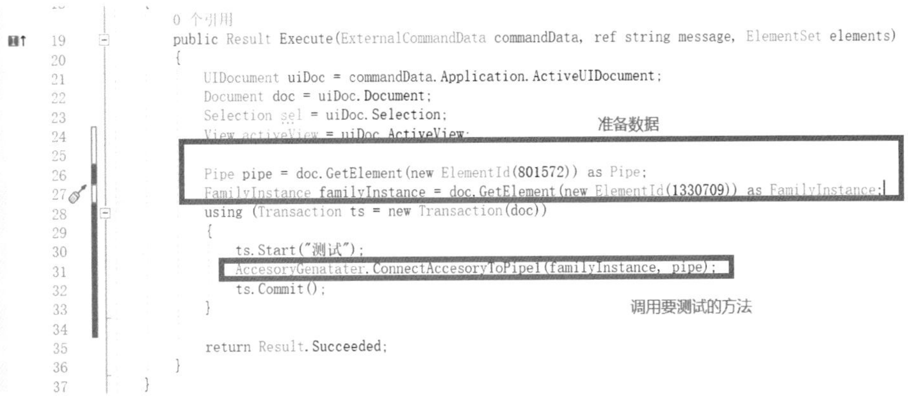

```
        0 个引用
19      public Result Execute(ExternalCommandData commandData, ref string message, ElementSet elements)
20      {
21          UIDocument uiDoc = commandData.Application.ActiveUIDocument;
22          Document doc = uiDoc.Document;
23          Selection sel = uiDoc.Selection;
24          View activeView = uiDoc.ActiveView;
25
26          Pipe pipe = doc.GetElement(new ElementId(801572)) as Pipe;
27          FamilyInstance familyInstance = doc.GetElement(new ElementId(1330709)) as FamilyInstance;
28          using (Transaction ts = new Transaction(doc))
29          {
30              ts.Start("测试");
31              AccesoryGenatater.ConnectAccesoryToPipe1(familyInstance, pipe);
32              ts.Commit();
33          }
34
35          return Result.Succeeded;
36      }
37  }
```


图 1. 3-112　新建测试类

首先通过继承 IExternalCommand 接口获取 Revit 文档信息，接着准备数据，然后调用需要测试的方法。这样以后使用 Addin Manager 就可以运行这个测试。

（2）调整 return 位置法　如图 1. 3-113 所示，在 137 行放一个 return 语句。这样下方的代码都不会执行，以达到对 return 前面的代码进行测试的目的。

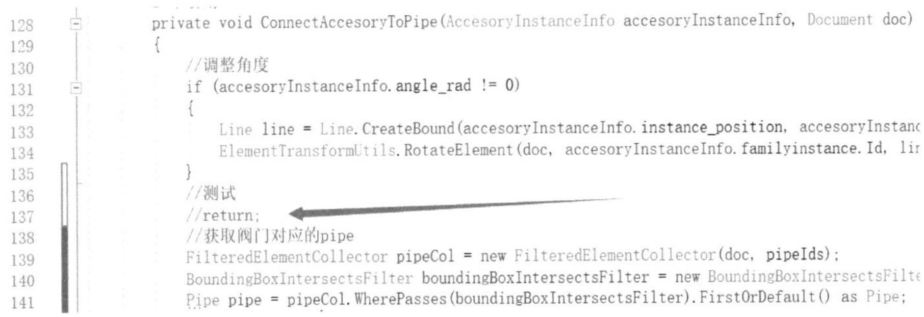

```
128     private void ConnectAccesoryToPipe(AccesoryInstanceInfo accesoryInstanceInfo, Document doc)
129     {
130         //调整角度
131         if (accesoryInstanceInfo.angle_rad != 0)
132         {
133             Line line = Line.CreateBound(accesoryInstanceInfo.instance_position, accesoryInstanc
134             ElementTransformUtils.RotateElement(doc, accesoryInstanceInfo.familyinstance.Id, lir
135         }
136         //测试
137         //return;
138         //获取阀门对应的pipe
139         FilteredElementCollector pipeCol = new FilteredElementCollector(doc, pipeIds);
140         BoundingBoxIntersectsFilter boundingBoxIntersectsFilter = new BoundingBoxIntersectsFilte
141         Pipe pipe = pipeCol.WherePasses(boundingBoxIntersectsFilter).FirstOrDefault() as Pipe;
```

图 1. 3-113　通过设置 return 语句控制代码运行范围

其他自动化的测试方法详见最后一章有关内容。

Q12 怎样获取帮助

本小节介绍二次开发过程中遇到问题时获取帮助的方法、二次开发学习资源以及笔者的一些学习经验和心得。

1. 获取帮助

（1）查询 CSDN　CSDN 是中文 IT 技术交流平台。百度 CSDN，进入官网，在搜索栏（图 1. 3-114）输入问题。

图 1.3-114　CSDN 查询界面

Revit 二次开发过程中遇到的很大一部分问题都可以在 CSDN 中找到答案。CSDN 里面内容如此全面，以至于出现了面向 CSDN 开发的“CV”工程师，他们大部分时间是在 CSDN 中找到对应的代码，通过 Ctrl + C（复制）然后 Ctrl + V（粘贴）解决问题，如图 1.3-115 所示。

（2）查询 Revit API Forum　Revit API Forum 是 Autodesk 官方论坛，里面有全世界用户提出的问题，很多都是 Autodesk 的技术专家回答的，因此参考价值很大。网址为 https://forums.autodesk.com/t5/Revit-api-forum/bd-p/160，也可通过百度“Revit API Forum”进入（图 1.3-116）。在搜索栏输入需要查询的问题的英文关键字后，即可找到相应的主题。

图 1.3-115　“CV”工程师专用键盘

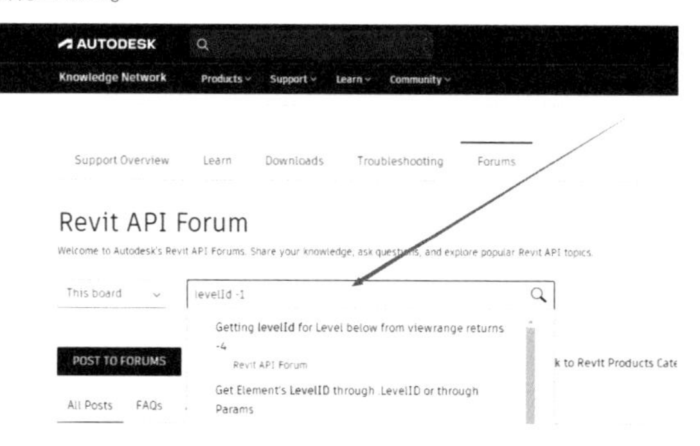

图 1.3-116　Revit API Forum 界面

如果没有找到需要的结果，可以自己发帖，一般当天就会有人回复。注意尽量将 Revit 的界面设置成英文再截屏提问，以方便 Autodesk 的专家查看。

（3）Revit API 中文论坛　可百度“Autodesk ADN 中国 Forum”或使用网址“https://forums.autodesk.com/t5/Revit-navisworks-jian-zhu-shi-gongbim-tao-lun-qu/bd-p/911”进入中文的官方开发论坛。

（4）技术交流群　推荐橄榄山二次开发 qq 群 317179938，里面有很多热心的大佬。如果群已满，可以打开橄榄山论坛 http://bbs.glsbim.com/forum.php，查询最新群号。

（5）查询 Revit 帮助网页　在 Revit 中单击 F1，即可打开帮助页面，其网址为 https://help.autodesk.com。

在 Revit API Forum 提问时需要用英语。如果不知道某个命令的英文单词，可以先在帮助页面的中文状态下查询，定位到命令后切换网址语言为英文。

如果 API 文档中有名词不知道是什么意思，也可以用切换语言的方法进行了解。例如，API 文档中平面视图有一个 GetUnderlayBaseLevel 方法，我们不知道什么是“underlay”。可以将帮助网站的语言设置为英文，搜索关键字“underlay”，如图 1.3-117 所示。

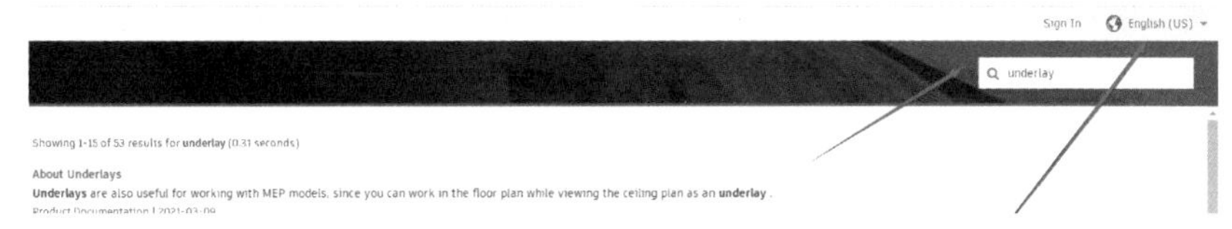

图 1.3-117 设置语言的选项位置

打开相关的页面，切换回中文界面，这样就能明白 underlay 是底图和基线的意思了。

（6）查询微软官方文档 MSDN 以下网址可以进入 . Net Framework 的官方文档，如图 1.3-118 所示。

https://docs.microsoft.com/en-us/dotnet/api/system.data.datatable? view = netframework-4.8

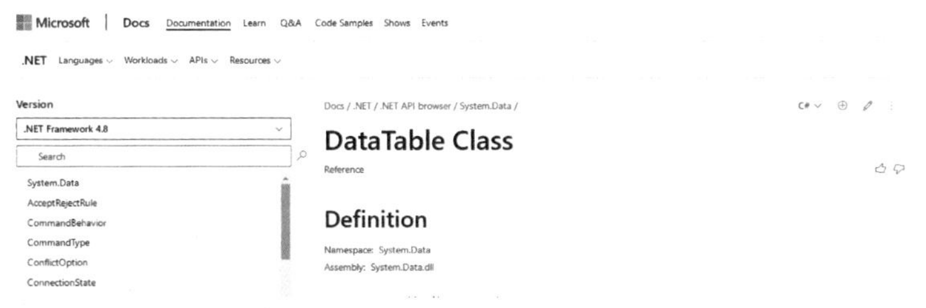

图 1.3-118 微软官方文档

开发过程中遇到 . Net Framework 的有关问题，都可以在这个网站进行查询。

2. 学习资源

（1）Revit Developer Guide 在 Revit 帮助网页导航栏的最下方，有开发指南，见图 1.3-119。

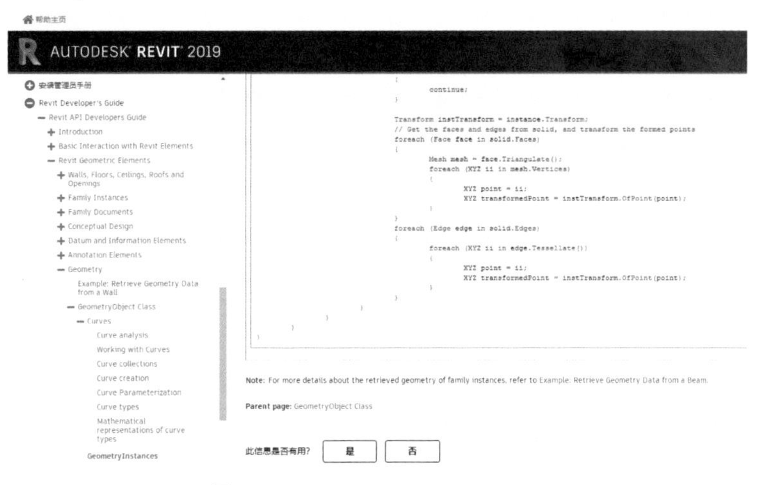

图 1.3-119 Revit Developer Guide

开发指南非常详细，很多问题都可以在这里找到答案。

（2）CAD API 文档 处理和 CAD 交互问题时，可以进入以下网址，查询 CAD 的 API（图 1.3-120），https://help.autodesk.com/view/OARX/2018/ENU/? guid = OREFNET-Autodesk_AutoCAD_DatabaseServices_Spline_ToPolyline

（3）B 站教学视频 遇到自己不熟悉的技术时，可以在 B 站搜索教学视频。Revit 二次开发入门视频方面，推荐周婧祎老师的课程，网址为：

https://www.bilibili.com/video/BV1i741147Mu?spm_id_from = 333.337.search-card.all.click

（4）图书　目前市场上关于Revit二次开发的有关图书不多，各自特点如下：

《Autodesk Revit 二次开发基础教程》是官方出品的教程，比较权威。

《API 开发指南 Autodesk Revit》是 Revit Develop Guide 的中文翻译，内容比较全面。

《建筑工程 BIM 创新深度应用——BIM 软件研发》是国内的原创教程，内容比较贴近二次开发实战。

图 1.3-120　CAD API 文档

为了避免和以上图书在内容上重复，本书的主要内容为二次开发的相关原理和实战中的注意点。关于 API 里面各种类更加全面的介绍，可以参考以上书籍。

国外 Revit 二次开发的图书似乎只有一本 Manual practico de la Revit con C#，这本教程的特点是非常细致，每个知识点都配备了代码进行讲解，因此非常厚，有 900 多页。熟悉西班牙语的读者可以购买参考。

对于非计算机专业的读者，只看 Revit API 有关的资料是远远不够的。本书最后参考文献里面列出的有关图书，读者可以根据自己的实际情况选取阅读。

（5）公开课　对于非计算机专业的读者，花点时间学习相关的计算机专业骨干课程益处很大。如果是英语比较好的读者，可以学习 MIT Open Course 里面的课程，如图 1.3-121 所示。

图 1.3-121　MIT Open Course 网页

网址为：https://ocw.mit.edu，推荐的课程有：

6.0001 Introduction to Computer Science and Programming in Python，计算机导论课程，侧重介绍计算机编程思想和原理。虽然教学中使用的是 Python 语言，但是课程中提到的数据类型、方法调用、递归设计、单元测试、面向对象、查找和排序等知识都是通用的。

6.006 INTRODUCTION TO ALGORITHMS，算法入门课，介绍排序、哈希、图搜索、动态规划等算法设计知识。

6.031 Software Construction，软件工程课，介绍单元测试、代码检查、版本控制、抽象数据类型、调试、递归等软件工程方法。

6.837 Computer Graphics，计算机图形学，里面的几何变换等内容很有用。

6.042J Mathematics For Computer Science，离散数学，介绍图论、递归、计数、概率论等数学知识。

国内大学也有很多公开课，例如 MOOC、网易公开课、B 站教学视频等，读者可以自己搜索观看。

（6）博客　国外最有名的是 Jeremy Tammik 的博客，网址为：https://thebuildingcoder.typepad.com/。国内的可以很容易在 CSDN 中找到。

3. 学习方法

笔者推荐一种“产学研结合”的学习方法。就是以工作为主，在工作中遇到问题了，再去找相关内容学习，将学到的知识应用到工作中，解决实际问题，并总结经验。这个过程不断循环往复，自己的能力也就螺旋式提高了。

笔者刚开始学习二次开发时，是先看的介绍 API 的书，结果读不进去。于是改看 C#教学视频，又感觉非常枯燥，也听不下去。后来领导要我做一个管道保温层有关的插件，于是我边做边看书，遇到问题再去找相关资料，然后记笔记。这样整个学习过程是主动的，知识点也像葡萄一样串起来了。

第2章 实战中的C#语言应用

第1节 巩固C#语言知识

Q13 程序中的成员是怎样命名的

给类、变量、方法等程序的成员起一个有意义的，能表达足够信息的名字，是编程过程中非常重要的工作。

在插件整个开发周期中，浏览和调试代码的时间往往是写代码花费时间的好几倍。一方面，如果代码中的名字足够清晰，阅读和调试代码会变得很方便，从而大大提高开发的效率。另一方面，名称有歧义或是没有意义的话，不仅会引发各种问题，而且也会增加理解代码的难度。下面就介绍二次开发过程中程序各个成员的命名规则注意点。

1. 变量的命名

1）变量的名字要有意义，能表达足够的信息。要思考他人看到这个名词之后脑海里的画面是怎样的。

2）变量的名字要精确，不要泛指。

3）变量使用驼峰法命名，即第一个字母小写，后面每个单词首字母大写。不推荐使用“_”打头，因为不容易被 Visual Studio 智能感知。

4）在类内部，方法和变量名称都可以简化。例如一个类叫 BeamHelper，汇总了梁相关的方法。其中获取梁高的方法命名为 GetH 即可，不要命名为 GetBeamH。

5）循环和 lamada 表达式的内部变量可以用一个字母表示。

6）方法体中，要返回的变量使用 result 表示。

7）在 while 循环中，while 后面括号里面的变量一般以“current”为后缀，while 体大括号里面的下一轮变量使用“next”后缀。在最后一行将 next 变量赋值给 current 变量。

8）表示可能是目标的变量使用“possible”结尾。

9）Winform 中的控件使用“控件名称_功能”的格式命名，如“button_ok”。

10）Revit 中内部单位为英尺，为避免忽略单位转换的问题，表示长度的变量后面要加上单位信息。使用英尺的，变量后缀为“ft”；使用毫米的，变量后缀为“mm”；例如“ double offset_ft”。

11）涉及坐标系转换的变量，使用 globle 或 local 做后缀，以区分世界和局部坐标系。

12）Revit 中一些常用变量应使用固定的名称，见表 2. 1-1。

13）元素收集器使用 Col 结尾，如 pipeCol 表示搜集管道的元素收集器。

14）文件相关的变量命名见表 2. 1-2。

表 2.1-1 常用变量命名

类型	实例名称	类型	实例名称
UIDocument	uidoc	View	activeView（活动视图）
Document	doc	Selection	sel
UIApplication	app	Transaction	ts

表 2.1-2 文件相关变量命名

类型	变量名称	例子
完全路径	fileFullPath	E:\111.txt
文件所在的文件夹路径	fileDirectory	E:\
带后缀的文件名	fileNameWithExtension	111.txt
不带后缀的文件名	fileNameWithoutExtension	111

2. 方法命名

（1）方法的名称要清晰，不要有歧义

如图 2.1-1 所示的两个方法，功能是将 Solid 转换为 DirectShape。因为在 Revit 中修改模型需要在事务中进行，且事务内部不能嵌套事务，所以笔者写了两个方法（图 2.1-1）。名字为 withOutTransaction 和 withTransaction，分别表示带事务和不带事务。

```
0 个引用
323  public static DirectShape SolidToDirectShape_withOutTransaction(Solid solid, Document doc)
324  {
325      DirectShape directShape = DirectShape.CreateElement(doc, new ElementId(BuiltInCategory.OST_GenericModel));
326      List<GeometryObject> geometries = new List<GeometryObject>();
327      geometries.Add(solid);
328      directShape.SetShape(geometries);
329      return directShape;
330  }
331
1 个引用
332  public static DirectShape SolidToDirectShape_withTransaction(Solid solid, Document doc)
333  {
334      Transaction ts = new Transaction(doc, "添加实体");
335      ts.Start();
336      DirectShape directShape = DirectShape.CreateElement(doc, new ElementId(BuiltInCategory.OST_GenericModel));
337      List<GeometryObject> geometries = new List<GeometryObject>();
338      geometries.Add(solid);
339      directShape.SetShape(geometries);
340      ts.Commit();
341      return directShape;
342  }
```

图 2.1-1 两个类似的方法

但是这个名字还是有歧义的。withTransaction，既可以表示该方法内部有一个事务，也可以表示这个方法应该放在有事务中的代码中运行。过一段时间以后，可能作者也弄不清楚是哪个意思了。更好的名字是 SolidToDirectShape_withTsInsideMethod，这样就明确了是在这个方法的内部有事务。

（2）方法的名称要具体，不要都用简单的英语单词

词汇量不够时，很容易所有的方法都用"Get"开头，表 2.1-3 列出了一些 Get 的替代单词。

表 2.1-3 方法名称单词

send	deliver、dispatch、announce、distribute、route
find	search、extract、locate、recover
start	launch、create、begin、open
make	create、set up、build、generate、compose、add、new
stop	pause
get	fetch、compute

3. 类命名

一些常用的类命名习惯详见第 1 章“代码是怎样组织的”一节。

Q14 如何深入理解变量

值类型和引用类型是 C#中非常重要的概念。如果对两者的理解不深入，开发过程中就会遇到许多很难找到源头的 bug。本节先介绍不同视角下的内存，接着讨论方法参数的传递问题。

1. 两种视角下的内存

因为 .Net 提供了托管机制，我们无须关心内存分配问题。编写程序的时候，只要了解以下简化版的概念就行。

(1) 变量的本质　变量的本质是内存地址，是一个整数。可以把内存看成一个大的数组，变量就是这个大数组的下标。

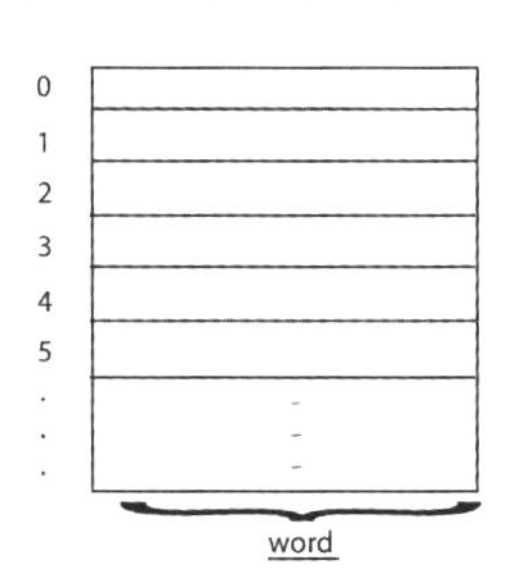

图 2. 1-2　随机存取机（random access machine）视角下的内存

如图 2. 1-2 所示，内存被划分成一片片区域，称为 word。每片 word 在内存这个大数组中对应的下标也称为地址（Address）。现在的电脑内存的 word 大小一般为 64 位。我们在执行“int a = 10;”语句时，内存中发生的变化如图 2. 1-3 所示。

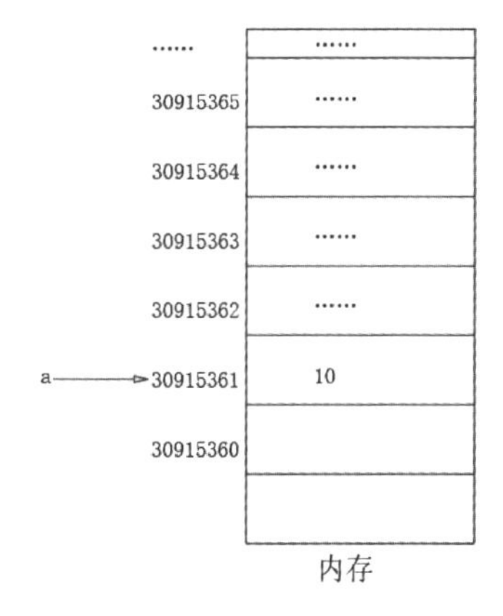

图 2. 1-3　找到空位置后赋值

程序首先在内存中找到一个空的 word，然后在里面存储整数类型数据 10。我们眼里的变量 a，在程序眼中是一个 word 的地址 30915361。程序根据这个下标，就会在内存数组中找到该变量代表的数据。

基本数据类型都是不可变类型。在执行 a = a + 5 的时候，不是把序号 30915361 的 word 里面的数据直接替换成 15，而是先将计算结果 15 存在另一个 word 中，然后将变量 a 指向新地址。

如图 2. 1-4 所示，a = a + 5 可以分解为“ +5”和“ =”两步。程序首先根据变量 a 代表的地址 30915361 找到整数 10，将其“ +5”的结果存到一个新 word 中。然后进行赋值“ =”操作，将变量 a 指向 15，也就是变量 a 的实际值改成了 30915360。

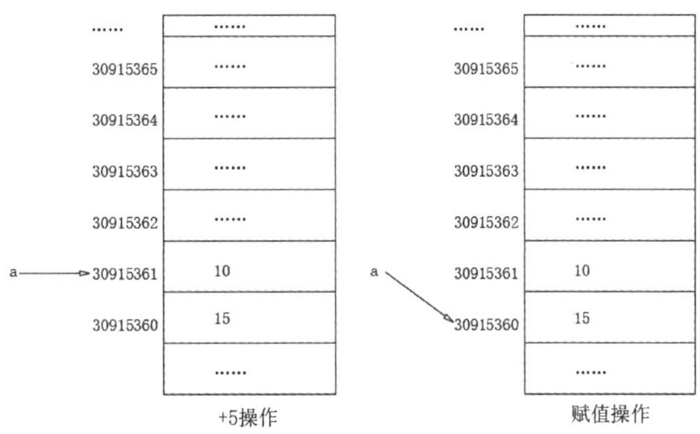

图 2. 1-4　赋值操作

（2）堆和栈　内存中有两片区域：堆（heap）和栈（stack）。可以简单理解为堆区数据存取比较慢，栈区存取速度比较快。

代表基本数据类型（byte，short，int，long，float，double，decimal，char，bool 和 struct）的变量，称为值类型变量。值类型变量直接指向具体的存储数据，这些数据都位于栈上。

基本数据类型外的类的变量被称为引用类型的变量。各种实例对象“生活在”堆上（对象中的数据都位于堆）。对象在堆中的位置的信息位于栈上，引用类型的变量指向这些地址。例如下方的代码：

```
1.Student lisi = new Student();
2.Student zhangsan = new Student();
3.int b = 20;
4.int a = 10;
```

生成的变量在内存中的布局就会如图 2. 1-5 所示。

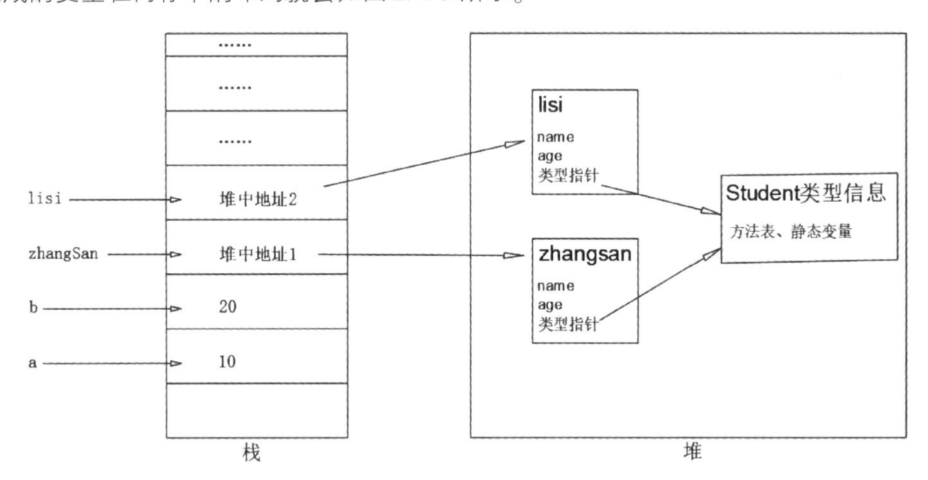

图 2. 1-5　指针机（point machine）视角下的内存

如图 2. 1-5 所示，Student 类有两个实例 zhangsan 和 lisi，这两个实例的具体数据都位于堆中，包括里面的年龄等基本类型的数据。引用类型的变量 zhangsan 和 lisi 指向的是类实例在堆中的地址，也就是对具体数据的引用，根据引用可以找到数据堆中的具体数据。

Student 类中的方法、静态变量等信息则放在堆中另外一个地方，不同的实例通过指针指向其类型信息。这也是为什么实例修改静态变量之后，所有实例的静态变量都跟着改变的原因，因为静态变量只有一份。

. Net 的垃圾清理程序会自动清理没有使用的实例。但是类型信息会保存在堆中，直到 Revit 退出。所以不关闭 Revit，即使隔一段时间运行一个插件，里面的静态变量也不会重新初始化，还是保留上一次运行的结果。

值类型变量声明后，不管是否已经赋值，编译器都会为其在栈中分配内存。

当声明一个引用类型的变量时，只在栈中分配一小片内存用于容纳一个地址，而此时并没有为其分配堆上的内存空间。当使用 new 创建一个类的实例时，会分配堆上的空间，并把堆上空间的地址保存到栈上分配的小片空间中。

刚开始进行二次开发时，经常会碰到“引用类型值为 null”的错误。很大一部分原因就是新建列表等类型时，没有为其进行 new 操作新建实例。

2. 参数的传递问题

当调用方法时，会新开一个方法栈。方法间传递参数时，都是把主方法栈上的数据复制一份，传进被调用的方法的栈中处理。

方法的参数被称为参数变量，参数变量也是局部变量。

如图 2.1-6 所示，主方法中的变量 a 等于 10，调用方法 AddOne 时，a 把栈上的值“10”复制一份后传递给方法。所以方法内各种操作只是在处理主方法 a 的值的副本，不会影响到主方法中变量 a 的值。

如图 2.1-7 所示，主方法中的变量 a 和被调用的方法中的变量 a，虽然名字相同，但是指向的是内存中不同的 word。为了区分，我们可以用主方法的 a 和子方法的 a 区别它们。

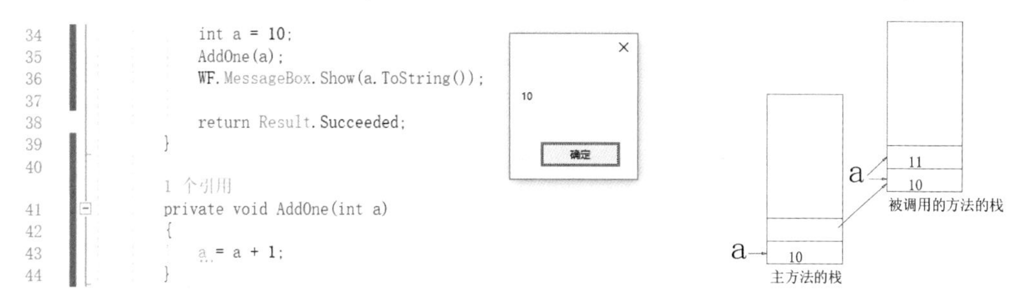

图 2.1-6 程序代码和结果　　　　图 2.1-7 内存中的变化

引用类型作为方法的参数传入时，也是将自身代表的地址复制一份传递给方法，如图 2.1-8 的代码所示。

```
34         List<int> nums = new List<int>() { 1, 2, 3, 4, 5 };
35         ChangeList(nums);
36         WF.MessageBox.Show(nums.Count.ToString());
37
38         return Result.Succeeded;
39     }
       1 个引用
40     private void ChangeList(List<int> nums)
41     {
42         nums = new List<int>() { 10, 20 };
43     }
44
```

5

确定

图 2.1-8 代码和运行结果

内存中的变化如图 2.1-9 所示。

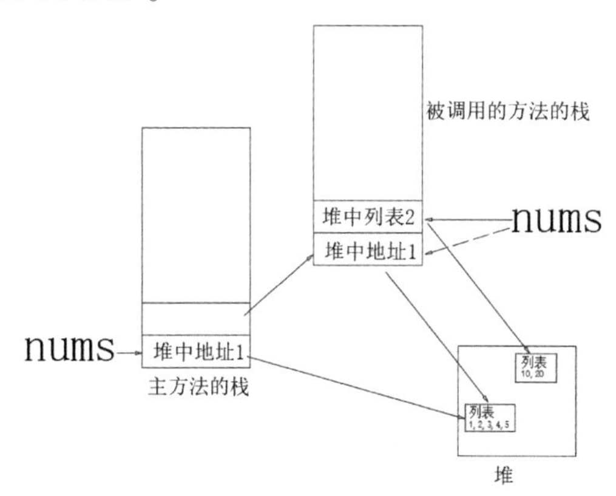

图 2.1-9 内存中的变化

执行第35行代码时，调用子方法，新建了一个方法栈。主方法的变量nums内容是“堆中地址1”，这个值复制了一份进入子方法的栈。此时子方法的nums变量指向的是列表“1，2，3，4，5”在堆中的地址。

子方法中新建了一个列表后，子方法的nums变量内容变成了“堆中地址2”，也就是新列表“10，20”在堆中的地址。主方法中的nums变量指向的实例没有任何变化。

限于本书篇幅，请读者按照以上的分析思路，自己绘图分析以下的各种情况，加深对值类型和引用类型的理解。

1）子方法有返回值，主方法没有重新赋值，如图2.1-10所示。

2）子方法有返回值，主方法重新赋值，如图2.1-11所示。

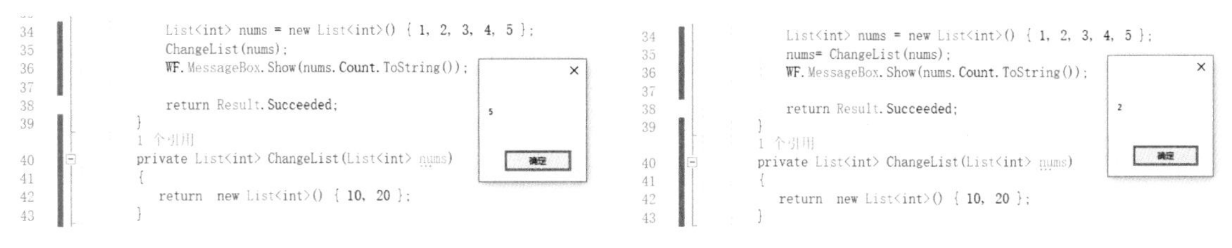

图2.1-10　情况1　　　　图2.1-11　情况2

3）主方法没有重新赋值，但是使用了out关键字，如图2.1-12所示。

4）主方法没有对变量重新赋值，子方法也没有对变量重新赋值，如图2.1-13所示。

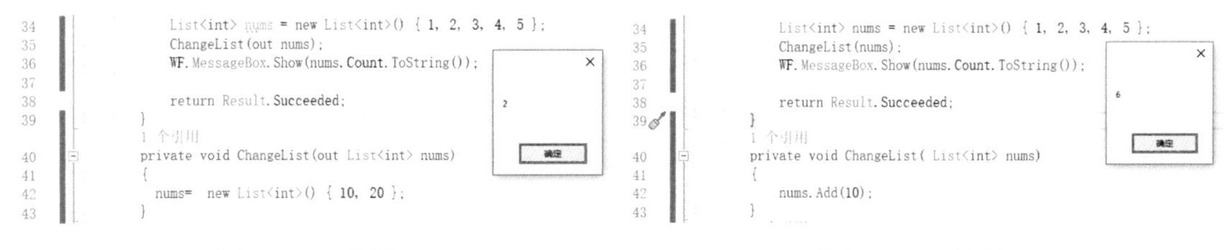

图2.1-12　情况3　　　　图2.1-13　情况4

Q15 C#语言中有哪些常用的关键字

下面介绍二次开发过程中经常遇到的C#语言中的关键字。

1. new关键字

new运算符用于创建对象，会返回一个引用，指向托管堆上的类实例。

除了在托管堆中分配内存，new一个class的时候，还会调用这个类的构造函数来实现对象的初始化。

2. using关键字

using关键字用于引入命名空间，这是它最常用的方法。

using关键字还可以用于指定别名，例如Revit和Winform的类库都有名字为Form的类。使用“using WF = System. Windows. Forms;”语句，以后想用Revit的Form类，直接用Form即可；想用winform的Form类，则使用WF. Form。

在Revit二次开发中，还经常使用另外一个功能：强制释放资源。主要用在开启事务或是文件流的操作中。

```
1.using (Transaction ts = new Transaction(doc))
2.{
3.    ts.Start("测试");
4.    //中间操作
5.    ts.Commit();
6.}
```

3. “?” “?:” “??” 关键字

用于检查是否为 null，如图 2.1-14 代码所示，187 行代码 FirstOrDefault 的功能是找出列表中的第一项，如果列表为空，则返回 null。第 188 行变量 pipeSegment 后面有一个“?”，表示如果 pipeSegment 不为空，则将 pipeSegment 的 Id 属性赋值给变量 elementId，如果 pipeSegment 为 null，则不做处理。

使用“?”可以代替用 if 语句判断变量是否为空。

```
185    else if (pipeMaterial == "铸铁管")
186    {
187        PipeSegment pipeSegment = segments.Where(seg => seg.Name.Contains("铸铁")).FirstOrDefault();
188        elementId = pipeSegment?.Id;
189    }
```

图 2.1-14　? 关键字

“?:”用于简写 if/else 语句，例如下方的代码：

```
1.if (parent = =null)
2.{
3.    parentNum = -1;
4.}
5.else
6.{
7.    parentNum = parent.num;
8.}
9.string info = "编号:" + num + "父等高线:" + parentNum ;
```

可以简写为：

```
string info = "编号:" + num + "父等高线:" +( parent = =null? -1:parent.num) ;
```

对于??关键字，如果左侧为空，则使用右侧的值，否则使用左侧的值。

4. typeof 关键字

用于获取类型的 System. Type 对象，经常出现在类型过滤器的代码中，如图 2.1-15 所示。

等价于 Object 类的 GetType( ) 方法。在 Revit API 中，有一个 GetTypeId 方法，返回的是 Element 的类型的 Id。例如对于一个 pipe 实例，GetType 返回的是 Pipe 类型，GetTypeId 返回的是管道类型 PipeType 实例的 Id。

```
//获取链接模型
RevitLinkInstance linkInstance = null;
FilteredElementCollector linkDocCol = new FilteredElementCollector(doc);
linkDocCol.OfClass(typeof(RevitLinkInstance));
IList<Element> links = linkDocCol.ToElements();
```

图 2.1-15　typeof 关键字

5. static

在 VB. NET 语言中，static 对应的关键字为“share”，从 share 这个单词更容易得出静态变量的一个特点：被多个类实例共享。

对于基类中的静态变量，如果派生类不重新定义同名变量，则基类和派生类共享静态变量。

如果派生类中重新定义了同名变量，那么基类和派生类的静态变量就是独立的两个变量。

静态变量的生存周期和 Revit 程序是一致的。只有重启 Revit，才会重新初始化静态变量。

静态方法的效率和实例方法的效率区别不大。使用 static 关键字还可以构造扩展方法，方便调用。

6. null

null 代表一个空引用，表示不指向任何堆上的对象。

XYZ point 和 XYZ point = null 本质上没有区别，只是前者编译器会报使用未赋值变量的错误。

7. this 和 base

this 代表当前实例本身，base 用于访问基类成员。

8. as 和 is

as 关键字用于类型转化，is 关键字用于判断是否是某种类型。

◀第 2 节　深入理解面向对象编程▶

Q16 如何深入理解类

1. 类是怎么出现的

抽象（abstractions）和分解（decomposition）是计算机科学最重要的两个方法。在结构化设计语言中，把经常使用的代码片段提取为方法或函数（functions），以方便多次调用。随着软件规模不断扩展，函数越来越多，数量太多导致不好管理。于是计算机科学前辈们将相关的数据和方法整合为一个类（class），以类为单位进行组织和管理数据。

类是完成一定功能相关的数据和方法的集合。如管道类有管道类型、管道系统等变量，也有创建管道和修改这些变量的方法。

2. 使用类的好处

使用类的目的是为了使软件的维护和应用变得更容易。各个类有独立性，通过组合实现系统功能。当需要修改时，只需要修改对应的类即可，影响范围很小。还可以给其他系统使用。

例如将读取链接 CAD 的方法都写在一个类中，管道翻模功能可以用这个类，图块翻模功能也可以用这个类，节约了开发时间。另外，当读取 CAD 功能出现问题时，马上就知道应该修改哪个类，修改后对其他功能也没有大的影响。在开发过程中，遇到需要新写方法时，都需要思考一下放在哪个类中合适，不要都放在当前类中。

3. 类的功能有哪些

（1）汇总相关的方法和变量　相互紧密联系的方法和变量汇总在一起，这样容易找到需要的方法。类里面变量的命名也可以得到简化。详见最后一章“怎样应用设计原则”里面的例子。

（2）隐藏信息　一些只出现一次的方法和变量，没有必要被外界知道，可以使用 private 关键字进行隐藏。就像空调遥控器，我们只需要知道按下按钮可以达到什么效果，不需要知道其内部的实现过程。

（3）创建多个实例　定义类之后，可以创建多个实例。比如每个梁都可以有对应的信息包装类，数据处理上就比较方便。

4. 类(class)和实例(instance)的关系

类是实例的模板。"int i = 10;"中,i 是整数类型 int 的实例。

类用于汇总子方法和变量,实例是基于类定义在运行时分配的内存区域。

类相当于集合,如国家;实例相当于元素,如中国、美国。

5. 属性、字段、特性的区别

字段是类中的类变量。

属性本质上是方法,对类变量添加 get、set 方法后对外公开。如下代码所示,变量 isDrawBigHpipe 是一个私有的类变量,是字段。添加 get、set 方法后作为 IsDrawBigHpipe 属性就可以对外公开了。

```
1.private static bool isDrawBigHpipe; //是否绘制排出管
2.public bool IsDrawBigHpipe { get => isDrawBigHpipe; set => isDrawBigHpipe = value; }
```

一般每个属性都有一个用于背后支持的私有变量。C#语言提供了简化语法,可以省略背后的私有变量。

使用属性的目的,是为了方便验证用户的设置是否正确。

特性本质是一个类,用于修饰类、方法。

6. 静态成员与实例成员的区别

静态成员被所有类的实例共享。在一个实例中改变静态成员,其他实例再次访问时,静态成员已经是改变后的状态了。静态成员适合于描述整个过程中不变的量,如数学上的圆周率、贷款的利息等。也适用于描述整体状态,例如记录实例的总数量等。

在二次开发中,要特别注意静态成员的生存周期是和 Revit 软件一致的。只有 Revit 软件关闭后,静态成员才会消失。

7. 静态方法与实例方法的区别

性能上静态方法和实例方法差别微乎其微。因为所有实例对象都是共用一个类的方法代码。

语法上来说,静态方法只能通过类访问,实例方法只能通过对象访问。静态方法只能访问静态成员和静态方法。而实例方法可以访问静态成员和实例成员,也可以访问静态方法和静态成员。

从面向对象角度出发,静态方法适合写在工具类中。实践中,一般先写成实例方法,如果后期发现方法要被多次调用,则将该方法提取成工具类。

8. 对象初始化顺序

对象的初始化顺序为:分配静态成员的内存空间 => 执行静态成员初始化 => 执行静态构造函数 => 分配对象实例的内存空间 => 执行实例成员的初始化 => 执行实例构造函数。

Q17 如何深入理解接口

1. 什么是接口

接口是对行为的抽象。继承接口,就是实现了接口规定的能力。比如不同插件功能是不一样的,它们都继承相同的接口 IExternalCommand,表示它们都有运行外部命令的能力。

继承接口就需要实现方法。插件继承 IExternalCommand 接口,就需要实现接口里面的 GetResult方法。不同的插件可以在 GetResult 方法里面写自己对应的代码。当运行插件对应的命令时，Revit 新建一个继承了 IExternalCommand 接口的类的实例，然后运行这个实例的 GetResult 方法。

接口不能实例化，但是在 Revit API 的案例代码中，我们经常看到以下的语句。

```
ICollection selectedIds = uidoc.Selection.GetElementIds();
```

既然接口不能实例化，为什么以上语句可以对一个接口类型的变量赋值呢？这是因为接口是一种引用类型。此处的作用是说明这个变量有完成这个接口定义的方法的能力。

2. 为什么使用接口

使用接口定义变量，是为了让代码更灵活。因为接口可以代替多个实现了该接口的类型，当类型改变时，用接口作为变量的代码不用修改。

例如“我每天坐交通工具去上班”，则无论我是乘直升机、公交车还是小汽车，这句话都不需要修改。如果写成固定的类型，例如“我每天坐公交车上班”，有一天买了小汽车之后，这句话就必须修改成“我每天坐小汽车上班”了。也就是说 Person 类中不需要具体的 Car 类型的变量，只要一个 IVehicle 类型的变量即可。

可见接口主要用于实现方式可能有多个的地方。提供服务和调用服务的类约定好接口，这样比较容易切换需要的服务。

3. 依赖注入

类变量变成接口变量后，在构造方法中为其赋值的过程称为依赖注入。

4. 接口和面向对象的关系

类之间的依赖关系，终止于接口或抽象类，是面向对象编程的标志。

使用接口的目的在于降低类之间的耦合，方便替换功能的提供方，提高团队开发的效率。而二次开发一般都是一个人负责整个功能，且需要替换的地方比较少。所以刚开始接触二次开发时，更重要的是了解过程中会涉及的各种接口。有一定的开发经验后，可以尝试将类之间的依赖关系改成各自终止于接口，提高面向对象编程的能力。

5. 二次开发常用的接口

下面对 Revit API 中常用的接口进行简单介绍，接口具体的参数和注意点请查阅 Revit API。

1）IExternalCommand 和 IExternalApplication 接口，用于对接 Revit 数据库。

2）IEnumable 接口。. Net 中的接口，实现了这个接口的类，都可以用 foreach 语句访问。

3）IUpdater 接口。用于监控项目中模型的变化并做出反应，例如用户绘制一根墙后自动修改墙参数等。CSDN 中有很多该接口的应用方法和例子，可以上网查阅。

4）ISelectionFilter 接口，用于限制用户选择元素的类型。详见“怎样在插件中选择图元”小节。

5）IDirectContext3DServer 接口，用于绘制临时图元，详见“怎样绘制临时图元”小节。

6）IFailuresPreprocessor 接口，用于处理 Revit 的报错窗口，详见“怎样处理 Revit 的报错窗口”小节。

7）IExternalCommandAvailability 接口。用于控制插件什么时候可以被用户调用。详见“怎样提升用户体验”小节。

8）IDropHandler 接口

作为 UIApplication 的 DoDragDrop 方法的参数，详见 CSDN 中的案例。

Q18 如何深入理解泛型和集合

笔者刚接触开发的时候，看到泛型需要加个尖括号，还需要一个大写的 T，和平时用的类的语法很不一样，因此觉得泛型是个很“高大上”的技术。实际上二次开发中主要是使用 .NET 平台提供的泛型类型和泛型方法，不需要自己写，因此还是容易掌握的。

1. 从 List < T > 说起

二次开发中最常用的泛型类型是 List < T >，其常用方法和属性见表 2. 2-4。

表 2. 2-4 List < T > 常用方法和属性

属性	说明
Count 属性	返回元素数量，如果只需要判断列表是否为空，推荐使用 Any 方法
Item [ ]	通过“ [ ]”访问具体索引位置的元素
方法	说明
Add	添加元素
AddRange	添加集合
Clear	清空集合
Contains	是否包含某元素
Remove	移除元素

使用的时候，可以把 List < T > 当成一个容器，尖括号里面代表容器里面需要放哪种类型的元素。例如以下语句创建了一个放管道的容器：

```
List < Pipe > pipes = new List < Pipe > ( );
```

当 List < T > 中的 T 被替换成具体的类型之后，就产生了一个新类型。List < Pipe > 在分类上和 Pipe 类处于同一个级别，都是代表一个类型，因此可以使用 new 关键字新建一个实例。也就是说，泛型类型是类的模板，而类是实例的模板，三者的关系如图 2. 2-16 所示。

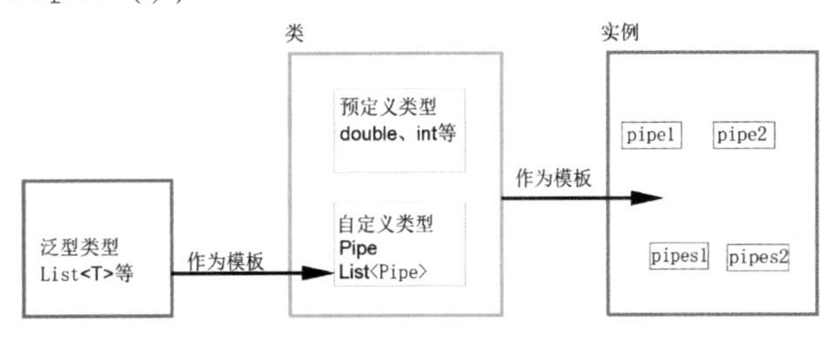

图 2. 2-16 泛型类型、类、实例关系

2. 深入理解集合

集合是管理对象的容器，提供存取、检索、遍历等操作。集合可以理解为一个实现了若干接口的类。

在 MSDN 中查询 List < T > 泛型类型，其实现的接口如图 2. 2-17 所示。

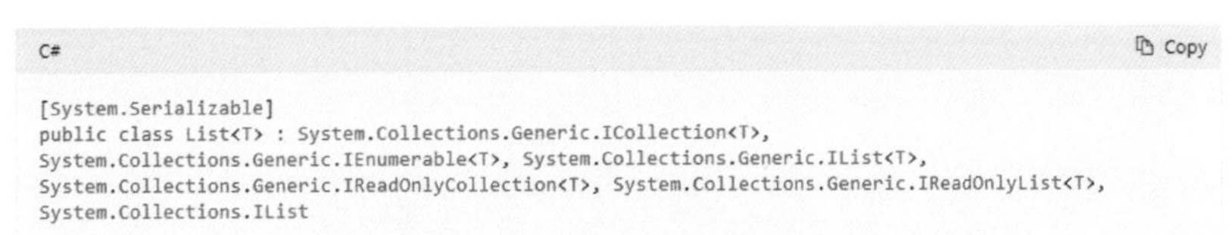

Represents a strongly typed list of objects that can be accessed by index. Provides methods to search, sort, and manipulate lists.

C# Copy

```
[System.Serializable]
public class List<T> : System.Collections.Generic.ICollection<T>,
System.Collections.Generic.IEnumerable<T>, System.Collections.Generic.IList<T>,
System.Collections.Generic.IReadOnlyCollection<T>, System.Collections.Generic.IReadOnlyList<T>,
System.Collections.IList
```

图 2. 2-17 List < T > 实现的接口

类的实例添加到集合后，集合内存储了实例的地址，集合内的元素指向堆中的对象实例，不再和原来的变量有关系。如下的代码，第 2 行代码运行后，集合中存储的还是原来的点，points [2] 指向的点的位置不会发生变化。而变量 p2 指向一个移动后的新点。

```
1.List<XYZ> points = new List<XYZ>() { p0, p1, p2, p3 };
2.p2 = p2 + XYZ.BasisZ ;
```

集合实现了 IEnumerable 接口，可以使用 foreach 迭代。例如 Revit API 中有一个连接件集合类 ConnectorSet 类，实现了 IEnumerable 接口，就可以用 foreach 循环访问其中的元素，如下所示：

```
1.ConnectorSet conns = connectorManager.Connectors;
2.foreach (Connector conn in conns)
3.{
4.    //具体处理代码
5.}
```

本小节介绍的是 Revit 二次开发过程中需要了解的泛型类型和集合的有关知识，感兴趣的读者可查阅 C#语法书继续深入了解。

第 3 节　LINQ 和 Winform 基础

Q19 怎样读写 lamada 和 LINQ 语句

二次开发中很大一部分操作都是筛选出符合条件的数据，然后对数据进行一定的加工，因此经常会用到 lamada 表达式和 LINQ 查询语句。本小节就介绍两者的读写方法，下一小节介绍使用的注意点和具体的查询语句。

1. 使用案例

以找出项目中系统类型为“未定义”的管道的 Id 为例，可以有以下三种代码组织方法：

(1) foreach 循环法，如下所示。

```
1.List<ElementId> pipeIds = new List<ElementId>();
2.          foreach (var pipe in pipes)
3.          {
4.              if (pipe.get_Parameter (BuiltInParameter.RBS_PIPING_SYS
TEM_TYPE_PARAM).AsValueString () == "未定义")
5.              {
6.                  pipeIds.Add (pipe.Id);
7.              }
8.          }
```

上方代码中：

第 1 行新建了一个列表，用来存储符合条件的数据；

第 2 行使用 foreach 循环遍历数据；

第 4 行对数据进行判断；

第 6 行将符合条件的管道加入结果列表。

（2）LINQ 查询（方法语法），如下所示。

```
1.var quary = from pipe in pipes
2.          let s = pipe.get_Parameter (BuiltInParameter.RBS_PIPING_SYSTEM_TYPE_PARAM) .AsValueString()
3.          where s == " 未定义"
4.          select pipe.Id;
5.List <ElementId > pipeIds2 = quary.ToList();
```

上方代码中：

第 1 行新建一个查询变量 quary，在本例中，其类型为 IEnumerable <ElementId>，实际编写代码时用匿名类型 var 替代即可。

“from pipe in pipes ” 类似于 foreach 循环中的 “var pipe in pipes”。在 LINQ（读作 link）语句中，pipe 被称为范围变量（range variable），pipes 被称为序列。

第 2 行 let 表示新建一个本地变量；

第 3 行 where 表示筛选出符合条件的元素；

第 4 行 select 为投影操作，表示将什么样的数据存入到结果中。

第 5 行执行 LINQ 查询，将结果存入列表。如果不需要对符合条件的元素进行进一步加工，则 select pipe 即可。

上述代码中涉及的术语如图 2. 3-18 所示。

图 2. 3-18　LINQ 查询术语

（3）lamada 表达式 + 扩展方法（也就是 LINQ 查询的方法语法），如下所示。

```
1.//lamada 表达式 + 扩展方法
2.List <ElementId > pipeIds3 = pipes.Where (p => p.get_Parameter (BuiltInParameter.RBS_PIPING_SYSTEM_TYPE_PARAM).AsValueString () == " 未定义").Select (p => p.Id) .ToList ();
```

上方代码中：

首先对集合 pipes 使用 “Where” 扩展方法筛选出符合条件的元素；

接着用 “Select” 方法，将符合条件的元素由 Element 转化为 ElementId 类型；

最后使用 “ToList” 方法将前面的结果转化为列表，赋值给变量 pipeIds3。

在上述代码中，扩展方法参数为带 “ => ” 的表达式，称为 lamada 表达式。“ => ” 读作 “goes to”。整个表达式代表一个方法，左边是方法参数，右边是方法返回值。例如 “p => p. Id”，表示一个输入 p，返回 p. id 的方法，等价于以下代码：

```
1.public ElementId GetElementId (Element p)
2.{
```

```
3.    return p.Id;
4.}
```

如果“ => ”右边的代码不止一行，则右侧不能省略花括号和 return 语句。如果方法的参数数量大于 1，左侧的括号也不能省略，例如下方的代码中的 lamada 表达式：

```
1.private Action<DataGridViewRow, PipeSystemInfo> checkSPK_xiaofangSys = new Action<DataGridViewRow, PipeSystemInfo>((row, psi) =>
2.{
3.    if (!(row.Cells[8].Value is null))
4.    {
5.        psi.sparkLayer = row.Cells[8].Value.ToString();
6.    }
7.});
```

2. 各种查询方法的使用范围

使用 lamada 表达式 + 扩展方法，整个数据处理过程就像流水线，数据的操作过程非常清晰，代码量也比较少。二次开发涉及的大部分操作都适用此方法。

如果筛选条件或是中间变量很多，则扩展方法会变得很长，不便阅读。此时可以使用 LINQ 查询。例如图 2.3-19 所示的解决断开的直线连接问题的代码，使用 LINQ 查询表达就更加清晰。

```
107    var quary = from mp in pointsAround
108                let p3 = mp.point
109                where mp.edges.Count == 1//只连接单根的、共线的管
110                where p3.DistanceTo(p1) < maxMergeLength_mm / 304.8//距离一定范围内的
111                where (p3 - p1).DotProduct(p1 - p2) > 0//在p2p1的延长线方向
112                where (p3 - p1).CrossProduct(p3 - p2).GetLength() < 0.001//共线
113                orderby p3.DistanceTo(p1)//升序排列，第一个是最近的
114                select mp;
115    return quary.FirstOrDefault();
```

图 2.3-19　LINQ 查询表达

如果操作过程涉及很多已有的列表，使用 LINQ 或是扩展方法已经不能比较方便地表达，则可以构造 foreach 处理。

3. 深入理解扩展方法

为了更好地使用与查询有关的扩展方法，需要深入理解其构造。以 Select 扩展方法为例，点击 F12，进入方法说明，如图 2.3-20 所示。

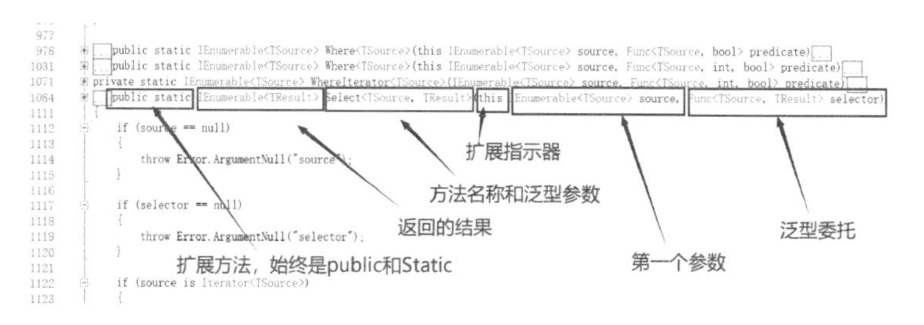

图 2.3-20　Select 扩展方法

这个方法的签名非常长，我们依次分析如下。

public static：因为是扩展方法，所以必须是公开和静态的；

IEnumerable <TResult>：代表方法返回的是一个 IEnumerable 类型，在本例中就是 IEnumerable <ElementId>；

Select < TSource, TResult >: Select 表示该方法名称是 Select，类型参数列表 < TSource, TResult > 表示该方法是泛型方法。在案例中，对应为 < Element, ElementId >；

this IEnumerable < TSource > source：方法的第一个参数。this 代表这是一个扩展方法，IEnumerable < TSource > source 代表第一个参数应该是一个 IEnumerable 类型的变量，IEnumerable 里面的元素是 TSource 类型。案例中，就是 IEnumerable < Element >；

Func < TSource, TResult > selector：该方法的第二个变量，这个变量的类型是一个委托，这里代表参数数量为 1 且有返回值的方法。案例中，就是 lamada 表达式 p => p. Id。

Select 方法的参数有两个，而我们在案例代码中只有一个参数，这是因为扩展方法有两种调用方法：直接调用和作为扩展进行调用。

案例中是作为扩展进行调用：

IEnumerable 的实例 . Select （p => p. Id）

因为 Select 方法位于 Enumerable 类中，直接调用的代码如下：

```
1.var pipesWioutSys = pipes.Where(p => p.get_Parameter(BuiltInParameter.RBS_PIPING_SYSTEM_TYPE_PARAM).AsValueString() = = "未定义");
2.List < ElementId > pipeIds4 = Enumerable.Select < Element, ElementId >(pipesWioutSys, p => p.Id).ToList();
```

在第 2 行代码中，我们使用“类 .静态方法”的格式调用，方法参数就和签名一模一样了。而我们大部分操作都是作为扩展进行调用的，所以分析一个扩展方法时，多关注该方法的第二个参数即可，下面将介绍更多关于与查询有关的扩展方法。

Q20 常用的 LINQ 查询语句有哪些

本小节介绍常用的 LINQ 查询操作及其注意点。LINQ 查询有两种形式的语法：方法语法和查询语法，如图 2. 3-21 所示。

```
List<int> nums = new List<int>() { 10, 8, 11, 5, 6, 89, 7 };

var numsMethod = nums.OrderBy(n => n); 方法语法

var numsQuery = from n in nums 查询语法
                orderby n
                select n;
```

查询变量

图 2. 3-21　方法语法和查询语法

第 2 行和第 3 行代码，等号左边称为查询变量。查询变量可以是一个枚举，如图 2. 3-21 代码所示；也可以是一个标量，例如 Count、Max、Min 等操作后会返回一个具体的数值。

1. 二次开发中使用 LINQ 查询语句时的注意点

（1）新建查询变量，对数据源没有影响。

如图 2. 3-22 所示，第 21 行意图对列表 nums 使用 OrderBy 语句进行升序排序，但是列表 nums 中元素的顺序并没有任何变化。

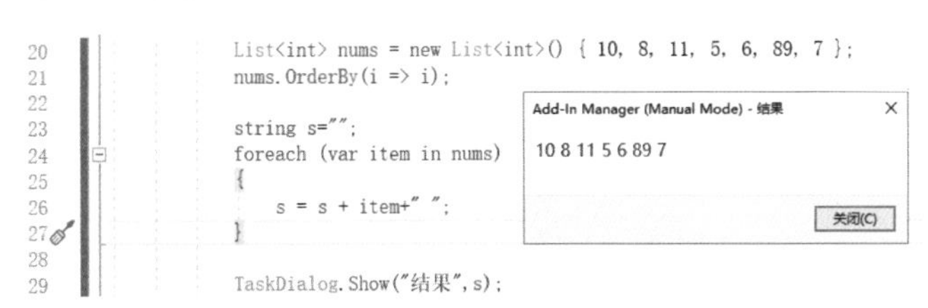
20 List<int> nums = new List<int>() { 10, 8, 11, 5, 6, 89, 7 };
21 nums.OrderBy(i => i);
22
23 string s="";
24 foreach (var item in nums)
25 {
26 s = s + item+" ";
27 }
28
29 TaskDialog.Show("结果", s);
Add-In Manager (Manual Mode) - 结果
10 8 11 5 6 89 7
关闭(C)

图 2. 3-22　nums 中元素顺序

这是因为 OrderBy 语句返回的是一个新的枚举，第 21 行只是生成了一个枚举，对原列表没有任何影响。只有将这个枚举转化成列表（图 2.3-23），赋值给原列表的变量，才能达到预期的效果。

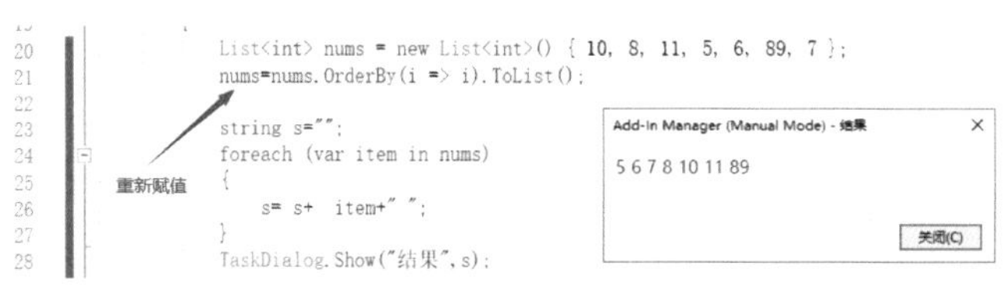

图 2.3-23　ToList 后效果

如果枚举赋值给了其他变量，则原列表也没有变化，如图 2.3-24 所示。

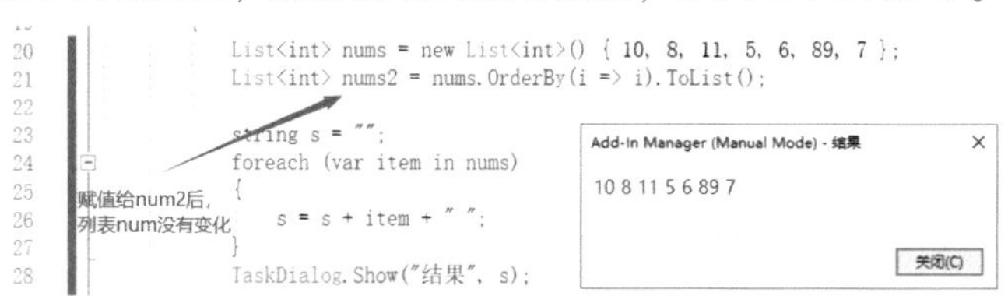

图 2.3-24　赋值给其他变量的效果

在二次开发中，对数据源进行排序、集合操作等查询时，容易望文生义，忘记将查询结果重新赋值给代表数据源的变量，需要注意。

（2）LINQ 查询语句是延迟执行的。

当查询变量是一个枚举类型时，查询变量不会存储查询的结果，而是存储查询指令。只有枚举需要被访问时，例如使用 foreach 循环遍历，使用 ToList 等方法处理枚举，使用 Sum、Count 等聚合查询等情况时，才会执行查询命令。

如图 2.3-25 所示代码，查询变量 query 保存了查询指令，表示对数据源执行排序任务。后面两条代码，第一条修改了数据源的元素，第二条改变了变量 num 指向的对象。

运行结果为修改后的源数据的排序结果，如图 2.3-25 中窗体的结果所示。由此可见：

1）如果查询表达式返回枚举，则只有处理枚举时才会执行查询操作。

2）查询指令里面存储的是数据源在内存上具体位置的引用。创建查询时的变量指向新数据源时，查询指令中的数据源不会发生变化。

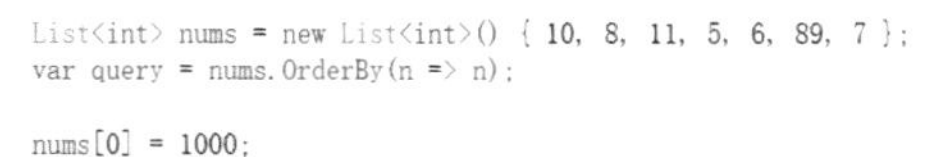

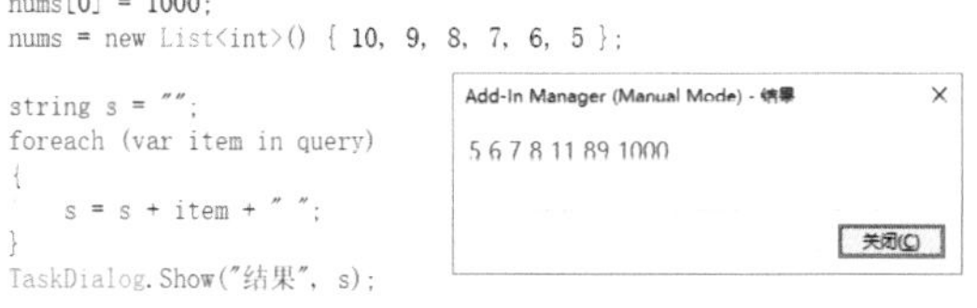

图 2.3-25　延迟执行的查询

3）查询前数据源有改动（增、删、改元素），则查询会使用新的数据。

在二次开发中，查询变量后面一般马上进行 ToList 等操作，所以不用考虑 LINQ 的延迟执行问题。但是遇到需要多次访问同一个 LINQ 查询变量，或是新建和访问 LINQ 查询的指令不相邻时，还是需要考虑这一点。

（3）Revit API 返回的对象，在内存中的位置不一定相等。

如图 2.3-26 代码所示，两个相同 Id 值获取的 Element 对象，很容易认为它们应该是内存中的同一个对象，但是实际上它们是独立的两个对象。

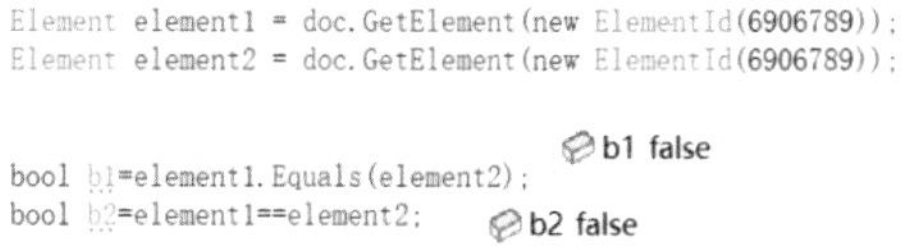

```
Element element1 = doc.GetElement(new ElementId(6906789));
Element element2 = doc.GetElement(new ElementId(6906789));

bool b1=element1.Equals(element2);   // b1 false
bool b2=element1==element2;          // b2 false
```

图 2.3-26　相同的元素引用并不相同

这是因为 Revit 文档是一个大的数据库，使用 API 访问数据库，每次得到的结果都是作为新对象放到内存中的。因此，对 Revit API 从文档中获取的对象进行判断相等、去重等操作时，需要特别注意。

再例如以下代码，变量 pipes_all 是项目中所有的管道，来源是元素收集器。pipes_simpleLinked 是符合一定条件的管道，来源是弯头连接件的 owner 属性。下面的代码意图从所有管道列表中去除符合条件的管道。

```
pipes_all = pipes_all.Except(pipes_simpleLinked).ToList();
```

但是因为两个列表中管道来源不同，所以即使代表的管道一模一样，其元素在内存中的位置也是不一样的。只有改成以下形式的代码，才能完成意图：

```
pipes_all = pipes_all.Except(pipes_simpleLinked, new PipeCompare()).ToList();
```

其中自定义的元素比较器代码如下：

```
1.class PipeCompare : IEqualityComparer<Pipe>
2.  {
3.      public bool Equals(Pipe x, Pipe y)
4.      {
5.          return x.Id.IntegerValue = =y.Id.IntegerValue;
6.      }
7.
8.      public int GetHashCode(Pipe obj)
9.      {
10.             return 0;
11.         }
12.     }
```

因为 Id 类重写过 equal 方法，所以这里可以进行直接比较。

2. 二次开发中常用的 LINQ 查询语句

(1) 筛选操作 Where　Where 操作用于在数据源中找到符合条件的元素，下方的代码实现了筛选出列表中 IsValidObject 属性为 true 的元素：

```
pipeFittings = pipeFittings.Where(p =>p.IsValidObject).ToList();
```

当数据源或是判断条件为 null 时，该操作会抛出异常。如果没有找到符合要求的元素，该操作会返回一个元素数量为 0 的列表。

使用 Where 字句时，要特别注意两个变量判断相等是“= =”而不是“=”：

```
List<MyEdge> result =myVex.edges.Where(e => e.visited =false).ToList()
```

以上语句编译器不会报错，返回的 result 会是个空集合。因为 lamada 函数会被识别成下面的代码：

```
1.private bool Lamada(MyEdge myEdge)
2.{
3.    return myEdge.visited = false;
4.}
```

以上代码相对于一个先给 myEdge. visited 赋值为 false，然后返回 myEdge. visited 的值，因此最终返回的结果总是 false。

（2）投影操作 Select　投影操作能将一个函数应用到数据源的元素上，将函数的返回值形成新列表。下方的代码中，变量 unionFittings 里面存储的是管道连接件，投影操作将管道连接件列表转换为 Id 列表：

```
List<ElementId> eleIds = unionFittings.Select(f => f.Id).ToList();
```

当数据源或是投影函数为 null 时，该操作会抛出异常。

还有一个投影操作 SelectMany，用于数据源里面的元素是列表的情况，二次开发中使用情况较少，具体可查看 MSDN。

（3）分组操作 GroupBy　对查询的结果进行分组，并返回类型为 IGrouping<TKey, TElement> 的对象序列。以下代码展示了对当前视图中所有元素按类别名称分组：

```
1.FilteredElementCollector eleCol = new FilteredElementCollector(doc, activeView.Id);
2.ICollection<Element> eles = eleCol.WhereElementIsNotElementType().ToElements();
3.
4.var values = from e in eles
5.             where e.Category! = null
6.             group e by e.Category.Name;
7.
8.foreach (var v in values)
9.{
10.      selectionModels.Add(new SelectionModel(v.Key, v.ToList()));
11.}
```

其中 SelectionModel 类构造方法为：

```
1.public SelectionModel(string categoryName, ICollection<Element> eles)
2.{
3.    CategoryName = categoryName;
4.    this.Count = eles.Count;
5.    elementIds = eles.Select(e => e.Id).ToList();
6.}
```

（4）排序操作 OrderBy　OrderBy 是根据关键字对数据源中的元素进行升序的操作。下方的代码即可实现根据文字和直线的距离对列表进行排序：

```
textModels = textModels.OrderBy(tm => DistanceToLine(tm, line)).ToList();
```

当数据源或是比较函数为 null 时，该操作会抛出异常。

降序操作为 OrderByDescending，反转序列操作为 Reverse，按次要关键字排序操作为 ThenBy。

（5）聚合操作　计算集合元素数量操作为 Count，如果只需要判断数据源里面有没有元素，可以用 Any 操作。另外，求最大值操作为 Max，最小值操作为 Min。

（6）集合操作　Distinct 操作用于将数据源中的重复元素去除。重复元素默认是指内存地址相同的元素，如果需要根据某种条件进行去重，则需要提供一个继承了 IEqualityComparer 接口的类作为参数。

该接口有两个方法 Equals( ) 和 GetHashCode( )。当程序运行比较的时候，会先行运行 GetHashCode( )，如果返回的 hashcode 值不等，它就不会再调用 Equels 方法进行比较。不同的元素可能有相同的 hashcode，所以实际工作中一般在 GetHashCode( ) 中直接返回 0 即可。

如图 2.3-27 中的代码为用于过滤出不重合的管道端点。

其中 PointComparer 类定义如图 2.3-28 所示。

```
425        /// <summary>
426        /// 获取不重叠的点
427        /// </summary>
428        /// <returns></returns>
           1 个引用
429        private void GetUniquePoints()
430        {
431            foreach (Pipe pipe in _pipes)
432            {
433                Line line = (pipe.Location as LocationCurve).Curve as Line;
434                XYZ startPoint = line.GetEndPoint(0);
435                XYZ endPoint = line.GetEndPoint(1);
436
437                _points.Add(endPoint);
438                _points.Add(startPoint);
439            }
440            _points = _points.Distinct(new PointComparer()).ToList();
441        }
442    }
443
```

图 2.3-27 过滤掉重合的管道端点

```
       1 个引用
444    class PointComparer : IEqualityComparer<XYZ>
445    {
           0 个引用
446        public bool Equals(XYZ p1, XYZ p2)
447        {
448            double distance = p1.DistanceTo(p2);
449
450            if (distance < 0.0001)
451            {
452                return true;
453            }
454            else
455            {
456                return false;
457            }
458        }
459
           0 个引用
460        public int GetHashCode(XYZ obj)
461        {
462            return 0;
463        }
464    }
```

图 2.3-28 新建比较点的类

集合差集操作为 Except，交集操作为 Intersect，并集操作为 Union。

(7) 数据类型转换操作　Cast 操作用于转换类型，下方代码可从曲线集合中过滤出直线：

```
List<Line> lines_fromCAD = curves_fromCAD.Where(c => c is Line).Cast<Line>().ToList();
```

如果数据源为 null 或是其中有一个元素无法转换，则该操作就会抛出异常。因此有时候需要配合 OfType 或是 Where 操作，先筛选出指定类型的元素。

(8) 元素操作　First( ) 方法为返回符合要求的第一个元素，如果列表为空或 null，则抛出异常。如果没有符合要求的元素，也会抛出异常。FirstOrDefault 操作，对于没有符合要求的元素的情况，会返回 null。下方代码为返回列表中位置相同的第一个顶点：

```
MyVex myVex1_SamePosition = vertices.FirstOrDefault(v => v.IsSamePosition(myVex));
```

(9) 限定符操作　All 操作检查是否所有元素都符合指定要求，Any 操作检查是否存在满足指定条件的元素。当数据源或是比较器为 null 时，抛出异常。Any 方法经常用于检查列表是否含有元素。

Contain 操作用来检查是否包含指定元素。

Q21 怎样新建交互窗体

很多插件都需要新建和用户交互的窗体。本小节介绍在 Visual studio 中新建窗体的方法，以及与窗体有关的重要概念。

1. 新建窗体的方法

(1) 添加窗体类　在 VisualStudio 的项目上右键单击 => 添加 => 窗体 (Windows 窗体)，在弹出的“添加新项”对话框中为窗体命名，如图 2.3-29 所示。

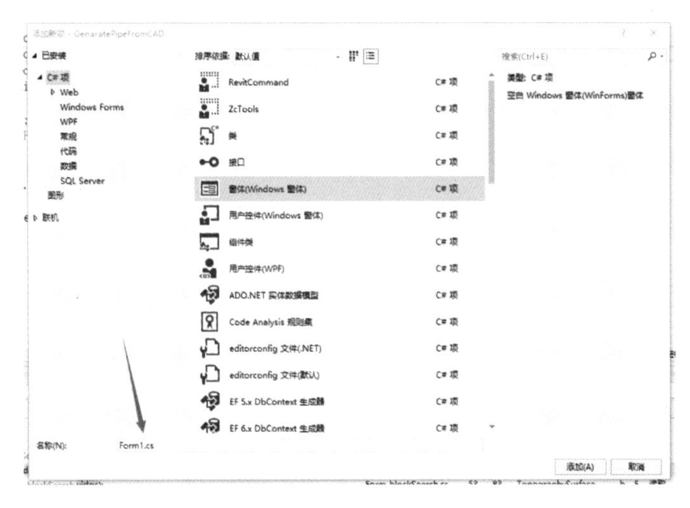

图 2. 3-29　新建窗体类

(2) 布置窗体界面　俗称“拖控件”，如图 2. 3-30 所示，点选工具箱中的控件，将其拖到窗体界面上。

(3) 设置控件的属性　点选布置在窗体上的控件，在属性栏设置控件的名称、位置等属性。

(4) 设置其他类成员　窗体也是一个类，因此可以添加其他需要的变量。

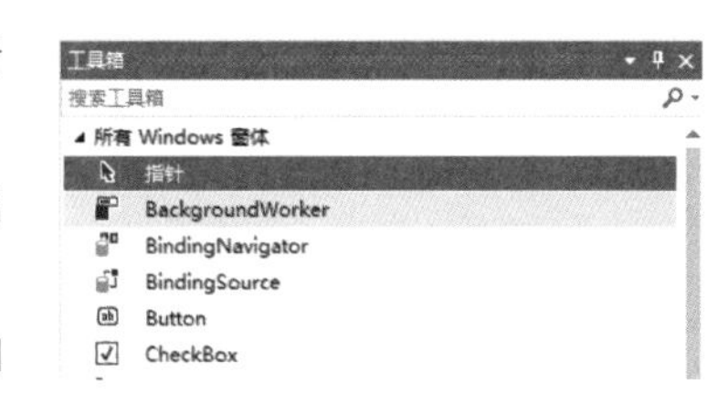

图 2. 3-30　布置窗体界面

2. 窗体的使用方法

插件开发过程中，窗体的使用过程一般为：

(1) 在主程序中调用窗体。

```
1.Form_blockSearch form_BlockSearch = new Form_blockSearch();
2.form_BlockSearch.Show();
```

如上方代码所示，窗体应首先实例化，此时窗体并不会显示。接着调用 Show 方法，窗体才会在屏幕上展现。

还有一个 ShowDialogue 方法也可以展示窗体。两者的区别详见《怎样使用外部事件》小节。

(2) 用户修改窗体选项，程序根据窗体记录的数据进行下一步操作。

新建一个类型，用于记录用户的选项。用户关闭窗口后，将窗体记录的信息写入这个类型中，作为参数传给下一道流程。

3. Winform 基本术语

(1) 控件 control　按钮、文本框等可以拖到窗体上的组件。

(2) 容器控件　可以容纳其他控件的控件，如 Form、Panel、GroupBox、TabControl。容器控件的 Controls 属性可以获取下面的所有子控件。如下所示的代码，可将面板下所有按钮上的文字填入列表中。

```
1.List<string> layers = new List<string>();
2.foreach (var item in panel4.Controls)
3.{
4.    if (item is Button button)
```

```
5.    {
6.        if (button.Text ! = " + ")
7.        {
8.            layers.Add(button.Text);
9.        }
10.       }
11.   }
```

容器控件通过 Controls 属性的 add 方法添加子控件。子控件通过设置 Parent 属性改变所在的容器控件。

(3) 焦点　控件拥有焦点时，可以接受鼠标或是键盘的输入。也可以通过调用 Focus( ) 方法让控件获取焦点。

使用 Tab 键可以切换焦点。在窗体设计界面，单击视图 => Tab 键顺序，即可设置焦点切换的顺序。

(4) 数据验证　对用户输入的数据进行验证，分为字段级验证和窗体级验证。字段级验证是用户输入一个字段后，立刻验证。例如输入直径数据，需要验证是否是大于 0 的整数。窗体级验证是用户填写完所有数据后的验证，主要用来检查各个量之间的关系是否合理。

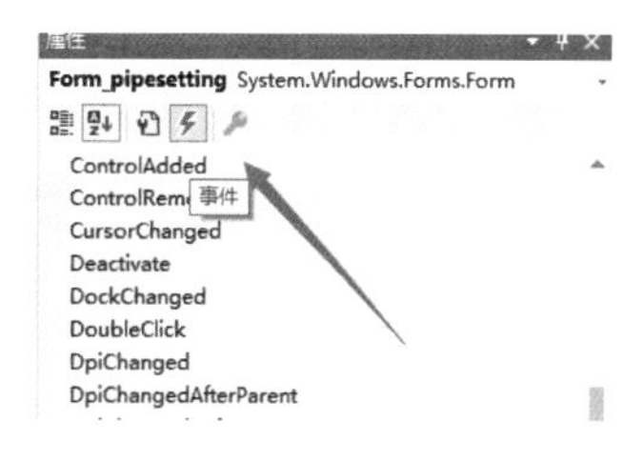

图 2. 3-31　控件的事件

(5) 控件的事件　点击控件，然后在属性窗口单击事件按钮，可以看到该控件的事件，如图 2. 3-31 所示。双击事件右侧的输入框，即可新建事件处理方法，指定事件发生时程序需要做什么。

例如以下代码，为“确定”按钮注册了 Click 事件。当鼠标单击该按钮时，就会执行方法体里面的代码。

```
1.private void button_ok_Click(object sender, EventArgs e)
2.{
3.    //调用外部类，体现类的单一职责设计原则
4.    //如果所有事件处理代码都放在窗体类，会影响代码的可阅读性和今后的复用性
5.    TableToContext.SaveTableToContext();
6.    ContextToXML.SaveContextToXML(SetPipeInfoMainLine.xmlFilePath);
7.    //设置窗体对话的结果，供其他类使用
8.    this.DialogResult = DialogResult.OK;
9.    //关闭本窗体
10.       this.Close();
11.}
```

事件处理方法有两个参数：发送者 sender 和事件参数 e。通过 sender 可以获取对应的控件，参数 e 可以获取事件的具体信息。如下面的代码对用户在文本框中输入的文件名称进行验证。第 12 行中，通过设置 e. Cancel 属性取消了用户不合理的修改。

```
1.private void textBox1_Validating (object sender, CancelEventArgs e)
2.{
3.    TextBox textBox = (TextBox) sender;
4.
```

```
5.    if (! FileHelper.IsFileNameValid (textBox.Text))
6.    {
7.        MessageBox.Show (" 请输入合理的文件名，不要有特殊符号");
8.        e.Cancel = true;
9.    }
10.       else
11.       {
12.           e.Cancel = false;
13.       }
14.   }
```

(6) 事件的顺序　单击一个文本框，输入数据后离开，会发生一系列事件，其先后顺序为：

Enter => GetFocus => Leave => Validating => Validated => LostFocus;

在 Validating 事件中，有一个 e. FormattedValue。例如文本框中原来的文字是 100，改成 150 后回车，就会触发验证 Validating 事件，此时 e. FormattedValue 就是新输入的 150，文本框的 Value 还是 100。验证结束后，文本框的 value 才改为 100。

(7) 键盘事件　用户按下键盘后松开时，依次发生的事件为：

KeyDown => KeyPress => KeyUp

KeyPress 事件参数 e 的 KeyChar 属性可以获取当前输入的字符。如果需要检测各种功能键 (F1、Alt 等)，则需要使用 KeyDown 和 KeyUp 事件。具体代码如下：

```
1.if (e.KeyCode = = Keys.Enter)  //在 KeyDown 事件中处理回车键;
2.if (e.Control = = true&&e.KeyCode = = Keys.C) //在 KeyDown 事件中处理 Ctrl + C;
3.if (e.KeyChar = = 'A')  //在 KeyPress 事件中处理按下大写字母 A
```

如果窗体的 KeyPreview 属性为 true，则窗体的事件处理方法会先处理，然后再由控件的事件代码处理。

(8) 鼠标事件　鼠标从进入控件上方到离开，依次发生的事件为：

MouseEnter => MouseMove => MouseHover / MouseDown / MouseWheel => MouseUp => MouseLeave;

鼠标单击控件时，依次发生的事件为：

MouseDown => Click => MouseClick => MouseUp;

鼠标双击控件时，顺序为：

MouseDown => Click => MouseClick => MouseUp => MouseDown => DoubleClick => MouseDoubleClick => MouseUp;

Q22 怎样在窗体中调用数据

本小节以窗体调用数据为例，介绍不同的类之间传递数据的方法。希望通过该例子，读者可以加强对变量的认识，以及掌握类之间传递数据的方法。

1. 构造函数传参数法

这是最常用的方法。例如某窗体需要一个 xml 文件夹路径，就可以在窗体类中新建一个字符串类型的类变量 xmlFolder。接着改写窗体的构造方法：

```
1.public Form_DiaChangeCheck (string xmlFolder)
2. {
3.     InitializeComponent ();
4.     this.xmlFolder = xmlFolder;
5.}
```

这样窗体被实例化时，就会把数据传递过去：

Form_DiaChangeCheck form_DiaChangeCheck =new Form_DiaChangeCheck(xml-Folder);

变量是指向堆中数据的指针，外部修改“xmlFolder”这个变量的内容后，窗体内的该变量代表的内容也会跟着改变。传递变量不是复制一份内容，而是传递指向引用内容的地址，这点刚接触编程的读者一定要多花时间掌握。

对于窗体，要注意其构造方法中一定要有 InitializeComponent 方法，不然控件就不会被绘制。在调用 InitializeComponent 方法之前，内存中没有控件实例，代表控件的变量的值都是 null。

2. 公开字段传参数法

在窗体类中新建一个公开的字段，如：

public string xmlFolder;

在调用窗体的地方，窗体实例化之后接着对这个变量进行赋值：

```
1.Form_DiaChangeCheck form_DiaChangeCheck = new Form_DiaChangeCheck();
2.form_DiaChangeCheck.xmlFolder = xmlFolder;
```

C#提供了初始化的简便语法。在构造函数后面加括号，然后在括号内赋值，如下所示：

```
1.Form_Sort form_Sort = new Form_Sort(uiDoc)
2.{
3.     workSetManager = workSetManager
4.};
```

3. 静态字段传参数法

如下方代码所示，继承外部命令的类中新建一个静态变量 uidoc，在 Excute 方法中给这个变量赋值。

```
1.public class MainLine_blockSearch : IExternalCommand
2.{
3.     public static UIDocument uidoc;
4.
5.     public Result Execute(ExternalCommandData commandData, ref string me
ssage, ElementSet elements)
6.     {
7.          uidoc = commandData.Application.ActiveUIDocument;
8.          ……
9.     }
10.     }
```

这样其他类需要使用 uidoc 变量时，使用类名加变量名称的方式，直接引用静态字段即可，例如窗体中注册 Revit 外部服务的代码：

```
1.//注册服务
2.server = new ZCTriangleDrawingServer (MainLine_blockSearch.uidoc.Document); //新建服务器实例
```

这个方法的优点是非常方便，缺点是其他插件功能需要复用代码时，所有涉及静态变量所在类名的地方名字都要改一遍。

4. 多个变量的相互传递

如果要传递的变量种类很多，可以新建一个类型，将要传递的数据都放在这个类型实例中，接着用以上三种方法传递对这个实例的引用。

5. out 关键字传参数法

有时候一个方法需要有多个返回值，此时可以将部分返回值加 out 关键字。例如以下的方法，判断管道是否有未连接点的同时，通过 out 关键字传递出这个未连接点的坐标。

```
1. public static bool HasFreeEnd(this MEPCurve pipe, out XYZ point)
2.{
3.     ConnectorSet conns = pipe.ConnectorManager.Connectors;
4.     foreach (Connector conn in conns)
5.     {
6.         if (conn.IsConnected = = false)
7.         {
8.             point = conn.Origin;
9.             return true;
10.            }
11.        }
12.        point = null;
13.        return false;
14.  }
```

Q23 Winform 中有哪些常用控件

本小节介绍一些 Winform 控件常用的属性和方法。限于篇幅，本书无法做非常详细的介绍。读者掌握基本用法后，在实际工作中遇到其他问题时，可查询 CSDN 和微软的文档，基本都能找到解决方法。另外这些控件都有鼠标和键盘事件，上一节已经介绍过了，这里不再重复。

1. 窗体 Form

窗体有关的重要属性、方法和事件见表 2. 3-5。

表 2. 3-5　窗体属性、方法和事件

属性	描述
Name	代表窗体的变量名
Text	标题栏显示的文本
ShowIcon	是否显示窗体左上角图标
TopMost	总是处于最上方，遮挡其他窗体

（续）

属性	描述
MaximizeBox	是否显示最大化按钮，类似还有 MinimizeBox 属性
AcceptButton	设置成某个按钮后，按 Enter 键相当于单击这个按钮
CancelButton	设置成某个按钮后，按 Esc 键相当于单击这个按钮
KeyPreview	窗体是否监听键盘事件。设置成 True 之后，窗体会首先处理键盘事件
Locked	窗体是否可以缩放
ControlBox	设置为 false 时，窗体上没有右上角的关闭按钮
StartPosition	设置为 CenterScreen 时，加载后在屏幕中央显示
Location	窗体左上角定位点在屏幕中的位置
IsDisposed	判断窗体是否被关闭，也可以用以下语句判断： `if (form1 = = null || form1.CanFocus = = false)`
FormBorderStyle	指定窗体是否可以被用户改变大小
FormWindowState	获取当前窗口大小状态，通过设置这个属性，控制窗口最大化、最小化
方法	描述
ShowDialog 和 Show	窗体实例化以后，默认是不可见的，需要调用 Show（）或是 ShowDialog（）方法显示窗体。使用 ShowDialog 方法时，只有关闭窗体才返回 DialogResult。关闭窗口前，焦点一直在该窗体上。程序中 ShowDialog 后面的代码不会执行。关闭该窗口后，焦点回到前一个获取了焦点的窗体上，后面的代码继续执行。而使用 Show 方法时，窗体显示之后，程序中 Show 方法后面的代码会继续执行，焦点也可以切换
Close	关闭窗口并释放所有资源，该方法之后再访问窗体的控件就会报错，因为内存中控件有关的数据已经被清理了
事件	描述

KeyDown	按下键盘上的某个键时发生，注意 KeyPreview 需要设置为 true。
	设置 Esc 键退出窗体的代码如下所示，注意窗体 KeyPreview 属性默认是 false，需要调整成 true。
	`1.private void MainForm_keyDown (object sender, KeyEventArgs e)`
	`2.{`
	`3.    if (e.KeyValue = = (char) Keys.Escape)`
	`4.    {`
	`5.        this.DialogResult = DialogResult.Cancel;`
	`6.        this.Close ();`
	`7.    }`
	`8.}`

Load	窗体加载时发生，此时窗体的控件已经被绘制
FormClosing	关闭窗口前发生，提供了一种阻止窗口关闭的机制。例如可以在这个事件的处理方法中检查用户输入是否合理，如果不合理，则设置事件的 Cancel 属性为 true
FormClosed	关闭窗口后
Actived	窗体被激活时
ProcessCmdKey	处理监听到的键盘事件，不需要提前设置 KeyPreview

2. 标签 Label、文本框 Text Box、按钮 Button（表 2.3-6）

3. 单选按钮 RadioButton

一个容器控件中的一组单选按钮只有一个能被选中。切换选中的按钮时，原来被选中的按钮会被取消选中，见表 2.3-7。

表 2.3-6　标签、文本框、按钮的属性和方法

属性	描述
Name	对象名称
Text	设置或者获取标签上的文本

表 2.3-7　单选按钮的属性和方法

属性	描述
Checked	是否被选中
事件	描述
CheckedChanged	Checked 属性发生变化时

如果是使用代码加载一组单选按钮，则默认都是非选中状态，需要在代码中明确被选中的按钮。

4. 选项卡 Tabpage（表 2.3-8）

表 2.3-8　选项卡的属性和方法

属性	描述
TabPages	选项页的集合，在属性栏单击打开之后，可以继续编辑标签的名字等属性
SelectedIndex	当前选中的选项卡的索引
事件	描述
Selected	选择某个选项页时
SelectedIndexChanged	切换选项页

5. 组合框 ComboBox（表 2.3-9）

表 2.3-9　组合框的属性和方法

属性	描述
SelectedItem	被选中的项目
Text	设置显示的文字，该文字不需要在文本框的 Item 里面
DataSource	数据源，用法详见表下方代码
事件	描述
SelectedIndexChanged	被选择的项目发生改变时

Winform 中 DataSource 属性用法：

新建窗体的类变量和数据源：

```
BindingSource bindingSource = new BindingSource();
private static List<string> words_searched = new List<string>();
```

在构造方法中绑定数据源：

```
        bindingSource.DataSource = words_searched;
        comboBox_word.DataSource = bindingSource;
```

当数据源改变时，更新绑定：

```
1.//记录用户输入
2.if (! words_searched.Contains(comboBox_word.Text))
3.{
4.    string s = comboBox_word.Text;
5.    words_searched.Add(comboBox_word.Text);
6.    bindingSource.ResetBindings(false);
7.    comboBox_word.Text  = s;    //更新之后，显示的文字会改变
8.}
```

6. 复选框 CheckBox（表 2.3-10）

7. 计时器（表 2.3-11）

表 2.3-10 复选框的属性和方法

属性	描述
Checked	是否被选中
事件	描述
CheckedChanged	切换是否选中时发生

表 2.3-11 计时器的属性和方法

属性	描述
Enabled	计时器是否处于启用状态
Interval	计时器触发间隔，单位是毫秒（千分之一秒）
事件	描述
Tick	当指定的计时器间隔已过去而且计时器处于启用状态时发生

8. 进度条 ProgressBar（表 2.3-12）

表 2.3-12 进度条的属性和方法

属性	描述
Value	进度条当前值，是一个整数
Maximum	进度条上限
Minimum	进度条下限
Style	进度条样式 Blocks：通过在 ProgressBar 中增加分段块的数量来指示进度。 Continuous：通过在 ProgressBar 中增加平滑连续的栏的大小来指示进度。 Marquee：通过以字幕方式在 ProgressBar 中连续滚动一个块来指示进度
Step	执行 PerformStep 方法时进度条的增加值
方法	描述
PerformStep	按 Step 属性增加进度栏的值

9. 右键列表 ContextMenueStrip

拖动一个 ContextMenueStrip 到窗口中，然后设置希望添加右键菜单的控件的 ContextMenueStrip 属性，即可完成在控件上右击显示菜单的功能，见表 2.3-13。

表 2.3-13 右键列表的属性和方法

属性	描述
items	菜单列表，可以在属性栏中点击添加，也可以在窗口设计器中直接添加
事件	描述
ItemClicked	右键列表中的选项被点击

10. DatagridView（表 2.3-14）

表 2.3-14　DatagridView 的属性和方法

属性	描述
Name	名称
AllowUserToAddRows	是否允许用户添加行。如果为 true，则表格最下方会显示一行空白内容
AutoSizeColumnMode	列宽调整方式，详见表后说明
ColumnHeadersDefaultCellStyle	设置标题行单元格样式
RowHeadersVisible	是否显示标题列
Rows	行集合，类似还有列集合 Columns
CurrentCell	当前活动单元格
方法	描述
Rows. Add	添加行
Rows. RemoveAt	删除行
事件	描述
Scroll	滚动条滑动时发生

【说明 1】 DataGridView 属性 AutoSizeColumnMode，枚举值的含义为：

1）AllCells 调整列宽，以适合该列中的所有单元格的内容，包括标题单元格。

2）AllCellsExceptHeader 调整列宽，以适合该列中的所有单元格的内容，不包括标题单元格。

3）ColumnHeader 调整列宽，以适合列标题单元格的内容。

4）DisplayedCells 调整列宽，以适合当前屏幕上显示的行的列中的所有单元格的内容，包括标题单元格。

5）DisplayedCellsExceptHeader 调整列宽，以适合当前屏幕上显示的行的列中的所有单元格的内容，不包括标题单元格。

6）Fill 调整列宽，使所有列的宽度正好填充控件的显示区域，只需要水平滚动保证列宽在 DataGridViewColumn. MinimumWidth 属性值以上。相对列宽由相对 DataGridViewColumn. FillWeight 属性值决定。

7）None 列宽不会自动调整。

8）NotSet 列的大小调整行为从 DataGridView. AutoSizeColumnsMode 属性继承。

【说明 2】 修改 datagridview 里面的单元格时，发生的事件顺序为：

CellEnter => CellBeginEdit => CellEndEdit => CellValidating => CellValueChanged => CellValidated => CellLeave

在程序中修改单元格的 value 时，单元格会处于 Edit 的状态。此时使用 datagridview 的 ExitEdit 方法可以退出编辑状态，进入验证状态。

【说明 3】 给 datagridview 添加数据

当要显示的数据的类型不一致时，可使用一个 Object 类型的数组作为参数，如下方代码所示：

```
1.object[] content = new object[] { index, eleId };
2.dgv.Rows.Add(content);
```

Datagridview 单元格中显示的是对象 ToString 方法的结果。

第3章

如何对接Revit

第1节　图元选择和过滤专题

Q24 Revit 中的数据是怎样组织的

横看成岭侧成峰，远近高低各不同。本小节将从不同的角度介绍 Revit 中数据的组织方式。

1. 从数据库角度

BIM 即 Building Infomation Model 的缩写，强调对信息的利用。Revit 文档就是一个大的数据记录表，里面存储着建筑物中各个构件的信息。修改 Revit 数据模型，有两种途径，如图 3.1-1 所示。

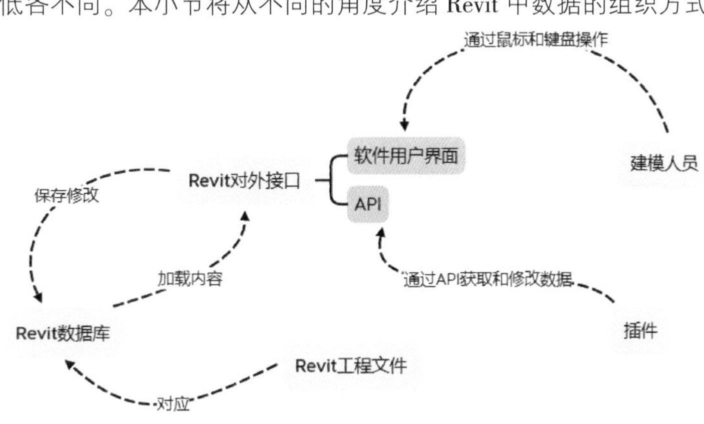

图 3.1-1　数据库角度下的 Revit

一种是建模人员通过操作鼠标和键盘，在图形界面上操作软件。每绘制一个构件，就是在 Revit 数据库中添加一条记录。

另外一条途径是使用插件，开发者通过 API 查询和修改数据库。

2. 从建模角度

建模人员主要从族的角度和 Revit 进行交互。族分为可载入族和系统族，分别按族 => 族类别 => 族实例的层次划分，如图 3.1-2 所示。

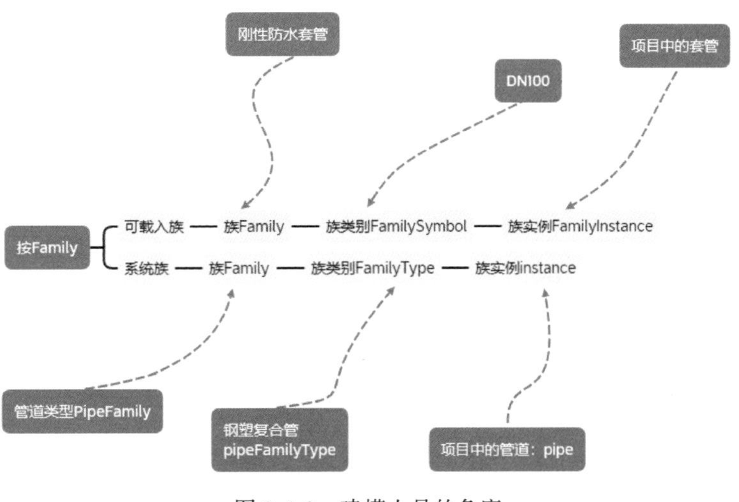

图 3.1-2　建模人员的角度

例如 Revit 模型中可见的一个套管，称为套管族的一个实例。套管有不同的规格，如 DN100、DN65 等，称为族类型。族类型进一步抽象为套管族，在用户界面，族和族类型的表示如图 3. 1-3 所示。

族实例是具体的，“看得见，摸得着” 的。族类别和族则是族实例信息的抽象描述。读者可以通过表 3. 1-1 中的类比关系加深理解。

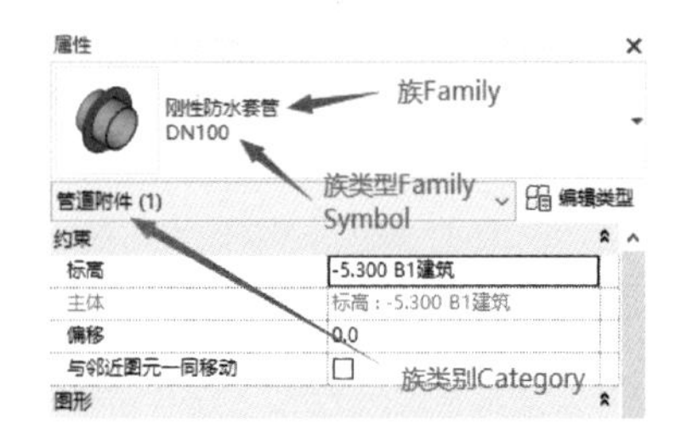

图 3. 1-3　族和族类型、族类别的关系

表 3. 1-1　与族有关的概念举例

	族实例	族类型	族
Revit 中	模型中的一个套管	DN100	刚性防水套管
生活中	“福建” 号航空母舰	003 级别	航空母舰

项目中族是不可以重名的，每个族对应一个族文件（. rfa 文件）。每个族下面的族类型也不可以重名，不同族的族类型可以重名。如图 3. 1-4 所示，手柄蝶阀和明杆闸阀都有一个名称为 “标准” 的族类型。

3. 从工程角度

从工程角度出发，需要类别（category）的概念，用以区分构件的用途（图 3. 1-5）。比如管道属于 “管道类别”，墙属于 “墙类别” 等。

使用类别可以方便建筑构件的分类。梁和柱都属于可载入族，它们的实例就可以用类别进行区分。

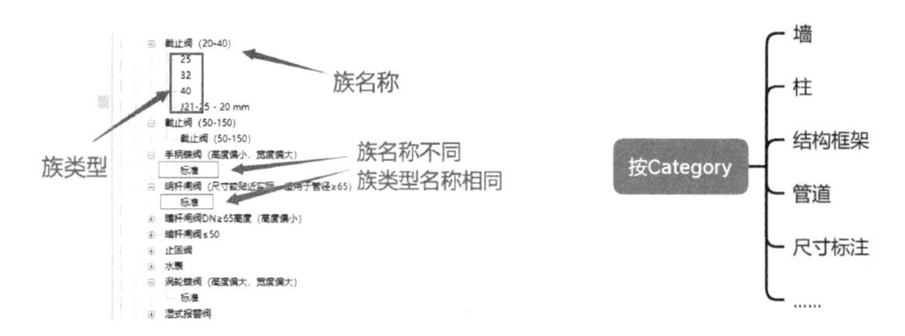

图 3. 1-4　族名称和族类型的关系　　　　图 3. 1-5　不同的类别

在 Revit LookUp 中查看一根管道的类别信息，如图 3. 1-6 所示。

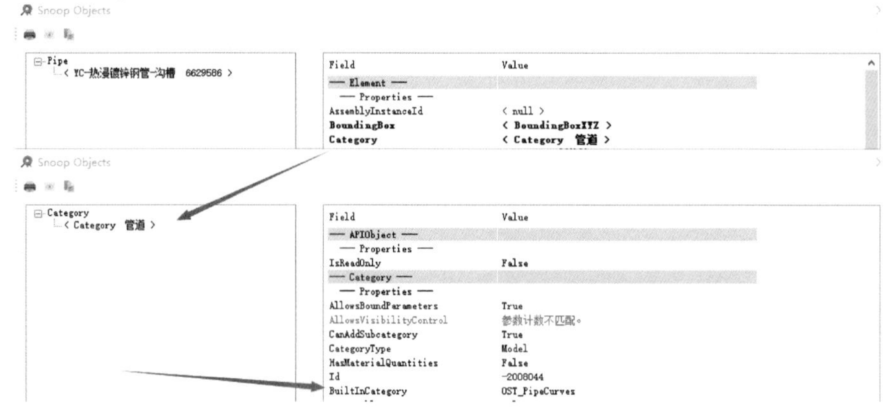

图 3. 1-6　一根管道的类别信息

注意类别对应一个 BuiltInCategory 属性，里面的值是 Revit 内置的，在插件开发中经常使用到。

4. 从面向对象的开发者角度

面向对象的世界中只有类和类的实例。从程序开发者的角度看，Revit 模型中的构件都属于类的实例，比如一根管道是 Pipe 类的实例。类之间有继承关系，Pipe 类继承自 Element 类，所以 Pipe 类是 Element。

Revit 中“不可见的”元素也可以按以上标准分析。比如具体的管道类型“钢塑复合管”，是 PipeType 类的实例。PipeType 继承自 ElementType，所以 PipeType 是一种 ElementType，如图 3.1-7 所示。

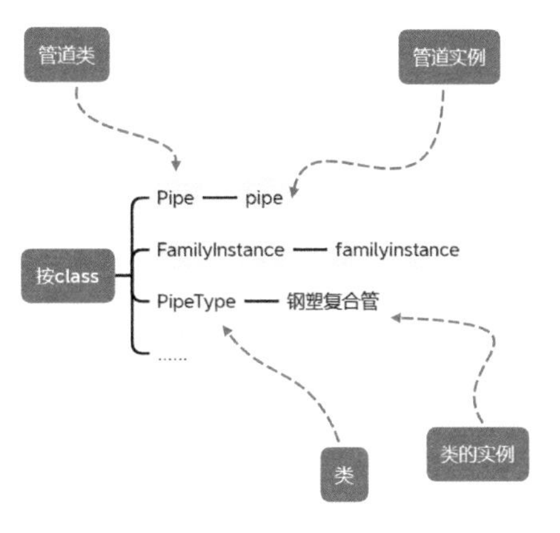

图 3.1-7 从面向对象的角度

5. 小结

以在模型中绘制一根管道为例，不同角度下看到的新建过程见表 3.1-2。

表 3.1-2 不同角度下的新建管道操作

数据库角度	Revit 数据库添加一条新建管道的记录
建模角度	1. 选择管道命令（确定族） 2. 选择管道类型（确定族类别） 3. 在用户界面绘制管道（生成族实例）
工程角度	在两点之间布置了一根管道（类别为管道的构件）
开发者角度	1. 调用 Pipe 类的 Create 方法新建一个 Pipe 类的实例 2. 为了新建这个实例，需要 PipeType 类的实例、PipeSystemType 类的实例作为参数。可以使用元素过滤器获取作为方法参数的实例 3. 创建管道后，需要通过提交事务修改模型

以模型中的一个防水套管为例，不同角度下的套管见表 3.1-3。

表 3.1-3 不同角度下的套管数据组织方式

数据库角度	数据库中的一条记录
建模角度	1. 一个族实例 2. 对应的族类别是 DN100 3. 对应的族是刚性防水套管
工程角度	一个管道附件
开发者角度	一个 FamilyInstance 类的实例

Q25 Element 类有哪些重要的属性和方法

Element 类是 Revit 中很多类的基类，因此有必要熟悉这个类。本小节介绍 Element 类重要的属性和方法。

1. Element 类重要的属性

在 Revit 中绘制一根管道，使用 Revit LookUp 查看这根管道，可以看到其作为 Element 的属性如图3.1-8所示。

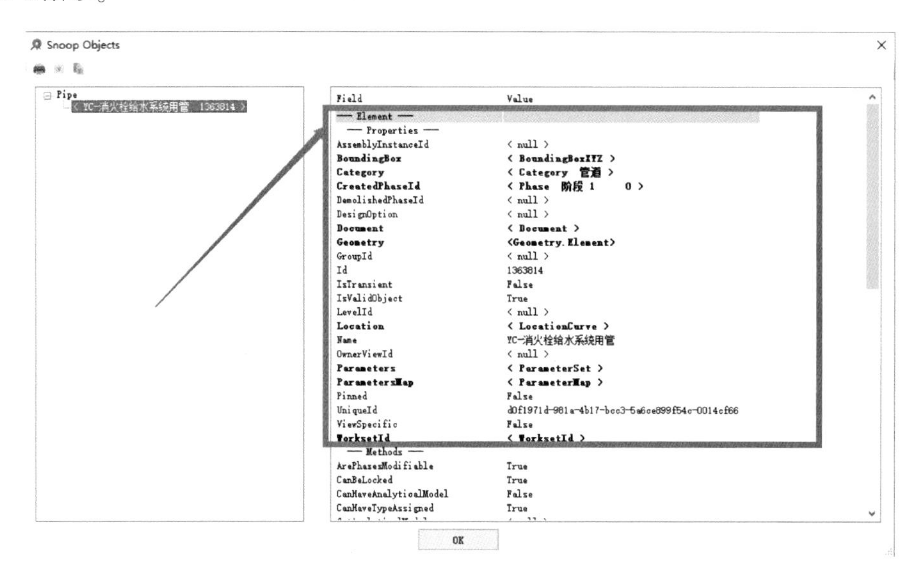

图3.1-8 作为Element的属性

(1) Id属性 Id是Revit中图元的“身份证”，每个项目中每个图元都有唯一的Id。Id属性是一个ElementId类的实例。在图3.1-8中，管道的ElementId值为“1363814”。Id属性常用作用有：

1) 判断两个元素是否相等。Revit API获取的元素不能直接用等号比较是否相等，只能用Id是否相等判断。因为等号判断相等，比较的是内存中的地址是否相等，而使用API获取的变量，内存中的地址不一定相等。

ElementId类覆写了等号，所以可以用等号直接判断两个ElementId是否相等，从而判断其对应的元素是否相同。

2) 获取元素，如Pipe pipe = doc.GetElement (new ElementId (1363814)) asPipe，可以获取Id值为“1363814”的管道。

3) 作为其他方法的参数。例如创建管道时就需要管道类型的Id。

(2) Name属性 元素的名称，如图3.1-8中，管道的Name为“YC－消火栓给水系统用管”。

(3) Location属性 表示元素的定位信息。我们知道管道的定位线是直线，获取该直线的代码为：

```
Line line = (pipe.Location as LocationCurve).Curve as Line;
```

Location属性对应的类型为“Location”，这个类有两个派生类：LocationCurve和Location-Point。管道是用曲线定位的，所以要使用“as”关键字转化为LocationCurve。

LocationCurve类的Curve属性代表几何图元。对于管道来说，需要再次转化为直线Line。

楼板也有location属性，但是提取不出具体的信息。

如果要从一个Element集合中获取“可见的”元素，可以用元素的location属性是否为null作为条件。

(4) BoundingBox属性 BoundingBox学名为外包矩形框，本书中直译成范围盒。范围盒的主要用途是用于判断和其他图元的位置关系。

作为 Element 属性的范围盒，其方向是和项目坐标系平行的，原点在项目原点，如图 3.1-9 所示。

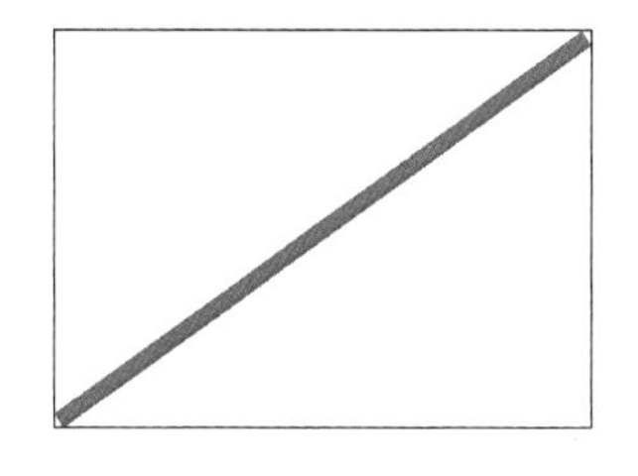
图 3.1-9　倾斜的管道的范围盒

而我们自建的范围盒，可以调整原点和方向，详见与几何有关的章节。

Revit 中元素的范围盒提供的范围往往比实际范围大。例如对于梁，其范围盒会一直包括到梁的定位线，也会包括梁被剪切掉的部分。

获取某视图下元素范围盒的语法为：pipe.get_BoundingBox（view），视图参数也可以为 null，代表一个和视图无关的范围盒。

（5）Category 属性　类别是二次开发中非常重要的概念，类别属性在 Revit 中用于表示构件的作用。例如梁和管件都是 FamilyInstance 类，可以用 Category 属性进行进一步区分。

Revit API 中的有一个枚举 BuiltInCategory，称为内置类别。二次开发中，为获取某构件的内置类别，一般都使用 Revit LookUp 来查询。例如单击图 3.1-8 中的 Category 一行，可以看到管道的内置类别为：BuiltInCategory.OST_PipeCurves。元素的 Category 属性是一个 Category 类实例，转化内置类别的代码为：

```
BuiltInCategory enumCategory =(BuiltInCategory)ele.Category.Id.Integer Value
```

类别枚举可以直接比较，如用以下代码可判断元素是否属于门类别：

```
1.if (ele.Category != null)
2.{
3.    return ((BuiltInCategory)ele.Category.Id.IntegerValue) == Built
InCategory.OST_Doors;
4.}
```

因为不是所有的 Element 都有具体的类别，所以上方代码第一行先判断元素的 Category 是否为空。接着将整数转化成枚举，枚举之间再进行比较。

单击管道的 PipeType 属性，会发现管道的系统类型的类别也是 BuiltInCategory.OST_PipeCurves。因此使用类别过滤器获取项目中可见的图元时，需要加上 WhereElementIsNotElementType 方法，以排除族类型。

类别不继承自 Element，但是也有 Id 属性。使用 new ElementId（BuiltInCategory.OST_Walls）可以获取墙类别的 Id，但是 doc.GetElement（new ElementId（BuiltInCategory.OST_Walls））会返回 null，因为类别不是 Element。可以用 doc.Settings.Categories.get_Item（BuiltInCategory.OST_Walls）获取墙类别的 Category 实例。

（6）Document 属性　用来获取元素所在的文档。在编写方法时，可以用这个属性获取对应的 doc 变量，这样方法的参数里面就不用再加一个 doc 参数了。

（7）Geometry 属性　用来获取元素的几何实体，详见与几何有关的章节。

（8）IsValidObject 属性　用来判断元素是否是有效的。例如图元被删除后，其 IsValidObject 就会变为 false。

（9）LevelId 属性　用于获取和标高关联的元素的标高 Id。例如图 3.1-8 中的管道，它和标高不是关联的（因为可以切换不同的参照标高），因此 Level 属性为 null。如果需要获取管道的参照标高，需要查询对应的参数。对于平面视图，需要通过 GenLevel 属性获取参照标高。

（10）Parameters 属性　对应构件的参数，详见与参数有关的章节。获取管道参照标高的代码如下所示：

```
Parameter p = pipe.get_Parameter(BuiltInParameter.RBS_START_LEVEL_PARAM);
```

（11）WorksetId 属性　用来获取构件的工作集 Id。

2. Element 类的方法

Element 类的方法很多，二次开发中经常使用的有：

（1）LookupParameter 方法　用来获取参数 UI 界面中名称对应的参数，详见与参数有关的章节。

（2）ChangeTypeId 方法　用于切换类型，和族实例设置 Symbol 属性、管道类设置 PipeType 属性等操作等价。

（3）GetTypeId 方法　用于获取类型 Id。

（4）IsHidden 和 CanBeHidden 方法　用来在视图中控制元素的隐藏和显示。

Q26 怎样在插件中选择图元

本小节介绍和用户交互选择相关的处理方法。

1. 获取用户当前已经选择的图元

Selection 类的 GetElementIds 方法可用于获取当前选择的图元：

```
1.Selection sel = uidoc.Selection; //从 uidoc 获取 selection 实例
2.ICollection<ElementId> elementIds = sel.GetElementIds();
```

获取了 ElementId 之后，可以使用 doc 的 GetElement 方法获取对应的图元。例如以下的代码获取了选择集中所有图元名字的集合：

```
List<string>eleNames = elementIds.Select(Id => doc.GetElement(Id).Name).ToList();
```

用户有时候会在先选择图元后运行插件，有时候又会先点选插件命令，后选择要修改的图元。实践中可以先计算当前选择集中的元素数量，如果有元素，则直接运行插件；如果没有，则继续让用户选择，以兼容用户的使用习惯。

2. 让用户选点或构件

Selection 类还提供了让用户选点或构件的方法，要注意当用户在选择过程中按 esc 键退出时，这些方法会显示异常。因此这些方法要放在 try Catch 块中，在 catch 块中编写用户取消选择时的处理方法。

（1）选点　使用 PickPoint 方法让用户选择点：

```
1.XYZ point;
2.try
3.{
4.   point = selection.PickPoint("请点击要查询的位置);
5.}
6. catch (Exception)
7. {
8.   MessageBox.Show("您取消了点选!");
9. }
```

运行到第 4 句代码时，程序会暂停，等待用户在 Revit 中点选，注意这个方法返回的点的 Z 值不一定为 0。

该方法还有几个重载方法，用于指定捕捉点的类型。例如捕捉点类型为 ObjectSnapTypes. Centers 时，用户鼠标光标放在圆弧上时，圆弧的圆心会高亮显示。圆心高亮显示后，按下鼠标，即使鼠标不在圆心，读取的点也是圆心。其他捕捉类型详见 API 文档。

（2）框选选点　Selection 类的 PickBox 方法可以让用户在 Revit 中框选：

```
PickedBox pickedBox = uidoc.Selection.PickBox (PickBoxStyle.Directional)
```

该方法的参数是 PickBoxStyle 枚举，PickBoxStyle. Crossing 枚举表示选择全部在矩形框或部分在矩形框的图元，PickBoxStyle. Enclosing 表示只选择完全在矩形框中的图元，Directional 表示从右向左时用 Crossing，从左向右选择时用 Enclosing。

该方法返回一个 PickedBox 实例，这个实例有 Min 和 Max 两个属性，代表矩形选择框的角点。API 文档中说这两个点分别是矩形框右上角和左下角的点，实际使用时发现对应的是按下、松开点，且不同视图下点的 Z 值都为 0。因此需要获取选择的矩形范围时，可参考以下代码：

```
1.public Outline GetResult()
2.{
3.    Outline outline = null;
4.    Selection sel = app.ActiveUIDocument.Selection;
5.    PickedBox pickedBox;
6.    try
7.    {
8.        pickedBox = sel.PickBox(PickBoxStyle.Crossing,"请选择要翻模的区域");
9.    }
10.       catch (Exception)
11.       {
12.           return outline;
13.       }
14.
15.       double xMax = Math.Max(pickedBox.Min.X, pickedBox.Max.X);
16.       double xMin = Math.Min(pickedBox.Min.X, pickedBox.Max.X);
17.       double yMax = Math.Max(pickedBox.Min.Y, pickedBox.Max.Y);
18.       double yMin = Math.Min(pickedBox.Min.Y, pickedBox.Max.Y);
19.
20.       XYZ min = new XYZ(xMin, yMin, 0);
21.       XYZ max = new XYZ(xMax, yMax, 0);
22.
23.       outline = new Outline(min, max);
24.       return outline;
25. }
```

（3）选择单个图元　使用 Selection 类的 PickObject 选择图元。以下代码展示了让用户点选 Revit 中的链接 CAD 文件的方法：

```
1.Reference reference;
2.ImportInstance dwg;
3.try
4.{
5.     reference = uidoc.Selection.PickObject(Autodesk.Revit.UI.Selection.
ObjectType.PointOnElement, new ImportInstanceFilter(), "请点选底图上的线");
```

```
6.}
7.catch(Exception)
8.{
9.    return null;
10.   }
11.
12.   dwg = uidoc.Document.GetElement(reference) as ImportInstance;
```

在第5行代码中ObjectType. PointOnElement表示让用户选目标构件上的一个点，如果改成ObjectType. Edge就会让用户选目标构件上的一个边。其他ObjectType类型详见API文档。

PickObject方法返回的是一个Reference类，可以理解为一个信息包装类，里面记录了用户点选时点（对应reference的GloblePoint属性，在ObjectType. Edge模式下还会记录选择的边）、选择的元素等各种信息。

使用doc. GetElement方法可以从reference获取Element。使用Element类的GetGeometryObjectFromReference（reference）则可以获取Reference记录的几何图元。

该方法第2个参数是选择过滤器，用于指定哪些类型的元素可以选择。该参数是一个继承了ISelectionFilter的类的实例，本例中用户只选择链接CAD的过滤器代码如下所示：

```
1.class ImportInstanceFilter : Autodesk.Revit.UI.Selection.ISelectionFilter
2.{
3.    public bool AllowElement(Element elem)
4.    {
5.        return elem is ImportInstance; //当构件是Importinstance时，可以被选择
6.    }
7.
8.    public bool AllowReference(Reference reference, XYZ position)
9.    {
10.       return true;
11.    }
12. }
```

当PickObject方法的ObjectType参数为ObjectType. Element时，Revit只使用上方代码第3行的AllowElement方法进行判断，只有该方法的返回值为true时，这个Element才能被点选。当ObjectType参数为ObjectType. Face等几何图元类型时，Revit会接着调用第8行的AllowReference方法进行判断，以确定点线面体等元素上的几何图元能否被用户选择。

PickObject方法也有不需要过滤器的重载，详见API文档。

（4）选择多个图元　选择多个图元使用PickObjects方法，用户选择完成后，需要点选UI界面上的“完成”按钮来完成选取。

（5）使用框选选择图元　可以使用PickElementsByRectangle方法框选图元。

（6）连续进行一组相关的选择　有时候插件需要用户依次点选一组相关的图元，但是又不知道用户会选几组。比如集水坑压排自动转化插件，对于一个水泵，需要用户点选水泵中心和对应的立管。而每个集水坑水泵数量是不一样的，有的集水坑有两个水泵，有的集水坑只有一组水泵。可以利用用户按Esc时，选择有关的方法会抛出异常这一特点解决这类问题，具体代码如下：

```
1.while (true)
2.{
3.    PumpModel pumpModel = SelectOnePump(); //用户中途取消时，返回值是null
4.    if (pumpModel != null)
5.    {
6.        result.Add(pumpModel);
7.    }
8.    else
9.    {
10.        break;
11.    }
12.}
```

其中选择一个水泵信息的方法如下所示：

```
1.public override PumpModel SelectOnePump()
2.{
3.    PumpModel pumpModel = new PumpModel();
4.    try
5.    {
6.        Selection sel = uidoc.Selection;
7.        pumpModel.p0 = sel.PickPoint(ObjectSnapTypes.Centers, "请点击水泵的中心");
8.        Reference reference = sel.PickObject(ObjectType.PointOnElement, new DwgSelectionFilter(), "请点选水泵对应的集水坑的边");
9.        pumpModel.edge = GetLineFromReference(reference);
10.        pumpModel.edge_reference = reference;
11.        pumpModel.p2 = sel.PickPoint(ObjectSnapTypes.Centers, "请点击水泵的立管中心");
12.        pumpModel.p_dirPoint = sel.PickPoint("请点击一点以确定水泵的手柄方向");
13.    }
14.    catch (Exception)
15.    {
16.        return null; //用户取消了点选
17.    }
18.    return pumpModel;
19.}
```

3. 选择集的调整

使用SetElementIds方法调整选择集中的元素。有时候需要高亮显示某些图元，这时就可以使用将图元加入选择集的方法来完成。

Q27 怎样使用元素过滤器和元素收集器

在前面生成管道的小节中，我们已经简单接触了元素收集器和元素过滤器，本小节将对两者进行更深入的介绍。

1. 使用元素收集器的步骤

使用元素收集器获取需要的 Element 的步骤为：新建元素收集器 => 新建元素过滤器 => 应用元素过滤器 => 获取图元。

以获取一定范围内的元素为例，代码如下：

```
1.FilteredElementCollector eleCol = new FilteredElementCollector(doc);
2.
3.Outline outline = new Outline(bbox.Min, bbox.Max);
4.BoundingBoxIntersectsFilter boundingBoxIntersectsFilter = new BoundingBoxIntersectsFilter(outline);
5.
6.eleCol.WherePasses(boundingBoxIntersectsFilter);
7.
8.List<Element> eles = eleCol.ToList();
```

(1) 新建元素收集器　上面代码中，第一行首先新建了一个元素收集器 FilteredElementCollector。这个单词告诉我们这是一个收集被过滤出来（Filtered）的元素（Element）的容器（Collector）。

这个容器只收集 Element，对于工作集 WorkSet 这样不继承自 Element 的类，需要使用别的收集器（FilteredWorksetCollector）。

FilteredElementCollector 继承了 IEnumerable 接口，因此可以使用 foreach 循环访问。在应用元素过滤器前，收集器里面还是空的，此时还不能遍历访问。

元素收集器有三种构造方法，详见表 3.1-4。

表 3.1-4　元素收集器构造方法

FilteredElementCollector（Document document）	查找文档数据库里面所有的 Element
FilteredElementCollector（Document document，ElementId viewId）	只查询视图中可见的 Element
FilteredElementCollector（Document document，ICollection <ElementId> elementIds）	只查询给定的元素集合中的 Element

表中第二行“视图中可见”的意思是元素位于视图的视图范围内，且没有被其他命令隐藏。例如车库顶板遮挡了下方的车位，只要车位在视图范围内，车位仍然会被收集器收集。如果选中车位，使用快捷键“HH”临时隐藏，则使用第二种构造方法的收集器就不会收集这个车位。

(2) 新建和应用元素过滤器　新建元素收集器完成后，API 已经知道了搜索的范围和过滤出来的元素的容器，接着就需要构造元素过滤器筛选图元。

样例代码的第 4 行新建了一个边界框过滤器，表示搜索一定范围内的图元。

第 6 行应用过滤器，就是把新建的过滤器实例作为参数，传递给元素收集器的 WherePass 方法。一个元素收集器可以链式使用多个 WherePass 方法，Revit API 会自动优化过滤的顺序，提高效率。

（3）获取图元　元素收集器应用过滤器之后，里面就保存了符合条件的图元。可以使用 foreach迭代其中的元素，也可以使用 ToList 方法转化为列表，如样例代码第 8 行所示。

FilteredElementCollector 自己也提供了 ToElementIds 和 ToElements 方法，用于返回符合要求的元素 Id 集合和元素集合。两个方法的返回类型都是接口类型的变量（ICollection 和 IList），可以通过 Tolist 方法转化为列表类型。

注意 ToList 方法会占用一定的内存和计算资源。实际工作中大部分情况下使用元素收集器获取的元素集合都不需要进行 ToList 操作，因为 ICollection 和 IList 提供的方法已经够用了。

如果只需要获取符合条件的第一个元素，可以使用 FilteredElementCollector 的 FirstElement 和 FirstElementId 方法。

因为元素收集器继承了 IEnumerable 接口，因此也可以使用 LINQ 查询，下方的代码展示了如何获取指定名称的文字标注类型：

```
1.FilteredElementCollector tnTypeCol = new FilteredElementCollector(currentDoc);
2.tnTypeCol.OfClass(typeof(TextNoteType));
3.var quary = from tnType in tnTypeCol
4.           where tnType.Name = = "YC 梁高注释文字"
5.           select tnType;
6.TextNoteType textNoteType = quary.Cast<TextNoteType>().FirstOrDefault();
```

因为 LINQ 是延迟执行的，上方代码实际执行时得到第一个符合条件的元素后就会返回，不会遍历所有元素，效率上没有不必要的浪费。

2. 使用元素过滤器的注意点

（1）快捷方法　在上方代码中，我们没有看到 WherePass 方法，只看到元素收集器后面跟着“. OfClass(typeof(TextNoteType)) ”，这被称为快捷方法。

有些过滤器使用的频率非常高，每次都构造过滤器实例然后调用比较麻烦，Revit API 就为元素收集器提供了快捷方法。元素收集器常用的快捷方法见表 3. 1-5。

表 3. 1-5　常用快捷方法

Excluding	排除指定的元素集合
OfCategory/OfCategoryId	获取指定类别的元素
OfClass	获取指定类型（Class）的元素
WhereElementIsCurveDriven	获取墙、梁、管道等定位图元是曲线的元素
WhereElementIsNotElementType	不保留是 ElementType 的 Element，因为使用 OfCategory 过滤的时候，族实例和族类型都会通过过滤，此时需要进一步过滤
WhereElementIsElementType	只保留 ElementType

（2）快速过滤器和慢速过滤器　元素过滤器有快速和慢速之分，顾名思义就是过滤的速度有差异，原因在于慢速过滤器需要展开计算。例如本小节开头提到的范围框过滤器，其参数是一

个 Outline，是一个所有边都平行于坐标系的轮廓。如图 3.1-10 所示，Revit 将空间划分成很多子空间，子空间又进一步划分出子空间。要查询给定的轮廓中有哪些元素，只要遍历二叉树即可，速度是非常快的。

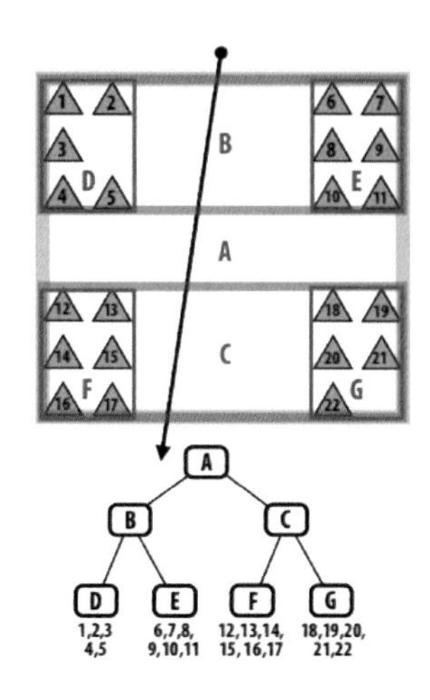

图 3.1-10　查询树

而找出和当前元素碰撞的过滤器 ElementIntersectsElementFilter，就需要获取构件的 Solid 进行碰撞运算，速度就会慢一些。

因此实践中需要将两者结合起来。先用快速过滤器获取大致范围，然后使用慢速过滤器精确过滤。

3. 常用的元素过滤器

这里介绍常用的几个元素过滤器。Revit 中的过滤器非常多，其他过滤器可查看 API 文档或是 Revit API 开发指南。

（1）类型过滤器 ElementClassFilter（OfClass 快捷方法）　Class 是按数据结构中的类进行过滤的。OfClass 快捷方法的参数通过 C#的 typeof 方法获取。初学时可以用 Revit LookUp 查看元素对应的 Class，例如选中一个管道进行查看，可以看到其类型为 Pipe（图 3.1-11）。对 Revit 类库熟悉之后使用类型过滤器是非常快速和高效的。

图 3.1-11　管道对应的类名

例如，可用以下代码来获取项目中所有的管道类型的名字：

```
List<string> pipeNames = pipeTypeCol.OfClass(typeof(PipeType)).Select
(pipeType => pipeType.Name).ToList();
```

（2）类别过滤器 ElementCategoryFilter（快捷方法 OfCategory）　通过 Revit 中构件建筑属性上的类别进行过滤。例如梁和柱对应的类型都是“FamilyInstance”，这就需要通过类别进行进一步过滤。构造该过滤器需要 BuiltInCategory 或是 Category 对应的 ElementId。一般通过查询 Revit LookUp 获取。

获取 Category 的 Id 的方法如下所示：

```
1.//方法 1
2.Categories categories = doc.Settings.Categories;
3.ElementId wallCategoryId = categories.get_Item(BuiltInCategory.OST_
Walls).Id;
4.//方法 2
5.ElementId beam_categoryId = new ElementId(BuiltInCategory.OST_Struc
turalFraming);
```

注意这个过滤器过滤出来的结果包含类型元素 ElementType 和实例元素 Element，需要进一步使用 WhereElementIsNotElementType 或是 OfClass 方法过滤。

多类别过滤可以使用 ElementMulticategoryFilter，其构造方法如下所示：

```
1.List<BuiltInCategory> categories_1 = new List<BuiltInCategory>();
2.categories_1.Add(BuiltInCategory.OST_Floors);
3.categories_1.Add(BuiltInCategory.OST_StructuralFraming);
```

```
4.categories_1.Add(BuiltInCategory.OST_Stairs);
5.ElementMulticategoryFilter mcFilter = new ElementMulticategoryFilter
(categories_1);
```

(3) BoundingBoxIntersectsFilter 对元素过滤器和 LINQ 熟悉之后，可以在一行代码里面完成应用过滤器的操作。以下代码用于获取某点处的管道，注意第 7 行代码的写法：

```
1.XYZ point = conn.Origin;
2.XYZ max = point + new XYZ(1, 1, 1) * 10 /304.8;
3.XYZ min = point - new XYZ(1, 1, 1) * 10 /304.8;
4.Outline outline = new Outline(min, max);
5.
6.FilteredElementCollector pipecol = new FilteredElementCollector(doc);
7.List<Pipe> pipes = pipecol.OfClass(typeof(Pipe)).WherePasses(new
BoundingBoxIntersectsFilter(outline)).Cast<Pipe>().ToList();
```

(4) ElementIntersectsSolidFilter 和 ElementIntersectsElementFilter 两者用于找出和 Element 或是 Solid 相交的元素。例如找到和当前墙碰撞的管道，就可以构造一个 new ElementIntersectsElementFilter (wall)。

这两个过滤器都是慢速过滤器，需要先使用 BoundingBoxIntersectsFilter 缩小范围，以提高插件的运行速度。

梁柱发生剪切后，其 Solid 也被剪切了，这两个过滤器也就找不到碰撞的构件了。可以通过 JoinGeometryUtils. GetJoinedElements 获取发生剪切的图元，也可以使用放大 Solid 的方法。

第 2 节 构件参数专题

Q28 什么是事务

1. 为什么需要事务

以在墙上插入一个窗户为例，对于用户来说，这是一个单一操作，然而从 Revit 数据库的角度看，至少有以下步骤，如图 3. 2-12 所示。

如果数据库完成“添加窗户的记录”这一步后，因为停电或是程序错误等其他原因，导致后续工作没有完成。重新打开软件时，就会发现墙上有窗户，但是窗户没有剪切墙的问题。

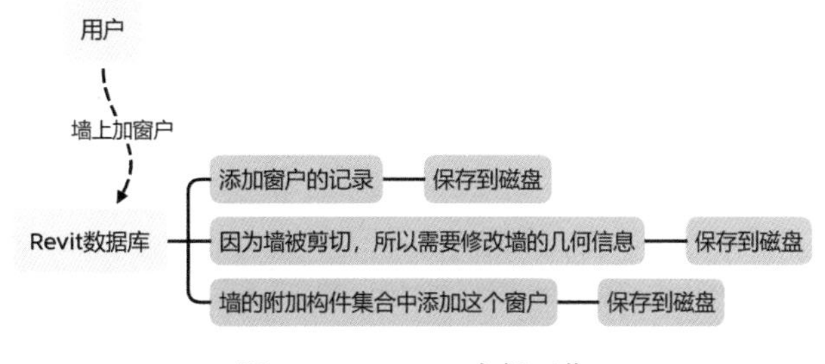

图 3. 2-12 Revit 内部工作

为了解决以上问题，需要引入事务的概念。将响应“墙上加窗户”的数据库所有操作构成一个操作集合，通过一个日志记录各个操作的完成状态。如果执行过程中发生意外，那么根据日志，需要将数据库恢复到执行事务之前的状态，从而保证操作集合里的操作，要么全部执行成功，要么全部不执行，如图3.2-13所示。

2. 事务的状态

事务是构成单一逻辑工作单元的操作集合，它具体包括以下五种状态：

（1）活动的（active） 事务中的操作正在执行。

（2）部分提交的（partially committed） 事务中最后一个操作完成，因为操作都在内存中完成，还没有保存到磁盘上，此时该事务处于部分提交状态。

（3）失败的（failed） 当事务处在活动的或是部分提交状态时，遇到各种错误无法继续执行，该事务就处于失败的状态。

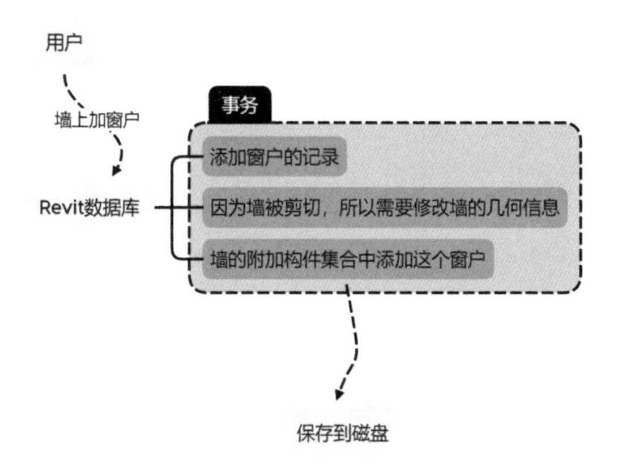

图3.2-13 使用事务组织子任务

（4）终止的（aborted） 如果事务变成失败状态，需要撤销事务对当前数据库的影响，这个撤销的过程称为回滚。回滚完成后，数据库恢复到以前的状态，该事务就会处于终止的状态。

（5）提交的（committed） 处于部分提交的状态的事务，将修改过的数据提交到磁盘后，该事务就处于提交的状态。

3. Revit中的事务

对Revit数据库的任何修改都应该放在事务中，事务对应Transaction类，具体代码如下所示：

```
1.using (Transaction ts = new Transaction(doc)
2.{
3.    ts.Start("调试"); //参数为事务名称，会出现在撤销栏中
4.    //中间放修改模型的代码
5.    ts.Commit();
6.}
```

事务有关的注意点有：

1）打开、关闭、缩放视图等不会修改Revit模型的操作不需要放在事务中。

2）一个事务结束之后，才能开始下一个事务。

3）事务的开启（Start方法）和提交（Commit方法）会消耗比较多的时间和计算资源，因此应尽量将修改放在一个事务中，例如事务放在foreach循环外面，不要在每个foreach循环中提交一个事务。另外尽量使用using语句，以保证被占用的资源得到及时释放。

4）没有运行到Commit语句，事务就不会提交。如图3.2-14所示的代码，用return语句代替if判断，简化代码。但是return之后，Commit方法不会执行，导致之前所做的修改也不会提交。

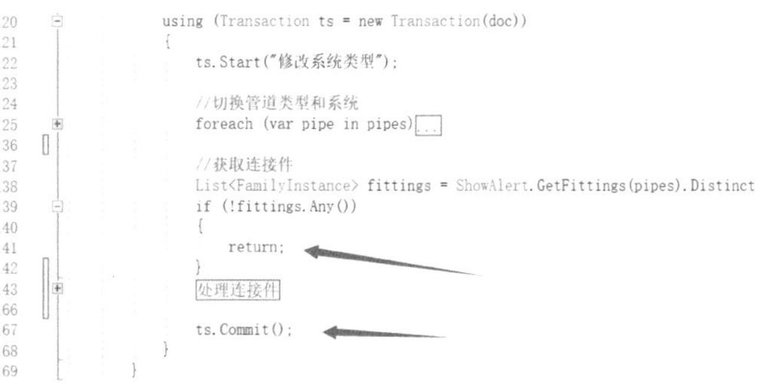

图3.2-14 使用return代替if判断

事务只开启不关闭的情况，Revit 和 Visual Studio 都不会发出提示。因此在事务里面使用 return 语句代替 if 判断时，return 语句前面要加 Commit 方法。

5）可以利用事务的回滚获取需要的值。例如以下代码用于计算墙体上洞口的面积：

```
1. //获取墙上的构件
2.   IList < ElementId > inserts = ( wall as HostObject )
3.   .FindInserts( true, true, true, true );
4.
5. //Determine total area of all openings.
6.
7. double openingArea = 0;
8.
9. if( 0 < inserts.Count )
10. {
11.    Transaction t = new Transaction( doc );
12.
13.    double wallAreaNet = wall.get_Parameter(
14.      BuiltInParameter.HOST_AREA_COMPUTED )
15.        .AsDouble();
16.
17.    t.Start( "tmp Delete" );
18.    doc.Delete( inserts );
19.    doc.Regenerate();
20.    double wallAreaGross = wall.get_Parameter(
21.      BuiltInParameter.HOST_AREA_COMPUTED )
22.        .AsDouble();
23.    t.RollBack();
24.
25.    openingArea = wallAreaGross - wallAreaNet;
26. }
```

上方代码第 17 行开启事务，第 18 行删除所有的门和窗；

第 19 行调用 Regenerate 方法更新墙体的几何信息；

第 20 行计算删除门窗后的墙面积；

第 23 行回滚事务，取消了删除门窗的操作。这样模型没有改变，而门窗的面积已经在过程中获取了。

6）事务组。当事务很多时，可以合并成事务组。例如管道翻模会涉及 CAD 图层的隐藏与恢复、管道生成、连接件生成等多个事务，如果每个事务都出现在撤销栏中，会影响用户体验，此时可以使用事务组包装它们：

```
1.using (TransactionGroup tsg = new TransactionGroup(app.ActiveUIDocument.
Document))
2.{
3.    tsg.Start("YC 管道转化");
4.     //子事务 1 开启和提交
```

```
5.      //子事务 2 开启和提交
6.      //……
7.      tsg.Assimilate();
8.}
```

使用事务组时要注意，如果事务组没有运行 Assimilate 方法，则整个事务组中的事务都不会提交。例如，插件因为子事务 2 中出现了未处理的异常而中断，则前面的子事务 1 即使已经提交了，也不会修改 Revit 模型。

7）使用 Code Snippet 简化代码输入。开启事务的代码在实际工作中会经常用到，可以在 Visual Studio 中添加快捷键，使其和 for 循环语句一样，打出 for 以后按两次 Tab 键即可插入代码块。具体步骤为：

工具 => 代码片段管理器，语言选 CSharp，如图 3.2-15 所示。

打开界面上 for 循环所在的文件夹，复制一份 for. snippet 文件，重命名为 ts. snippet，然后手动修改，如图 3.2-16 所示。

图 3.2-15　新建 Code Snippet

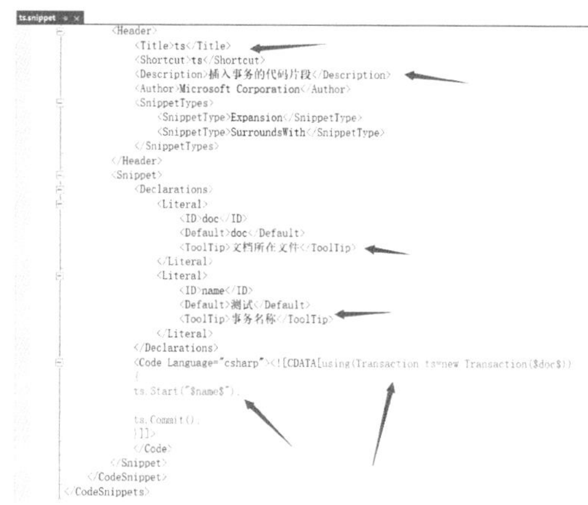

图 3.2-16　修改 Code Snippet

重启 Visual Studio，以后只要输入 ts，然后双击 Tab 键，即可快速插入开启事务的代码，如图 3.2-17 所示。

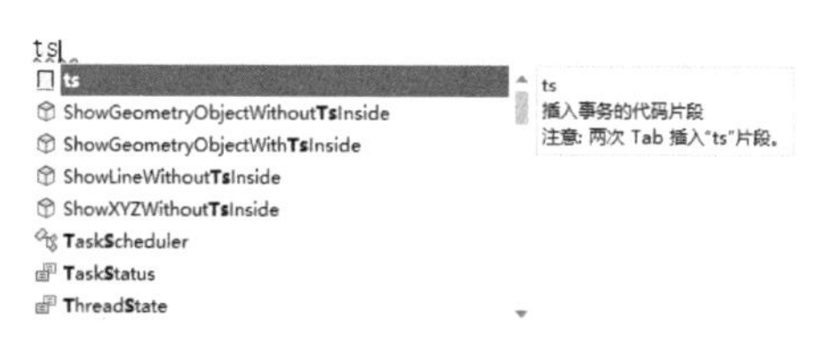

图 3.2-17　使用 Code Snippet

Q29 怎样获取和修改参数

在第 1 章“怎样在 Revit 中创建一根管道”小节中，我们已经了解了如何使用 Revit LookUp 查看元素参数，以及在 API 中获取和修改参数的方法。本小节继续对参数进行介绍。

1. 参数值是分类型的

Revit 中的参数值可能是 double 数字类型、integer 整数类型、string 字符串类型或是一个 ElementId。例如管道的“直径”参数值是 double 类型，“管段”参数值是对应管段的 ElementId，“工作集”参数值是一个整数。

Revit API 中参数对应 Parameter 类。为了适应多种数据类型的情况，RevitAPI 通过不同的方法（AsDouble、AdElementId、AsInterger、AsString）提取不同类型的值。例如管道的直径参数，在 Revit LookUp 中查看情景如图 3. 2-18 所示。

```
— Methods —
AsDouble                              0.328083989501312
AsElementId                           < null >
AsInteger                             0
AsString
AsValueString                         100 mm
CanBeAssociatedWithGlobalPara...      False
GetAssociatedGlobalParameter          < null >
```

图 3. 2-18 Revit LookUp 中的参数

因为直径是 double 类型，所以 AsDouble 方法可以返回具体的值，而其他几个方法返回值都是空的。

Parameter 类还有一个 AsValueString 方法，是将参数值转化成字符串的形式返回。在图 3. 2-18 中可以看到，这个值是一个末尾带单位的字符串。初步接触二次开发的人员，可能会使用以下语句获取管道直径：

```
double d1 = Convert.ToDouble(diaParameter.AsValueString());
```

因为“100mm”无法转化为数字，以上语句会报错。想获取以 mm 为单位的管道直径数值，应该使用“直径”参数的 AsDouble 方法先获取 Revit 内部英尺单位下的数值，然后用 UnitUtils 类进行转化。实际上二次开发过程中大部分时间都是用 Revit 内部单位获取和设置管道直径，很少会需要以毫米为单位的管道直径。

2. 参数的获取和修改

（1）参数实例的获取　最常用的获取 parameter 的方式，是使用基类 Element 类的 get_Parameter 方法。获取元素的工作集参数并进行修改的代码如下所示：

```
item.get_Parameter(BuiltInParameter.ELEM_PARTITION_PARAM).Set(worksetId);
```

get_Parameter 方法需要参数对应的 BuiltInParameter，这个值一般通过 Revit LookUp 查看具体的构件获取。

Element 类其他获取参数实例的方法见表 3. 2-6。

表 3. 2-6　其他获取参数方法

get_Parameter（Guid）	通过共享参数的 guid 获取参数
LookupParameter（String）	通过软件界面上的文字获取参数。如果有多个同名的参数，会返回第一个
GetParameters（String）	返回符合名称的所有参数的列表

构件参数名称是不唯一的（因为共享参数的原因），如图 3. 2-19 所示，管道有两个名为“类别”的参数。

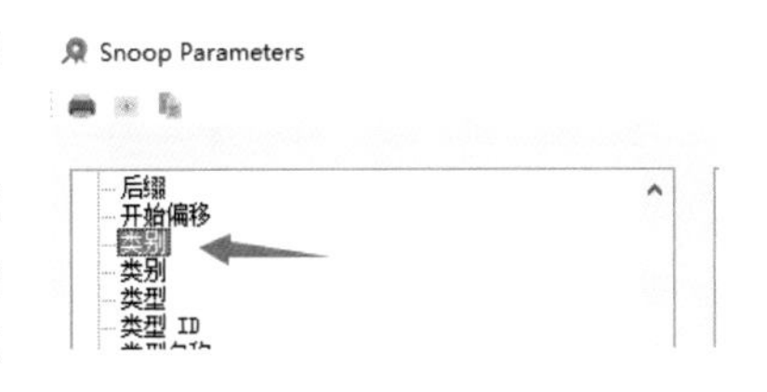

图 3. 2-19　同名的参数

因此 GetParameters 返回的是一个列表。一般来说，软件界面上显示的参数不会重名，使用 LookupParameter 方法也没有问题。总之尽量使用 get_Parameter 方法，当参数不是内置参数时，再使用 LookupParameter 方法。也可以使用

GetParameters 获取所有同名称参数，然后用另外的条件过滤，如本小节最后的代码所示。

参数实例获取后，可以根据参数存储的数据的类型，选择对应的方法获取参数值。例如参数是数字类型的，就使用 AsDouble 方法获取。

（2）参数的修改　使用 Set 方法修改参数值。注意 Set 方法写入的数据类型要和参数存储的数据类型一致，另外参数的修改都要放在事务中进行。

3. 获取族类型参数

在项目中选中一根梁后，会发现找不到“宽度”参数。这是因为梁宽属于类型参数。参数分实例参数和类型参数，类型参数被多个实例共有。例如有两根同一类型的梁，修改其中一个梁的长度后，另外一根梁长度不会变化，这是因为梁的长度属于实例长度，修改后只会影响当前族实例。

如果在 Revit 中选中一根梁，单击“编辑类型”命令修改梁宽，则所有同类型的梁宽度都会随之变化。

在获取族实例之后，可以通过其 Symbol 属性获取族类型。因为族类型也继承自 Element，所以也可以和族实例一样获取和修改参数，如下方代码所示：

```
Parameter p = instance.Symbol.LookupParameter (String);
```

获取一根梁的宽度的代码如下所示：

```
1.public static double GetBofBeam(FamilyInstance beam)
2.{
3.    double b = GetParameterDouble(beam.Symbol, "b");
4.    return UnitUtils.ConvertFromInternalUnits(b, DisplayUnitType.DUT_MI
LLIMETERS);
5.}
6.public static double GetParameterDouble(Element ele, string parame
terName)
7.{
8.    IList<Parameter> parameters = ele.GetParameters(parameterName);
9.    if (parameters != null)
10.       {
11.           foreach (var parameter in parameters)
12.           {
13.               if (parameter.StorageType == StorageType.Double)
14.               {
15.                   return parameter.AsDouble();
16.               }
17.           }
18.       }
19.       return -1;
20.   }
```

当发现找不到对应的参数时，可以找一下该参数是否是类型参数。例如文字的颜色就是类型参数，设置文字颜色的代码如下所示：

```
textNoteType.get_Parameter (BuiltInParameter.LINE_COLOR) .Set (16711935);
```

4. 获取参数对应的 ElementId

Parameter 类不继承自 Element，但是也有类型为 ElementId 的 Id 属性，获取管道系统类型参数对应的 Id 的代码如下所示：

```
ElementId paraId = new ElementId (BuiltInParameter.RBS_PIPING_SYSTEM_
TYPE_PARAM);
```

其中“RBS_PIPING_SYSTEM_TYPE_PARAM”通过 Revit LookUp 查看。因为 Parameter 不是 Element，所以以下语句获取的 ele 是 null：

```
Element ele = doc.GetElement(paraId);
```

5. 获取族参数

Family 类也继承自 Element，因此也可以获取和修改族参数。例如获取族的名为“共享”的参数代码，如下所示：

```
doc.OwnerFamily.get_Parameter(BuiltInParameter.FAMILY_SHARED);
```

Q30 怎样处理共享参数

共享参数通过一个 txt 文件进行定义，可以被明细表统计、被标记族标注，也可以用于插件内部数据的存储。

共享参数有很多实际应用。例如有的插件标注时，可以做到标高前面加自定义的前缀。就是通过新建“标高前缀”参数，然后在标注族中添加该参数实现的。

本小节就介绍处理共享参数的方法。

1. UI 界面对应的操作步骤

熟悉 Revit 界面中使用共享参数的步骤，对理解相关 API 的使用方法非常有帮助。共享参数需要先创建，后绑定，才能使用。

（1）共享参数的创建　UI 界面中创建共享参数的命令为“管理”=>“共享参数”，会弹出编辑共享参数文件的界面，创建参数的过程如图 3.2-20 所示。

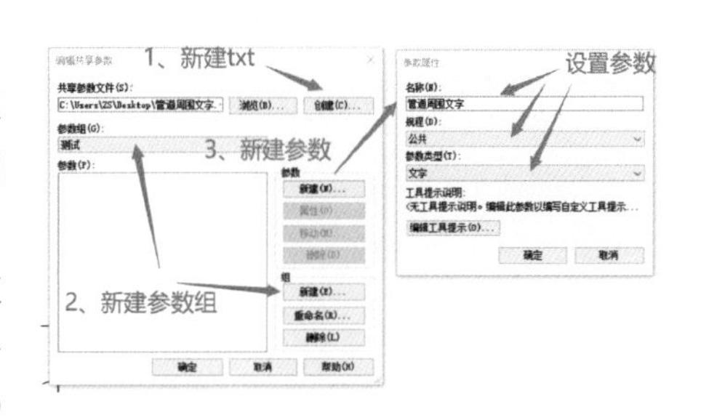

图 3.2-20　软件中新建共享参数的操作

完成共享参数创建后，可以使用 Excel 打开共享参数文件（因为记事本打开后看上去是错位的），如图 3.2-21 所示。

	A	B	C	D	E	F	G	H	I	J
1	# This is a Revit shared parameter file.									
2	# Do not edit manually.									
3	*META	VERSION	MINVERSION							
4	META	2	1							
5	*GROUP	ID	NAME							
6	GROUP	1	测试							
7	*PARAM	GUID	NAME	DATATYPE	DATACATEG	GROUP	VISIBLE	DESCRIPTI	USERMODIFIABLE	
8	PARAM	20c43566-	管道周围文	TEXT		1	1		1	

图 3.2-21　Excel 中的共享参数文件

其中，第 5 行代表参数组的定义，第 6 行是参数所在组的具体信息。

第 7 行是参数的有关定义，可见一个参数需要 GUID、名字 NAME、指定数据类型 DATATYPE。

第 8 行是新建的参数的信息，也就是第 7 行各项定义所对应的值。

（2）共享参数的使用　共享参数创建完成后，需要绑定到对应的构件上。以将前面创建的参数绑定到管道为例，在软件中的操作步骤为：

管理 => 项目参数 => 添加 => 选择共享参数，剩余步骤如图 3.2-22 所示。

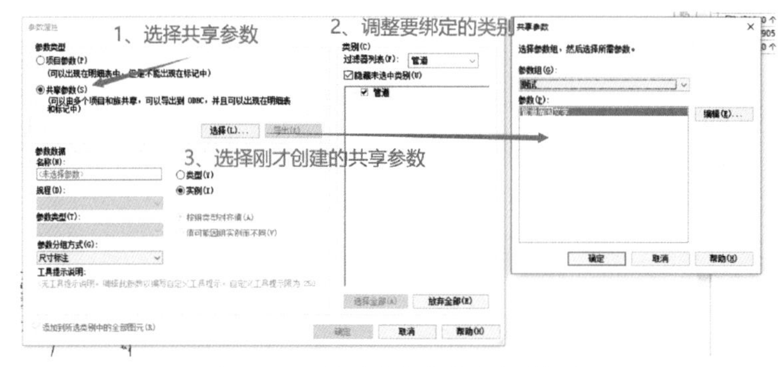

图 3.2-22　软件中绑定共享参数操作

我们选中管道，可以看到尺寸标注分组下出现了新建的共享参数。使用 Revit LookUp 可查看这个参数的定义，如图 3.2-23 所示。

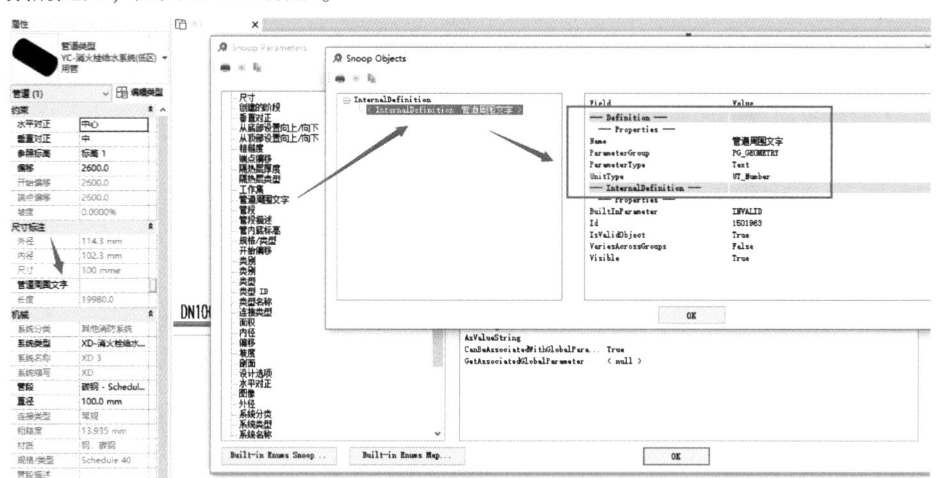

图 3.2-23　Revit LookUp 查看共享参数

可见绑定的时候为共享参数指定了参数组 ParameterGroup，本例中是尺寸标注 PG_GEOMETRY。

2. 使用 API 处理共享参数

实际工作中，一般先在 Revit 界面下新建共享参数，将生成的 txt 文件作为插件的一部分。读取 txt 文件并绑定参数的关键代码如下：

```
1.public static void AddParameter(UIApplication app)
2.{
3.    string filePath = Environment.GetFolderPath(Environment.SpecialFolder.Desktop) + "\\管道周围文字.txt"; //共享参数 txt 文件位置
4.    if (!File.Exists(filePath))
5.    {
6.        return;
7.    }
8.
9.    app.Application.SharedParametersFilename = filePath; //指向 txt 文件
10.    DefinitionFile definitionFile = app.Application.OpenSharedParameterFile(); //打开 txt 文件
```

```
11.
12.     //读取参数定义组和参数定义
13.     DefinitionGroup definitionGroup = definitionFile.Groups.get_Item("测试");
14.     Definition definition = definitionGroup.Definitions.get_Item("管道周围文字");
15.
16.     //新建类别组
17.     Document doc = app.ActiveUIDocument.Document;
18.     CategorySet categorySet = new CategorySet();
19.     categorySet.Insert(doc.Settings.Categories.get_Item(BuiltInCategory.OST_PipeCurves));
20.
21.     //建立连接
22.     Binding binding = app.Application.Create.NewInstanceBinding(categorySet);
23.     using (Transaction ts = new Transaction(doc))
24.     {
25.         ts.Start("绑定共享参数");
26.         doc.ParameterBindings.Insert(definition, binding, BuiltInParameterGroup.PG_GEOMETRY);
27.         ts.Commit();
28.     }
29.}
```

上方代码的第 19 行获取 Category 也可以用 Category 类的 GetCategory 方法。

第 26 行的 doc. ParameterBindings 是一个 BindingMap 实例。其 Insert 方法会返回一个 bool 值，当项目中已绑定这个参数的时候，会返回 false。BindingMap 也有一个 Contains 方法用来检查是否已经有这个参数的绑定。

第 26 行方法的参数 BuiltInParameterGroup. PG_GEOMETRY 表示参数在用户界面中处于“尺寸标注”参数组下。如果要放在别的参数组下，可使用 Revit LookUp 查询该参数组下的一个参数，找到参数对应的参数组的 BuiltInParameterGroup 枚举值。例如“标识数据”对应的枚举值为 PG_IDENTIFY_DATA。

第 3 节　构件生成和编辑专题

Q31 什么是 Document、UIDocument、Application 和 UIApplication

Document、UIDocument、Application 和 UIApplication 这些类及其属性的名称比较相似，初学者容易混淆。本小节对这四个类进行简介，但限于篇幅，只介绍其最常用的部分。

1. 为什么需要这四个类

如图 3.3-24 所示，我们每次双击 Revit 的快捷方式，就会产生一个 Revit 进程。在每个 Revit 进程中，可以打开多个项目。对于每个项目，还可以打开多个视图。

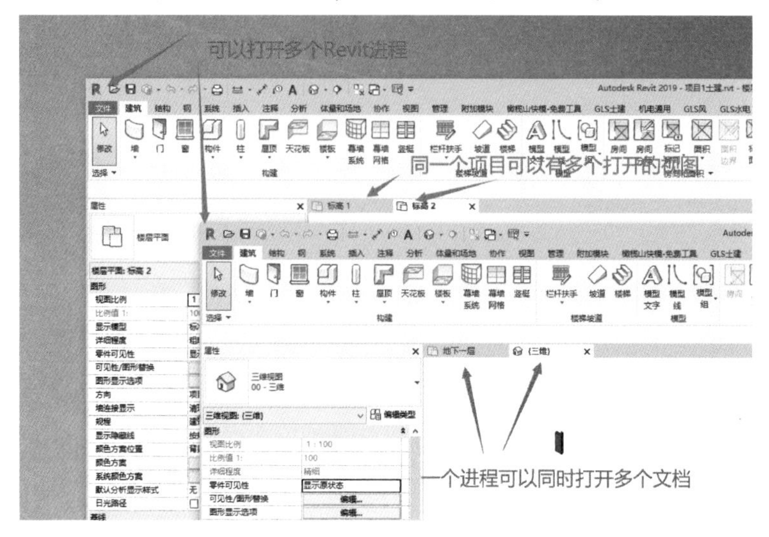

图 3.3-24　Revit 是多文档的

为了能定位到用户当前正在处理的视图或文档，就需要这四个类了。在“怎样生成管道”小节中，我们已经初步认识了这几个类的关系：

```
1.public Result Execute(ExternalCommandData commandData, ref string message, ElementSet elements)
2.{
3.    UIApplication uIApplication = commandData.Application;
4.    UIDocument uidoc = uIApplication.ActiveUIDocument;
5.    Document doc = uidoc.Document;
6.    Selection sel = uidoc.Selection;
7.    View activeView = uidoc.ActiveView;
8.    //插件具体功能
9.    return Result.Succeeded;
10.   }
```

用户在单击 Revit 插件按钮时，会调用插件对应的 Excute 方法。通过该方法的 commandData 参数的 Application 属性，我们获取了 UIApplication 类的实例，定位到了当前所在的 Revit 活动对话框，如代码第 3 行所示。

因为一个对话框可以有多个文档被打开，所以我们接着通过当前对话框的 ActiveUIDocument 获取了活动的文档对象，也就是定位到了用户正在编辑的模型，如代码第 4 行所示。

因为一个项目可以打开多个视图，为了方便管理视图和对接用户 UI 界面操作，Revit 提供了 UIDocument 类专门处理这些需求。而模型具体的数据则通过 Document 类进行获取。

Revit 版本在不断更新中，加上还需要一些应用程序有关的基本操作，如设置程序默认的视图样板等功能，于是 Revit 使用 Application 类专门处理这些和具体文档无关的、和程序设置有关的功能。

以上就是为什么需要四个位于比较高层的类的原因了。

2. UIApplication 类

UIApplication 类的完全限定名为 Autodesk. Revit. UI. UIApplication。表示一个活动的 Revit 对话。常用的成员见表 3. 3-7。

3. UIDocument

完全限定名为 Autodesk. Revit. UI. UIDocument，表示一个打开的 Revit 项目。其常用成员见表 3. 3-8。

表 3. 3-7 UIApplication 类常用的成员

方法	说明
PostCommand	提交外部命令
属性	说明
ActiveUIDocument	获取 uidoc 变量
Application	获取 Application 变量
事件	说明
ViewActivated/ViewActivating	切换活动视图时发生

表 3. 3-8 UIDocument 类常用的成员

方法	说明
GetOpenUIViews	返回打开的视图对应的 uiview
RefreshActiveView	刷新视图
ShowElements	定位视图中的图元
属性	说明
ActiveView	获取当前活动视图
Application	获取 UIApplication
Document	获取当前文档
Selection	获取选择功能对应的类

4. Application

该类的完全限定名为 Autodesk. Revit. ApplicationServices. Application，表示一个 Revit 应用。通过这个类，可以访问当前用户名、当前语言、当前程序版本等应用程序级别的数据，具体可查阅 API 文档。该类常用的成员见表 3. 3-9。

表 3. 3-9 Application 类常用的成员

属性	说明
Create	返回 Autodesk. Revit. Creation. Application 类，用于创建图元
事件	说明
DocumentClosing	文档的打开、保存、修改、同步等都有对应的事件

5. Document

该类的完全限定名为 Autodesk. Revit. DB. Document，表示一个 Revit 项目或族文件。常用的成员见表 3. 3-10。

表 3. 3-10 Document 类常用的成员

属性	说明
ActiveView	当前活动视图，这个属性只能 get，不能 set
Create	返回 Autodesk. Revit. Creation. Document，这个类提供了布置族实例等方法
Settings	主要用于获取项目的 Categories
Title	文件名
PathName	文件路径
方法	说明
Delete	删除模型中的元素
EditFamily	返回族文件对应的 Document
GetDefaultElementTypeId	获取默认的族类型
GetElement	根据 id 或是引用返回元素
LoadFamily	载入族

Q32 FamilyInstance 类有哪些属性和方法

1. FamilyInstance 类简介

FamilyInstance 类对应项目中的可载入族，如梁、柱、喷头等。

要了解类的行为，首先需要知道类的继承关系，在 Revit API 文档中可查看 FamilyInstance 类的继承关系，如图 3. 3-25 所示。

Inheritance Hierarchy

System.Object
  Autodesk.Revit.DB.Element
    Autodesk.Revit.DB.Instance
      Autodesk.Revit.DB.FamilyInstance
        Autodesk.Revit.DB.AnnotationSymbol
        Autodesk.Revit.DB.Mullion
        Autodesk.Revit.DB.Panel

图 3. 3-25　FamilyInstance 类的继承关系

可见 FamilyInstance 继承自 Instance，Instance 类继承自 Element。因此 Element 类和 Instance 类有的属性和方法，FamilyInstance 都会有。

2. FamilyInstance 类的重要属性

以项目中的一根梁为例，在 Revit LookUp 中查看其作为 FamilyInstance 的属性如图 3. 3-26 所示。

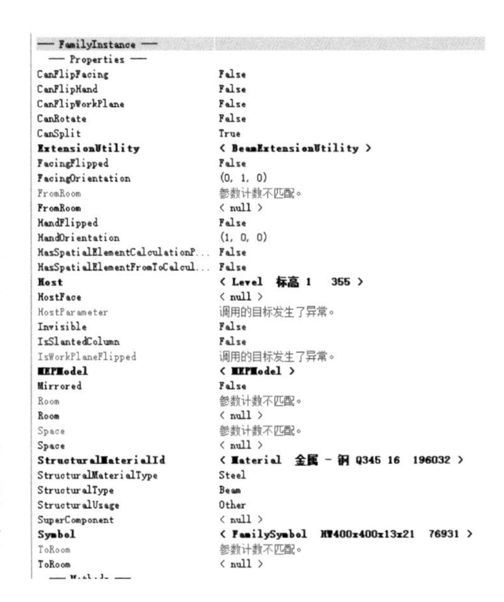

— FamilyInstance —
— Properties —

CanFlipFacing	False
CanFlipHand	False
CanFlipWorkPlane	False
CanRotate	False
CanSplit	True
ExtensionUtility	< BeamExtensionUtility >
FacingFlipped	False
FacingOrientation	(0, 1, 0)
FromRoom	参数计数不匹配。
FromRoom	< null >
HandFlipped	False
HandOrientation	(1, 0, 0)
HasSpatialElementCalculationP...	False
HasSpatialElementFromToCalcul...	False
Host	< Level 标高 1 355 >
HostFace	< null >
HostParameter	调用的目标发生了异常。
Invisible	False
IsSlantedColumn	False
IsWorkPlaneFlipped	调用的目标发生了异常。
MEPModel	< MEPModel >
Mirrored	False
Room	参数计数不匹配。
Room	< null >
Space	参数计数不匹配。
Space	< null >
StructuralMaterialId	< Material 全属 - 钢 Q345 16 196032 >
StructuralMaterialType	Steel
StructuralType	Beam
StructuralUsage	Other
SuperComponent	< null >
Symbol	< FamilySymbol HW400x400x13x21 76931 >
ToRoom	参数计数不匹配。
ToRoom	< null >

图 3. 3-26　FamilyInstance 的属性

其常用的属性有：

（1）Symbol 属性　返回族类型 FamilySymbol，通过族类型的 Family 属性可以进一步获取族。

（2）MEPModel 属性　对于管件、阀门等带连接件的族实例，这个属性提供了进一步访问连接件的方法。如果不是 MEP 构件，也会有 MEPModel 属性，但是 MEPModel 下的 ConnectorManager 为 null。

3. FamilyInstance 类的重要方法

（1）GetTransform　这是继承自 Instance 类的方法，返回一个仿射空间中的变换 Transform（具体可查看几何有关章节）。这里可以理解为族的坐标系在世界坐标系中的表示。如图 3. 3-27 所示，通过 GetTransform 方法获取了一个 transform 实例，则族坐标系原点在 Revit 坐标系中坐标值为 transform. Origin，族坐标系的 X 轴在 Revit 坐标系中为 transform. BasisX。

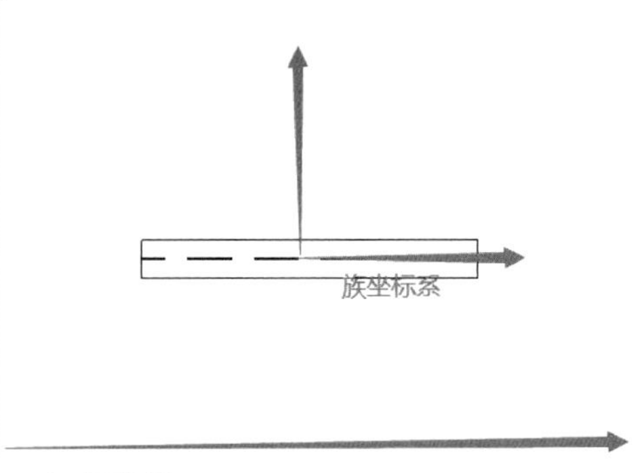

图 3. 3-27　族实例的坐标系

（2）GetSweptProfile　对于放样生成的族实例，可通过其获取放样轮廓和路径，详见几何章节的有关例子。

Q33 怎样获取族类型

在 Revit 中创建元素经常需要获取族类型。在前面章节我们已经介绍过系统族和可载入族的数据组织方式略有不同，本小节将分别介绍两类族的族类型的获取及其他一些有关方法。

1. 可载入族有关操作

(1) 获取族类型（FamilySymbol）和族（Family） 如图3.3-28所示，可以使用元素收集器收集项目中所有的族实例、族类型和族，然后用名称、类别等条件进一步过滤出需要的元素。

如果已知具体的族实例FamilyInstance，则可以通过Symbol属性获取族类型FamilySymbol，通过族类型的Family属性获取族Family。

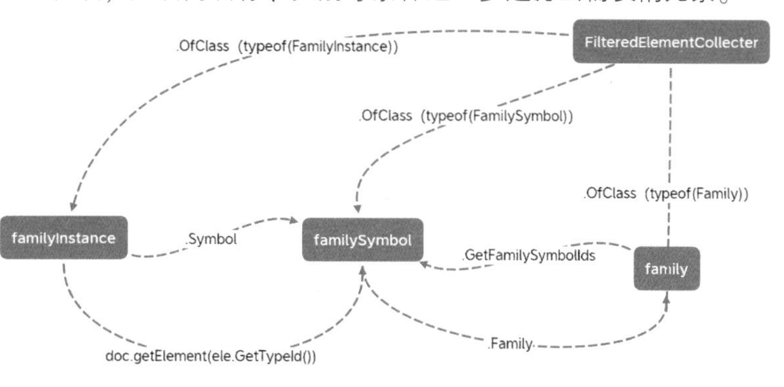

图3.3-28 族实例、族类型和族之间的关系

(2) 复制族类型 FamilySymbol继承自ElementType，使用Duplicate方法复制族类型。

(3) 获取可载入族的族文件 以下代码可以获取族文件对应的document：

```
Document familyDoc = doc.EditFamily (family);
```

作为族文件，有一个FamilyManager属性，可以访问族参数。

在族文件中，族类型不是Symbol，而是FamilyType。

族文件编辑完成后，需要使用项目文档的LoadFamily方法加载回来。

2. 系统族的有关操作

如图3.3-29所示，系统族也可以使用元素收集器获取族类型或是族实例，对应的过滤器需要指定具体的系统族的类型。

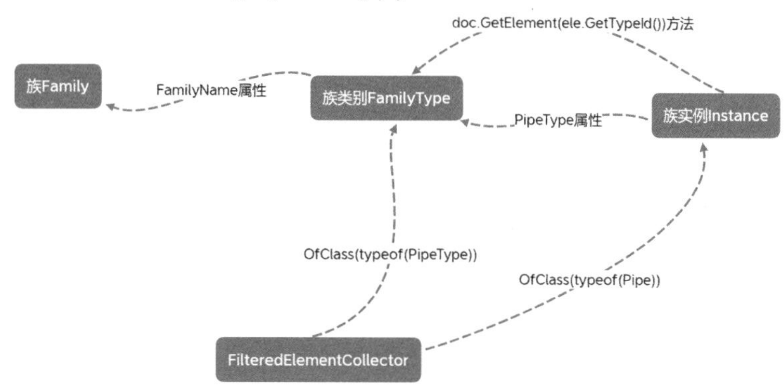

图3.3-29 系统族的族实例和族类型关系

因为系统族没有对应的族文件，所以从族类别出发，只能获取族名称。

如果已知具体的实例，可以用对应的Type属性（如PipeType、WallType等）获取族类别，也可以使用Element类的GetTypeId方法获取族类别的Id。

Q34 怎样编辑构件

常用的构件编辑命令包括移动、复制、旋转、删除等，如图3.3-30所示。本小节就介绍使用API进行这些操作的方法。

1. 构件的移动

构件的移动主要有两种方法：使用ElementTransformUtils类或修改构件Location属性下的定位图元。

(1) 使用ElementTransformUtils类移动构件 移动一个元素的关键代码如下：

```
ElementTransformUtils.MoveElement(doc, element.Id, new XYZ(10, 10, 10));
```

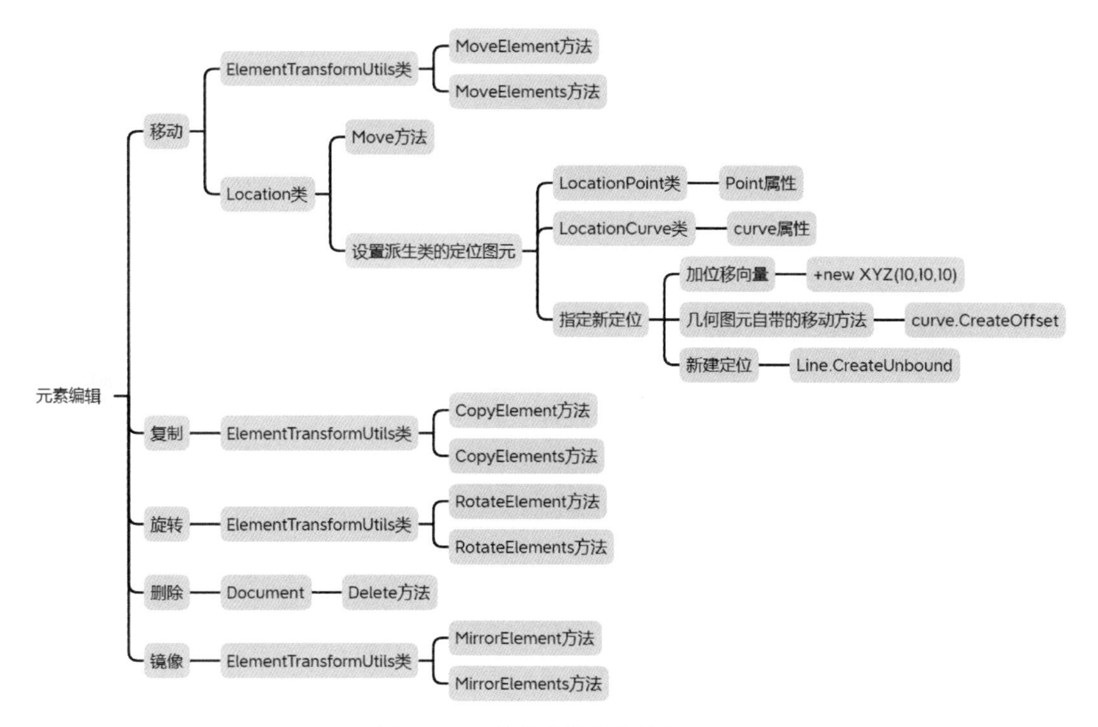

图 3.3-30　构件编辑的有关方法

该方法第一个参数为元素所在的文档，第二个参数为元素的 Id，第三个参数为代表移动的方向和距离的位移向量。如果构件被锁定，该方法会抛出异常。

对于基于标高的构件（如墙、柱、普通的常规模型族等），位移向量的 Z 值会被忽略，构件不能在上下方向移动，此时可以通过修改构件标高的有关参数来调整 Z 方向的偏移。

ElementTransformUtils 类还有一次移动多个元素的方法 MoveElements。

(2) 使用移动元素的方法更新图元几何信息　需要注意，使用 API 修改或是创建元素，在提交事务或调用 Regenate 方法前，该元素的几何信息是没有改变的（如果是新生成的构件，则没有几何信息）。此时可以通过对元素移动一个零向量来更新几何信息。

例如，新生成的消火栓箱，直接设置其标高参数时，其位置并不会立刻改变。调整新生成消火栓箱标高的代码如下所示：

```
1.ElementTransformUtils.MoveElement(firbox.Document, firbox.Id, new XYZ(0,0,0));
2.firbox.get_Parameter(BuiltInParameter.INSTANCE_FREE_HOST_OFFSET_PARAM). Set(distanceToFloor_userRequired_ft);
3.ElementTransformUtils.MoveElement(firbox.Document, firbox.Id, new XYZ(0,0,0));
```

上面代码中，第 1 行代码用于生成新建的消火栓箱的几何信息（因为刚创建的消火栓箱没有几何信息），第 2 行调整标高参数后，构件的几何信息并没有更新，所以接着使用移动的方法在第 3 行更新几何信息。

另外一个例子是根据墙的名称批量设置墙的结构属性。因为事务提交以后，墙的几何信息才发生变化，会经常出现错误，因此可以在提交事务前先更新几何信息，提前处理警告，具体代码如下所示：

```
1.    public Result Execute(ExternalCommandData commandData, ref string
message, ElementSet elements)
2.{
3.           UIDocument uiDoc = commandData.Application.ActiveUIDocument;
4.     Document doc = uiDoc.Document;
5.
6.
7.     FilteredElementCollector wallCol = new FilteredElementCollector
(doc);
8.     List<Wall> walls = wallCol.OfClass(typeof(Wall)).Cast<Wall>
().ToList();
9.
10.
11.     using (Transaction ts = new Transaction(doc))
12.     {
13.         ts.Start("根据名称设置墙功能");
14.
15.         foreach (Wall wall in walls)
16.         {
17.             WallType wallType = wall.WallType;
18.             if (wallType.Name.Contains("建筑"))
19.             {
20.                 Parameter parameter = wall.get_Parameter(BuiltInPa
rameter.WALL_STRUCTURAL_SIGNIFICANT);
21.                 parameter.Set(0);
22.             }
23.             else if (wallType.Name.Contains("结构"))
24.             {
25.                 Parameter parameter = wall.get_Parameter(BuiltInPa
rameter.WALL_STRUCTURAL_SIGNIFICANT);
26.                 parameter.Set(1);
27.             }
28.         }
29.
30.         List<ElementId> wallIds =walls.Select(w =>w.Id).ToList();
31.         ElementTransformUtils.MoveElements(doc, wallIds, new XYZ(0, 0,
0));
32.
33.         ts.Commit();
34.     }
35.
36.     return Result.Succeeded;
37.}
```

（3）通过设置构件的 Location 属性下的具体定位几何图元移动元素　元素的 Location 属性提供了移动的方法 Move，关键代码如下：

```
element.Location.Move(new XYZ(10, 10, 10));
```

如果一个元素的 Location 属性可以由类型转化为子类 LocationPoint 或 LocationCurve，那么就可以通过设置这些子类的 Point 或 Curve 属性修改定位。如移动一根柱子的关键代码如下所示：

```
1.if (element.Location is LocationPoint locationPoint)
2.{
3.    locationPoint.Point = new XYZ(373.55, -71.54, 10);
4.}
5.ts.Commit();
```

上面代码中的 XYZ（373.55，-71.54，10）代表移动后的定位点，而不是偏移向量。移动后的效果如图 3.3-31 所示，可以看到定位点的 Z 值没有改变，还需要进一步设置偏移参数实现竖向的位移。

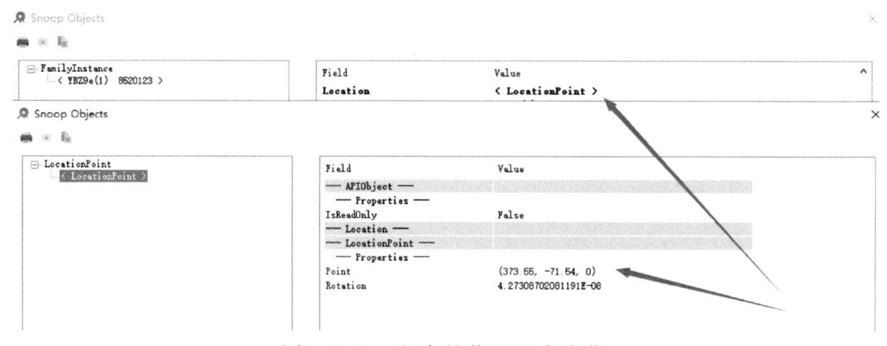

图 3.3-31　竖向的位置没有变化

2. 构件的复制

ElementTransformUtils 类提供了两个复制构件的方法：CopyElement 和 CopyElements。复制一个元素的代码如下：

```
ICollection<ElementId> ele_copyed = ElementTransformUtils.CopyElement
(doc, element.Id, new XYZ(10, 10, 10));
```

门窗等依赖主体图元的构件，如果复制到另一面墙上，则需要使用带 Transform 参数的重载方法。

3. 构件的删除

document 类下的 Delete 方法用于删除元素，该方法可以接受一个元素 Id 或者多个元素 Id 的集合作为参数。删除一个元素的代码如下所示：

```
doc.Delete(element.Id);
```

元素被删除后，IsValidObject 属性会变为 False。对已删除的元素的引用都是无效的，如果访问这些引用，会抛出异常。

4. 构件的旋转

对应 ElementTransformUtils 类下的 RotateElement 和 RotateElements 方法，其注意点为：

1）角度逆时针为正，顺时针为负，单位是弧度。

2）确定旋转角度可能会用到 AngleTo 和 AngleOnPlaneTo 的方法，具体见几何有关章节。

需要旋转构件时，先确定构件当前的状态，然后确定旋转后的状态。观察旋转过程中旋转轴在哪里，旋转角度是多少。以下代码展示了如何旋转水平阀门到竖向：

```
1.doc.Regenerate(); //更新图形信息，因为新建的族实例没有几何信息
2.//翻转阀门，以布置到立管，对应绕族实例 Y 轴旋转 180 度
3.foreach (var item in familyInstances)
4.{
5.    XYZ yAxis = item.GetTotalTransform().BasisY;
6.    XYZ startPoint = item.GetTotalTransform().Origin;
7.    XYZ endPoint = startPoint + yAxis;
8.    Line axis = Line.CreateBound(startPoint, endPoint);
9.
10.   ElementTransformUtils.RotateElement(doc, item.Id, axis, Math.PI/2);
11.}
```

5. 其他编辑方法

Revit 中其他编辑方法对应的 API 命令见表 3.3-11，具体可查看 API 文档。

表 3.3-11 其他编辑方法

命令	对应方法
镜像	ElementTransformUtils 类下的 MirrorElement 和 MirrorElements 方法[⊖]
成组	Autodesk. Revit. Creation. Document 类的 NewGroup 方法
阵列	LinearArray 类或 RadialArray 类下的 Create 方法
文档之间复制	ElementTransformUtils 类下的 CopyElements 方法
视图之间复制	ElementTransformUtils 类下的 CopyElements 方法
对齐	Autodesk. Revit. Creation. Document 类的 NewAlignment 方法
锁定/解锁	设置 Element 类的 Pinned 属性

6. 构件的创建

构件创建有关的 API，在《API 开发指南》里面有详细的介绍，本书不再叙述。注意点在于批量创建多个族实例时，要使用 NewFamilyInstances2 方法加快速度，代码如下所示：

```
List < ElementId > familyinstanceIds = doc.Create.NewFamilyInstances2
(familyInstanceCreationDatas).ToList();
```

实践中发现，使用（XYZ，FamilySymbol，Level，StructuralType）作为参数生成的 familyInstanceCreationData，其 Z 值等于标高的 z 加上定位点的 Z。

Q35 与土建有关的类有哪些

1. 与建筑构件有关的类

标高（Level）、轴网（Grid）、墙（wall）、楼板（Floor）、屋顶（Roof）、天花板（Ceiling）等类在《Autodesk Revit 二次开发基础》一书中有详细的介绍，为了避免内容重复，本书不再展开讨论。一些注意点有：

1）梁、柱等结构构件没有对应的系统族，在 Revit 中都是用可载入族建模的。

2）Revit 中的轴线是三维的，其 Curve 属性对应的曲线，Z 值为 0；Geometry 属性对应的曲线，Z 值和模型中的轴线一样，不一定为 0。

⊖ 说明：当 MirrorElements 方法的最后一个参数设置为 false 时，只会镜像当前构件，不会复制新构件。此时，方法返回的列表是空的。另外，族实例镜像之后，其 Mirrored 属性会发生变化，而 Transform 属性不会发生变化。

3）Level 有 ProjectElevation 和 Elevation 两个属性，前者是相对于 Revit 内部坐标系原点的，后者是相对于用户设置的基准点。

2. HostObjectUtils 类

HostObject 类（宿主元素）是可以被其他元素附着的元素，如墙、天花板、地板、屋顶、墙、楼板、水管、风管、桥架都是宿主元素。HostObject 类提供了一个 FindInserts 方法，用于找到插入在主体元素上的构件。例如可以用这个方法获取墙上的所有门窗。

在宿主元素上放置构件时，需要获取宿主元素的面。HostObjectUtils 提供了快速获取宿主元素表面的方法：

1）GetBottomFaces：返回下表面，适用于楼板、天花板等水平构件。

2）GetSideFaces：返回侧面，适用于墙等竖向构件。

3）GetTopFaces：返回上表面，适用于楼板、天花板等水平构件。

这些方法返回的结果是指向面的 Reference，可以通过 element 的 GetGeometryObjectFromReference 方法获取具体的面。

3. JoinGeometryUtils 类

该类功能对应于“几何图形”面板下的“连接”功能，如图 3. 3-32 所示。

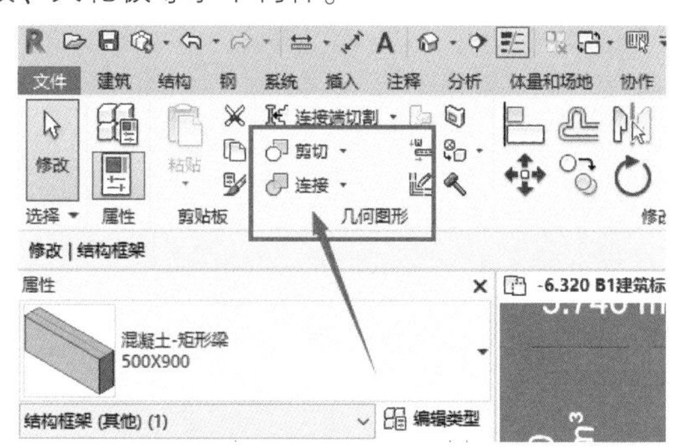

图 3. 3-32　软件中的连接功能

相关方法见表 3. 3-12。

表 3. 3-12　连接功能的相关方法

方法名称	功能和注意点
AreElementsJoined	判断两个图元是否连接
GetJoinedElements	返回和当前图元已连接的图元
IsCuttingElementInJoin	判断第一个图元是否剪切第二个图元，如图 3. 3-33 所示，梁不剪切柱，所以返回 false 如果两个图元没有连接，会抛出异常
JoinGeometry	连接两个图元 如果两个图元未连接，会抛出异常，使用前先用 AreElementsJoined 方法检查一下 两个图元的剪切顺序是软件预设的，和在方法中的位置无关
SwitchJoinOrder	切换剪切顺序
UnjoinGeometry	取消两个图元之间的剪切 如果两个图元没有连接，会抛出异常，使用前先用 AreElementsJoined 方法检查一下

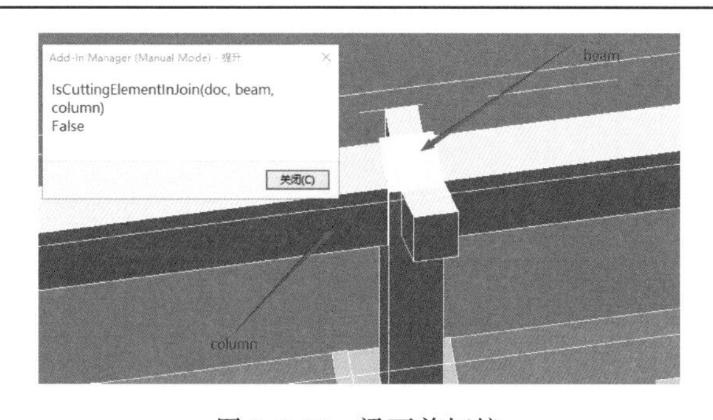

图 3. 3-33　梁不剪切柱

如图3.3-34所示，翻模时，墙经常会有部分和梁重叠。

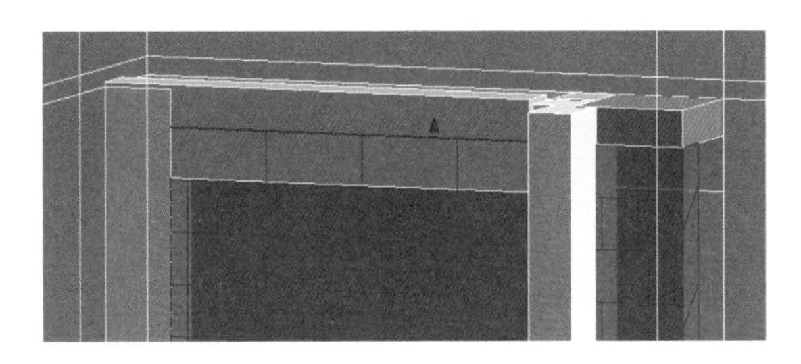

图3.3-34 梁和墙重叠

此时，可以使用以下代码使梁剪切墙，达到墙平梁底的效果：

```
1.public void SecoundBeenCut(Document doc, Element firstElement, Element secondElement)
2.{
3.    if (JoinGeometryUtils.AreElementsJoined(doc, firstElement, secondElement))//如果两个图元已连接
4.    {
5.        if (JoinGeometryUtils.IsCuttingElementInJoin(doc, firstElement, secondElement))
6.        {
7.            //如果第一个元素剪切第二个元素，也就是第二个元素被剪切，则 IsCuttingElementInJoin 返回 True
8.            return; //如果两个图元连接顺序符合要求，则直接返回
9.        }
10.       else
11.       {
12.           //如果连接顺序不对，则调整顺序
13.           JoinGeometryUtils.SwitchJoinOrder(doc, firstElement, secondElement);
14.       }
15.   }
16.   else
17.   {
18.       try//因为两个图元可能不能连接，所以需要一个 try - catch 块
19.       {
20.           JoinGeometryUtils.JoinGeometry(doc, firstElement, secondElement);
21.           //检查剪切顺序，因为剪切顺序是按软件默认规则的，所以连接完要检查一下
22.           if (! JoinGeometryUtils.IsCuttingElementInJoin(doc, firstElement, secondElement))
23.           {
```

```
    24.             JoinGeometryUtils.SwitchJoinOrder(doc, firstElement,
secondElement);
    25.             }
    26.         }
    27.         catch (Exception)
    28.         {
    29.
    30.         }
    31.     }
    32.}
```

注意：建筑墙不会参与剪切，需要先修改参数为结构墙，剪切后再改回来。

4. 空间分析有关的类

从房间类 Room 出发可以获取空间有关的类。以下代码可实现获取房间中所有墙的面积：

```
    1.var room = e as Room;
    2.if( room = = null ) continue;
    3.if( room.Location = = null ) continue;
    4.
    5.var sebOptions = new SpatialElementBoundaryOptions
    6.{SpatialElementBoundaryLocation = SpatialElementBoundaryLocation.Finish
    7.};
    8.var calc = new Autodesk.Revit.DB.SpatialElementGeometryCalculator
(doc, sebOptions);
    9.
    10.var results = calc.CalculateSpatialElementGeometry( room );
    11.
    12.var walls = new Dictionary<string, double>();
    13.
    14.foreach( Face face in results.GetGeometry().Faces )
    15.{
    16.  foreach( var subface in results .GetBoundaryFaceInfo( face ) )
    17.  {
    18.    if( subface.SubfaceType! = SubfaceType.Side ) { continue; }
    19.
    20.    var wall = doc.GetElement(subface .SpatialBoundaryElement.HostElementId)
as HostObject;
    21.
    22.    if( wall = = null ) { continue; }
    23.    var grossArea = subface.GetSubface().Area;
    24.
    25.    if( ! walls.ContainsKey( wall.UniqueId ) )
    26.    {
    27.      walls.Add( wall.UniqueId, grossArea );
    28.    }
```

```
29.    else
30.    {
31.      walls[wall.UniqueId] + = grossArea;
32.    }
33.  }
34.}
```

上面代码第 8 行 SpatialElementGeometryCalculator 类用于计算空间图元，获取空间几何体和边界图元的关系。第 6 行表示设置边界为外界的“finish face”。

第 10 行获取几何计算结果 CalculateSpatialElementGeometry。其 GetGeometry 方法返回房间的 Solid，GetBoundaryFaceInfo 方法返回边界面的信息。

第 20 行通过边界面的 SpatialBoundaryElement 属性获取对应的围护墙。第 23 行通过 GetSubface 返回围护这个房间的面积。

以上代码是来自 jeremytammik 的博客中一个求墙扣减窗户面积的例子，具体网址为 https：//thebuildingcoder. typepad. com/blog/2015/04/gross-and-net-wall-area-calculation-enhancement-and-events. html。有兴趣的读者可登录查看完整的代码，也可以查看开发指南中几何部分“房间和空间几何对象”一节。

◀第 4 节　机电专题▶

Q36 怎样获取管道系统类型

1. 管道系统、管道系统类型、系统分类之间的区别

（1）管道系统　API 中对应 PipingSystem 类。Revit 软件为了进行压力计算，将彼此连接的管道、连接件、阀门、设备等，划分成一组以逻辑方式连接的图元。在 Revit 软件中，将鼠标放在一个构件上，双击 Tab 键，就可以看到虚线显示的管道系统。

（2）管道系统类型　管道系统是实例，对应的类型称为管道系统类型。如图 3. 4-35 所示，有两组物理上没有连接在一起的地下室消防系统的管道和设备，即两个管道系统。它们有相同的管道系统类型“XD-消火栓给水系统（低区）”。API 中对应 PipingSystemType 类。

因为没有彼此连接，为了方便流量计算，Revit 按彼此是否连接划分管道系统。图 3. 4-35 中选中部分的管道属于“XD 26”系统。

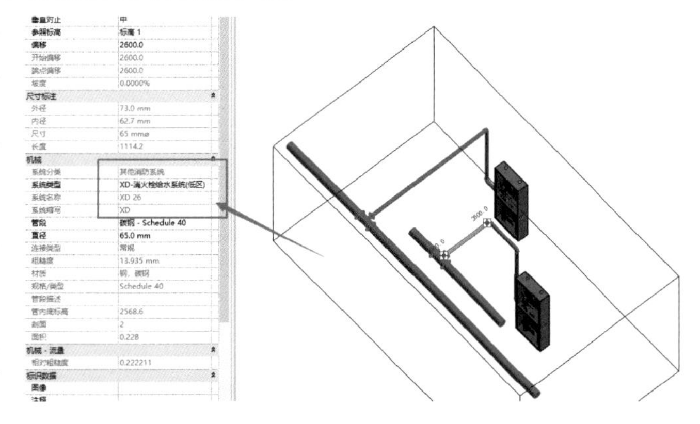

图 3. 4-35　两个管道系统

（3）系统分类　Revit 预定义的参数，如家用冷水、卫生设备等。在 API 中对应 MEPSystemClassification 枚举。

管件和设备是通过连接件组合在一个管道系统中的。只有相同系统分类的连接件才能组合到一个系统中。例如图 3.4-35 中消火栓给水系统的系统分类是“其他消防系统”。如果消火栓箱的连接件的系统分类是“家用冷水”，就不能和已有的管网组成一个系统。

当连接件的类型设置为全局时，则可以和任意系统连接。

2. 获取指定名称的管道系统的方法

首先通过元素搜集器获取项目中所有的管道系统类型，接着使用名字筛选。如果项目中没有对应的管道系统类型，则复制一份已有的类型，具体代码为：

```
1.FilteredElementCollector pipeSysTypeCol = new FilteredElementCollector(uidoc.Document);
2.pipeSysTypeCol.OfClass(typeof(PipingSystemType));
3.
4.PipingSystemType pipingSystemType = pipeSysTypeCol.FirstOrDefault(x => x.Name == sysName) as PipingSystemType;
5.
6.if (pipingSystemType = = null)
7.{
8.     FilteredElementCollector pipeSysTypeCol2 = new FilteredElementCollector(uidoc.Document);
9.     pipeSysTypeCol2.OfClass(typeof(PipingSystemType));
10.      pipingSystemType = (pipeSysTypeCol2.Cast < PipingSystemType >(). FirstOrDefault(s => s.SystemClassification = = GetMEPSystemClassification(sysClassfication))).Duplicate(sysName) as PipingSystemType;
11.}
```

上面代码的第 10 行语句使用了 GetMEPSystemClassification 方法。该方法输入系统类型的中文字符，返回对应的 MEPSystemClassification。设计院图纸中常用的给水排水系统对应的系统类型见表 3.4-13。

表 3.4-13　给水排水系统对应的系统类型

序号	管道系统类型名称关键字	系统类型	枚举值
1	生活给水、车库冲洗、加压给水、冲洗、中水给水、低区给水、高区给水、人防给水、市政给水、软化水	家用冷水	DomesticColdWater
2	污水、废水、排水、雨水、虹吸	卫生设备	Sanitary
3	通气	通气管	Vent
4	消火	其他消防系统	FireProtectOther
5	喷淋、水幕、水炮、细水雾	湿式消防系统	FireProtectWet
6	热媒	家用热水	DomesticHotWater
7	供水、补液、冷媒、二次蒸汽、增压管	循环供水	SupplyHydronic
8	回水	循环回水	ReturnHydronic
9	气体灭火	干式消防系统	FireProtectDry
10	雨淋	预作用消防系统	FireProtectPreaction
11	冷凝水、天然气、油及其他	其他	OtherPipe

3. 设置管道系统类型的颜色和系统缩写信息

示意代码如下：

```
1.pipingSystemType.Abbreviation = item.shortName;
2.pipingSystemType.LinePatternId = linePatternElementId;
3.pipingSystemType.LineWeight = lineWeight;
4.Color color = ColorRelated.StringToRevitColor(item.color);
5.pipingSystemType.LineColor = color;
```

上方代码中的线型 Id，一般使用实体 Solid 线型，获取方法为：

```
ElementId linePatternElementId = LinePatternElement.GetSolidPatternId();
```

设置管道系统材质详见下一小节有关内容。

4. 其他一些注意点

MEPSystem 的 Elements 属性返回的是末端设备。如果要获取某个系统下所有的管道和连接件，需要通过其 PipingNetwork 属性，也可以通过元素过滤器获取。

Q37 怎样设置管道系统材质

上一小节介绍的设置管道系统颜色的方法，修改的是“图形”的颜色，作为材质的外观颜色并没有改变，如图 3.4-36 所示。

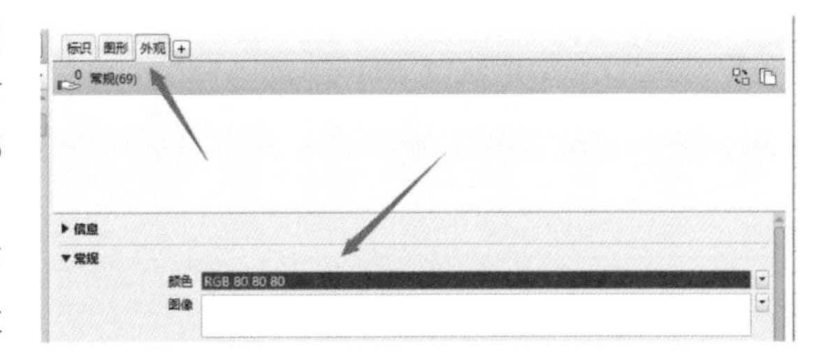

图 3.4-36 管道外观颜色

这样导入 Navisworks 后，在渲染模式下就只能看到默认的灰色。本小节就介绍设置管道系统材质颜色的方法。

1. 修改材质颜色的代码

首先获取项目中的一个材质元素 AppearanceAssetElement：

```
1.FilteredElementCollector collector = new FilteredElementCollector(doc);
2.AppearanceAssetElement appearanceAssetElement collector.OfClass(typeof(AppearanceAssetElement)).Cast<AppearanceAssetElement>().Where(a => a.IsValidObject).First();
```

使用 Create 方法新建的材料（Material），其材质属性默认是 null，因此我们复制一份上面获取的材质元素，进行赋值操作：

```
material_final.AppearanceAssetId = appearanceAssetElement.Duplicate(name2).Id;
```

接着使用以下代码修改材质颜色：

```
1.using (AppearanceAssetEditScope editScope = new AppearanceAssetEditScope(uidoc.Document))
2.{
3.    Asset editableAsset = editScope.Start(material_final.AppearanceAssetId);
4.    AssetPropertyDoubleArray4d genericDiffuseProperty = editableAsset.FindByName("generic_diffuse") as AssetPropertyDoubleArray4d;
```

```
5.    genericDiffuseProperty.SetValueAsColor(color);
6.    editScope.Commit(true);
7.}
8.//重设管道系统材质
9.pipingSystemType.MaterialId = material_final.Id;
```

这样就完成了材质颜色的设置。注意，上面第4行的"generic_diffuse"参数和软件界面是中文还是英文没有关系。

2. 材料有关类的简介

材料有以下信息：

（1）图形　对应Material类，控制Revit中未渲染视图下的外观。在NavisWorks中调整“视点”=>“模式”=>“着色”，也可以看到这个颜色。Material类具体属性可查阅API文档。

（2）外观　对应AppearanceAssetElement类，控制渲染、真实模式下的外观。外观有关的API数量和样例都比较少。修改材质图形的代码如下所示：

```
1.using (AppearanceAssetEditScope editScope = new AppearanceAssetEdit
Scope(doc))
2.{
3.  Asset editableAsset = editScope.Start(material.AppearanceAssetId);
4.  AssetProperty assetProperty = editableAsset.FindByName("generic_dif
fuse");
5.  Asset connectedAsset = assetProperty.GetConnectedProperty(0) as
Asset;
6.  if (connectedAsset.Name = = "UnifiedBitmapSchema")
7.    {
8.      AssetPropertyString path = connectedAsset.FindByName(Unified
Bitmap.UnifiedbitmapBitmap) as AssetPropertyString;
9.      path.Value = "Image Path";
10.     }
11.       editScope.Commit(true);
12.}
```

3. 在管道系统中显示族实例的材质

当为管道系统设置材质之后，所有位于系统内的族实例的材质都会被管道系统的材质覆盖。如图3.4-37所示，左边消火栓箱的玻璃就失去了透明度。

而实际工作中我们需要的是右侧消火栓箱的显示样式。解决的方法是勾选消火栓箱族的“共享”属性，如图3.4-38所示。

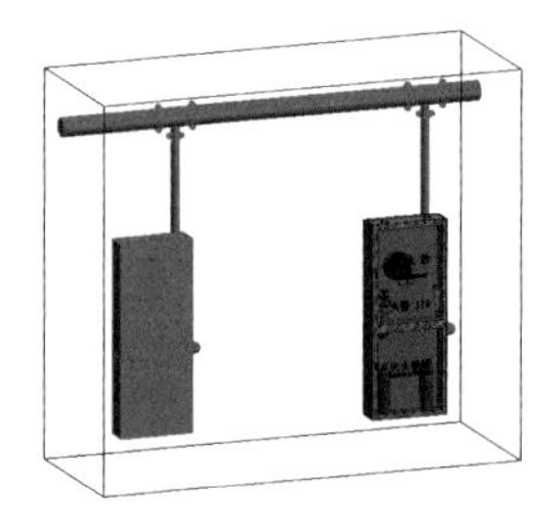

图3.4-37　族实例的颜色

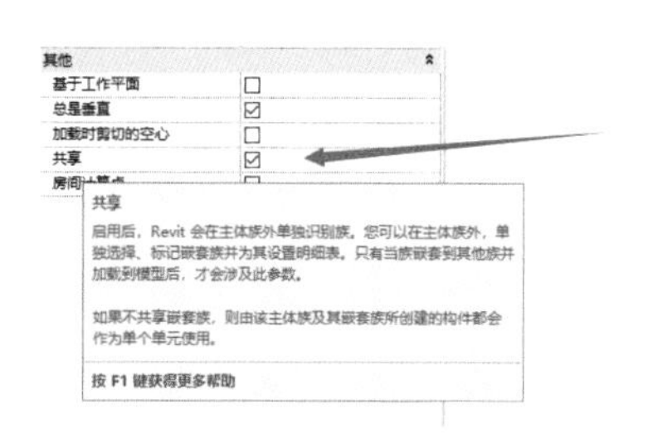

图3.4-38　设置共享属性

然后新建一个族，将修改后的消火栓箱载入新建的族，形成嵌套族。在嵌套族中重画管道连接件。这个嵌套族加入管道系统后，里面嵌套的消火栓箱会保持原来的材质。

Q38 怎样在后台加载管件族

Revit API 中加载族有关的命令为：

1）LoadFamilySymbol 加载一个族类型；

2）LoadFamily 加载一个族，这个族里面所有的族类型都会被加载。

这两个方法都需要族文件的路径作为参数。项目中需要新加载族时，可以弹出一个文件浏览窗口让用户选择族文件。而类似翻模这种工作，用户更喜欢加载族的工作在后台完成，本小节介绍其具体的操作方法。

1. 使用绝对路径加载族

首先用一个文件夹存放可能用到的族，用一个变量 pipeFittingsFolder 记录文件夹路径，向项目中添加族的代码如下：

```
1.public override void GetResult()
2.{
3.    ElementId pipeFittingCateId = new ElementId(BuiltInCategory.OST_PipeFitting);
4.    FilteredElementCollector pipeSegCol = new FilteredElementCollector(uidoc.Document);
5.    List<string> pipeFittingFamilyNames = pipeSegCol.OfClass(typeof(Family)).Cast<Family>().Where(s => s.FamilyCategory.Id == pipeFittingCateId).Select(f => f.Name).ToList();
6.
7.    using (Transaction ts = new Transaction(uidoc.Document))
8.    {
9.        ts.Start("添加管件族");
10.        DirectoryInfo directoryInfo = new DirectoryInfo(pipeFittingsFolder);
11.        foreach (var file in directoryInfo.GetFiles())
12.        {
13.            string fullPath = file.FullName;
14.            string familyName = Path.GetFileNameWithoutExtension(fullPath);
15.            if (!pipeFittingFamilyNames.Contains(familyName))
16.            {
17.                uidoc.Document.LoadFamily(fullPath);
18.            }
19.        }
20.        ts.Commit();
21.    }
22.}
```

如果项目中已经有同名的族文件，则代码中 LoadFamily 方法会返回 false，不会向项目中添加族，但是会占用一定的时间。上述代码中先判断项目中是否已经有需要的族，如果没有再载入，可以节约运行时间。

LoadFamily 方法有 5 个重载函数，读者可查阅 API 文档深入了解。

2. 使用相对路径获取族所在的文件夹位置

如果已知 dll 文件和要加载的族的路径之间的关系，则可以先获取 dll 文件位置，再获取族文件位置。

获取当前正在执行的类库所在文件夹的代码如下所示：

```
Path.GetDirectoryName(System.Reflection.Assembly.GetExecutingAssembly().Location);
```

获取到 dll 文件位置后，就可以接着获取族文件的位置。向后可以用 + @ " \Folder" 的形式，向前可以用 DirectoryInfo 的 parent 属性。

要注意使用 AddinManager 加载 dll 文件时，是把 dll 文件复制一份再运行（图 3.4-39）。此时正在运行的 dll 和族文件的路径关系会发生改变，使用 AddinManager 调试的时候需要注意这一点。

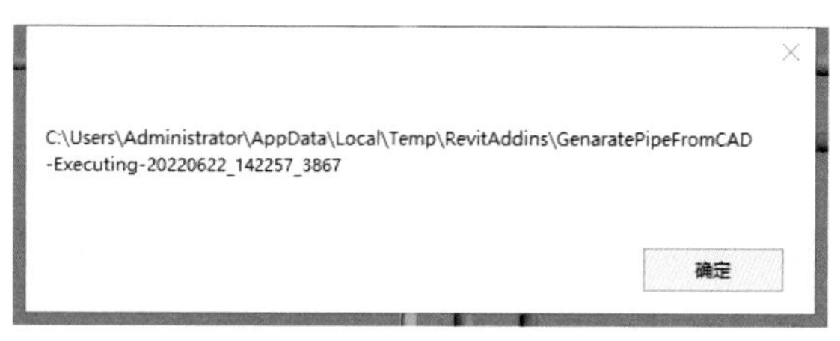

图 3.4-39 AddinManager 实际运行的程序集的位置

3. 使用 dll 资源保存和加载族文件

可以将族文件作为资源整合到类库中。步骤为：选中项目 => 右键单击 => 属性 => 资源 => 添加资源 => 选择族文件。

资源中的文件都是以字符数组的形式存储的，使用时需要从内存导出到本地磁盘。具体代码如下：

```
1.//用于处理向文档中添加管件
2.public override void GetResult()
3.{
4.    OutPutFiles("我的管件");
5.}
6.
7.private string GetRfaFileFullDiractory(string familyName)
8.{
9.
10.    return AssemblePath + @ "\" + familyName + ".rfa";
11.}
12.
13.private void OutPutFiles(string familyName)
14.{
15.    string fileFullPath = GetRfaFileFullDiractory(familyName); //设置导出文件的路径
16.    FileStream fileStream = new FileStream(fileFullPath, FileMode.Create, FileAccess.Write); //新建文件流
17.    fileStream.Write(Properties.Resources.管帽___热浸镀锌钢管___卡箍,0, Properties.Resources.管帽___热浸镀锌钢管___卡箍.Length); //写文件到磁盘
```

```
18.    fileStream.Close(); //关闭文件流
19.}
```

运行代码，即可将当前资源中的文件保存到指定位置，如图 3.4-40 所示。

图 3.4-40　保存族文件

4. 复制族类别

可载入族和系统族都是用 Duplicate 方法。

Q39 怎样设置管道类型

1. 管道类型和管道之间的关系

很多机电工程师建模时，会将管道类型的名字设置为管道材料的名称，导致管段和管道类型出现混淆。

在 Revit 中，管道类型不仅包含管材的信息，还包括管段之间的连接件的设置。同一个管道类型，根据直径的不同，可以出现不同的管材和管件。为了达到这种效果，需要设置布管系统配置。

2. 布管系统配置和管件

在 UI 界面设置管段类型的步骤为：选中管段 => 编辑类型 => 布管系统配置 => 编辑，布管系统配置界面如图 3.4-41 所示。

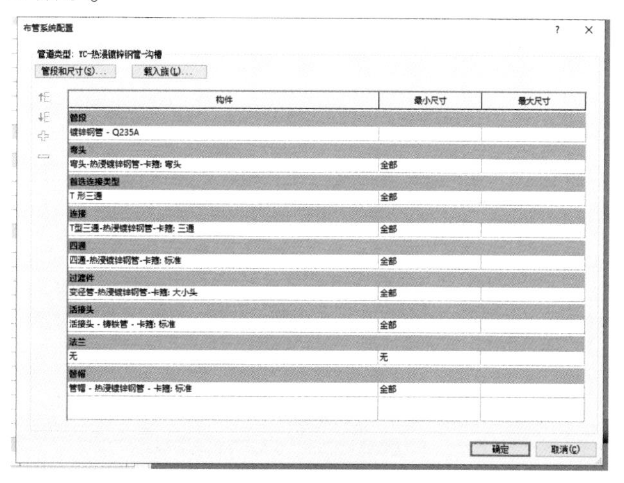

图 3.4-41　布管系统配置界面

现将图 3.4-41 中的表格各项具体说明如下：

（1）管段/Segments　管段就是一根根管子。两个管段之间的连接件称为管件，管道上的阀门、温度计、流量计等有一定功能的构件称为管道附件，它们之间的关系如图 3. 4-42 所示。

(2) 弯头/Elbows　两个相同直径的管道的连接件称为弯头，如图 3. 4-43 所示。

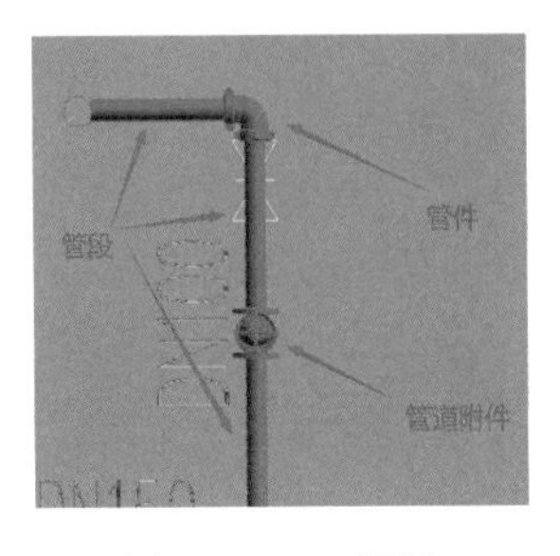

图 3. 4-42　管道

图 3. 4-43　弯头

(3) 首选连接类型/Preferred Junction Type　指 T 形连接的处理方式。管道一般用三通。对于风管，可以选择三通或是接头。如图 3. 4-44 所示的风管，左侧为接头，右侧为三通。

图 3. 4-44　首选连接类型

(4) 连接/Junctions　对于管道，主要是设置三通。三通是三个管道交接处的管件，如图 3. 4-45 所示。

(5) 四通/Crosses　四通是 4 根管道交汇处的管件，如图 3. 4-46 所示。

(6) 过渡件/Transitions　过渡件是不同直径的两个管道之间的连接件，如图 3. 4-47 所示。

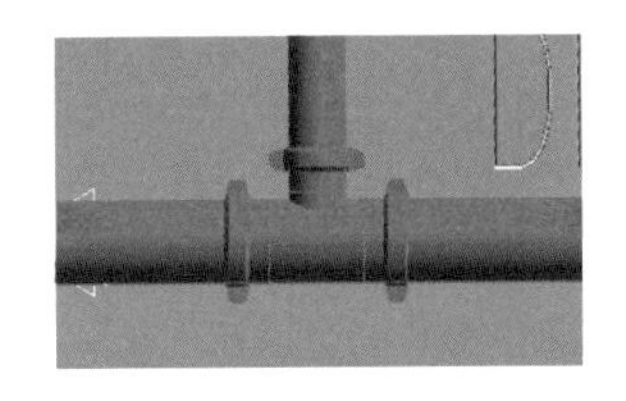

图 3. 4-45　三通

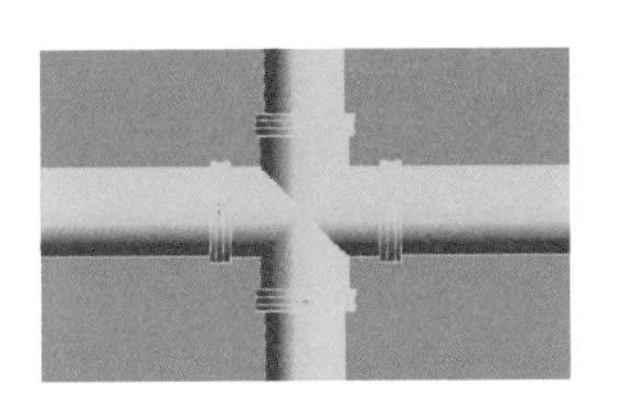

图 3. 4-46　四通

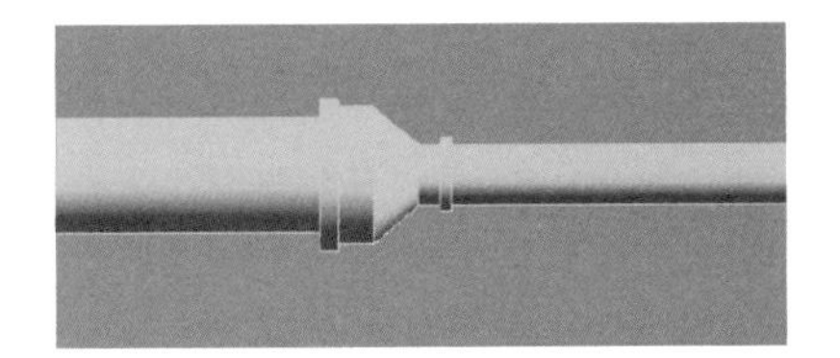

图 3. 4-47　过渡件

(7) 活接头/Unions　管道的长度是有限的，把两个短管连接成长管的连接件称为活接头，活接头如图 3. 4-48 所示。

在 Revit 模型中一般不用考虑管道接长问题，所以模型中一般没有活接头。

(8) 法兰/flange　如果布管系统中设置了法兰，那么管段和管件、管道附件连接处，会加上一块法兰片。如图 3. 4-49 所示，左侧为布管系统没有设置法兰的效果。这时只有闸阀族自带的两块法兰。

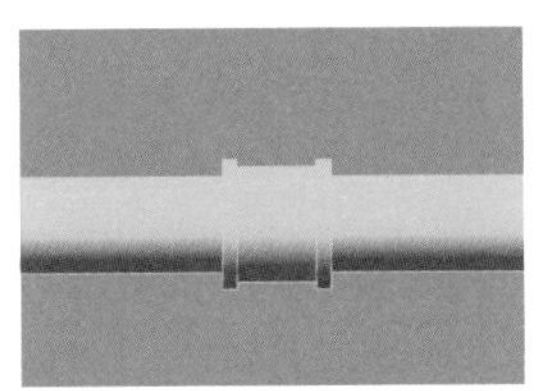

图 3. 4-48　活接头

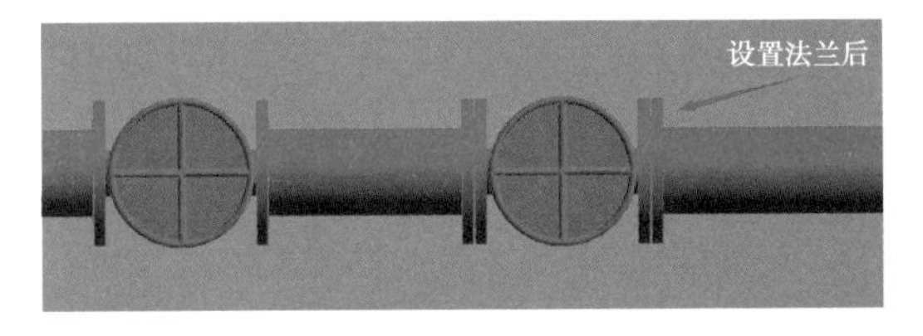

图 3. 4-49　布管系统设置法兰前后的效果对比

图 3. 4-49 右侧为布管系统设置了法兰后，再插入闸阀族的效果，可见管道附件两侧的管道

上都添加了法兰片。

(9) 管帽/Caps　管帽是管道端头封堵用的管件，如图 3.4-50 所示。Revit 可以批量为管道端头加上管帽。

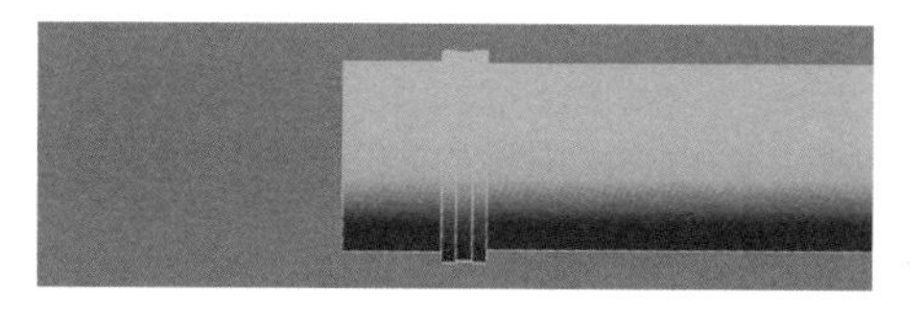

图 3.4-50　管帽

3. API 中设置管道布管系统的有关操作

设置管道布管系统涉及的类以及类之间的关系如图 3.4-51 所示。

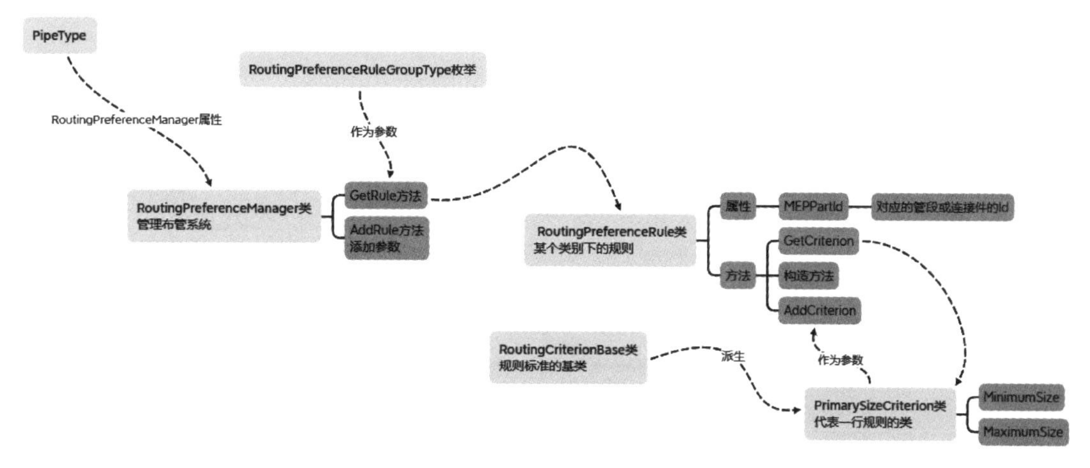

图 3.4-51　设置布管系统

具体步骤为：

(1) 获取所需的 PipeType　如果项目中有需要的管段类型，则返回找到的类型，如果没有，则新建管段类型并进行设置。关键代码如下，该方法的参数 PipeSystemInfo 是一个自建类，里面记录了用户需要的管道类型信息。

```
1.private PipeType GetPipeType(PipeSystemInfo pipeSystemInfo)
2.{
3.     //返回一个对应名字的 pipeType，如果没有，复制一份
4.     PipeType pipeType = null;
5.     string name = "YC-" + pipeSystemInfo.name + "用管"; //设置管段类型名称
6.
7.     //新建收集器，收集项目中已有的管段类型
8.     FilteredElementCollector pipeTypeCol = new FilteredElementCollec
tor(uidoc.Document);
9.     pipeType = pipeTypeCol.OfClass(typeof(PipeType)).Cast<PipeType>
().Where(pt => pt.Name == name).FirstOrDefault();
10.
11.     //如果找不到，新建一个
12.     if (pipeType == null)
13.     {
14.         //复制一份管段类型
15.         ElementId pipeTypeId = uidoc.Document.GetDefaultElementTypeId
(ElementTypeGroup.PipeType);
```

```
16.         pipeType = (uidoc.Document.GetElement(pipeTypeId) as PipeType).
Duplicate(name) as PipeType;
17.         return pipeType;
18.     }
19.     return pipeType;
20.}
```

在添加布管规则前，需要先清空旧的规则，关键代码如下所示：

```
1.private static void ClearRules(RoutingPreferenceManager routingPref
erenceManager)
2.{
3.    //获取管段规则数量
4.    int u = routingPreferenceManager.GetNumberOfRules(RoutingPrefer
enceRuleGroupType.Segments);
5.    for (int i = 0; i < u; i++)
6.    {
7.        routingPreferenceManager.RemoveRule(RoutingPreferenceRule
GroupType.Segments, 0); //清空管段有关的规则
8.    }
9.    //清空弯头规则
10.        u = routingPreferenceManager.GetNumberOfRules(RoutingPre
ferenceRuleGroupType.Elbows);
11.        for (int i = 0; i < u; i++)
12.        {
13.            routingPreferenceManager.RemoveRule(RoutingPreference
RuleGroupType.Elbows, 0);
14.        }
15.        //清空三通、四通、连接件、活接头规则的代码类似，替换 RoutingPref
erenceRuleGroupType 即可
16.    ……
17. }
```

(2) 获取所需的管段和管件　首先通过元素过滤器获取项目中所有的管道和管件：

```
1.private void GetPipePartsInDocument()
2.{
3.    //获取所有的管段
4.    FilteredElementCollector pipeSegCol = new FilteredElementCollec
tor(uidoc.Document);
5.    segments = pipeSegCol.OfClass(typeof(PipeSegment)).Cast<Pipe
Segment>().ToList();
6.    //获取所有的管件
7.    ElementId pipeFittingCateId = new ElementId(BuiltInCategory.OST_Pip
eFitting);
8.    pipeSegCol = new FilteredElementCollector(uidoc.Document);
```

```
9.    pipeFittingFamilys = pipeSegCol.OfClass(typeof(Family)).Cast<Fami
ly>().Where(s => s.FamilyCategory.Id == pipeFittingCateId).ToList();
10.}
```

然后通过名字筛选出需要的管道和管件。

也可以使用 PartType 属性过滤出需要的管件。管件是 FamilyInstance，通过 MEPModel 属性可以获取到对应的 MechanicalFitting。mechanicalFitting 类有一个 PartType 属性，用来指明管件的用途。

不同管件对应的 PartType 属性见表 3.4-14。

表 3.4-14　不同管件对应的 PartType 属性

管件	PartType 属性	管件	PartType 属性
弯头	PartType. Elbow	四通	PartType. Cross
三通	PartType. Tee	过渡件	PartType. Transition

(3) 设置布管规则　以设置管段为例，关键代码如下所示。该方法中的 PipeTypeInfo 为自建类，记录了用户要求的某个管道类型的不同直径范围管段的信息。

```
1.private void SetPipeSegmentRule(PipeType pipeType, List<PipeTypeIn
fo> pipeTypeInfos, List<PipeSegment> segments)
2.{
3.    //获取布管规则管理器
4.    RoutingPreferenceManager routingPreferenceManager = pipeType. Rou
tingPreferenceManager;
5.    foreach (var item in pipeTypeInfos)
6.    {
7.        //获取对应的管段 Id
8.        ElementId pipeSegmentId = GetPipeSegmentIdByMaterial(item.mater
ial, segments);
9.        //设置布管规则
10.           RoutingPreferenceRule routingPreferenceRule = new Routing
PreferenceRule(pipeSegmentId, item.material); //新建规则
11.           //新建规则的范围设置
12.           PrimarySizeCriterion primarySizeCriterion = new PrimarySizeC
riterion(0, item.rangerInfo.max/304.8);
13.           routingPreferenceRule.AddCriterion(primarySizeCriterion);
//设置规则的范围
14.           //添加规则
15.           routingPreferenceManager.AddRule(RoutingPreferenceRuleGroup
Type.Segments, routingPreferenceRule);
16.    }
17.  }
```

注意上面代码中，第 12 行设置直径范围的代码，直径的单位要转化为 Revit 的内部单位，而不是 UI 界面上的毫米。

设置管件的代码类似，注意管件设置规则时，用的 Id 是 FamilySymbol 的 Id，而不是 Family 的 Id。

另外不同的直径范围之间要有重叠，如图 3. 4-52 所示为过渡件的设置。

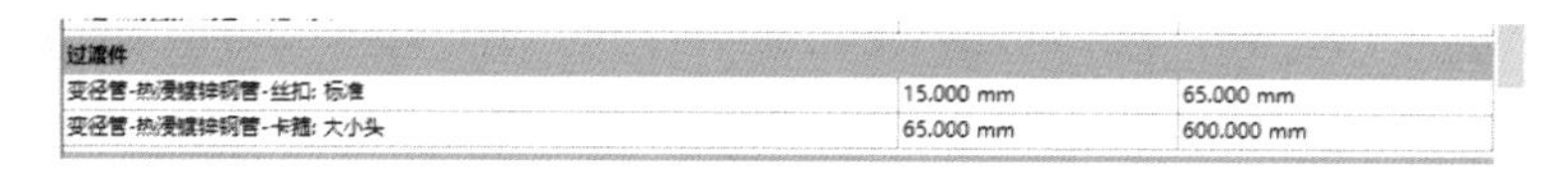

过渡件		
变径管-热浸镀锌钢管-丝扣: 标准	15.000 mm	65.000 mm
变径管-热浸镀锌钢管-卡箍: 大小头	65.000 mm	600.000 mm

图 3. 4-52　没有重叠的直径范围

当我们尝试连接 50 管和 100 管时，Revit 会报错，如图 3. 4-53 所示。

解决方法是将第二行的最小直径调成 15（图 3. 4-54）。对于小于等于 65 的管道之间的连接，Revit 根据第一行的设置添加丝扣过渡件。对于大于 65 的管道，第一条规则不符合，Revit 使用第二条规则生成卡箍连接。对于一根小于 65，一根大于 65 的两根管道之间的连接，也是用第二条规则。

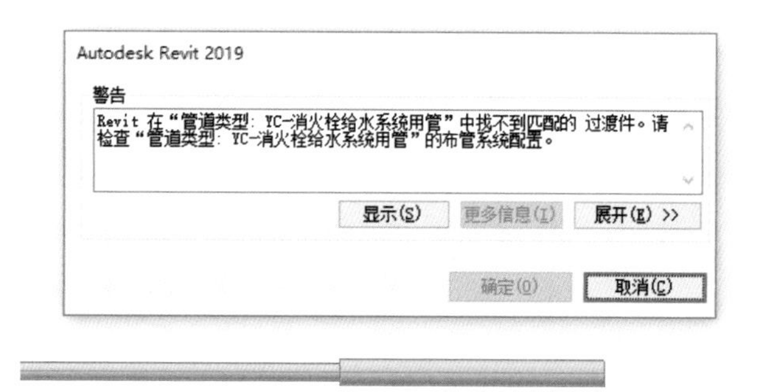

图 3. 4-53　无法生成构件

过渡件		
变径管-热浸镀锌钢管-丝扣: 标准	15.000 mm	65.000 mm
变径管-热浸镀锌钢管-卡箍: 大小头	15.000 mm	600.000 mm

图 3. 4-54　重叠的直径范围

Q40 怎样获取 CAD 底图上图元的图层

一般翻模插件的操作步骤为：

1）提示用户点选链接的 CAD 上的文字或直线。

2）显示被读取的图元所在的图层。

3）用户确认后，开始翻模。

本小节介绍如何获取用户点选的图元对应的图层名称。

1. 识别图层的原理

CAD 图纸被导入 Revit 中后，形成一个导入实例 ImportInstance（和族实例 FamilyInstance 在级别上属于平级关系）。

视图中可见的线就是导入实例的 Geometry，使用 Revit LookUp，按以下顺序访问：ImportInstance => Geometry => GeometryElement => SymbolGeometry，如图 3. 4-55 所示。

图 3. 4-55　CAD 底图的 SymbolGeometry

在 SymbolGeometry 中可以看到 CAD 上具体的线，如图 3.4-56 所示。

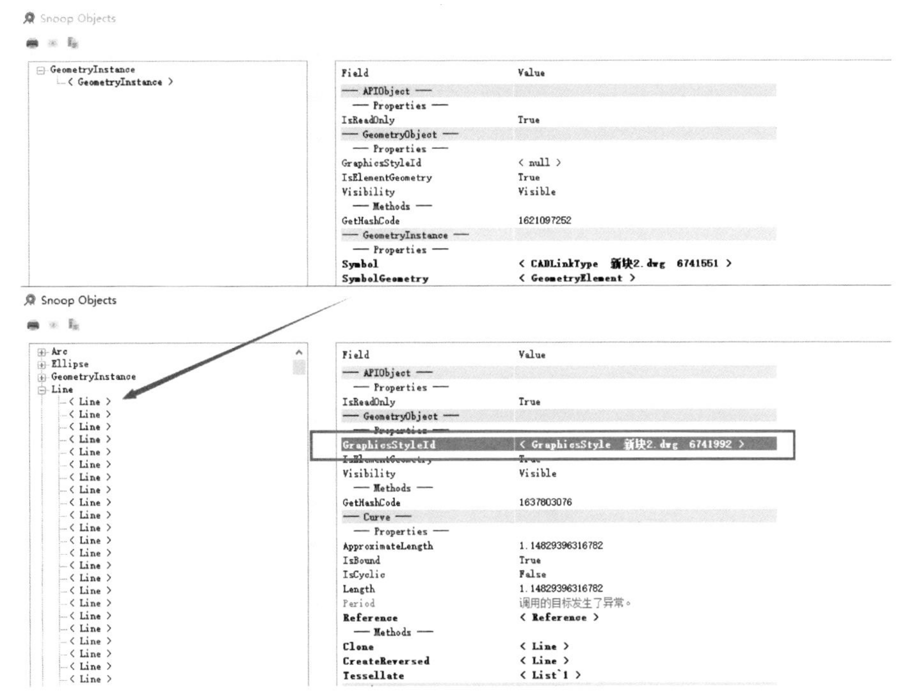

图 3.4-56 CAD 中具体的线信息

这些线在 Revit 中按不同的颜色、线型显示，是通过对应具体的 GraphicStyle 实现的。

通过这些线的 GraphicStyleId 属性，可以获取对应的 GraphicStyle。GraphicStyle 的 GraphicStyleCategory 属性的名称就是对应的图层名称，如图 3.4-57 所示。

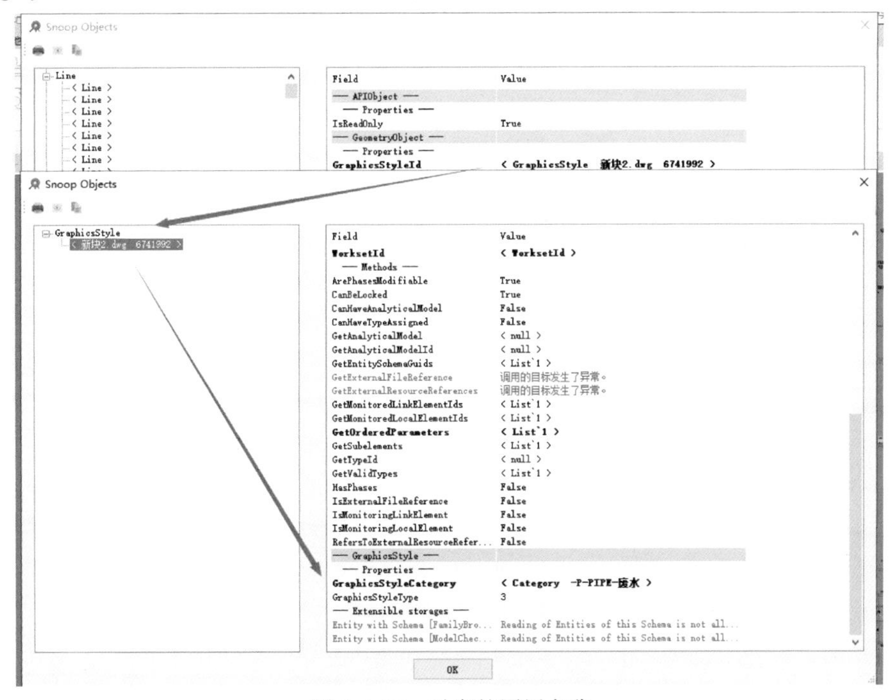

图 3.4-57 对应的图层名称

由以上分析可知，获取图层名称和控制图层显示的方法如图3.4-58所示。

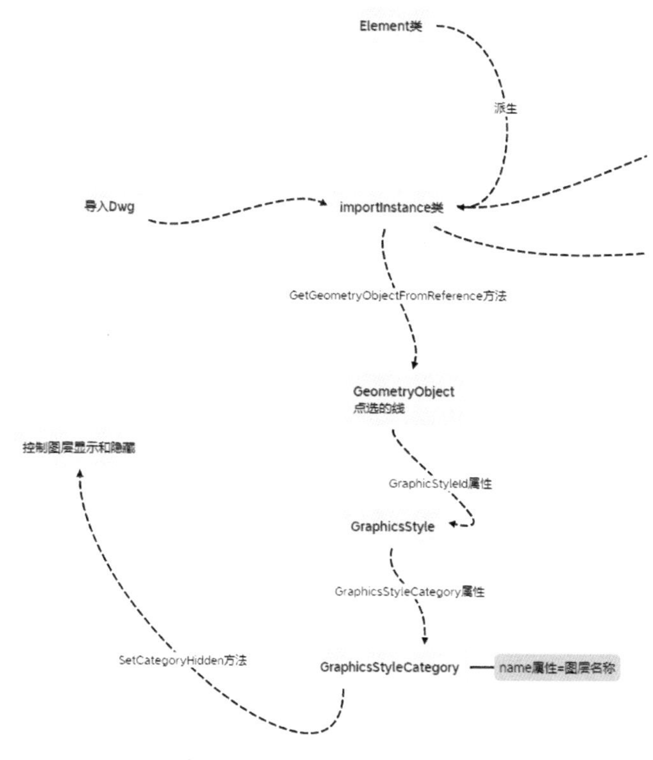

图3.4-58 获取和控制图层有关的类

2. 代码实现

（1）点选直线获取图层名称 其关键代码如下：

```
1.Reference reference = uidoc.Selection.PickObject(ObjectType.PointOnElement,"请点选管线");
2.Element dwg = uidoc.Document.GetElement(reference) as ImportInstance;
3.GeometryObject line = dwg.GetGeometryObjectFromReference(reference);
4.GraphicsStyle graphicsStyle = uidoc.Document.GetElement(line.GraphicsStyleId) as GraphicsStyle;
5.Category category = graphicsStyle.GraphicsStyleCategory;
6.return  category.Name
```

（2）设置图层的显示和关闭 上面代码第5行获取了Category之后，只需调用activeView的SetCategoryHidden方法即可控制图层的显示。

3. 获取图块所在的图层

获取图块图层的思路为：

1）通过点选获取图块上的曲线，也就是GeometryObject。

2）遍历CAD中的所有图块，也就是GeometryInstance。

3）对于每一个GeometryInstance，如果里面包含点选的GeometryObject，那么就找到了对应的图块。

获取 GeometryObject 的关键代码为：

```
1.Reference reference = sel.PickObject(ObjectType.PointOnElement, "请点选图块上的点");
2.Element ele_dwg = doc.GetElement(reference);
3.GeometryObject geometryObject = ele_dwg.GetGeometryObjectFromReference(reference);
```

获取图纸上所有图块的关键代码为：

```
1.private List<GeometryInstance> GetAllGeometyInstanceInCAD(Element dwg)
2.{
3.    List<GeometryInstance> result = new List<GeometryInstance>();
4.    foreach (GeometryObject geometryObject in dwg.get_Geometry(new Options))
5.    {
6.        if (geometryObject is GeometryInstance dwgInstance)//整体的CAD图纸
7.        {
8.            foreach (GeometryObject item in dwgInstance.GetSymbolGeometry())
9.            {
10.                if (item is GeometryInstance blockInstance)
11.                {
12.                    result.Add(blockInstance);
13.                }
14.            }
15.        }
16.    }
17.    return result;
18.}
```

判断图块是否包含选择曲线的关键代码为：

```
1.public bool ContainsGeometryObject(GeometryObject geometryObject)
2.{
3.    bool result = false;
4.    foreach (var item in geometryInstance.SymbolGeometry)
5.    {
6.        if (item.Equals(geometryObject))
7.        {
8.            return true;
9.        }
10.    }
11.    return result;
12.}
```

注意 reference 指向的是 SymbolGeometry 中的曲线。

如果要接着获取图块的位置、图层等信息，可以用 Teigha 读取，详见最后一章的有关内容。对于统一缩放的图块，也可以使用 GeometryInstance 直接读取，其关键代码为：

```
1.//获取图层名称
2.GraphicsStyle gs = doc.GetElement(geometryInstance.GraphicsStyleId) as GraphicsStyle;
3.if (gs ! = null)
4.{
5.    layerName = gs.GraphicsStyleCategory.Name;
6.}
7.//获取定位点，dwgTransform 是所在的 dwg 链接文件在 Revit 中的 transform
8.transform_instanceCurve = dwgTransform.Multiply(geometryInstance.Transform);
9.locationPoint = transform_instanceCurve.Origin;
10.  if (locationPoint.Z ! = 0)
11.  {
12.      locationPoint = new XYZ(locationPoint.X, locationPoint.Y, 0);      }
```

注意第 8 行代码中，geometryInstance. Transform 表示从图块的坐标系映射到 CAD 图纸中，dwgTransform 表示从 CAD 图纸坐标系映射到 Revit 中。关于不同坐标系下的转化关系，详见与几何有关的章节。

4. 获取用户点选的线

某些插件可能需要用户点选 CAD 图纸上的某根线，然后获取对应的相对项目坐标系的 Line。这个操作的难点在于：

1）CAD 上的线可能是直线或是多段线。

2）CAD 上的线可能位于图块中。

3）图块内部也可能嵌套图块。

Revit 中实例类有一个 GetInstanceGeometry 方法，可以获取实例相对当前项目坐标系的图元。利用该方法，获取用户点选的 Line 的具体措施为：

1）新建一个包装类，用于记录直线和对应的轮廓，为直线新建轮廓的方法详见“怎样匹配直线和对应的文字”小节。

```
1.public class LineModel
2.{
3.    public Line line;
4.    public Outline outline;
5.
6.
7.    public LineModel(Line line)
8.    {
9.        this.line = line;
10.       outline = MyLineHelpers.CreateOutLineForLine(line,100 / 304.8);
11.    }
12.}
```

2）读取 CAD 的图元，将其中的多线段转化成直线：

```
1.public static List < LineModel > GetAllInstanceLines(Element dwg)
2.{
3.    List < LineModel > lineModels = new List < LineModel >();
4.
5.    GeometryElement geometryElement = (dwg as ImportInstance).get_Ge
ometry(new Options());
6.    foreach (var item in geometryElement)
7.    {
8.        if (item is GeometryInstance instance)
9.        {
10.        GeometryElement geometryElement1 = instance.GetInstanceGeometry();
11.            foreach (var item2 in geometryElement1)
12.            {
13.                if (item2 is Line line1)
14.                {
15.                    lineModels.Add(new LineModel(line1));
16.                }
17.                else if (item2 is PolyLine poly)
18.                {
19.                    IList < XYZ > ends2 = poly.GetCoordinates();
20.
21.                    for (int i = 0; i < ends2.Count - 1; i + +)
22.                    {
23.                    Line line = Line.CreateBound(ends2[i], ends2[i + 1]);
24.                    lineModels.Add(new LineModel(line));
25.                    }
26.                }
27.            }
28.        }
29.    }
30.
31.    return lineModels;
32.}
```

3）记录用户点选位置的坐标，找到和这个点最近的直线。

```
1.XYZ hitPoint = reference.GlobalPoint; //cad 的 hitpoint 的 Z 为 0
2.Line targetLine = lineModels.Where(lm => lm.outline.Contains(hitPoint, 0))
3.                .OrderBy(lm => lm.line.Project(hitPoint).Distance)
4.                .Select(lm => lm.line).FirstOrDefault();
```

当一张图纸需要多次读取时，可新建字典保存第一次读取的结果，以加快插件的响应速度，详见最后一章“怎样提高程序效率”小节。也可以在用户点选时只记录对应的 Reference，获取 Line 的操作放在用户单击“确定”按钮之后，这样就不会影响用户点选图元时的响应速度。

Q41 什么是 Connector 类

在 Revit UI 界面中，选中一个管道，就可以看到两端的连接件，如图 3.4-59 所示。

对于三通等可载入族，在族建模的时候会放上连接件图元。图 3.4-60 是一个三通的连接件的布置示意。

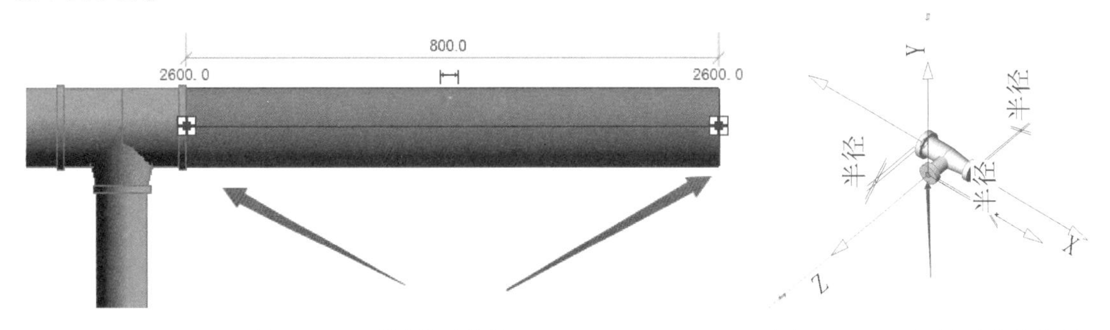

图 3.4-59　管道的连接件　　　　图 3.4-60　三通连接件的布置

连接件在 API 中就对应着 Connector 类，下面对其进行详细介绍。

1. 连接件类常用的属性和方法

连接件经常用到的属性见表 3.4-15。

表 3.4-15　连接件常用属性

属性	说明
AllRefers	所有和当前连接件连接的连接件。对于管道，有时候还会返回连接件自身
ConnectorType	枚举，用于区分逻辑连接和物理连接
CoordinateSystem	连接件的局部坐标系。Z 轴垂直连接件所在平面，可以用来判断连接件的方向
Id	标识连接件的 Id，数值为 1、2、3…… 在 API 中切换管件类型后，其连接件也会跟着变，旧连接件变 null，IsValid 属性变 false
IsConnected	是否物理连接到另外一个图元
IsMovable	是否可以移动（只有 EndConn 可以移动）
Origin	连接件的位置
Owner	连接件的 Host 元素，即连接件所在的构件，如管道、族实例
PipeSystemType、MEPSystem	对应的系统类型和系统
Radius	直径。管道和管件连接时，改变其中一个连接件的直径，软件会自动在管道和管件之间生成过渡件 对于矩形风管的连接件，访问 Radius 属性会抛出异常。矩形风管连接件应该访问 Width 和 Height 属性
Shape	连接件的形状，有圆形、矩形和椭圆形

Connect 类经常用到的方法见表 3.4-16。

表 3.4-16　连接件常用方法

ConnectTo（Connector connector）	连接到另一个连接件。在实际工作中尽量将连接件的定位点对齐后再使用这个方法，以防出现不符合要求的结果
DisconnectFrom	取消连接。翻弯等插件开发时，经常需要先取消管道和连接件的连接，调整管道后再重新连接

（续）

GetMEPConnectorInfo	返回一个 MEPConnectorInfo 实例
IsConnectedTo（Connector connector）	判断是否和给定的连接件连接

MEPConnectorInfo 有一个 LinkedConnector 属性，代表族内部相互连接，用于控制流量方向的连接件（图 3.4-61），而不是该外部和该 connector 连接的 connector。

如果需要获取当前连接件连接的外部对象，需要遍历 AllRef 属性。

连接件不仅连接到物理上的构件，还连接逻辑上的“系统”。

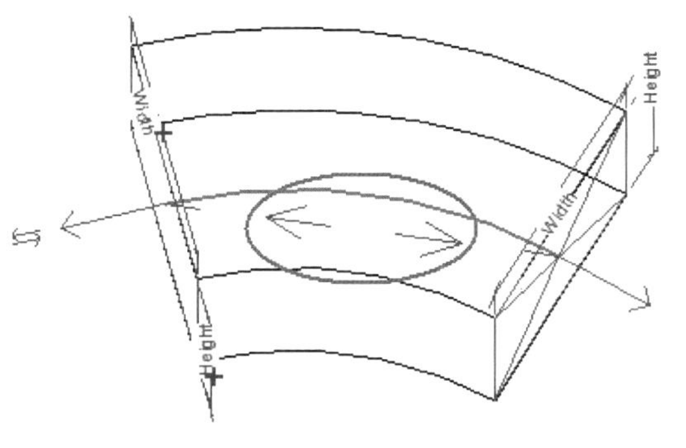

图 3.4-61　族内部相互连接的连接件

对于管道，可通过 pipe. ConnectorManager. Connectors 获取所有的连接件；对于管件等族实例，则可通过 pipeFitting. MEPModel. ConnectorManager. Connectors 获取。这些方法获取的是一个 ConnectSet 对象，可以通过 foreach 访问。

2. 连接件类常用的扩展方法

二次开发中，有几个经常使用的连接件有关的方法，可以写成扩展方法，以方便调用，例如求管道在某点处的连接件：

```
1.public static Connector ConnectorAtPoint(this Pipe pipe, XYZ point)
2.{
3.    //翻模等插件可以不计算点的 z 值，因为都在平面上。
4.    Connector connector = null;
5.    ConnectorSet connectorSet = pipe.ConnectorManager.Connectors;
6.    foreach (Connector item in connectorSet)
7.    {
8.        if (Math.Abs(item.Origin.X - point.X) < 10 /304.8 && Math.Abs
(item.Origin.Y - point.Y) < 10 /304.8)
9.        {
10.            return item;
11.        }
12.    }
13.    return connector;
14.}
```

求管件在某点处的连接件，代码和上述的相似，区别在于获取连接件集合的部分。注意消火栓连管等涉及三维的插件，以上代码需要增加比较 Z 值的内容。

也可以在已知管道一个连接件时，求另外一个连接件，具体代码为：

```
1.public static Connector AnotherConnector(this Pipe pipe, Connector first
Connector)
2.{
3.    Connector connector = null;
4.    ConnectorSet connectorSet = pipe.ConnectorManager.Connectors;
5.    XYZ point = firstConnector.Origin;
6.    foreach (Connector item in connectorSet)
```

```
7.     {
8.         if (item.Origin.DistanceTo(point) > 5 /304.8)
9.         {
10.                 return item;
11.             }
12.         }
13.         return connector;
14.   }
```

3. 获取链式连接的管道

如图3.4-62所示，管道1、2、3之间通过弯头和过渡件连接，没有三通或是四通分叉，笔者称之为链式连接的管道。

获取链式连接的管道在开发全局标注、无端变径检查等功能时都有需要，本小节以获取彼此链式连接的管道为例，介绍连接件有关的方法。

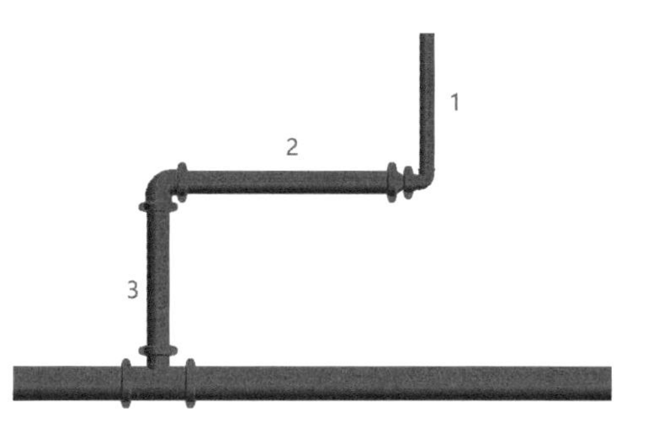

图3.4-62　链式连接的管道

如图3.4-62所示，管道1、2直径不同，两者之间有一个过渡件和弯头两个管件，因此不能假设管件的另一端就是管道。为此，我们用一个变量Connector conn_current代表当前的连接件，Connector nextConn代表下一个连接件，则属于已知一个连接件找下一个连接件，其方法如下所示：

```
1.private Connector FindNextConn(Connector conn_current)
2.{
3.    Connector nextConn = null;
4.    if (! conn_current.IsConnected)
5.    {
6.        return nextConn; //已经到了端头
7.    }
8.
9.    ConnectorSet conns = conn_current.AllRefs; //获取所有的连接到的对象
10.     foreach (Connector item in conns)
11.     {
12.         if (item.Owner is FamilyInstance instance)
13.         {
14.             if (instance.MEPModel.ConnectorManager.Connectors.Size ! =2)
15.             {
16.                 return null; //三通和四通的情况结束
17.             }
18.             else
19.             {
20.                 nextConn = GetOtherConn(instance, item);
21.                 return nextConn;
22.             }
23.         }
24.         else if (item.Owner is Pipe pipe)
```

```
25.        {
26.            nextConn = pipe.AnotherConnector(item);
27.            return nextConn;
28.        }
29.    }
30.    return null;
31.}
```

这样已知管道一个连接件，求这个连接件一侧的所有链式连接的管道的方法如下所示：

```
1.private List<Pipe> GetSimpleLinkedPipe_oneConn(Connector conn)
2.{
3.    List<Pipe> result = new List<Pipe>();
4.    Connector nextConn;
5.    Connector conn_current = conn;
6.    while (conn_current ! = null)
7.    {
8.        nextConn = FindNextConn(conn_current);
9.        if (nextConn? .Owner is Pipe pipe)
10.        {
11.            result.Add(pipe);
12.        }
13.
14.        conn_current = nextConn;
15.    }
16.    return result;
17. }
```

因为一根管道有两个连接件，所以最后的总方法为：

```
1.private List<Pipe> GetdSimpleLinkedPipe(Pipe pipe)
2.{
3.    List<Pipe> pipes = new List<Pipe>() { pipe };
4.
5.    ConnectorSet connectorSet = pipe.ConnectorManager.Connectors;
6.    foreach (Connector item in connectorSet)
7.    {
8.        pipes.AddRange(GetSimpleLinkedPipe_oneConn(item));
9.    }
10.    return pipes;
11. }
```

4. 获取连接件半径对应的族参数

大部分连接件可以用直接设置直径，为：

`conn.Radius = pipeDia / 2;`

对于有些族，以上语句会报错，或是族的大小不跟着连接件的半径变化。此时需要获取连接件对应的族参数，然后修改这个参数。

如果插件中使用的族类型是固定的，则直接用以下语句修改族实例大小：

```
pump.LookupParameter("公称直径").Set(dia_pipe_accesory_on_ft);
```

如果不能确定族类型，则使用下面的方法：

首先打开族文件，选择一个连接件图元，使用 Revit LookUp 查看管道连接件的“半径”参数对应的内置参数名称，如图 3.4-63 所示。

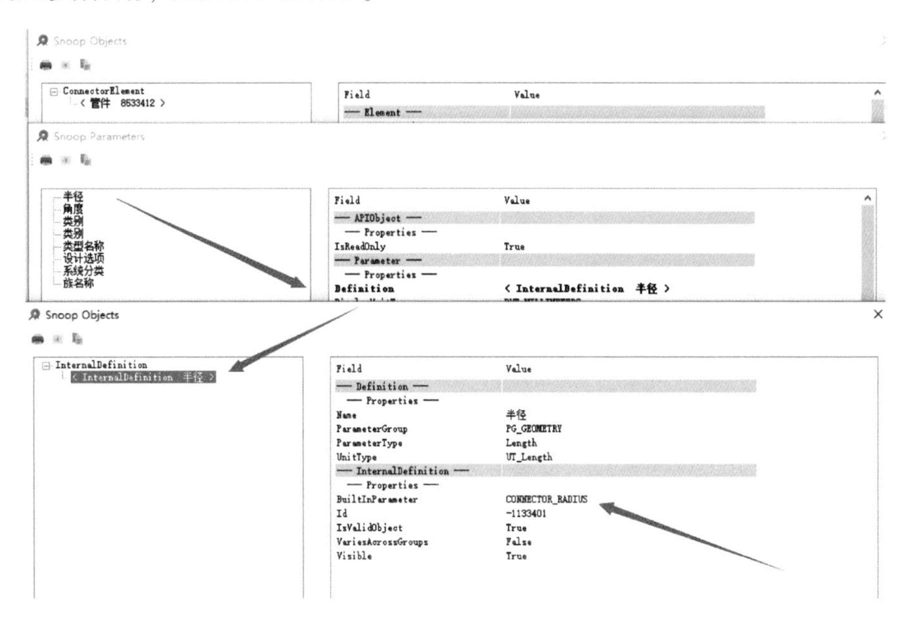

图 3.4-63　半径参数对应的 BuiltInParameter

然后通过读取族文件的方式，获取该连接件对应的族参数，代码为：

```
1.//获取族文件
2.Document familydoc = doc.EditFamily(instance.Symbol.Family);
3.
4.//获取连接件图元
5.FilteredElementCollector connCol = new FilteredElementCollector(familydoc);
6.ConnectorElement connEle = connCol.OfClass(typeof(ConnectorElement)).Cast<ConnectorElement>().First();
7.//获取连接件半径对应的参数
8.Parameter radiaParameter = connEle.get_Parameter(BuiltInParameter.CONNECTOR_RADIUS);
9.
10.FamilyParameter target = null;
11.FamilyManager familyManager = familydoc.FamilyManager;
12.bool jumpOut = false;
13.//遍历所有的族参数
14.foreach (FamilyParameter familyParameter in familyManager.Parameters)
15.{
16.    //遍历关联到这个族参数的参数
```

```
17.    foreach (Parameter parameter_assosiated in familyParameter.Ass
ociatedParameters)
18.    {
19.        if (parameter_assosiated.Id = = radiaParameter.Id&&meter_ass
osiated.Element.Id = = radiaParameter.Element.Id)
20.        {
21.            //如果连接件的半径参数关联到该族参数,则记录这个族参数后退出循环
22.            target = familyParameter;
23.            jumpOut = true;
24.            break;
25.        }
26.    }
27.
28.    if (jumpOut = = true)
29.    {
30.        break;
31.    }
32.}
33.  string paraName = target.Definition.Name
```

获取族参数名称后，在项目中可以通过 LookParameter 方法获取实例对应的参数。注意族参数的 Id 和项目中实例参数的 Id 并不一致，不能通过 Id 找对应参数。也不能通过 get_parameter (definition) 获取，因为不同文件中参数的 Definition 并不一样。

Q42 怎样生成管道和管件

1. 怎样生成管道

生成管道需要调用 Pipe 类的 Create 方法。管道生成后，通过设置对应的参数，可进一步修改管道的偏移、直径、工作集等信息。样例代码如下所示：

```
1. //创建管道
2. Pipe pipe = Pipe.Create(doc, pipingSystemId, pipeTypeId, levelId, sta
rtPoint, endPoint);
3. //设置偏移
4. pipe.get_Parameter(BuiltInParameter.RBS_OFFSET_PARAM).Set(offset_f
t);   //设置直径
5. pipe.get_Parameter(BuiltInParameter.RBS_PIPE_DIAMETER_PARAM).Set
(dia_ft);
6. //设置工作集
7. pipe.get_Parameter(BuiltInParameter.ELEM_PARTITION_PARAM).Set(pipe
SystemInfo.pipeWorksetId);
```

Pipe. Create 方法还有多个重载，具体可查看 API 文档。

2. 怎样生成管件

生成管件需要获取对应的连接件，然后根据连接件数量调用不同的方法。

(1) 连接两个连接件　两根管道连接，有共线且直径相等、共线直径不等、不共线三种情况，需要分别处理，具体代码如下：

```
1.public static FamilyInstance ConnectTwoConns(List <Connector > conns)
2.{
3.    FamilyInstance pipeFitting = null;
4.    Document doc = conns[0].Owner.Document;
5.
6.    XYZ dir0 = (((conns[0].Owner as Pipe).Location as LocationCurve).
Curve as Line).Direction;
7.    XYZ dir1 = (((conns[1].Owner as Pipe).Location as LocationCurve).
Curve as Line).Direction;
8.
9.    if (dir0.CrossProduct(dir1).GetLength() < 0.001)//如果共线
10.    {
11.        double dia1 = (conns[0].Owner as Pipe).get_Parameter(Built
InParameter.RBS_PIPE_DIAMETER_PARAM).AsDouble();
12.        double dia2 = (conns[1].Owner as Pipe).get_Parameter(Built
InParameter.RBS_PIPE_DIAMETER_PARAM).AsDouble();
13.        Pipe bigPipe = null;
14.        if (dia1 > dia2)
15.        {
16.            bigPipe = conns[0].Owner as Pipe;
17.        }
18.        else if (dia1 < dia2)
19.        {
20.            bigPipe = conns[1].Owner as Pipe;
21.        }
22.        else
23.        {
24.            pipeFitting = doc.Create.NewUnionFitting(conns[0], conns[1]);
25.            return pipeFitting; //直径相等，创建接头连接件。
26.        }
27.        //处理共线且直径不同的情况
28.        try
29.        {
30.            //如果直径不相等，使用 NewUnionFitting 方法，可以生成过渡件，
但是该方法返回的结果是 null
31.            pipeFitting = doc.Create.NewTransitionFitting(conns[0],
conns[1]);
32.            XYZ mid = (bigPipe.Location as LocationCurve).Curve.Evaluate
(0.5, true);
33.            XYZ dir = (conns[0].Origin - mid).Normalize();
34.            //共线且直径不相等的情况，接头向小管道挪动一段距离，更加符合现
场实际
```

```
35.            ElementTransformUtils.MoveElement(doc, pipeFitting.Id,
dir * 200 /304.8);
36.         }
37.         catch (Exception)
38.         {
39.
40.         }
41.     }
42.     else
43.     {
44.         //不共线的管道，直接生成弯头连接件即可
45.         pipeFitting = doc.Create.NewElbowFitting(conns[0], conns[1]);
46.     }
47.     return pipeFitting;
48. }
```

（2）连接3个连接件　使用 doc. Create. NewTeeFitting（conn1，conn2，conn3）方法创建三通时，要求 conn1 和 conn2 是共线的。因此需要先找出共线的连接件：

```
1.connectorA = conns[0];
2.conns.RemoveAt(0);    //先取出一个连接
3.List<Connector> connectors_ofSameLine = conns.Where(c => IsConns
OnSameLine(c, connectorA)).ToList();
4.if (connectors_ofSameLine.Any())
5.{   //判断剩下的连接件中有无和当前连接件共线的
6.    conns.Remove(connectors_ofSameLine[0]);
7.    try
8.    {
9.        pipeFitting = ConnectSortedTee(connectorA, connectors_ofSa
meLine[0], conns[0], targetFamilySymbol);
10.       }
11.       catch (Exception)
12.       {
13.
14.       }
15.   }
16.   else
17.   {
18.       try
19.       {
20.           pipeFitting = ConnectSortedTee(conns[0], conns[1], connec
torA, targetFamilySymbol);
21.       }
22.       catch (Exception e)
```

```
23.     {
24.
25.     }
26.  }
```

上方代码的 ConnectSortedTee 方法具体为：

```
1.Document doc = conn1.Owner.Document;
2.if (conn1.Radius = = conn2.Radius)
3.{
4.    FamilyInstance pipeFitting2 = doc.Create.NewTeeFitting(conn1, conn2,
conn3);
5.    return pipeFitting2;
6.}
7.
8.Connector conn_big_h;
9.Connector conn_small_h;
10.  if (conn1.Radius > conn2.Radius)
11.  {
12.      conn_big_h = conn1;
13.      conn_small_h = conn2;
14.  }
15.  else
16.  {
17.      conn_big_h = conn2;
18.      conn_small_h = conn1;
19.  }
20.  FamilyInstance pipeFitting = doc.Create.NewTeeFitting(conn_small_h,
conn_big_h, conn3);
21.
22.
23.  //寻找T字水平向的两个Conn，设置直径为最大，这里调整的是管件的连接件尺
寸，不是管道的
24.  foreach (Connector item in pipeFitting.MEPModel.ConnectorManager.Co
nnectors)
25.  {
26.      if (item.CoordinateSystem.BasisZ.CrossProduct(dir).GetLength
() < 0.001)
27.      {
28.          item.Radius = conn_big_h.Radius;
29.      }
30.  }
```

上述代码中，将T形三通共线的两个连接件的直径调整为最大直径的管道的尺寸，可以更加接近现场实际，如图3.4-64、图3.4-65所示。

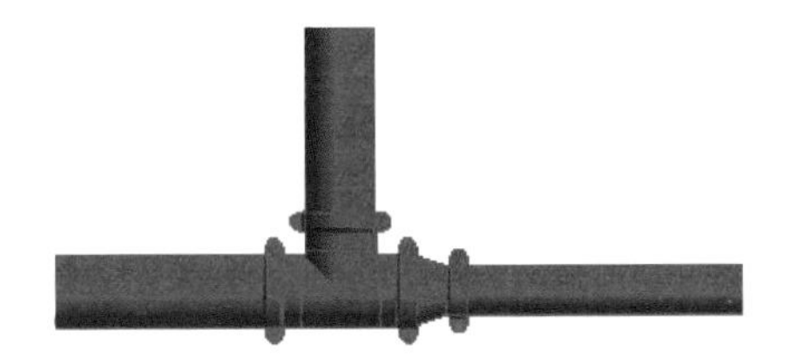

图 3.4-64　三通调整直径后

图 3.4-65　未调整直径效果

对于风管，使用默认的布管系统，往往效果达不到要求。一种可行的布置管件的方法为：判断主管位置 => 判断是 R 形连接还是 Y 形连接 => 布置管件族实例 => 镜像、旋转族实例到合适的位置 => 调整族实例大小 => 重新定位族实例 => 对齐连接件 => 风管连接到管件。限于篇幅，本书不能给出具体的代码，读者可自行尝试。

另外，卫生间的排水管顺水三通处，支管不垂直于主管，NewTeeFitting 方法无法生成合适的管件。此处可以采用和风管管件一样的方法布置，也可以新建一根垂直的支管 => NewTeeFitting 方法生成标准三通 => 删除垂直管 => 调整三通管件支管的角度 => 连接斜支管。

（3）连接 4 个连接件　使用 doc. Create. NewCrossFitting（connA，connB，connC，connD）时，connA 和 connB 要共线，connC 和 connD 要共线。实际工作中可能要求生成的连接件的类型应该和直径最大的管道的配管系统设置一致。具体代码如下：

```
1.public static FamilyInstance ConnnectFourConns(List <Connector > conns)
2.{
3.
4.  Document doc = conns[0].Owner.Document;
5.  FamilyInstance pipeFitting = null;
6.  Connector connectorA;
7.
8.  //获取最大直径管道对应的连接件类型
9.  Connector maxConn = conns.OrderByDescending(c => c.Owner.get_Parame ter
(BuiltInParameter.RBS_PIPE_DIAMETER_PARAM).AsDouble()).ToList().First();
10.    Pipe maxPipe = maxConn.Owner as Pipe;
11.    PipeType pipeType = doc.GetElement(maxPipe.GetTypeId()) as Pipe
Type;
12.    ElementId pipeFittingId = pipeType.RoutingPreferenceManager.GetRule
(RoutingPreferenceRuleGroupType.Crosses, 0).MEPPartId;
13.    FamilySymbol targetFamilySymbol = doc.GetElement(pipeFittingId)as
FamilySymbol;
14.
15.    connectorA = conns[0];
16.    conns.RemoveAt(0);
17.
18.    Connector connector_sameLineAsCoonA = conns.Where(c => IsConns
OnSameLine(c, connectorA)).FirstOrDefault();
19.    conns.Remove(connector_sameLineAsCoonA);
20.
21.
22.    try
23.    {
```

```
    24.        pipeFitting = doc.Create.NewCrossFitting(connectorA, conne
ctor_sameLineAsCoonA, conns[0], conns[1]);
    25.        if (pipeFitting.Symbol.Id != targetFamilySymbol.Id)
    26.        {
    27.          pipeFitting.Symbol = targetFamilySymbol;
    28.        }
    29.    }
    30.    catch (Exception e)
    31.    {
    32.
    33.    }
    34.    return pipeFitting;
    35. }
```

3. 管件没有系统类型的处理

翻模过程中，部分管件可能没有系统类型。解决方法是生成管件前使用 doc. Regenerate( ) 方法，更新管道连接件信息。或是翻模完成后找到没有系统类型的管件，断开和管道的连接，进行重新连接。

另外，管件和机械设备类型的族使用连接件的 ConnectTo 方法直接连接时，也会出现部分族实例没有系统类型的问题，可以调整相对位置，让两者通过管道连接，而不是直接连接。

Q43 怎样连接管路附件到管道

下面以阀门等管路附件和管道的连接为例，介绍涉及管道打断操作的处理方法。如图 3.4-66 所示：翻模时，首先构造范围盒过滤器找到图块对应的管道，接着将 CAD 图块的中心点投影到管道上获取阀门族实例的布置点。族实例的旋转角度则通过计算族实例的 X 轴逆时针转到管道方向的角度获取。阀门的直径可以通过读取管道的直径获取。

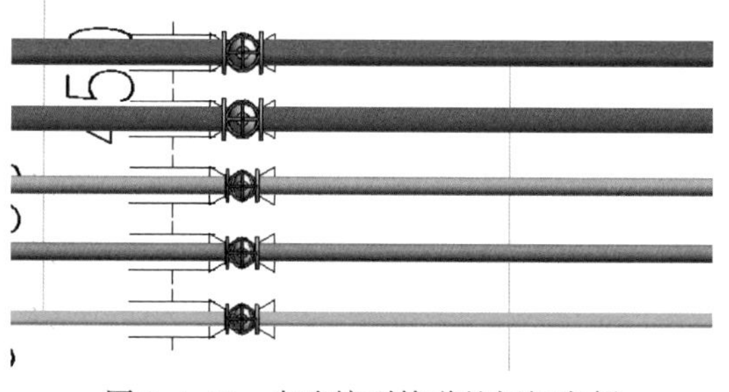

图 3.4-66　未连接到管道的阀门实例

此时还剩下将管道附件连接到管道的操作（图 3.4-66），下面介绍两种常用的做法。

1. 使用 PlumbingUtils 类的 BreakCurve 方法

该方法能将管道打断，并返回新产生的管道的 Id。如图 3.4-67 所示，管道 a 在点 p3 处被打断，生成新管道 b。然后将管道的连接件和 p4、p5 处阀门的连接件连上即可。

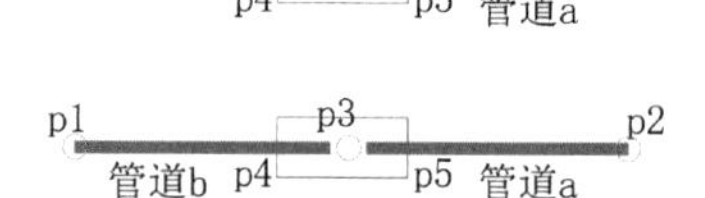

图 3.4-67　BreakCurve 方法

关键代码为：

```
    1.public static ElementId ConnectAccesoryToPipe1(FamilyInstance family
Instance, Pipe pipe)
    2.{
    3.  //记录阀门连接件
    4.  ConnectorSet connectorSet = familyInstance.MEPModel.ConnectorMan
ager.Connectors;
```

```
5.  List < Connector > connectors_onFamilyinstance = new List < Connec
tor >();
6.  foreach (Connector item in connectorSet)
7.  {
8.      connectors_onFamilyinstance.Add(item);
9.  }
10.
11.     //打断管道
12.     Document doc = familyInstance.Document;
13.     XYZ breakPoint = (familyInstance.Location as LocationPoint).Point;
14.     ElementId newPipeId = PlumbingUtils.BreakCurve(doc, pipe.Id, br
eakPoint);
15.     Pipe newPipe = doc.GetElement(newPipeId) as Pipe;
16.
17.     //找到对应的连接件
18.     Line line = (pipe.Location as LocationCurve).Curve as Line;
19.     XYZ startPoint = line.GetEndPoint(0);
20.     XYZ endPoint = line.GetEndPoint(1);
21.     Connector conn_toOldPipe;
22.     Connector conn_toNewPipe;
23.     XYZ temp = connectors_onFamilyinstance[0].Origin;
24.     if ((temp - startPoint).DotProduct(temp - endPoint) < 0)//位于
旧管道线段之间
25.     {
26.         conn_toOldPipe = connectors_onFamilyinstance[0];
27.         conn_toNewPipe = connectors_onFamilyinstance[1];
28.     }
29.     else
30.     {
31.         conn_toOldPipe = connectors_onFamilyinstance[1];
32.         conn_toNewPipe = connectors_onFamilyinstance[0];
33.     }
34.
35.     //连接对应的连接件
36.     pipe.ConnectorAtPoint(breakPoint).ConnectTo(conn_toOldPipe);
37.     newPipe.ConnectorAtPoint(breakPoint).ConnectTo(conn_toNewPipe);
38.
39.     //返回新产生的管道的 Id
40.     return newPipeId;
41. }
```

2. 复制 MEP 曲线法

管道、风管、桥架都继承自 MEPCurve 类，因此该方法可以用 MEPCurve 类型作为参数，通用性比较好。具体步骤为：

1）记录原管道两端连接到的管件或是阀门。

2）复制原管道，设置定位线为新管道的定位线。

3）删除旧管道。

4）新管道连接到旧管道连接的管件。

关键代码为：

```
1.public static List<ElementId> ConnectAccesoryToPipe2(FamilyInstance familyInstance, MEPCurve pipe)
2.{
3.    List<ElementId> new_pipeIds = new List<ElementId>();
4.    Document doc = pipe.Document;
5.
6.    //记录原管道连接的阀门或是连接件
7.    Line line = (pipe.Location as LocationCurve).Curve as Line;
8.    XYZ startPoint = line.GetEndPoint(0);
9.    XYZ endPoint = line.GetEndPoint(1);
10.       Connector conn1 = pipe.ConnectorAtPoint(startPoint);
11.       Connector conn2 = pipe.ConnectorAtPoint(endPoint);
12.    FamilyInstance familyInstance1 = pipe.GetPipeFittingAtConnector(conn1);
13.    FamilyInstance familyInstance2 = pipe.GetPipeFittingAtConnector(conn2);
14.
15.    //复制管道
16.    ElementId newPipe1_id = ElementTransformUtils.CopyElement(doc, pipe.Id, XYZ.Zero).First();
17.    MEPCurve newPipe1 = doc.GetElement(newPipe1_id) as MEPCurve;
18.    ElementId newPipe2_id = ElementTransformUtils.CopyElement(doc, pipe.Id, XYZ.Zero).First();
19.    MEPCurve newPipe2 = doc.GetElement(newPipe2_id) as MEPCurve;
20.    new_pipeIds.Add(newPipe1_id);
21.    new_pipeIds.Add(newPipe2_id);
22.
23.    //删除旧管道
24.    doc.Delete(pipe.Id);
25.
26.    //设置定位线
27.    ConnectorSet connectorSet = familyInstance.MEPModel.ConnectorManager.Connectors;
28.    List<Connector> conns = new List<Connector>();
29.    foreach (Connector item in connectorSet)
30.    {
31.        conns.Add(item);
32.    }
```

```
33.     conns = conns.OrderBy(c => c.Origin.DistanceTo(startPoint)).To
List();
34.     Line line1 = Line.CreateBound(startPoint, conns[0].Origin);
35.     Line line2 = Line.CreateBound(conns[1].Origin, endPoint );
36.     (newPipe1.Location as LocationCurve).Curve = line1;
37.     (newPipe2.Location as LocationCurve).Curve = line2;
38.
39.     //重新连接管件
40.     if (familyInstance1! =null)
41.     {
42.         Connector conn_f = familyInstance1.ConnectorAtPoint(startPoint);
43.         Connector conn_p = newPipe1.ConnectorAtPoint(startPoint);
44.         conn_p.ConnectTo(conn_f);
45.     }
46.     newPipe1.ConnectorAtPoint(conns[0].Origin).ConnectTo(conns[0]);
47.     newPipe2.ConnectorAtPoint(conns[1].Origin).ConnectTo(conns[1]);
48.     if (familyInstance2! =null)
49.     {
50.         Connector conn_f = familyInstance2.ConnectorAtPoint(endPoint);
51.         Connector conn_p = newPipe2.ConnectorAtPoint(endPoint);
52.         conn_p.ConnectTo(conn_f);
53.     }
54.
55.     return new_pipeIds;
56. }
```

Q44 怎样处理土建链接模型

1. 获取项目中的土建链接模型

链接的土建模型在机电模型中是一个整体的元素，对应的类为 RevitLinkInstance，可以使用元素过滤器获取项目中所有的链接模型，具体代码为：

```
1.FilteredElementCollector linkDocCol =new FilteredElementCollector(doc);
2.linkDocCol.OfClass(typeof(RevitLinkInstance));
```

也可以提示用户点选：

```
1.Reference refer = sel.PickObject(ObjectType.Element, new RevitLinkInst
anceFilter());
2.linkInstance = doc.GetElement(refer) as RevitLinkInstance;
```

2. 获取链接模型对应的文档

RevitLinkInstance 的 Document 属性对应的是当前 Revit 文件。如果要获取链接文件的 document，需要使用其 GetLinkDocument 方法。

获取链接文件的 doc 变量之后，可以使用过滤器获取土建模型中指定的图元，也可以查询图元的几何等信息。但是和 UI 界面中一样，使用 API 不能修改链接模型。

3. 点选链接文件中的构件

Reference 类有 ElementId 和 LinkedElementId 两个属性。在选择链接模型中的构件时，前者代表链接文件实例，后者代表链接模型中具体的构件。以下代码展示了点选获取土建模型上的面的做法：

```
1.Reference reference = sel.PickObject(ObjectType.PointOnElement);
2.RevitLinkInstance linkInstance = doc.GetElement(reference.ElementId) as RevitLinkInstance;
3.Document linkDoc = linkInstance.GetLinkDocument();
4.//获取土建模型中的元素
5.Element eleInlinkFile = linkDoc.GetElement(reference.LinkedElementId);
6.//获取该元素对应的 Reference
7.Reference refenceInLinkFile = reference.CreateReferenceInLink();
8.//获取对应的面
9.PlanarFace planarFace = eleInlinkFile.GetGeometryObjectFromReference(re fenceInLinkFile) as PlanarFace;
```

4. 链接模型的坐标系转化

使用链接模型的 doc 获取的几何信息，都是相对链接模型的内部坐标系的。需要进行转化，对应的仿射为 linkInstance. GetTransform()。

Q45 怎样处理工作集

1. 与工作集有关的业务

与工作集有关的主要业务如图 3. 4-68 所示，具体如下：

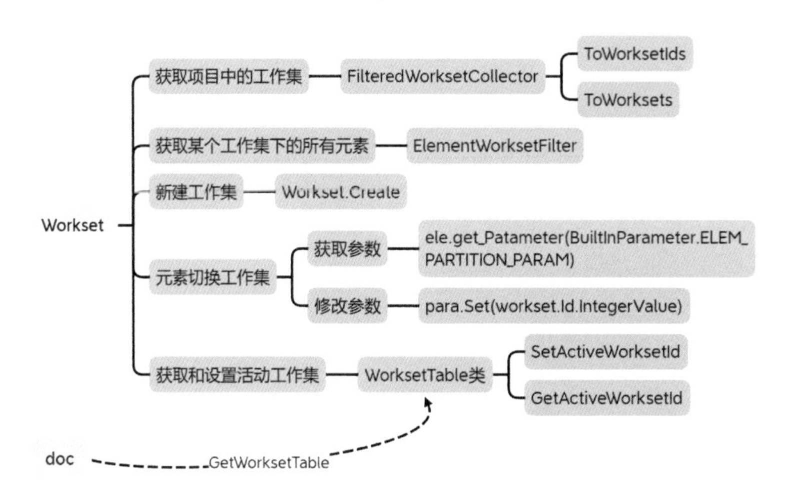

图 3. 4-68　工作集有关业务

（1）获取项目中的工作集　工作集 Workset 类不继承自 Element 类，所以不能利用元素收集器获取。可以使用 FilteredWorksetCollector 类获取项目中所有的工作集。该类实例化后，不需要添加过滤器，使用 ToWorksetIds 或是 ToWorksets 方法返回项目中所有工作集的集合。

工作集列表 WorksetTable（使用 document 的 GetWorksetTable( ) 方法获取）也提供了一些获取工作集的方法，见表 3.4-17。

(2) 获取某个工作集下的所有元素　ElementWorksetFilter 是根据工作集过滤元素的过滤器，实例化时需要传入对应的工作集 Id。因为 WorkSet 类不继承自 Element 类，所以它的 Id 属性类型不是 ElementId，而是 WorksetId。

表 3.4-17　WorksetTable 类获取工作集的有关方法

方法	说明
GetActiveWorksetId	返回当前活动工作集的 Id
GetWorkset	返回 Workset 实例
IsWorksetNameUnique	静态方法，返回工作集名称是否唯一
RenameWorkset	重命名工作集
SetActiveWorksetId	设置活动工作集

ElementWorksetFilter 类继承了 IEnumerable 接口，构造完成后可以直接使用 foreach 循环。如果只想获取用户新建的工作集，需要配合 OfKind 方法对工作集类型进行过滤，否则会返回项目中所有的工作集。

(3) 新建工作集　使用 Workset 类的静态方法 Create 创建工作集。因为工作集不能重名，新建之前要使用 WorksetTable 类的 IsWorksetNameUnique 方法判断名称是否有重复。

(4) 设置元素的工作集　元素的 WorksetId 属性可以获取当前构件的工作集，该属性只能读取，不能修改。

可以通过获取和设置参数修改工作集，该参数的内置类型为 ELEM_PARTITION_PARAM，详见图 3.4-68。

(5) 视图中按工作集控制构件显示　调用 View 类的 GetWorksetVisibility 方法和 SetWorksetVisibility 方法可以设置工作集在视图中的显示。

View 类的 SetWorksharingDisplayMode 可以实现切换工作共享显示的效果，对应 UI 界面的操作如图 3.4-69 所示。

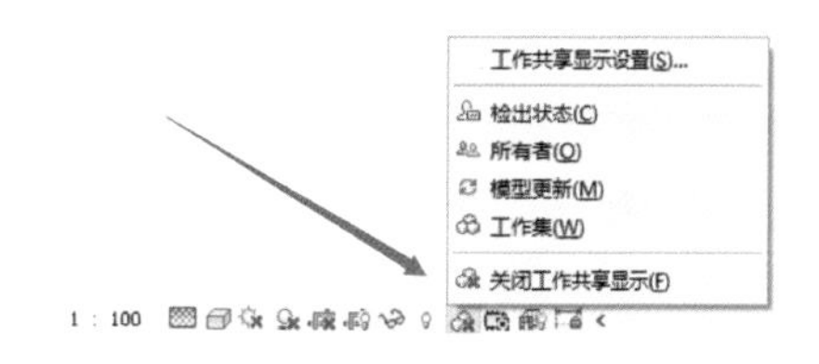

图 3.4-69　设置工作集显示效果

(6) 判断项目是否带工作集　document 有一个 IsWorkshared 属性，用于判断当前文档是否是共享模式。document 的 EnableWorksharing 方法会切换文档为协作模式；ReloadLatest 方法可以获取中心文件的修改，SynchronizeWithCentral 方法用于同步中心文件。

(7) 判断工作集当前状态　WorksharingUtils 类提供了判断哪些元素可以被当前用户编辑（CheckoutElements）、和中心文件是否同步（GetModelUpdatesStatus）等方法，具体可查看 API 文档。

2. 工作集有关案例

根据名称获取工作集，如果项目中没有对应名称的工作集，则新建一个工作集，其代码如下所示：

```
1.private static int GetWorkSetIdByName(Document doc, string workSetName)
2.      {
3.          int workSetId = 0;
4.
5.          if (WorksetTable.IsWorksetNameUnique(doc, workSetName))
6.          {
7.              //如果工作集表中没有对应的名字，则新建一个工作集
8.              using (Transaction ts = new Transaction(doc))
9.              {
```

```
10.                 ts.Start("新建工作集");
11.                 workSetId = Workset.Create(doc, workSetName).Id.IntegerValue;
12.                 ts.Commit();
13.             }
14.         }
15.         else
16.         {
17.             //如果工作集表中已经有对应的名字，则找到对应的
18.             FilteredWorksetCollector worksetCol = new Filtered
WorksetCollector(doc);
19.             foreach (var workset in worksetCol)
20.             {
21.                 if (workset.Name = = workSetName)
22.                 {
23.                     workSetId = workset.Id.IntegerValue;
24.                     break;
25.                 }
26.             }
27.         }
28.         return workSetId;
29.     }
```

第 5 节　几何专题

Q46 点和坐标系有哪些注意点

1. 坐标系基础

坐标系大家都很熟悉了，但有以下两个注意点需要注意。

（1）点的坐标值是相对于具体的坐标系的　如图 3.5-70 所示，点 P 在坐标系 1 下的坐标值是（3，2），在坐标系 2 下的坐标值为（1，1）。因为不同坐标系下的坐标值是不一样的，所以在使用点或向量的坐标值时，一定要注意是相对于哪一个坐标系。

坐标系改变时，同一个点的坐标值也会跟着改变。在 Revit 中经常会遇到不同坐标系之间的转化，此时要特别注意坐标值是相对于哪个坐标系的。

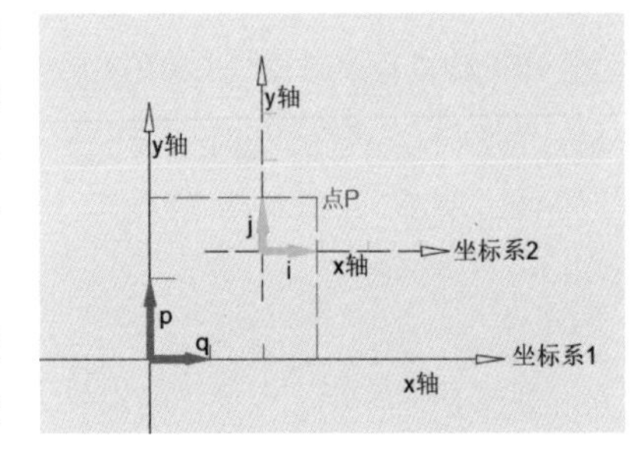

图 3.5-70　两个不同的坐标系

（2）坐标值表达的是基向量组合关系　如图 3.5-70 所示，点 P 在坐标系 1 下的坐标值是（3，2），向量 **p**、**q** 是坐标系的基向量，原点为 **o**，则有向量 $\mathbf{op} = 3\mathbf{q} + 2\mathbf{p}$。向量 **p** 和 **q** 不需要长度为 1，也不需要正交。

也就是说，点的坐标值可以理解为坐标向量的组合，坐标系和坐标向量共同确定了点的具体位置。

Revit 中坐标系用 Transform 类表示。其 Origin 属性代表坐标系原点，BasisX、BasisY、BasisZ 代表 X、Y、Z 轴。实际上 Transform 代表的是不同坐标系之间的仿射变换，这会在本书后面详细

介绍。现在只要知道在 Revit 中建立本地坐标系需要新建 Transform 类的实例即可。

2. 二次开发常用的坐标系

（1）Revit 内部坐标系　也可以称为世界坐标系或是全局坐标系，这是 Revit 软件内部定义的。

如图 3. 5-71 所示的三通，我们用 Revit LookUp 查看它定位点的坐标值，这个定位点坐标值是相对于内部坐标系的。在 API 中新建一个点 XYZ 类的实例，这个点的坐标也是相对于内部坐标系的。

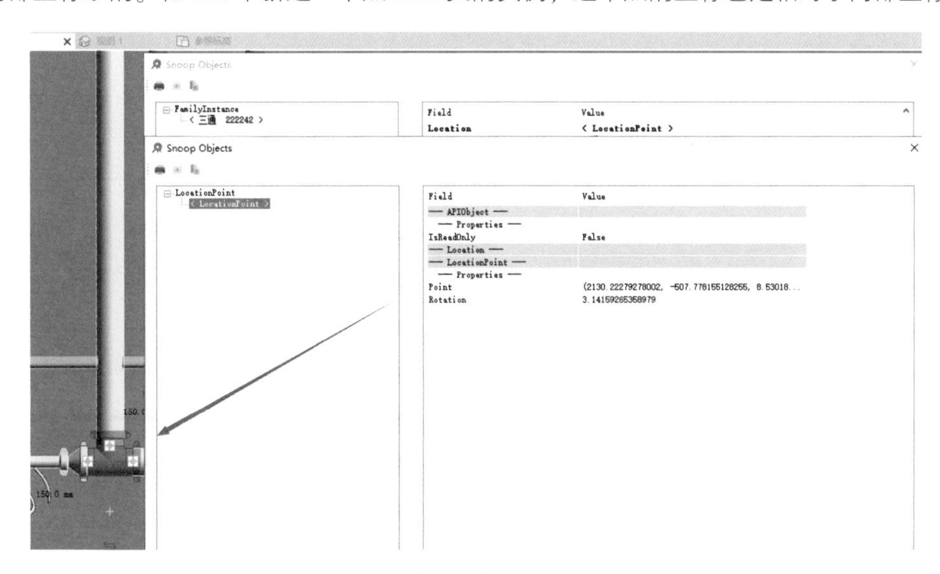

图 3. 5-71　世界坐标系下三通的坐标

（2）建模坐标系　也可以称为局部坐标系或是本地坐标系。当我们新建一个公制常规模型族时（图 3. 5-72），“中心（前/后）”和“中心（左/右）”两个参照平面（“定义原点”属性被勾选的参照线）就定义了族坐标系。

例如，图 3. 5-71 所示的三通，选中后点击“编辑族”命令，进入族文件，就可以看到其内部坐标系。

对于项目中的可载入族实例，可以通过 GetTotalTransform 方法获取其本地坐标系原点和基向量，点和向量的坐标值都是相对项目坐标系的，如图 3. 5-74 所示。图 3. 5-73 所示的三通，其原点相对于族坐标系表示为（0，0，0），相对于项目坐标系表示为（2130. 22279278002，－507. 778155128255，8. 53018372703412）。

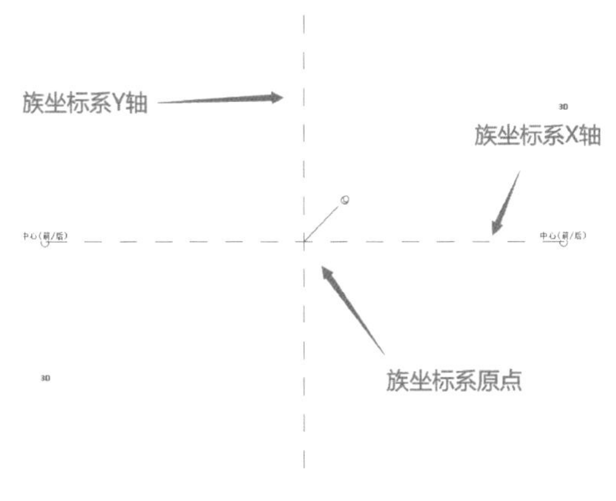

图 3. 5-72　族文件中的坐标系

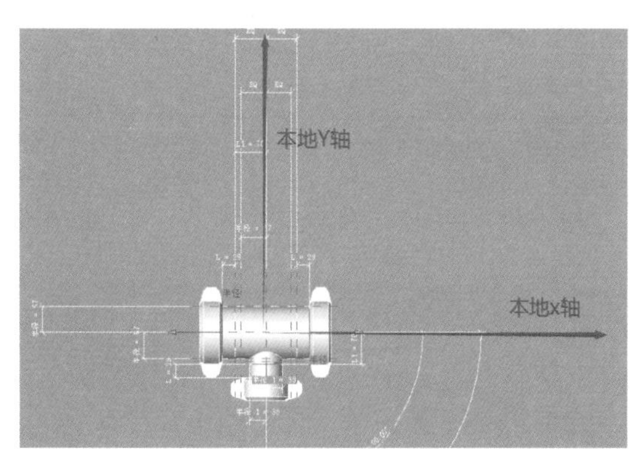

图 3. 5-73　三通的族坐标系

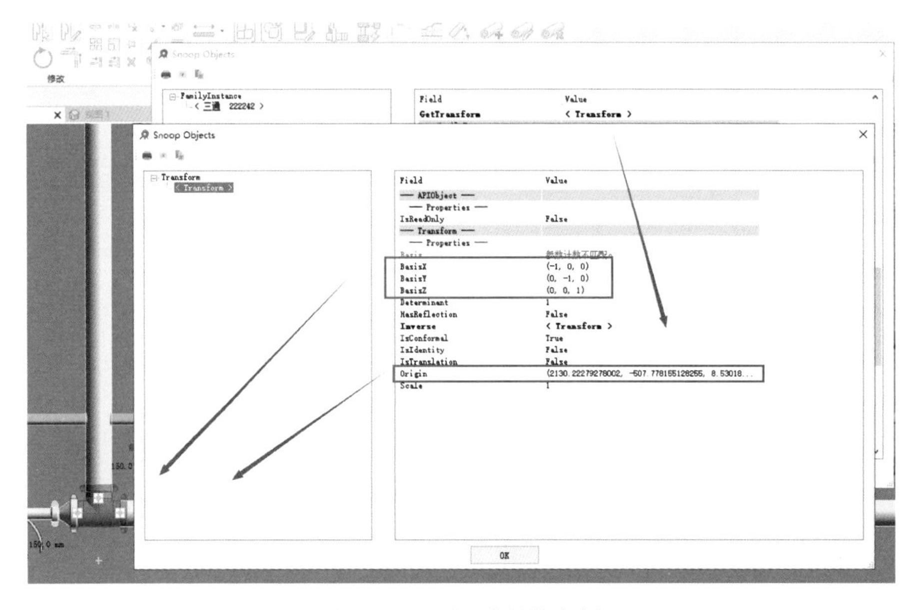

图 3.5-74　项目中的族实例

三通的三个基向量，在本地坐标系中的坐标值为：

X 轴：(1，0，0)，Y 轴（0，1，0)，Z 轴（0，0，1)

在全局坐标系中坐标值为：

X 轴：(-1，0，0)，Y 轴（0，-1，0)，Z 轴（0，0，1)

这个三通的 X、Y 轴坐标都变换了符号，我们可以想象在项目中放族的时候，先将族坐标系的原点放在定位点，接着旋转族坐标系 90°，使三通达到我们要求的角度，如图 3.5-75 所示。

可以通过建筑物施工的例子（图 3.5-76）加深对局部坐标系和世界坐标系关系的理解。一般来说，建筑施工图中只有总平面图用的是全国通用的大地坐标系，其他图样都是根据建筑物轴网定位的。

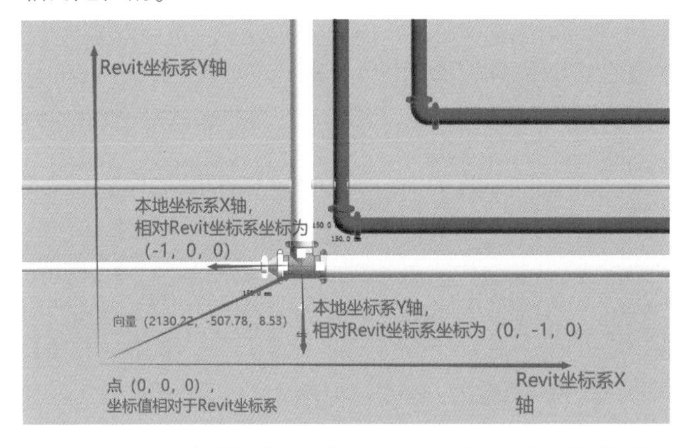

图 3.5-75　族实例的本地坐标系和 Revit 全局坐标系的关系

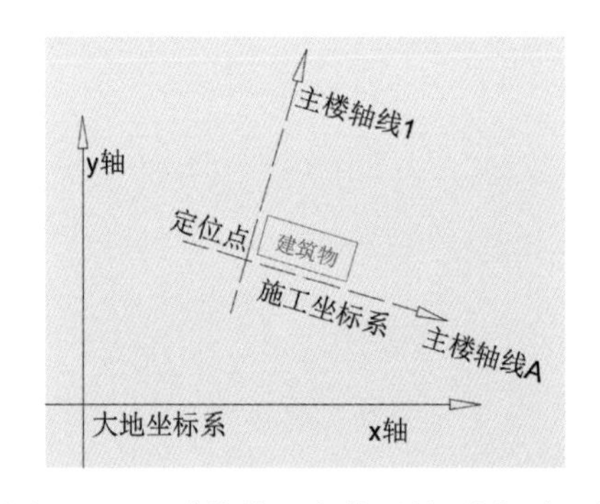

图 3.5-76　建筑施工中使用的不同坐标系

因为大地坐标系的坐标值数位很多，且坐标轴的方向不一定和建筑物平齐，使用起来很不方便。所以实际施工时，会首先用全站仪在场地确定建筑物定位轴线的位置，具体的墙、柱、梁、板都由轴网定位。

Revit 中的模型也是这样，每个族实例都是先在项目中放好自己的本地坐标系，然后由本地坐标系出发画出各个部分。要注意族实例的 GetTotalTransform 方法返回的原点或是基向量的坐标值是相对于 Revit 内部坐标系的。

更准确地说，GetTotalTransform 方法返回的是相对于其所在的实例的坐标。例如导入 Revit 中的 dwg 上图块，获取的 Transform 是相对于 dwg 坐标系的。对于族实例来说，嵌套它的是 Revit 模型，所以得到的 Transform 是相对于 Revit 内部坐标系的。

（3）观察坐标系　观察坐标系又称为视图坐标系。例如新建一个剖面，这个剖面的坐标系，在平面图中看到效果的如图 3.5-77 所示，其 Y 轴根据右手法则确定，朝向纸面外侧。

进入剖面视图后，看到的基向量如图 3.5-78 所示。

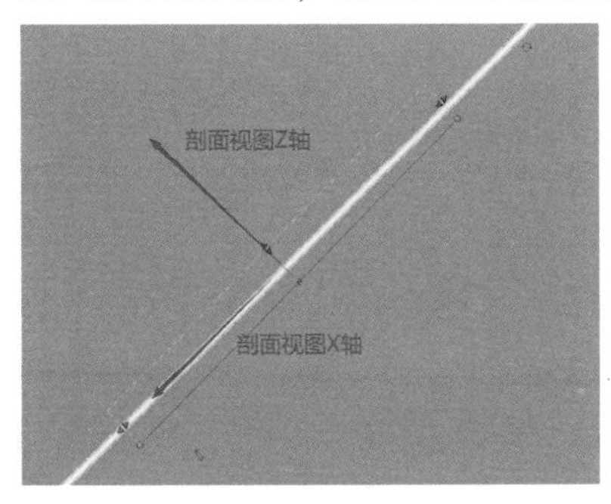

图 3.5-77　在平面视图中看到的剖面视图坐标系

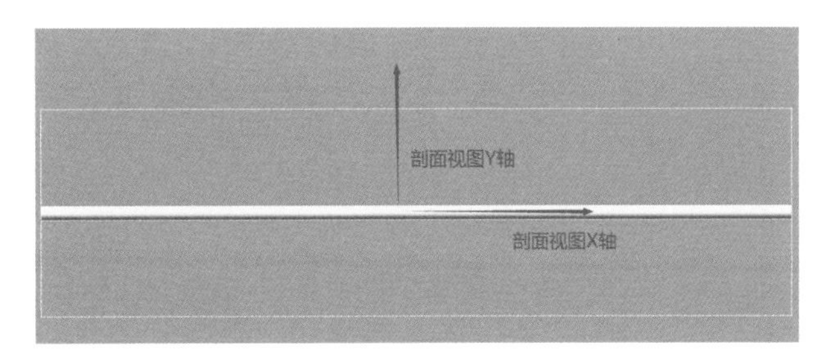

图 3.5-78　在剖面视图中看到的剖面视图坐标系

具体详见视图有关章节。

（4）设备坐标系　设备坐标系又称显示器坐标系。显示器坐标器的特点是原点在屏幕的左上方，y 轴方向是向下的。设备坐标系主要用来确定鼠标位置、窗体控件位置等。

（5）窗体坐标系　窗体上的控件，使用其所在容器的左上角为原点进行定位，Y 轴方向也是向下的。例如一个 label 的容器是窗体，label 的 localtion 是（30，60），就表示该控件的定位点相对窗体的左上角坐标为（30，60）。

3. 不同坐标系下的点坐标值的转化

（1）Revit 中本地坐标系和世界坐标系之间的相互转化　已知相对坐标系下点的坐标值，求绝对坐标系下的坐标值，方法为使用 transform 类的 OfPoint 方法，具体例子详见“怎样利用坐标系变换解决问题”小节。

已知绝对坐标系下点的坐标值，求相对坐标系下的坐标值，方法为 transform. Inverse. OfPoint，即需要先求 Transform 的逆矩阵。

（2）屏幕坐标系和 Revit 内部坐标系间的相互转化　已知屏幕坐标系下坐标点，求 Revit 坐标系下坐标点。

图 3.5-79 矩形区域为 Revit 用户界面中一个平面视图的范围，外侧坐标系为显示器的屏幕坐标系，内侧绿色坐标系为 Revit 内部坐标系。p1 ~ p4 为矩形的四个角点，p5 在屏幕坐标系下的坐标已知，需要求在 Revit 坐标系下的坐标值。

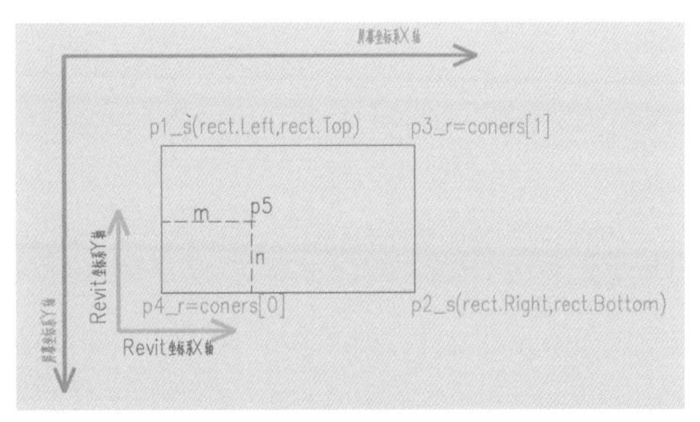

图 3.5-79　平面坐标系和 Revit 坐标系

首先我们获取平面视图的 UIView，代码如下：

```
1. public static UIView GetActiveUiView(UIDocument uidoc)
2. {
3.     Document doc = uidoc.Document;
4.     Autodesk.Revit.DB.View view = doc.ActiveView;
5.     IList<UIView> uiviews = uidoc.GetOpenUIViews();
6.     UIView uiview = null;
7. 
8.     foreach (UIView uv in uiviews)
9.     {
10.        if (uv.ViewId.Equals(view.Id))
11.        {
12.            uiview = uv;
13.            break;
14.        }
15.    }
16.    return uiview;
17.}
```

获取 UIView 之后，可以得到 p1 ~ p4 的坐标值。

屏幕坐标转 Revit 坐标的代码如下：

```
1.protected XYZ GetMousePoint()
2.{
3.    var uiView = GetActiveUiView(this.HostApplication.ActiveUIDocument);
4.    var corners = uiView.GetZoomCorners();
5.    var rect = uiView.GetWindowRectangle();
6.    var p = Cursor.Position;
7.    var dx = (double)(p.X - rect.Left) /(rect.Right - rect.Left);
8.    var dy = (double)(p.Y - rect.Bottom) /(rect.Top - rect.Bottom);
9.    var a = corners[0];
10.       var b = corners[1];
11.       var v = b - a;
12.       var q = a
13.               + dx * v.X * XYZ.BasisX
14.               + dy * v.Y * XYZ.BasisY;
15.
16.       return q;
17.   }
```

Revit 坐标转屏幕坐标的代码如下：

```
1.    public static PointF ConvertRPtoWP(UIApplication uiapp, XYZ p)
2. {
3.    var uidoc = uiapp.ActiveUIDocument;
4.    var uiview = GetActiveUiView(uidoc);
```

```
5.    var rect = uiview.GetWindowRectangle();
6.    var corners = uiview.GetZoomCorners();
7.    var a = corners[0];
8.    var b = corners[1];
9.
10.       var minX = a.X;
11.       var maxX = b.X;
12.       var minY = a.Y;
13.       var maxY = b.Y;
14.
15.       var dx = Math.Abs(p.X - minX) /Math.Abs(maxX - minX);
16.       var dy = Math.Abs(maxY - p.Y) /Math.Abs(maxY - minY);
17.       var x = dx * Math.Abs(rect.Left - rect.Right);
18.       var y = dy * Math.Abs(rect.Top - rect.Bottom);
19.
20.       var pf = new PointF((float)x, (float)y);
21.       return pf;
22. }
```

（3）剖面视图坐标系和内部坐标系的转化　该转化详见怎样将空间中的点投影到剖切面一节。

Q47 什么是边界表示法

在 Revit 中，几何造型是使用边界表示法表示的。边界表示法（Brep-Boundary Representation）通过描述物体的边界来表示一个物体。所谓的边界是指物体的内部点与外部点的分界面，定义了物体的边界，该物体也就被唯一地定义了。本小节以图 3.5-80 中所示两跨的梁为例，来介绍点线面体之间的关系。

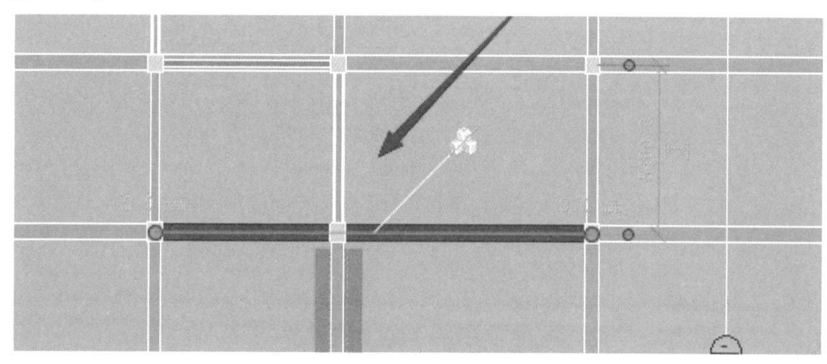

图 3.5-80　模型中的梁

1. 边界表示法简介

边界表示法一个重要的特点是：描述物体的信息包括几何信息与拓扑信息两个方面。

几何信息是指物体在欧氏空间中的位置、形状和大小。在 Revit 中就是点的三维坐标、面所在的曲面的方程、边的形状、边所在的曲线的方程等。

而拓扑信息是指拓扑元素（顶点、边和表面）的数量及其相互间的连接关系。拓扑信息构成物体的“骨架”，而几何信息则犹如附着在这一“骨架”上的“肌肉”。

边界表示一般按照“体 => 面 => 环 => 边 => 点”的层次树状结构描述几何造型，如图 3.5-81 所示。

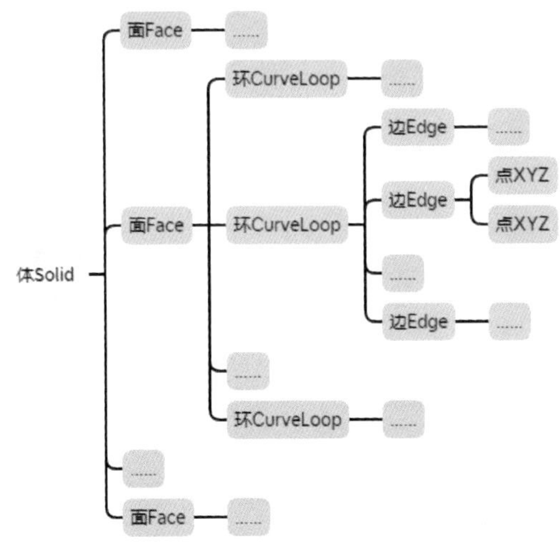

图 3.5-81　边界表示法

对于图 3.5-80 的梁，可在 Dynamo 中观察，如图 3.5-82 所示。

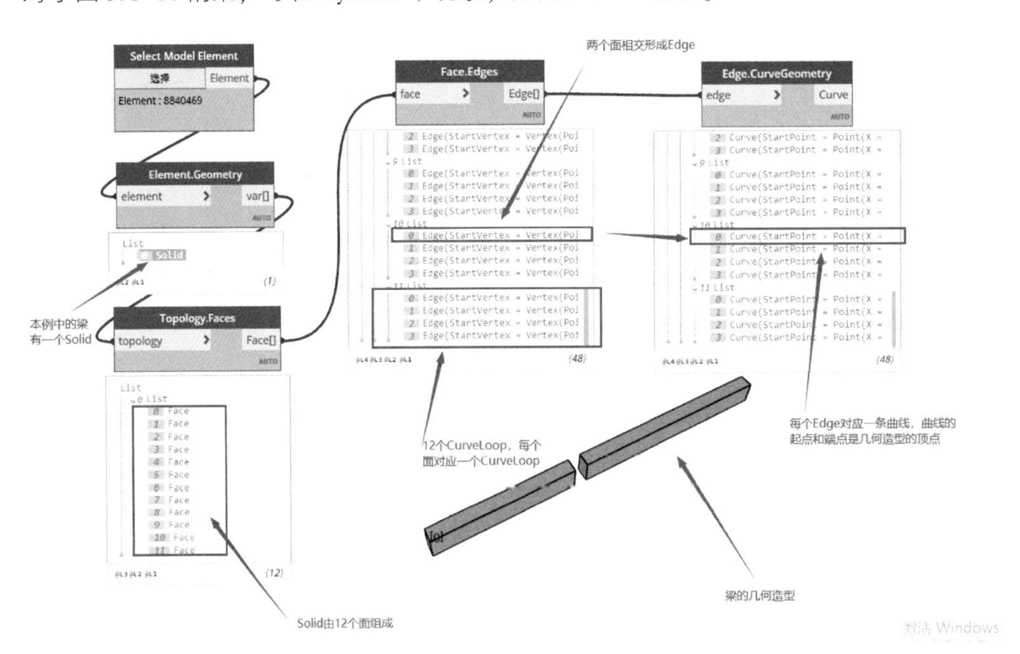

图 3.5-82　Dynamo 中观察梁

由图 3.5-82 可知以下信息：

本例中的梁有两跨，虽然中间部分被柱子剪切，但是在 Revit 中该梁只有一个体（Solid）。

梁的体（Solid）由 12 个面（Face）组成。

每个面（Face）都有一个环（CurveLoop），每个环（CurveLoop）有 4 条边（Edge）。

每个边（Edge）可以找到对应的曲线（Curve），Curve 的两端就是边的端点。

2. Revit 中的点线面体

（1）点　点在 Revit 中对应 XYZ 类。点是几何造型中的最基本的元素，自由曲线、曲面或其他形体均可用有序的点集表示。用计算机存储、管理、输出形体的实质就是对点集及其连接关系的处理。

（2）边　边（Edge）是两个邻面（对正则形体而言）或多个邻面（对非正则形体而言）的交集，边有方向，它由起始顶点和终止顶点来界定。

边的形状（Curve）由边的几何信息来表示，可以是直线或曲线，曲线边可用一系列控制点或型值点来描述，也可用显式、隐式或参数方程来描述。

在 Revit 中，边对应 Edge 类，边的几何信息对应 Curve 类。Revit 中边可以通过 Face 的 EdgeLoop 属性获取。因为一个面可以由外环加多个内环构成，所以获取的是一个环的集合：EdgeArrayArray。

（3）环　环（Loop）是由有序、有向边（Edge）组成的封闭边界。环中的边不能相交，相邻两条边共享一个端点。环有方向、内外之分，外环边通常按逆时针方向排序，内环边通常按顺时针方向排序。

Revit 中的环通过 Face 类的 GetEdgesAsCurveLoops 方法获取。

（4）面　面（Face）由一个外环和若干个内环（可以没有内环）来表示，内环完全在外环之内。根据环的定义，在面上沿环的方向前进，左侧总在面内，右侧总在面外。

面的形状（Surface）由面的几何信息来表示，可以是平面或曲面，平面可用平面方程来描述，曲面可以用控制多边形或型值点来描述，也可用曲面方程（隐式、显式或参数形式）来描述。

Revit 中面及其形状对应的类为 Face 和 Surface。

（5）体　体（Body）是面的并集。几何形体是由封闭表面围成的空间。

Revit 中的体对应 Solid 类。

3. Revit 几何有关类概览

Revit 几何有关类的关系如图 3.5-83 所示，前面提到的点线面体的基类都是 GeometryObject。

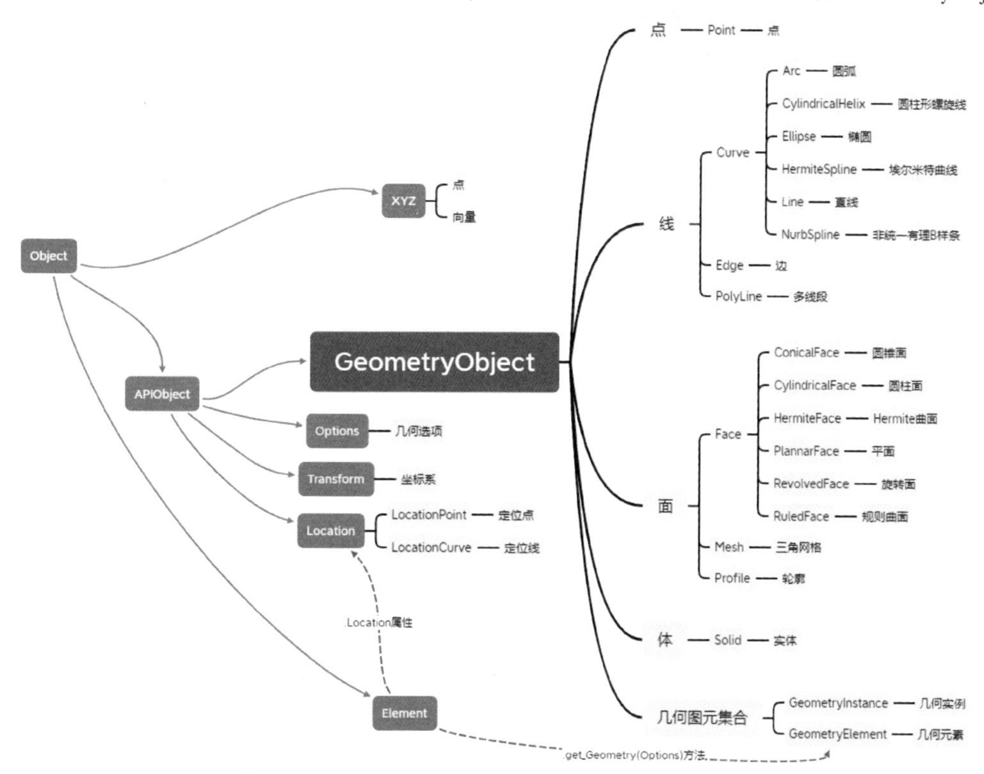

图 3.5-83　Revit 几何有关类继承关系

Q48 向量运算的几何意义是什么

本小节对向量有关知识进行回顾，并介绍向量运算的几何意义。

1. 向量和点

在 Revit 中，点和向量（又称矢量）都是用类 XYZ 表示的。因为点的坐标是相对于坐标系原点的，所以给定 new XYZ（10，10，10），既可以表示坐标为（10，10，10）的点，也可以表示从原点出发到点（10，10，10）的向量。

为了不混淆点和向量，当我们需要描述空间中具体的位置的时候，可以想象那里有一个具体的点；当需要表达从一个位置到另外一个位置的位移的时候，可以想象有一个连接两点的箭头。

也就是说向量表示的是相对关系，点表示的是绝对关系。向量相加是有意义的，点相加是没有意义的。点表示几何世界中某个固定的位置，向量表示几何世界中两点之间的移动。

2. 向量的运算及其几何意义

（1）向量加法　如图 3.5-84 所示，向量 **u** + **v** 的几何意义为：将向量 **v** 的尾部挪到向量 **u** 的头部，然后画一个 **u** 的尾部到 **v** 的头部的向量。

API 中两向量相加/相减直接用“+”和“-”运算符即可。

（2）向量和标量相乘　如图 3.5-85 所示，向量 **u** 和标量 k 相乘，其几何意义为将向量 **u** 长度缩放 |k| 倍大小。

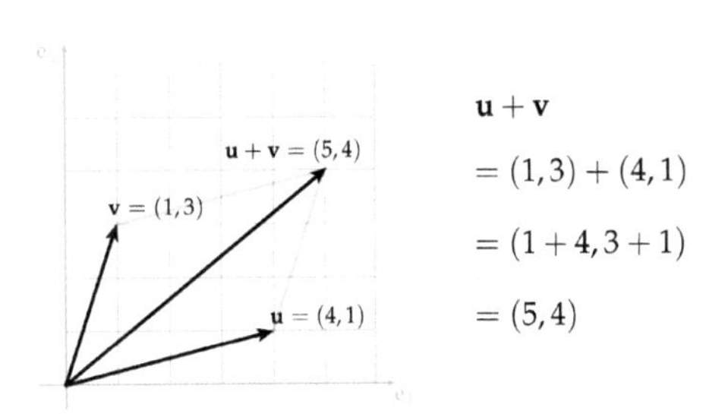

图 3.5-84　向量加法示例

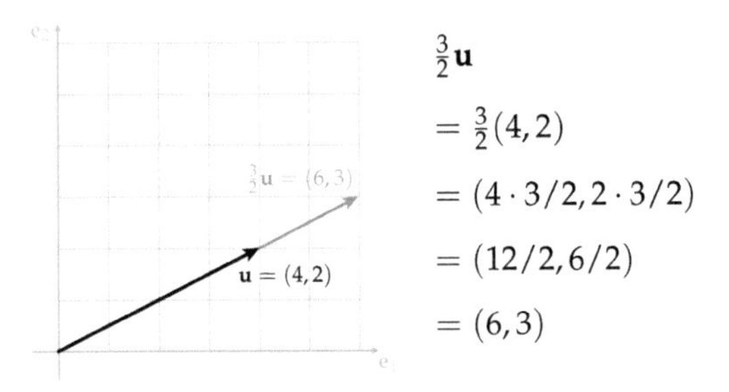

图 3.5-85　向量和标量相乘示例

在 Revit API 中，向量和标量相乘使用“*”即可。例如下面的代码，可实现直线两端延长 2mm 的功能：

```
1.private static Line ExtendLineAtEnd(Line line)
2.{
3.    XYZ dir = line.Direction.Normalize();
4.    XYZ start = line.GetEndPoint(0) - dir * 2 /304.8;
5.    XYZ end = line.GetEndPoint(1) + dir * 2/304.8;
6.    Line result = Line.CreateBound(start, end);
7.    return result;
8.}
```

（3）向量点积　点积是非常重要的向量运算，在二次开发中经常用到。其几何意义为：点积 **a** * **b** 等于 **b** 投影到平行于 **a** 的任何线上的有符号长度，乘以 **a** 的长度（图 3.5-86）。

也就是将 **b** 投影到 **a** 上的长度，再按 |**a**| 缩放。

两个向量 **a** 和 **b** 的点积等于两个向量之间角度 θ 的余弦，乘以向量的长度。即 $\mathbf{a} * \mathbf{b} = |\mathbf{a}||\mathbf{b}|\cos\theta$，可见向量点乘满足交换律。

API 中对应的方法为 a. DotProduct(b) 。

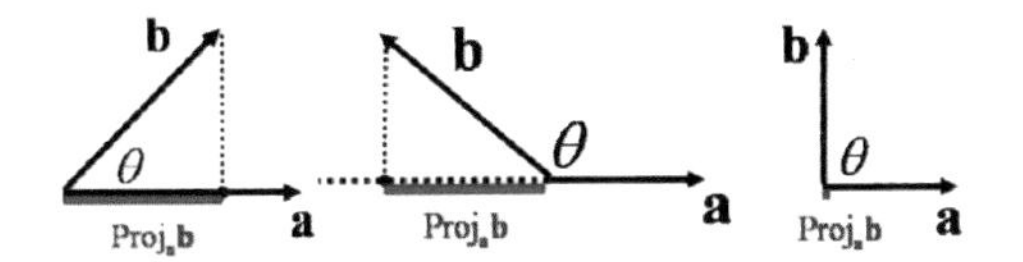

图 3. 5-86　红色部分为向量 **b** 在向量 **a** 上的投影

点积的应用有：

1）求直线外一点到线段所在的直线的投影。在 Revit API 中，按曲线的 Project 方法，返回值是曲线上和给定的点最近的点。如果想求点到线段的垂足，需要把线段转化成直线。也可以利用点积求解垂足位置，具体代码如下：

```
1.public static XYZ PointProjectOnLine(Line line, XYZ p1)
2.{
3.    //p0 是直线上的一点，p1 是要求垂足的点，p2 是 p1 在直线上的垂直点
4.    XYZ p0 = line.Origin;
5.    XYZ p0_p1 = p1 - p0;
6.
7.    //转化为单位向量
8.    XYZ dir = line.Direction.Normalize();
9.    //向量点乘满足交换率，这里点乘的顺序不重要
10.        double lenth_projectedOnLine = dir.DotProduct(p0_p1);
11.
12.        XYZ p0_p2 = lenth_projectedOnLine * dir;
13.        XYZ p2 = p0 + p0_p2;
14.        return p2;
15.    }
```

运行效果如图 3. 5-87 所示。

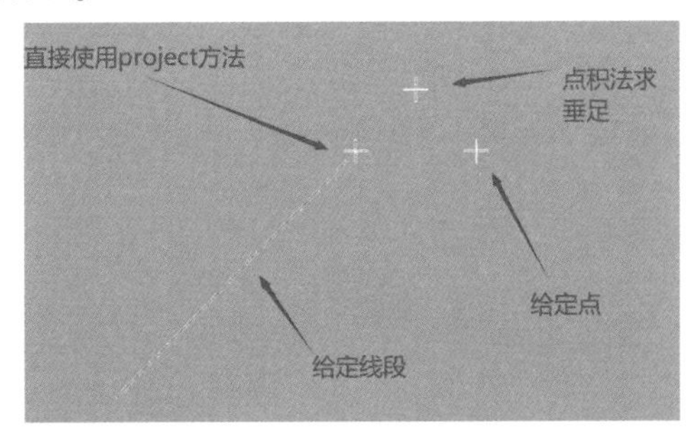

图 3. 5-87　点积法求垂足

2）求点在线段内侧还是外侧。因为 $\mathbf{a} * \mathbf{b} = |\mathbf{a}||\mathbf{b}|\cos\theta$，可以根据 $\cos\theta$ 的正负号判断两个向量之间是垂直、相离还是相向。已知 p1 和 p2 是线段的端点，如果 p3 满足：

(p3 - p1). DotProduct(p1 - p2) >0 且(p3 - p1). CrossProduct(p3 - p2). GetLength( ) <0. 001；那么 p3 在线段的延长线上，且更靠近 p1。

3）判断两个向量是否是垂直的。$\cos 90° = 0$，考虑浮点误差，可使用下面语句判断两个向量是否垂直：

```
Math.Abs(a.DotProduct(b)) < 0.0001;
```

4）两向量之间的角度。已知点积后，可以使用反三角函数求出向量之间的夹角。但是二次开发中求角度一般使用 Revit API 提供了的 AngleOnPlaneTo 和 AngleTo 方法。

AngleTo 方法返回两向量之间小于 180°的夹角。AngleOnPlaneTo 需要一个法向量，返回当前向量按右手法则逆时针旋转到作为方法参数向量的角度。两个方法的返回值单位都是弧度。

如图 3.5-88 所示的两个向量，夹角为 45°。不同情况下的返回值见表 3.5-18。

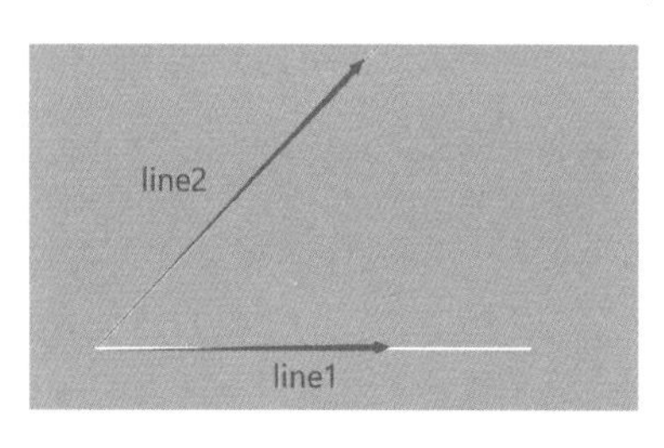

图 3.5-88　两向量之间的角度

表 3.5-18　不同情况下的返回值

代码	返回值	对应的角度
line1. AngleTo（line2）	$\frac{\pi}{4}$	45°
line2. AngleTo（line1）	$\frac{\pi}{4}$	45°
line1. AngleOnPlaneTo（line2，XYZ. BasisZ）	$\frac{\pi}{4}$	45°
line2. AngleOnPlaneTo（line1，XYZ. BasisZ）	$\frac{3\pi}{4}$	135°

（4）向量叉积　叉积的几何意义：产生一个矢量，垂直于原始的两个矢量，如图 3.5-89 所示。在 Revit API 中，叉积结果的方向根据右手法则确定。

图 3.5-89　向量叉积

$\mathbf{u}\times\mathbf{v}$ 的大小等于 $\mathbf{u}$ 和 $\mathbf{v}$ 的大小的乘积再乘以 $\mathbf{u}$、$\mathbf{v}$ 之间角度的正弦值，也就是 $\mathbf{u}$ 和 $\mathbf{v}$ 形成的平行四边形的面积，即 $|\mathbf{c}| = |\mathbf{u}\times\mathbf{v}| = |\mathbf{u}||\mathbf{v}|\sin\theta$，$\theta$ 为 $\mathbf{u}$、$\mathbf{v}$ 之间的角度。

Revit API 中，对应的方法为 **u**. CrossProduct（**v**）。

叉积应用例子：

1）构造局部坐标系。已知局部坐标系的两个基向量后，可以使用叉积求第三个基向量。

2）将向量旋转 90°。已知 direction 是 XY 平面上的向量，那么 XYZ. BasisZ. CrossProduct(direction) 的结果就是把 direction 向量在 XY 平面上逆时针旋转 90°。

3）判断向量共线情况。因为 0 和 180°角对应的 sin 值为 0，所以可以用 dir1. CrossProduct(dir2). GetLength() <0. 001 判断两个向量是否是共线向量。

4）判断连续线段的转向。利用叉积的 Z 值的正负，可以判断两个线段是顺时针还是逆时针的关系，利用该性质可以求点集的凸包，读者可搜索相关算法。

3. Revit API 中其他常用的与向量有关的方法

1）GetLength 方法，返回向量的长度。

2）Normalize 方法，返回一个和当前向量平行的单位向量。输入 0 向量，返回 0 向量；单位向量乘以长度可以构造给定方向上给定长度的向量。

3）Negate 方法，翻转向量的方向。如果向量 A 代表北京出发到上海的向量，则翻转后代表上海到北京的向量。等同于 -1 * 向量。观察下面的代码，意图获取负 Y 和 pumpdir 之间的角度：

```
double angle = -XYZ.BasisY.AngleOnPlaneTo(pumpdir, XYZ.BasisZ);
```

这段代码不会得到期望的结果，因为程序会先计算 XYZ. BasisY 和 pumpdir 之间的角度，然后返回角度的负值。如果想达到目的，应该添加括号，如下方代码所示：

```
double angle = (-XYZ.BasisY).AngleOnPlaneTo(pumpdir, XYZ.BasisZ);
```

4）transform 类的 OfVector 方法。将局部坐标系下向量的坐标值转化为绝对坐标系下的坐标值。使用时，要注意和 OfPoint 方法区分。如果是具体的位置需要转化坐标，则使用 OfPoint 方法。如果是表示两点之间的位移的向量需要转化坐标，则用 OfVector 方法。OfVector 方法等价于将向量两个端点都使用 OfPoint 方法变换后再相减。

4. 综合案例

下面以水管 45°翻弯为例，介绍向量有关的计算方法。如图 3. 5-90 所示，管道穿过风管：

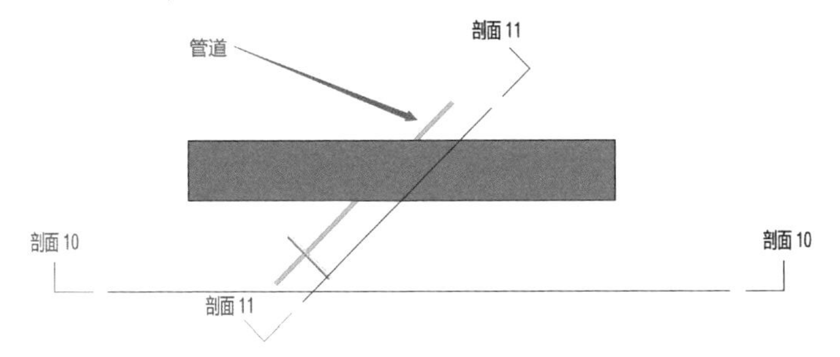

图 3. 5-90　需要翻弯的管道

要求用户点选管道上两点作为翻弯点，翻弯高度 500mm，角度 45°，翻弯后效果如图 3. 5-91 所示。

如图 3. 5-92 所示，我们设用户点选的点为 p1、p2，管道靠近 p1 的端点为 p5，靠近 p2 的管道端点为 p6。p1 对应的翻弯点为 p3，p2 对应的翻弯点为 p4。则翻弯的参考代码如下所示，请读者注意观察各个点的获取过程：

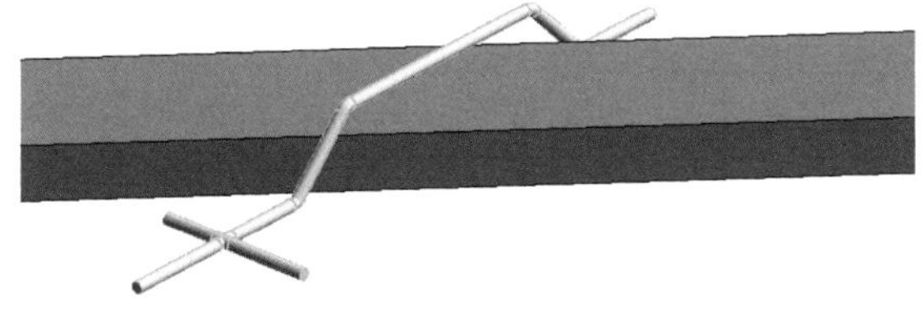

图 3. 5-91　翻弯效果

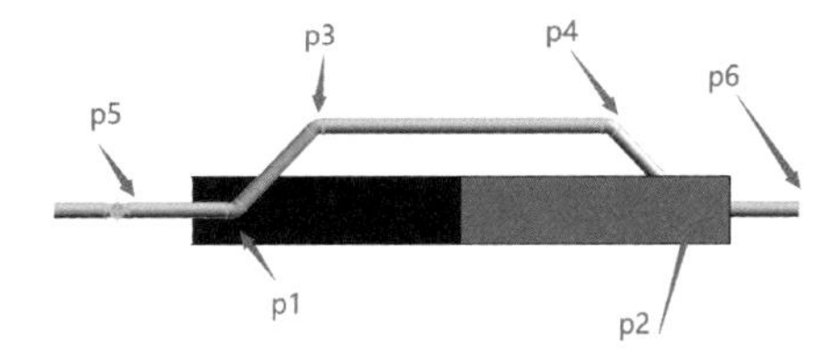

图 3. 5-92　翻弯涉及的控制点

```
1.//设置用户选择的翻弯高度
2.double h_offset_mm = 500;
3.double h_offset_ft = UnitUtils.ConvertToInternalUnits(h_offset_mm,
DisplayUnitType.DUT_MILLIMETERS);
4.
5.//用户点选操作
6.Reference reference1 = sel.PickObject(ObjectType.PointOnElement, new Pi
peSelectionFilter());
7.Reference reference2 = sel.PickObject(ObjectType.PointOnElement, new Pi
peSelectionFilter());
8.
9.//获取管道定位线
10.Pipe pipe = doc.GetElement(reference2) as Pipe;
11.Line pipeLine = (pipe.Location as LocationCurve).Curve as Line;
12.
13.//获取用户点选的点
14.XYZ p1 = reference1.GlobalPoint;
15.XYZ p2 = reference2.GlobalPoint;
16.
```

```
17.//用户点选点投影到管道定位线上
18.p1 = pipeLine.Project(p1).XYZPoint;
19.p2 = pipeLine.Project(p2).XYZPoint;
20.
21.//管道单位向量
22.XYZ dir = (p2 - p1).Normalize();
23.
24.//获取两端的连接件，沿着 p1p2 方向排列
25.Connector conn_1 = null;
26.Connector conn_2 = null;
27.foreach (Connector item in pipe.ConnectorManager.Connectors)
28.{
29.    //利用连接件朝向判断和 p1p2 的相对关系
30.    if (item.CoordinateSystem.BasisZ.DotProduct(dir) > 0)
31.    {
32.        conn_2 = item;
33.    }
34.    else
35.    {
36.        conn_1 = item;
37.    }
38.}
39.XYZ p5 = conn_1.Origin;
40.XYZ p6 = conn_2.Origin;
41.
42.//记录原管道两端的连接件或是阀门的连接件
43.Connector familyInstance_conn_atP5 = null;
44.Connector familyInstance_conn_atP6 = null;
45.foreach (Connector item in conn_1.AllRefs)
46.{
47.    if (item.Owner is FamilyInstance)
48.    {
49.        familyInstance_conn_atP5 = item;
50.    }
51.}
52.foreach (Connector item in conn_2.AllRefs)
53.{
54.    if (item.Owner is FamilyInstance)
55.    {
56.        familyInstance_conn_atP6 = item;
57.    }
58.}
59.
```

```
60.//获取翻弯点，通过向量加法获取高处的点
61.//45 度翻弯对应水平位移和竖向位移相等
62.XYZ p3 = p1 + dir * h_offset_ft + XYZ.BasisZ * h_offset_ft;
63.XYZ p4 = p2 + ( -dir) * h_offset_ft + XYZ.BasisZ * h_offset_ft;
64.
65.//获取新管道端点集合
66.List<XYZ> pipeEnds = new List<XYZ>() { p5, p1, p3, p4, p2, p6 };
67.
68.
69.//记录原管道信息
70.ElementId pipeTypeId = pipe.GetTypeId();
71.ElementId pipingSystemTypeId = pipe.get_Parameter(BuiltInParamete
r.RBS_PIPING_SYSTEM_TYPE_PARAM).AsElementId();
72.ElementId levelId = pipe.get_Parameter(BuiltInParameter.RBS_START_LEV
EL_PARAM).AsElementId();
73.double dia_ft = pipe.get_Parameter(BuiltInParameter.RBS_PIPE_DIAM
ETER_PARAM).AsDouble();
74.
75.
76.//开启事务，删除旧管道，生成新管道和连接件，最后连接原管道两端的族实例
77.using (Transaction ts = new Transaction(doc))
78.{
79.    ts.Start("管道 45 度翻弯");
80.    //删除旧管道，生成新管道
81.    doc.Delete(pipe.Id);
82.    List<Pipe> pipes = new List<Pipe>();
83.    for (int i = 0; i < pipeEnds.Count - 1; i++)
84.    {
85.        XYZ startPoint = pipeEnds[i];
86.        XYZ endPonit = pipeEnds[i + 1];
87.        Pipe newPipe = Pipe.Create(doc, pipingSystemTypeId, pipeType
Id, levelId, startPoint, endPonit);
88.
89.        newPipe.get_Parameter(BuiltInParameter.RBS_PIPE_DIAMETER_PA
RAM).Set(dia_ft);
90.        pipes.Add(newPipe);
91.    }
92.
93.    //生成连接件
94.    List<FamilyInstance> elbows = new List<FamilyInstance>();
95.    for (int i = 1; i < pipeEnds.Count - 1; i++)
96.    {
97.        Pipe pipeA = pipes[i - 1];
```

```
98.         Pipe pipeB = pipes[i];
99.         FamilyInstance elbow = MyPipe.ConnectTwoPipe(pipeB, pipeA, pi
peEnds[i]);
100.         elbows.Add(elbow);
101.     }
102.
103.
104.     //连接原来的连接件
105.     if (familyInstance_conn_atP5 ! = null)
106.     {
107.         pipes[0].ConnectorAtPoint_XYZ(p5).ConnectTo(familyInstan
ce_conn_atP5);
108.     }
109.     if (familyInstance_conn_atP6 ! = null)
110.     {
111.         pipes.Last().ConnectorAtPoint_XYZ(p6).ConnectTo(familyIns
tance_conn_atP6);
112.     }
113.     ts.Commit();
114.}
```

Q49 Revit 中的曲线有哪些方法和属性

1. 曲线的参数化表示

对于曲线，我们比较熟悉的表达方式是显示表达法。例如直线的表达形式为 $y = kx + b$。这种方法的缺点在对于斜率无穷大的情况，例如垂直于 x 轴的线段就无法表示。因此，曲线经常使用参数化的形式表示：例如端点为 p1、p2 的直线段，其参数方程可表示为：$p(t) = p1 + (p2 - p1)t$，$t \in [0,1]$

在 Revit 中，曲线都是参数为 u 的函数，即曲线上点的位置可以用一个参数 u 表示，给定一个 u 就可以确定曲线上的一个点。参数 u 有两种形式：normalized 和 raw。

规格化参数 “normalized'parameter”：曲线起始值处 u 为 0，终点处 u 为 1，对于线段和圆弧，曲线上任意点的 u 值等于该点到线段起点的长度/线段总长度。对于其他类型的曲线，u 和到原点的距离不一定会有等比例的对应关系。图 3.5-93 中的点为 u 值 0、0.1、0.2、0.3……1.0 对应的点，可见样条曲线并不是被等分的。

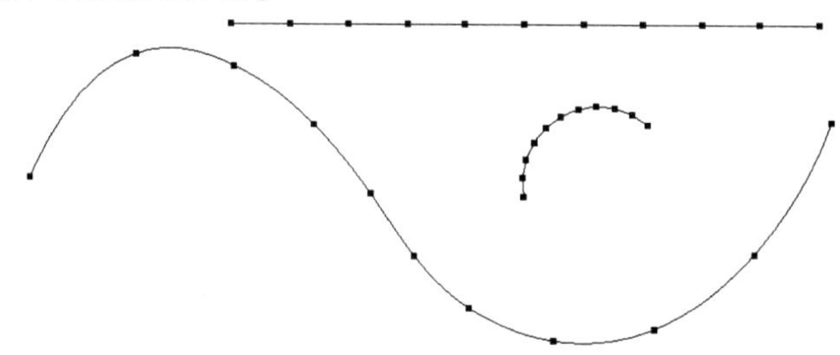

图 3.5-93　等差的 u 值对应的点

2. 曲线长度

这里我们先介绍一下曲线长度的计算方法。如图 3.5-94 所示，p 和 q 是曲线上的两点。当 p 和 q 无限接近时，pq 连线的长度就等于 pq 之间曲线的长度了。运用数学上微分和积分的方法，先将曲线划分成很多小线段，再求出这些小线段的长度总和，就可以得到曲线的长度。

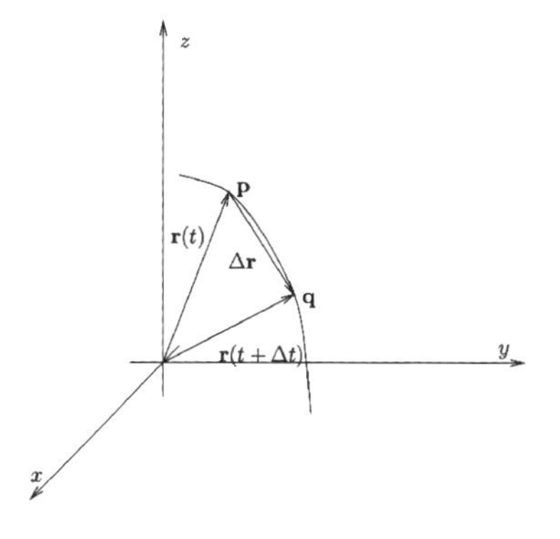

图 3.5-94　曲线长度的求法

在 Revit 中，curve 类的 Length 属性代表曲线的长度。

下面接着介绍 Revit 中的非规格化参数“raw parameter”：曲线起点和终点的 u 可以是任意值，在 Revit 中通过 curve. get_endParameter（int i）获取，该方法的参数为 0 时对应起点，参数为 1 时对应终点。

对于直线，如果要获取距离起点 5 英尺的点的 u 值，只需要在起点的 u 上加 5 即可。对于其他类型的曲线（包括圆弧，圆弧只是长度随 u 均匀变化，u 的差并不等于长度差），u 值和长度并不是这样的对应关系。例如图 3.5-95 中的样条曲线，起点 u + 曲线长度后的非规格化参数值，对应的点不是曲线终点。

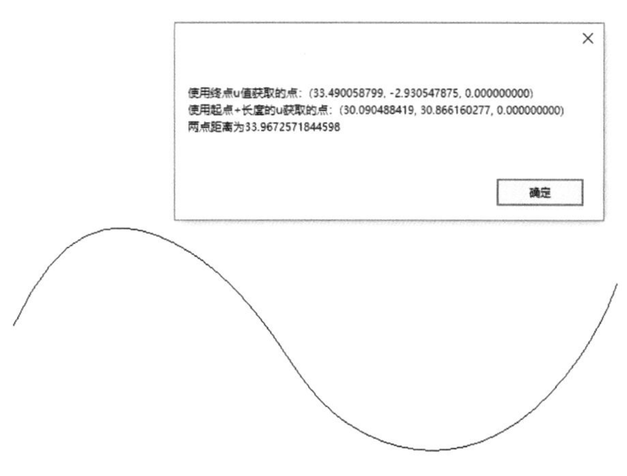

图 3.5-95　不同 u 值对应的点

在 Revit 中，曲线类的 Tessellate 方法返回一个接近该曲线的多段线的顶点集合。对于直线以外的曲线，需要按一定长度均分曲线时，可以依次累加这些相邻点的长度来求曲线的均分点，关键代码如下：

```
1.foreach( XYZ q in tessellation )
2.{
3.  if( 0 = = pts.Count )
4.  {
5.    pts.Add( p );
6.    dist = 0.0;
7.  }
8.  else
9.  {
10.    dist + = p.DistanceTo( q );
11.
12.    if( dist > = stepsize )
13.    {
14.      pts.Add( q );
15.      dist = 0;
16.    }
17.    p = q;
18.  }
19.}
```

对于圆弧，还可以利用 u 和长度是成比例的关系求解均分曲线问题，代码如下：

```
1.private List <XYZ > SplitArcByLength(Arc arc, double maxSegLength_ft)
2.{
3.    double seg_count  = Math.Ceiling(arc.Length /maxSegLength_ft);
4.
5.    double u0  = arc.GetEndParameter(0);
6.    double u1  = arc.GetEndParameter(1);
7.    double du  = (u1  - u0) /seg_count;
8.
9.    List <XYZ > result  = new List <XYZ >();
10.       for (int i  = 1; i  < seg_count; i + +)
11.       {
12.           XYZ splitPoint  = arc.Evaluate(u0  + du  * i, false);
13.           result.Add(splitPoint);
14.       }
15.       return result;
16.   }
```

Curve 类的 ComputeNormalizedParameter 和 ComputeRawParameter 方法用于两种参数之间的转换。

Curve. IsInside 方法接受一个非规格化参数，用于判断点是否在曲线内部。

Curve. Evaluate 方法返回给定参数 u 对应的点的 XYZ 值。

Curve. Project 方法可以返回曲线上和给定的点最近的点。对于线段来说，返回值不一定是垂足，可能是端点，如图 3.5-96 所示。

线段外一点

图 3.5-96　project 方法效果

如果需要求垂足，可以先将线段转化为直线，也可以使用向量计算的方法，详见向量小节。

如果已知曲线上某点的 XYZ，想求对应的 u。可以使用 Project 方法，返回一个 IntersectionResult 后查询 u 值，这个 u 值是非规格化的。

3. 曲线的切线向量、法向量

如图 3.5-94 所示，当曲线上的 p 和 q 之间的连线无限接近时，pq 之间连线的方向就是 p 点处切向量的方向。该向量大小为曲线 s 对 u 的一阶导数。

曲线的法向量用于表示切向量的变化率，如图 3.5-97 所示，两点处的切向量尾部放在一起，两者之差就是法向量。当 $\Delta\theta$ 接近 0 时，因为三角形内角和为 180°，所以法向量和两个切向量之间的夹角为 90°，也就是法向量垂直切向量。法向量的大小为曲线 s 对 u 的二阶导数。

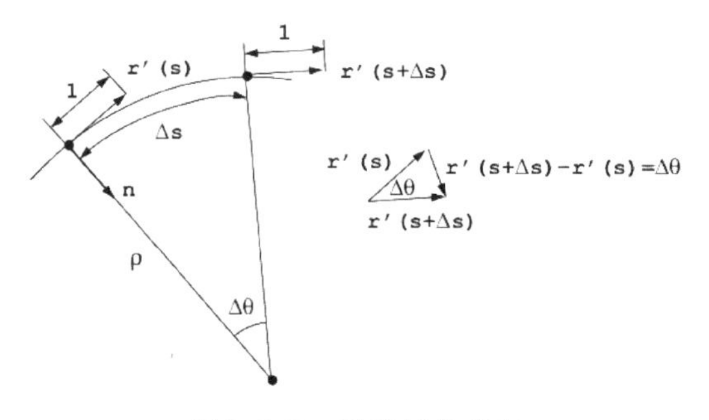

图 3.5-97　法向量的方向

平面上切向量和法向量位置关系如图 3.5-98 所示。切向量指向曲线的终点。法向量垂直于切向量，远离曲线“凸出去”的方向。可以想象有一个圆内切曲线上某点，法向量就指向圆心方向。

在 Revit 中，Curve 类的 ComputeDerivatives 方法可以返回曲线上一点处的局部坐标系，如图 3. 5-99 所示。该局部坐标系的 BasisX 代表曲线在该点处的切线（图中 **t** 向量）；BasisY 属性代表该点处的法线（图中 **n** 向量）。BasisZ 属性是局部坐标系 X 轴和 Y 轴的叉积（图中 **b** 向量）。这些值都不是标准化的，可以使用 XYZ. Normalize 方法转换为标准基向量。

图 3. 5-98　平面上切向量和法向量的位置关系　　图 3. 5-99　空间中切向量和法向量位置关系

当曲线是直线时，ComputeDerivatives 方法只能获取直线的切向量。此时可以先获取直线所在的一个平面的法向量，用叉积获取第三个坐标轴。

我们以弧线管道翻模为例，介绍局部坐标系的应用，如图 3. 5-100 所示。

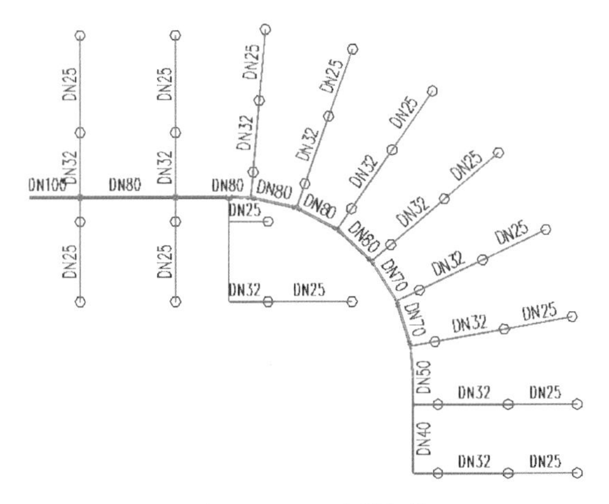

图 3. 5-100　弧形管道

因为管道只有直线，没有曲线。所以我们需要在喷淋管分支处做一小段切线，然后用直线连接切线的端点，如图 3. 5-101、图 3. 5-102 所示。

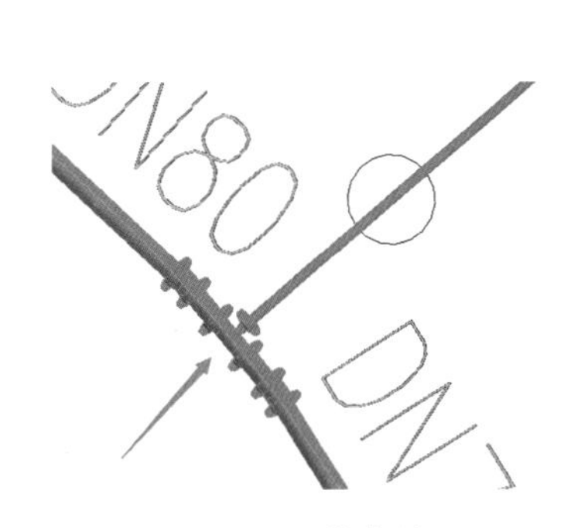

图 3. 5-101　节点处理

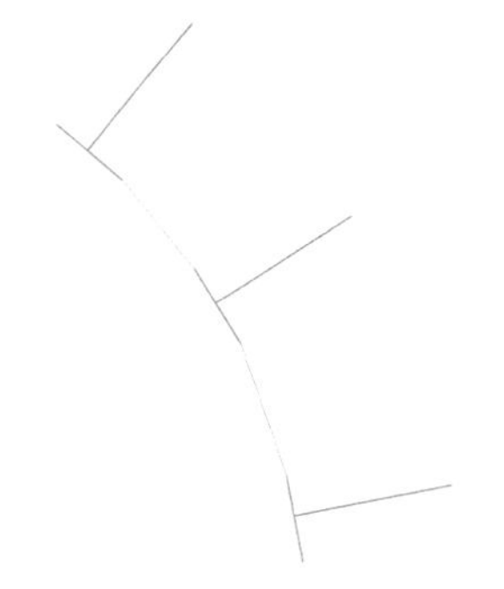

图 3. 5-102　对应的几何图元

对应代码为：

```
1.//圆弧交点处做切线，添加点
2.intersectPoints = intersectPoints.OrderBy(p => arc.Project(p).Parameter).ToList();
3.List<XYZ> newPoint = new List<XYZ>() { arc.GetEndPoint(0) };
4.foreach (var p in intersectPoints)
5.{
6.    double u = arc.Project(p).Parameter;
7.    u = arc.ComputeNormalizedParameter(u);    //获取参数u
8.    Transform t = arc.ComputeDerivatives(u, true);    //建立局部坐标系
9.    XYZ p1 = p - t.BasisX.Normalize() * 300 /304.8;    //切线方向延伸一段距离
10.       XYZ p2 = p + t.BasisX.Normalize() * 300 /304.8;
11.       newPoint.Add(p1);
12.       newPoint.Add(p2);
13.   }
14.  newPoint.Add(arc.GetEndPoint(1));
```

接着连接这些点，求直线合集。

```
1.for (int i = 0; i < newPoint.Count - 1; i++)
2.{
3.    try
4.    {    //防止图纸中多线段点距离过短，放在try中
5.        Line line2 = Line.CreateBound(newPoint[i], newPoint[i + 1]);
6.        lines.Add(line2);
7.    }
8.    catch (Exception)
9.    {
10.       }
11.   }
```

4. Revit 中的曲线

Revit 中表示曲线的类之间的继承关系如图 3.5-103 所示。可见各种曲线的基类是 Curve 类。

(1) Revit 中的直线和线段　二次开发中最常用到的是直线和线段，对应的类是 Line。其中线段对应的英文术语是 BoundedLine，通过 Line 类的静态方法 CreateBound 创建，该方法的参数为线段的起点和终点。可以通过 Curve. get_Endpoint() 方法获取线段的端点。

System.Object
  Autodesk.Revit.DB.APIObject
    Autodesk.Revit.DB.GeometryObject
      Autodesk.Revit.DB.Curve
        Autodesk.Revit.DB.Arc
        Autodesk.Revit.DB.CylindricalHelix
        Autodesk.Revit.DB.Ellipse
        Autodesk.Revit.DB.HermiteSpline
        Autodesk.Revit.DB.Line
        Autodesk.Revit.DB.NurbSpline

图 3.5-103　Curve 类的派生类

无穷长的直线为 Unbound Line。通过 Line 类的静态方法 CreateUnbound 方法创建。该方法的参数为直线上的一个点和直线的方向，而不是直线上的两个点。如果需要创建过两点的直线，可以先用两点坐标之差确定直线方向，然后使用 CreateUnbound 方法构造直线。也可以先构造线段，然后使用 MakeBound 方法转化为直

线。注意 MakeBound 方法返回值是 void，表示将图元本身进行转化，而不是返回副本。

（2）Revit 中的多段线　在 Revit 中，多线段类的定义是多个线段的集合。和 CAD 中的多线段不同，在 Revit 中的多线段不包含圆弧段。且 Revit 中的多段线不能收尾相连。例如多段线围成矩形，这个多段线在 CAD 中可以是封闭多段线，只有 4 个顶点；也可以是非封闭多段线，有 5 个顶点。而在 Revit 中则只能有 5 个顶点。

另外 PolyLine 类并不是继承自 Curve 类。因此也没有长度等属性，如果要求长度，需要累加各个端点的线段。

多线段类常用的方法和属性见表 3. 5-19。

表 3. 5-19　PolyLine 类成员

属性	说明
NumberOfCoordinates	多线段顶点数量，比线段数量多一个
方法	**说明**
static PolyLine Create（IList <XYZ> coordinates）	通过点的集合创建多段线
XYZ Evaluate（double param）	类似曲线的 Evaluate 方法，参数范围为 [0, 1]
IList <XYZ> GetCoordinates（）	返回顶点集合
Outline GetOutline（）	返回包含多段线的轮廓
PolyLine GetTransformed（Transform transform）	返回几何变换后的副本

（3）Revit 中的圆弧　已知圆心和圆上两点，可以找到两个圆弧，如图 3. 5-104 红色圆弧和绿色圆弧所示。

可见圆弧有优弧和劣弧之分。图 3. 5-104 中，如果我们知道 p1 是起点，p2 是终点，也不能完全确定一个圆弧。因为 p1 可以顺时针到达 p2，也可以逆时针到达 p2。

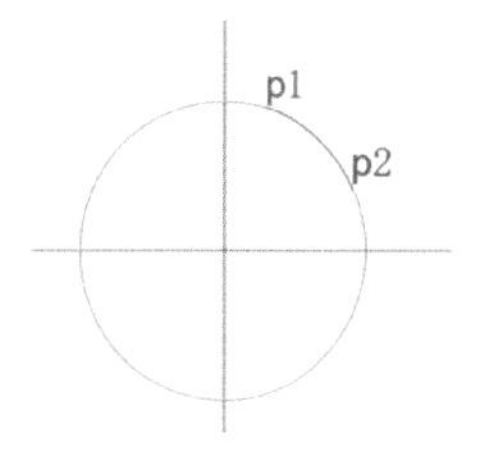

图 3. 5-104　圆心和圆上两点间的圆弧

因此，为了能确定一个 3D 空间中的圆弧，Revit API 中使用了圆心 Center、垂直于圆弧平面的法向量 Normal、半径 Radius、局部坐标 XDirection、局部坐标 YDirection 等 5 个量。

1）使用圆弧上 3 点创建圆弧。使用 public static Arc Create（XYZ end0，XYZ end1，XYZ pointOnArc）方法创建圆弧时，第一个参数 end0 为起点，第二个参数 end1 为圆弧的终点，第三个参数 pointOnArc 是圆弧上 1 点。

过 3 点的圆弧只有一个。使用该方法创建的圆弧，其 XDirection 方向为从圆心指向起点 end0。Normal 方向根据右手法则确定。曲线方向为 end0 指向 end1。

使用 Arc. Create（p1，p3，p2）和 Arc. Create（p3，p1，p2）创建的圆弧的效果如图 3. 5-105、图 3. 5-106 所示。

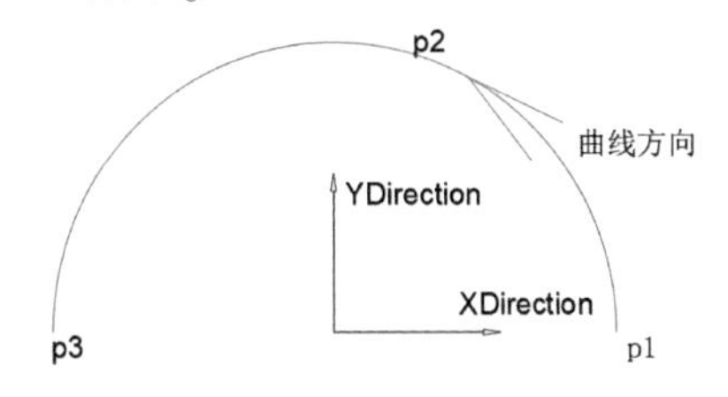

图 3. 5-105　Arc. Create（p1，p3，p2）方法创建的圆弧，Normal 朝向纸面外部

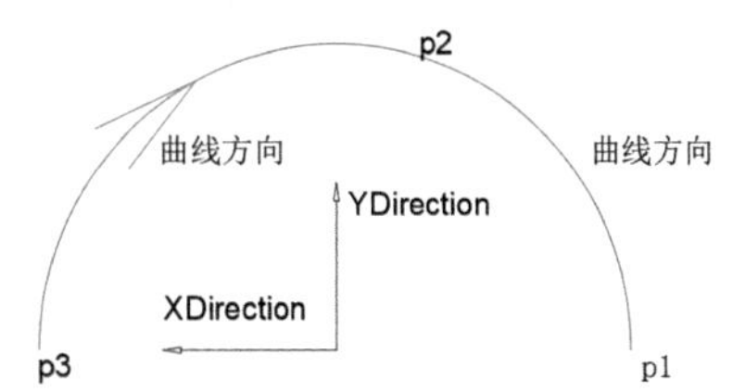

图 3. 5-106　Arc. Create（p3，p1，p2）方法创建的圆弧，Normal 朝向纸面内部

2）使用局部坐标系和角度创建圆弧。对应为方法 public static Arc Create（XYZ center，double radius，double startAngle，double endAngle，XYZ xAxis，XYZ yAxis）。

该方法的参数 xAxis 和 yAxis 必须相互垂直。startAngle 指将 xAxis 挪动圆心，然后逆时针旋转达到起点的角度，startAngle 必须小于 endAngle，两者的单位都是弧度，如图 3.5-107 所示。

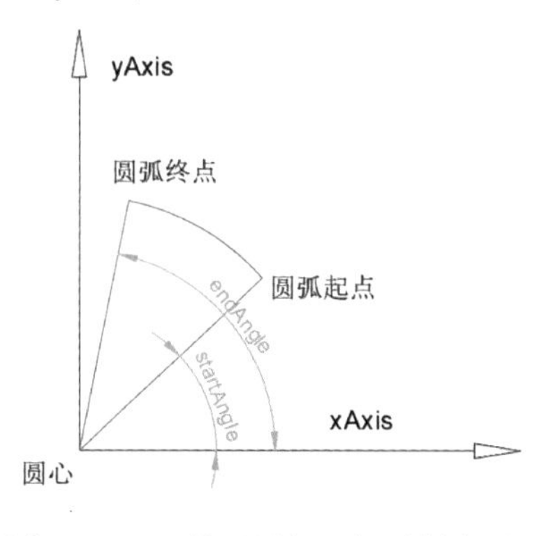

图 3.5-107　使用局部坐标系创建圆弧

由该方法创建的圆弧的 Normal 方向根据叉积确定。

3）使用平面和角度创建圆弧。public static Arc Create（Plane plane，double radius，double startAngle，double endAngle）方法使用一个平面 plane 提供圆心和局部坐标系。平面的原点就是圆心，平面的局部坐标系就是上个方法中的 xAxis 和 yAxis。

Plane 的创建方法详见曲面小节。

5. 其他曲线方法

（1）求曲线之间的交点　曲线提供了用 Intersect 方法判断两根曲线之间的关系，求两根线段交点的代码如下所示：

```
1.IntersectionResultArray intersectionResultArray
2.SetComparisonResult intersectionType = pipeline.line.Intersect(myLeader_v.line, out intersectionResultArray);
3.if (intersectionResultArray ! = null);
4.{
5.    XYZ p = intersectionResultArray.get_Item(0).XYZPoint;
6.    ……
7.}
```

要注意直线是三维的。如果两个直线在平面上看上去是相交的，但各自的 Z 值不同，则实际也不会相交。因此有关翻模的插件在读取 CAD 曲线时，一定要把曲线都放在 Z = 0 的 XY 平面上。

intersectionResultArray 里面保存了碰撞的信息。SetComparisonResult 为返回曲线之间的位置关系。对于两根线段，不同位置关系下返回的结果见表 3.5-20。

表 3.5-20　线段碰撞结果

情况	intersectionResultArray	SetComparisonResult
没有交点	null	Disjoint
有一个交点，且共线	有一个元素	SubSet
有一个交点，不共线	有一个元素	Overlap
有部分重合	null	Equal

要注意对于比较边界的条件，由于浮点运算误差的原因，以上判断的结果不一定是准确的，例如图 3.5-108 所示的两根直线，理论上应该是 Overlap，实际上可能是 Disjointed。对于重合的直线，理论上

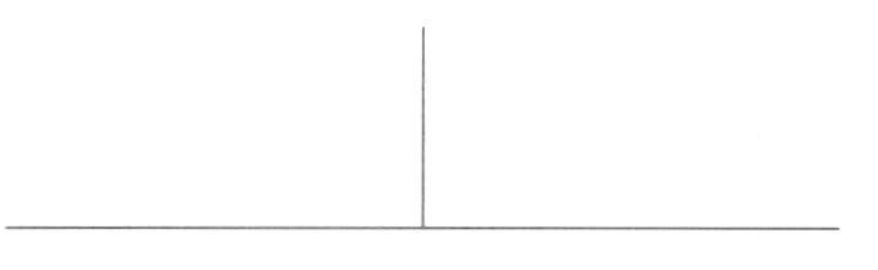
图 3.5-108　端点在另外一条直线上的情况

是 Equal，也会出现 Disjointed 或是 Overlap 的情况。所以这种比较边界的条件需要自己写程序判断，误差范围可以根据实际情况判断，如 1/304.8 等。

（2）Clone 和 MakeBound 方法　Clone 方法会创建一个曲线的副本，Makebound 方法用来调整曲线的端点位置。例如上例中，我们想获取给定圆弧上两个点之间的圆弧，就可以使用这两个方法：

```
1.public static Arc CreateNewArcByXYZOnArc(Arc arc, XYZ end0, XYZ end1)
2.{
3.    Arc result = arc.Clone() as Arc;
4.    double u0 = arc.Project(end0).Parameter; //获取点的 raw 参数 u
5.    double u1 = arc.Project(end1).Parameter;
6.    //如果曲线不是从 Element 提取的，则 MakeBound 方法直接调整曲线，不会返回副本
7.    //当曲线是从 Element 提取时，Element 的几何外观不会改变，会添加一个副本
8.    result.MakeBound(u0, u1);
9.    return result;
10.   }
```

Q50 Revit 中的曲面有哪些特点和属性

Revit 中与曲面有关的类主要为 Surface 和 Face，它们的关系类似 Edge 和 Curve。Face 是 Solid 上的一个面，由 Surface 和包围 Surface 的边环（Edge Loop）组成。Surface 是数学上的面，它的主要作用是给 Face 提供描述曲面的 UV 坐标系。例如一块楼板的上表面是 Face，上表面所在的平面就是 Surface。

1. 曲面的参数化表示

对于曲线，给定一个 u，就可以确定给定的曲线上的一点。类比可以得到，给定两个参数 u 和 v，就可以完全确定给定的面上的一点。

三维中的点需要 xyz 三个坐标轴值确定位置。对于给定曲面上的一点，我们使用 u 和 v 两个参数即可确定一点，是因为点还有第三个约束条件：该点在给定的曲面上。

图 3.5-109 中的线被称为等参曲线（Isocurve），等参曲线上的点具有相同的 u 或是 v 值。在 Revit 中，曲面的 uv 坐标系是软件内部根据曲面具体形状自动指定的。如图 3.5-110 所示的三角面，Revit 首先获取范围盒子 BoundingBoxUV，然后以范围盒的一个角点为 uv 坐标系的原点，以平行于世界坐标系的方向作为 u、v 变化的方向。

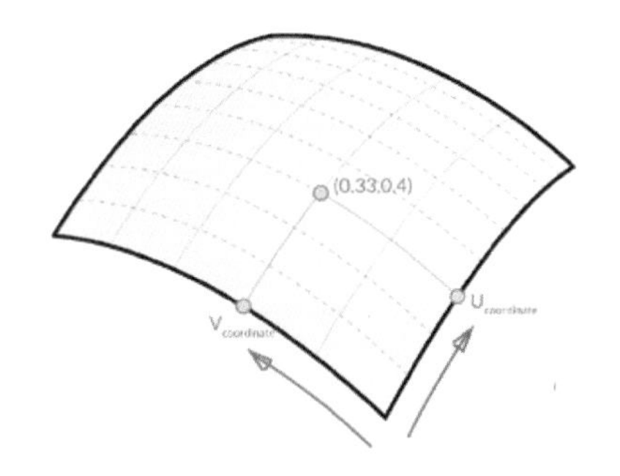

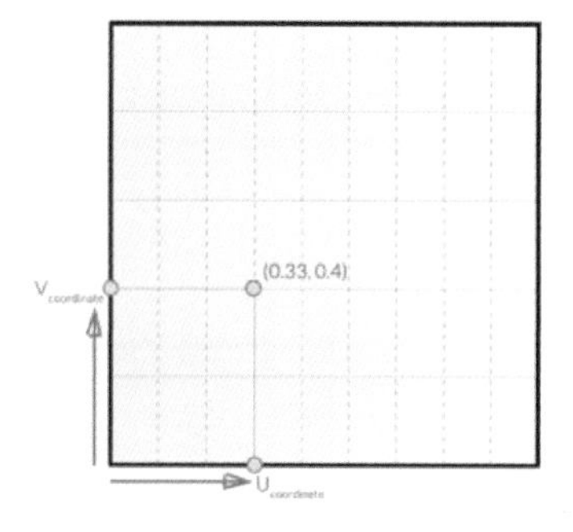

图 3.5-109　等参曲线

而圆弧面的 u 方向和 v 方向则如图 3.5-111 所示。

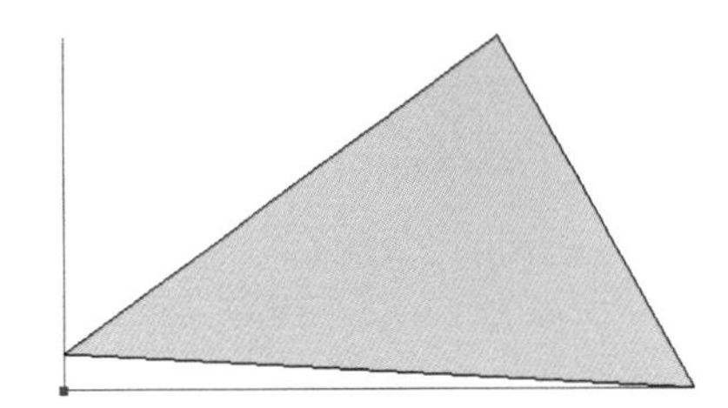

图 3.5-110　Revit 中三角面的 uv 坐标系

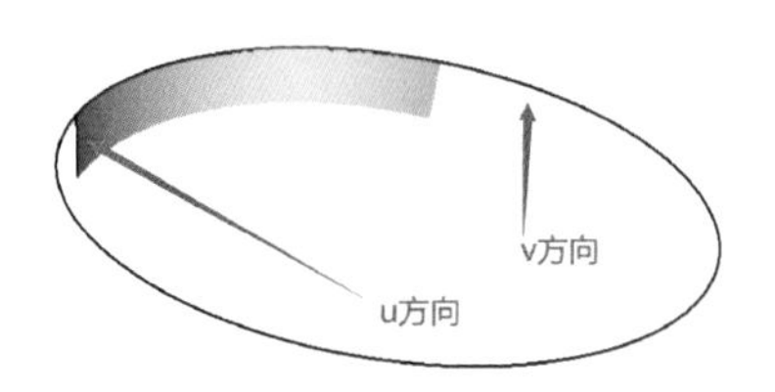

图 3.5-111　圆弧面的 uv 坐标系

Revit 中的 uv 值一般都是在 0 和 1 之间。

2. 曲面面积

如图 3.5-112 所示为曲面上无限小的一块面。UV 坐标系定义了 u、v 参数变化的方向。点（u_0，v_0）沿着 u 的方向，生成点（$u_0+\delta_u$，v_0），沿着 v 方向，生成点（u_0，$v_0+\delta_v$）。

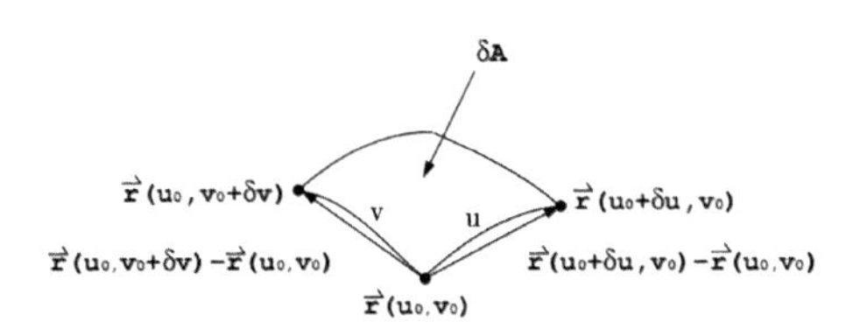

图 3.5-112　曲面微分

将曲面分解成无数这种小面，利用积分即可求面积。在 Revit API 中，获取曲面面积可以通过查询 Face 的 Area 属性获取。另外 ExporterIFCUtils 类有一个 ComputeAreaOfCurveLoops 方法，在已知面的边 CurveLoop 的情况下可以返回围成的面积。

3. 曲面的切平面和法向量

曲面上过任意一点的曲线有无数条。在一定的条件下，过该点的曲线的所有切线都位于同一平面（图 3.5-113），这个平面就被称为曲面在该点处的切平面（Tangent plane 或是 Perpendicular Plane）。

垂直于切平面的向量称为曲面在该点的法向量，如图 3.5-114 中的法向量。

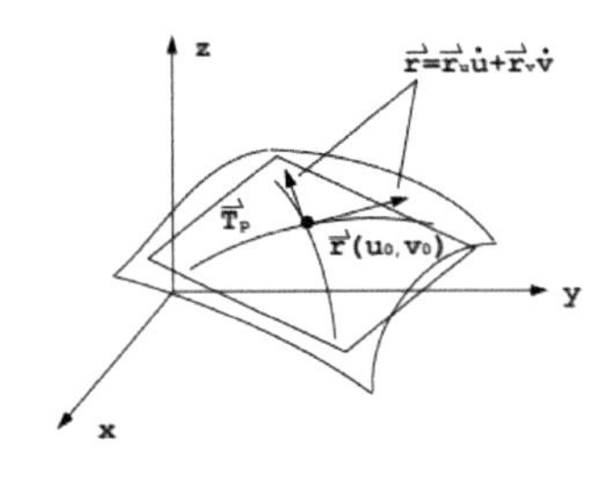

图 3.5-113　曲面的切平面

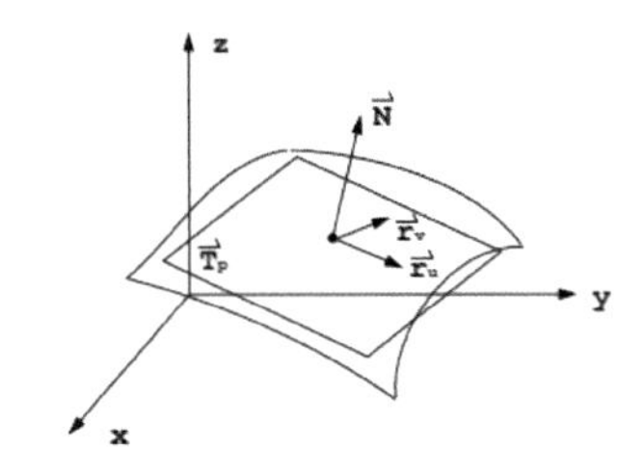

图 3.5-114　曲线的法向量

Face 类的 ComputeDerivatives 方法能返回给定 u、v 处的一个局部坐标系。如图 3.5-114 所示，该局部坐标系的 BasisX 代表曲线在该点处沿着 u 坐标轴方向的切线（图中 $\mathbf{r}_u$ 向量）；BasisY 属性代表该点处沿着 v 坐标轴方向的切线（图中 $\mathbf{r}_v$ 向量）。BasisZ 属性是局部坐标系 X 轴和 Y 轴的叉积（图中 **N** 向量），方向不一定是朝向 Solid 外侧的。这些向量都不是标准化的。

在 Revit 中，Face 类的 ComputeNormal 方法会返回某点处的单位法向量。这个法向量的方向是朝向 Face 所在的 Solid 的外侧的。

4. Revit 中 UV 参数和 XYZ 的相互转化

已知 UV 求 XYZ，使用 Face 类的 Evaluate 方法即可。

对于在平面上的点，已知 XYZ 求 UV，需要先将点使用 Project 方法，获取和面的 IntersectionResult 。这个 IntersectionResult 的 UVPoint 属性就是该点的 UV 值。

5. Revit 中的曲面类的继承关系

Surface 的派生类如图 3. 5-115 所示。

二次开发中经常使用的是平面 Plane，平面有四个属性：法向量 Normal、源点 Origin，定义 u 方向的坐标轴 XVec，定义 v 方向的坐标轴 YVec。平面的方程为：

```
S(u, v) = origin + u * xVec + v * yVec;
```

可以使用 Plane 类的实例创建圆弧，圆弧的角度和 Plane 的坐标系有关。

Plane 类构造方法有 4 个，详见表 3. 5-21。

System.Object
 Autodesk.Revit.DB.Surface
  Autodesk.Revit.DB.ConicalSurface
  Autodesk.Revit.DB.CylindricalSurface
  Autodesk.Revit.DB.HermiteSurface
  Autodesk.Revit.DB.Plane
  Autodesk.Revit.DB.RevolvedSurface
  Autodesk.Revit.DB.RuledSurface

图 3. 5-115 Surface 的派生类

表 3. 5-21 Plane 类构造方法

Create (Frame frameOfReference)	使用一个 Frame 类的实例。Frame. Origin 属性代表平面原点，Frame. BasisZ 定义平面法向量，Frame. BasisX 和 Frame. BasisY 垂直法向量。创建的平面方程为： S (u, v) = Frame. Origin + u * Frame. BasisX + v * Frame. BasisY
CreateByNormalAndOrigin (XYZ normal, XYZ origin)	使用源点和法向量创建平面。平面的 u、v 方向由软件指定
CreateByOriginAndBasis (XYZ origin, XYZ basisX, XYZ basisY)	通过源点和两个相互垂直的单位向量创建平面。平面方程为： S (u, v) = origin + u * basisX + v * basisY; 法向量：basisX. Cross (basisY)
CreateByThreePoints (XYZ point1, XYZ point2, XYZ point3)	通过 3 个点确定一个平面。3 个点不能共线或是太近

Face 类继承自 GeometryObject 类，其派生类关系如图 3. 5-116 所示。

二次开发中经常使用的是平面 PlanarFace 类。RevitAPI 没有直接构造 Face 的方法，只能从 Solid 中提取 face。有些时候，项目中可能没有 Solid。如图 3. 5-117 所示，用户要求 CAD 翻模插件有一个区域翻模功能，需要获取用户给定的区域内的线。可以利用 Face 类的 Intersect 方法判断线和面的关系，但是矩形区域没有对应的 face，此种情况下如何处理呢？

System.Object
 Autodesk.Revit.DB.APIObject
  Autodesk.Revit.DB.GeometryObject
   Autodesk.Revit.DB.Face
    Autodesk.Revit.DB.ConicalFace
    Autodesk.Revit.DB.CylindricalFace
    Autodesk.Revit.DB.HermiteFace
    Autodesk.Revit.DB.PlanarFace
    Autodesk.Revit.DB.RevolvedFace
    Autodesk.Revit.DB.RuledFace

图 3. 5-116 Face 类的派生类关系

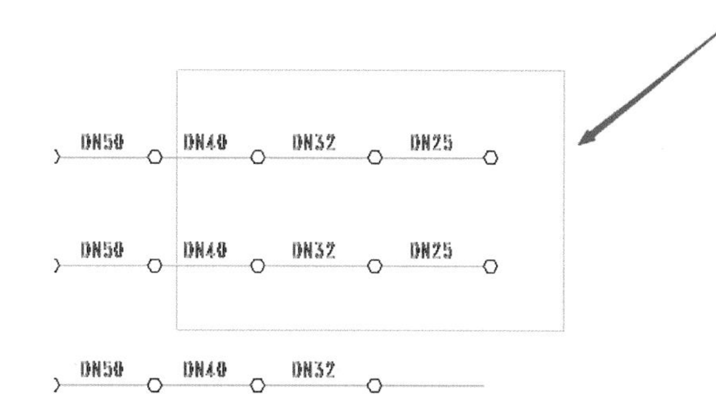

图 3. 5-117 用户选择的区域

我们可以创建一个 Solid 之后提取 face，具体代码如下：

```
1.Solid solid = CreateSolidByOutline(outline);
```

```
2.Face face = null;
3.foreach (PlanarFace item in solid.Faces)
4.{
5.    if (item.FaceNormal.DotProduct( -1 * XYZ.BasisZ) > 0.001)
6.    {
7.        face = item;
8.        break;
9.    }
10.   }
11.   //获取和面碰撞的线
12.   if (face ! = null)
13.   {
14.       var query = from ml in mylines
15.                   let sr = face.Intersect(ml.line)
16.                   where sr! =SetComparisonResult.Disjoint
17.                   select ml;
18.       mylines = query.ToList();
19.  }
```

第一行创建 Solid 的方法详见“怎样在模型中显示几何图元”小节。

6. 点在面上的投影

Face 和 Surface 类都有 Project 方法。对于 Face 类，只有点在面的范围内时，才能投影成功。

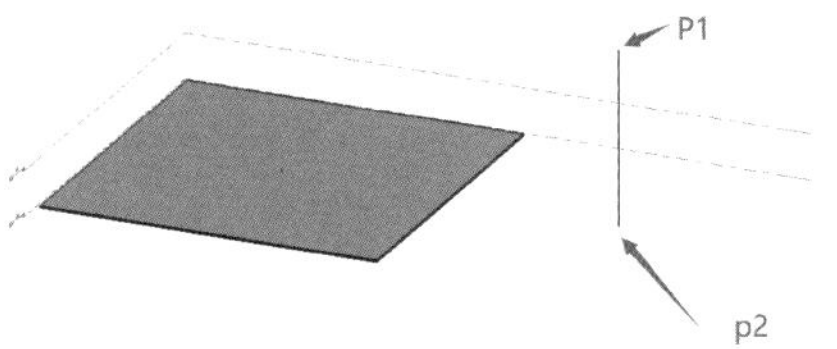

图 3.5-118 Project 方法

如图 3.5-118 所示，可使用以下代码获取楼板的底面：

```
1.Reference faceRef = HostObjectUtils.GetBottomFaces(floor).First();
2.Face face = floor.GetGeometryObjectFromReference(faceRef) as Face;
```

使用 face. Project（p1）方法时，返回的结果是 null，因为 p1 不在面的范围内。

如果要获取点 P1 在楼板所在平面上的投影 P2，可以使用以下的代码：

```
1.double distance;
2.UV uv;
3.face.GetSurface().Project(p, out uv, out distance);
4.XYZ p2 = face.Evaluate(uv);
```

Q51 怎样进行 2D 布尔运算

Revit API 没有提供面和面之间布尔运算的接口，插件开发过程中需要处理 2D 布尔运算时，可以使用 Clipper 库。本小节以判断等高线之间的关系为例，介绍 Clipper 库的使用方法。

1. 获取 Clipper 类库

Clipper 库是目前计算机图形界广为使用的图形处理库。可以百度搜索下载，也可以直接打开网址 http：//angusj. com/delphi/clipper. php 下载源代码压缩包。

解压后打开 C# \clipper_library 文件夹下的 clipper_library. csproj（图 3.5-119），在 Visual Studio 中使用快捷键 Ctrl + B 编译输出 dll 文件。

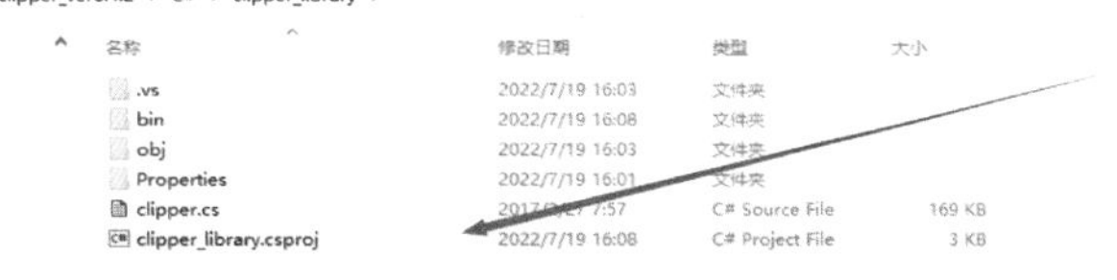

图 3.5-119　Clipper 项目文件

然后在自己的项目中添加到该 dll 的引用即可。如果使用过程中出现无法加载程序集的问题，可以使用手动加载：

```
Assembly.UnsafeLoadFrom(@"E:\Project\clipper_librarydll.dll");
```

2. Clipper 中数据类型简介

（1） IntPoint 类　代表多边形的顶点。构造方法接受 x 和 y 的坐标作为参数。

（2） Path 和 Paths　点的集合 List < IntPoint > 构成多边形，多个多边形的集合为 List < List < IntPoint > >。为了方便程序的编写和阅读，可以在类声明前添加图 3.5-120 中第 12、13 行的语句。这样 Path 可以代表多边形，Paths 可以代表多个多边形。

（3） PolyType 枚举　ptClip 代表布尔运算左边的变量，ptSubject 代表右边的变量。

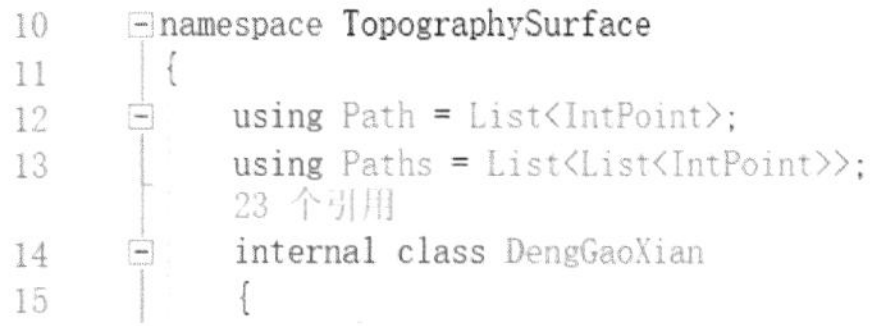

（4） ClipType 枚举　代表布尔运算的类型，总共有四种：AND、OR、NOT 和 XOR，具体含义为：

AND（Intersection 求交）：获取两者相交的部分；

OR（Union 求并）：获取两者并集部分；

NOT（difference 求异）：获取 Clip 区域以外的区域；

XOR（exclusive 求异或）：获取两个区域互不重复的区域。

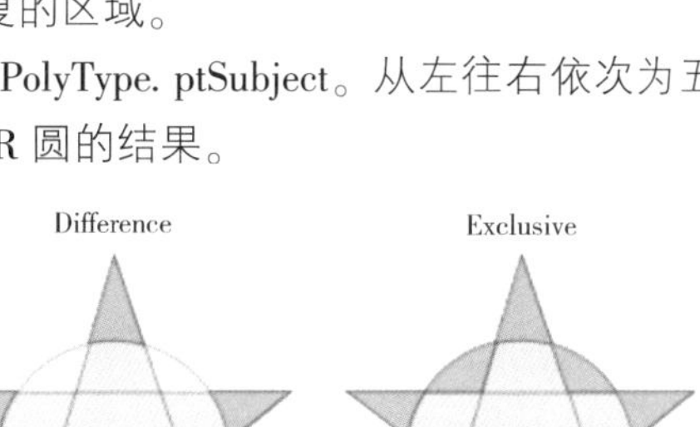

图 3.5-120　定义 Path 和 Paths

图 3.5-121 中，五角星为 PolyType. ptClip，圆为 PolyType. ptSubject。从左往右依次为五角星 AND 圆、五角星 OR 圆、五角星 NOT 圆、五角星 XOR 圆的结果。

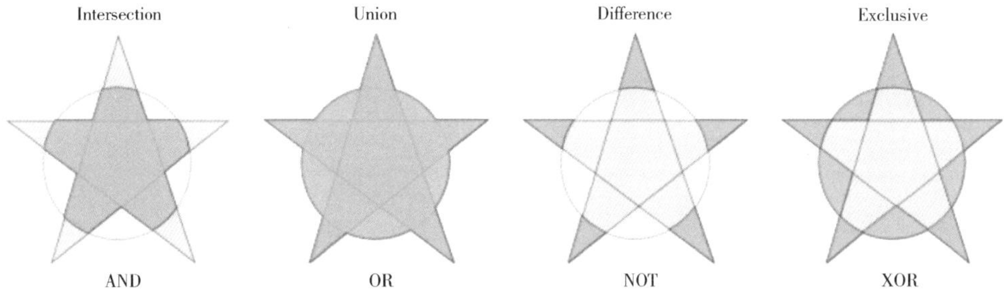

Intersection　Union　Difference　Exclusive

AND　OR　NOT　XOR

图 3.5-121　Clipper 库布尔运算类型

（5） Clipper 类　求两个多边形的布尔运算结果，需要使用该类的实例 Execute 方法。详见本小节最后的代码。

3. 求等高线关系算法

等高线在 CAD 图纸中一般为样条曲线。首先我们利用 CAD 类库中的 ToPolylineWithPrecision 方法将样条曲线转成多段线。该方法接受一个整数参数调整精度，默认是 10，实践中取 3 即可。

```
1.case "AcDbSpline":
2.      Teigha.DatabaseServices.Spline spline = (Teigha.DatabaseServices.Spline)entity;
3.      Polyline pl = spline.ToPolylineWithPrecision(precise) as Polyline;
```

```
4.        IList<XYZ> listPoints = new List<XYZ>();
5.        for (int i = 0; i < pl.NumberOfVertices; i++)
6.        {
7.          Point2d point2D = pl.GetPoint2dAt(i);
8.          XYZ temp = new XYZ(MillimetersToUnits(point2D.X), Millimeters
ToUnits(point2D.Y), 0);
9.          listPoints.Add(transform.OfPoint(temp));
10.       }
11.         Autodesk.Revit.DB.PolyLine polyline = Autodesk.Revit.DB.Po
lyLine.Create(listPoints);
12.         listCADModels.Add(new DengGaoXian(polyline));
13.         break;
```

获取多段线后，作为参数传入等高线类的构造方法中，接着进行新建 Path 和获取多边形面积工作：

```
1.public DengGaoXian(PolyLine cadPolyLine)
2.{
3.    this.cadPolyLine = cadPolyLine;
4.    outline = cadPolyLine.GetOutline();
5.    points = cadPolyLine.GetCoordinates().ToList();
6.    path_dgx = CreatePath();
7.    area = Math.Abs(Clipper.Area(path_dgx));
8.}
```

其中创建 Path 方法代码如下：

```
1.private Path CreatePath()
2.{
3.    Path path = new Path();
4.    foreach (var item in points)
5.    {
6.        path.Add(new IntPoint(item.X, item.Y));
7.    }
8.    return path;
9.}
```

这样我们就可以比较两个等高线是否是包含关系了：

```
1.public bool Contains(DengGaoXian dengGaoXian_other)
2.{
3.    if (!this.outline.ContainsOtherOutline(dengGaoXian_other.outline,
0))
4.    {
5.        return false; //如果当前范围框不包括另外一个的范围框，直接返回 false
6.    }
```

```
7.
8.    //获取当前等高线和要比较的等高线的多边形
9.    Path path_current = this.path_dgx;
10.       Path path_other = dengGaoXian_other.path_dgx;
11.
12.       Paths solution = new Paths(); //新建多边形集合，保存结果
13.       Clipper clipper = new Clipper(); //新建 Clipper 类
14.       clipper.AddPath(path_current, PolyType.ptClip, true); //将当前等高线多边形作为布尔运算左边
15.       clipper.AddPath(path_other, PolyType.ptSubject, true); //true代表多边形是封闭的
16.       clipper.Execute(ClipType.ctDifference, solution); //excute方法返回布尔运算结果
17.
18.       if (! solution.Any())//如果没有"属于 path_other 但是不属于 path_current"的区域，则 path_current 包含 path_other
19.       {
20.           return true;
21.       }
22.       return false;
23.   }
```

有了获取两个等高线之间是否是包含关系的方法，就可以使用递归算法，建立不同等高线之间的树类型的数据结构，详见最后一章的有关内容。

4. 利用 Solid 进行 2D 运算

因为 Solid 类提供了布尔操作的方法，所以也可以先沿着平面的法线拉伸面生成 Solid，接着对 Solid 进行布尔运算，最后从布尔运算结果的 Solid 提取面。该方法的缺点是速度比较慢。

5. 3D 多边形的运算

可以在多边形平面上新建局部坐标系，这样点的 Z 值在局部坐标系中都变成了 0，就可以用 Clipper 库计算了。生成结果再转化为世界坐标系中的坐标值。也可以直接用 Solid 进行 2D 运算。

Q52 怎样进行几何变换

在二次开发几何有关的问题中，我们经常碰到以下两类问题：

第一类问题：已知图元 p，求将 p 做某种变换 t（平移、旋转、镜像等）后的新图元，这对应几何体本身变换问题。

第二类问题：已知坐标系 1 下的图元 p 的表示方法，求坐标系 2 下图元的 p 的表示，这对应基底变换问题。

本小节介绍几何变换的原理，以及在 Revit 中对点、线、面、体进行几何本身变换有关的 API 方法。

1. 从二维坐标系的旋转变换说起

为了更好地理解几何变换原理，我们这里以点的旋转变换为例进行讲解。如果觉得这部分

数学公式多，也可以直接看最后的结论。

点的坐标值是相对于具体的坐标系而言的。如图 3.5-122 所示，已知点 p 在图 3.5-122 的坐标系 1 中的坐标值为（xp，yp），需要求 p 绕原点旋转 θ 角度后的 p1 点的坐标值。

最直接的方法是三角函数，但是会遇到比较复杂的二角和差公式。于是我们转变思路，使坐标轴 1 随着点 p 一起旋转，形成坐标系 2，在图中用虚线表示。

图 3.5-123 中，**i** 和 **j** 是坐标系 2 的基向量（绿色部分），**p** 和 **q** 是坐标系 1 的基向量（红色部分）。

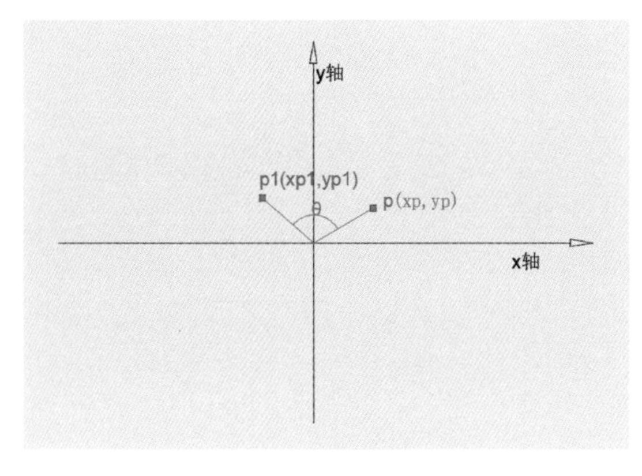

图 3.5-122　旋转前后的点

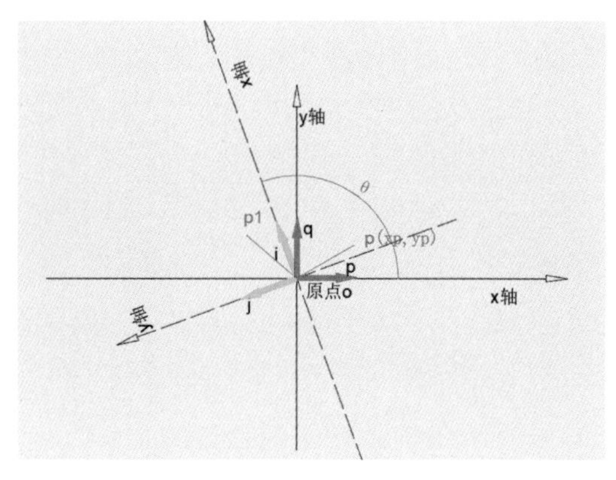

图 3.5-123　坐标系随点一起旋转

因为点 p 和坐标系 2 一起旋转了 θ 角形成 p1，所以 p1 在坐标系 2 中的坐标值和点 p 在原坐标系中的值一样，也就是：

$$op = xp * \mathbf{p} + yp * \mathbf{q}; \tag{3-1}$$

$$op1 = xp * \mathbf{i} + yp * \mathbf{j};$$

根据三角函数的定义，基向量 **i** 在坐标系 1 中的坐标为：$(\cos\theta,\ \sin\theta)$。

基向量 **j** 在坐标系 1 中的坐标为 $[\cos(\theta+\pi/2),\ \sin(\theta+\pi/2)]$，也就是 $(-\sin\theta,\ \cos\theta)$

则有

$$\mathbf{i} = \cos\theta * \mathbf{p} + \sin\theta * \mathbf{q}; \tag{3-2}$$

$$\mathbf{j} = -\sin\theta * \mathbf{p} + \cos\theta * \mathbf{q} \tag{3-3}$$

将式（3-2）和式（3-3）代入式（3-1），则有：

$$op1 = (xp\cos\theta - yp\sin\theta) * \mathbf{p} + (xp\sin\theta + yp\cos\theta) * \mathbf{q}$$

因为 **p**、**q** 是坐标系 1 的基向量，所以点 p1 在坐标系 1 中的坐标就是 $(xp\cos\theta - yp\sin\theta,\ xp\sin\theta + yp\cos\theta)$。可以写成矩阵乘法的形式：

$$\begin{bmatrix} xp1 \\ yp1 \end{bmatrix} = \begin{bmatrix} \cos\theta & -\sin\theta \\ \sin\theta & \cos\theta \end{bmatrix} \begin{bmatrix} xp \\ yp \end{bmatrix}$$

以后我们再遇到求点旋转后的点的坐标的问题，就可以直接计算了。

总结以上步骤，我们的做法是构造一个坐标系，在这个坐标系里面，需要求的量比较简单。本例中我们要求 p1 点在坐标系 1 中的坐标，这是比较困难的。于是我们新建了坐标系 2，在坐标系 2 中，点 p1 的坐标值很简单。于是我们接着用变换矩阵将这个坐标值映射到坐标系 1 中，得到坐标系 1 下的 p1 的坐标。

2. 深入理解变换矩阵

观察这个变换矩阵，我们可以验证以下结论：

1）矩阵代表一种映射关系（类似函数 $y=f(x)$）。对于 $m*n$ 的矩阵 $\boldsymbol{A}$，它表示从 n 维空间 V1 到 m 维空间 V2 的映射。

为了方便说明映射的原理，我们再举一个例子。假设张三买了 x 斤肉、y 斤大豆、z 斤米。假设每斤肉 20 元，热量 500 卡；大豆每斤 10 元，热量 300 卡；大米每斤 5 元，热量 200 卡。则张三花的钱 m 和食物的总热量 n 可以使用以下的式子表示：

$$m=20\times x+10\times y+5\times z;$$

$$n=500\times x+300\times y+200\times z;$$

写成矩阵乘法的形式，就是：

$$\begin{bmatrix} m \\ n \end{bmatrix}=\begin{bmatrix} 20 & 10 & 5 \\ 500 & 300 & 200 \end{bmatrix}\begin{bmatrix} x \\ y \\ z \end{bmatrix}$$

也就是说，给定任意的 x、y、z 的组合，可以通过矩阵乘法的形式，获取一个映射值（m，n）。例如张三买了 1 斤肉、1 斤大豆、1 斤米，写成（1，1，1），则对应费用 35，热量 1000，可以写成（35，1000）。问题就转变成（1，2，3）映射成（55，1700）。

可以新建两个坐标系，如图 3. 5-124 所示。第一个坐标系的基坐标是各买了多少质量的肉、大豆和米，第二个坐标系的基坐标是支出的费用和获取的热量。

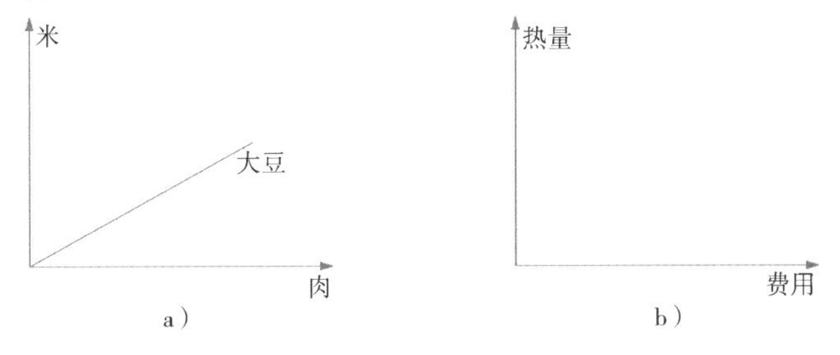

图 3. 5-124　两个不同的坐标系

图 3. 5-124a 坐标系中的一点（x，y，z）表示张三买了 x 斤肉、y 斤大豆、z 斤米，通过矩阵 $\begin{bmatrix} 20 & 10 & 5 \\ 500 & 300 & 200 \end{bmatrix}$ 映射成图 3. 5-124b 坐标系中的一个点（m，n），表示费用是 m，热量是 n。这个变换矩阵是一个 2×3 的矩阵，能将三维空间的点映射到二维空间。

通过乘以矩阵 $\boldsymbol{A}$，可以把 n 维空间中的点 x（n 维列向量）变换到 m 维空间中的点 Ax。本节的旋转矩阵是一个 2×2 的矩阵，它将坐标系 2 下的二维点 p1（1，1）变换到坐标系 1 下进行表示。这个映射的约束条件是两个坐标都代表平面上一个相同的固定的点 p1。

2）矩阵的列代表原坐标系基向量变换后的目标向量。旋转矩阵第一列为（$\cos\theta$，$\sin\theta$），它表示坐标系 2 的基向量 $\mathbf{i}$（1，0）映射为（$\cos\theta$，$\sin\theta$），也就是坐标系 2 的基向量 $\mathbf{i}$ 在坐标系 1 中的坐标为（$\cos\theta$，$\sin\theta$）。在张三买菜的例子中，基向量的映射关系如图 3. 5-125 所示。

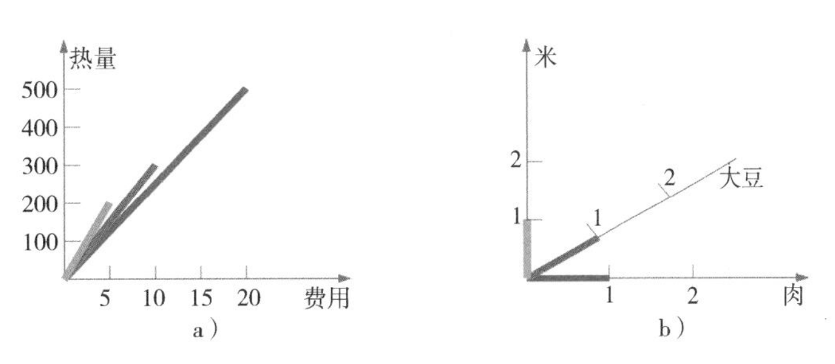

图 3. 5-125　不同坐标系之间基向量的映射

3）矩阵的行列式 det 代表变换过程中的体积变化率。图形旋转后面积不会发生变化，对应旋转矩阵的行列式为 1。

3. 深入理解几何变换

根据前面的说明，我们已经知道了矩阵代表两个空间之间的映射。当这两个空间是同一个空间时，称为线性变换。这两个空间不相同时，称为线性映射。

我们再次观察旋转变换：

$$\begin{bmatrix} xp1 \\ yp1 \end{bmatrix} = \begin{bmatrix} \cos\theta & -\sin\theta \\ \sin\theta & \cos\theta \end{bmatrix} \begin{bmatrix} xp \\ yp \end{bmatrix}$$

前面我们把这个变换看成对于空间中一个确定的点，将其坐标系 2 中的坐标值映射到坐标系 1 中的坐标值。

根据这个式子，给定坐标 1 下的点（xp，yp），可以立刻求出这个点旋转后的坐标（xp1，yp1）。我们可以把这个过程看作一个映射，也就是给定一个当前坐标的点，映射成旋转后的点，旋转后点的坐标值是相对当前坐标系的。

也就是说对当前坐标系的向量作用一个矩阵 $\boldsymbol{M}$，可以对向量进行变换。这两种角度的变换矩阵 $\boldsymbol{M}$ 是一样的，即线性变换有两个方面的含义：变换空间里的向量，空间坐标系不变；或者变换坐标系而向量不变。两者是相对的，结果等价。

这两种观察角度的切换，也可以从矩阵乘法的角度分析。矩阵变换可写成以下的形式：

$$\vec{b}^t c \Rightarrow \vec{b}^t Mc$$

因为矩阵乘法满足结合律 $(\boldsymbol{AB})\boldsymbol{C} = \boldsymbol{A}(\boldsymbol{BC})$。变换式子的右边，$\boldsymbol{M}$ 和 c 先乘，则整个变换前后的基坐标不变，坐标值由 c 变成 $\boldsymbol{M}c$，这表示当前坐标系一个点变成另外一个点，也就是几何体本身的变换。例如坐标系 1 下点的坐标是（1，1），乘以旋转矩阵 $\boldsymbol{M}$ 后坐标值为（-1，1）。矩阵 $\boldsymbol{M}$ 对应的旋转角度为 θ，这个变换表示将（1，1）点旋转 θ 角后坐标为（-1，1）。这两个坐标值的基向量 $\boldsymbol{b}$ 都是坐标系 1 的。

已知变换矩阵 $\boldsymbol{M}$ 时，可以想象坐标系 1 的基向量慢慢变成了矩阵 $\boldsymbol{M}$ 的列向量，脑海中形成动画，从而大致看出变换的过程。例如给定一个变换 $\boldsymbol{M} = \begin{bmatrix} 0 & -1 \\ 1 & 0 \end{bmatrix}$，我们可以想象 X 轴上的（1，0）变成了 $\boldsymbol{M}$ 的第一列（0，1），Y 轴上的（0，1）变成了 $\boldsymbol{M}$ 的第二列（-1，0）。这样可以看出 $\boldsymbol{M}$ 是一个让图元逆时针旋转 90°的矩阵。

变换式子的右边，如果 $\boldsymbol{b}$ 和 $\boldsymbol{M}$ 先乘，则变换前后的 c 相同，原坐标系的基向量映射到第二个坐标系中，使用第二个坐标系的基向量的组合进行表示。这个变换表示将空间中的一个点用不同的基向量组合进行表示。例如坐标系 2 下点的坐标是（1，1），乘以旋转矩阵 $\boldsymbol{M}$ 后坐标值为（-1，1）。这个变换表示坐标 2 中的（1，1）点，使用坐标系 1 表示的坐标为（-1，1）。

4. Revit 中几何变换的方法

根据以上分析，我们知道使用一个矩阵，就可以进行几何图元的位置变换。在 Revit 中，这个矩阵就是 Transform 类的实例。

对于曲线类，使用 CreateTransformed 方法，传入一个 transform 实例，就可以获取变换后的曲线。

对于 Solid，需要使用 SolidUtils 类的 CreateTransformed 方法。

5. Transform 类的构造

Transform 类提供了静态方法 CreateRotation 和 CreateRotationAtPoint，用于创建旋转变换矩阵。

以下代码实现了将 Solid 旋转 180°的效果，旋转轴过点 Origin 且朝向 Z 轴正上方：

```
1.Transform t1 = Transform.CreateRotationAtPoint(XYZ.BasisZ, Math.PI, );
2.Solid newBBoxSolid = SolidUtils.CreateTransformed(bboxSolid, t1);
```

观察以上代码，可知在 Revit 中对图元进行位置变换的操作步骤为：

1）分析变换的过程，分解成平移、旋转、镜像等基本变换。

2）构造这些变换对应的 transform。

3）将 transform 作用于图元上。

构造镜像变换的 Transform 对应的方法为 CreateReflection；移动为 CreateTranslation；缩放为 ScaleBasis 和 ScaleBasisAndOrigin，限于本书篇幅，不再具体介绍，读者可查看 API 文档。不同的变换效果如图 3.5-126 所示。

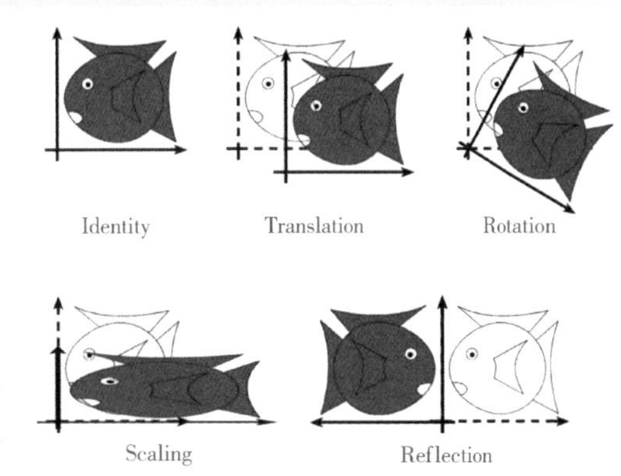

图 3.5-126　不同的变换

6. 变换的组合

不同的变换可以相互组合。变换的顺序不同，最后的结果也是不一样的，如图 3.5-127 和图 3.5-128 所示。

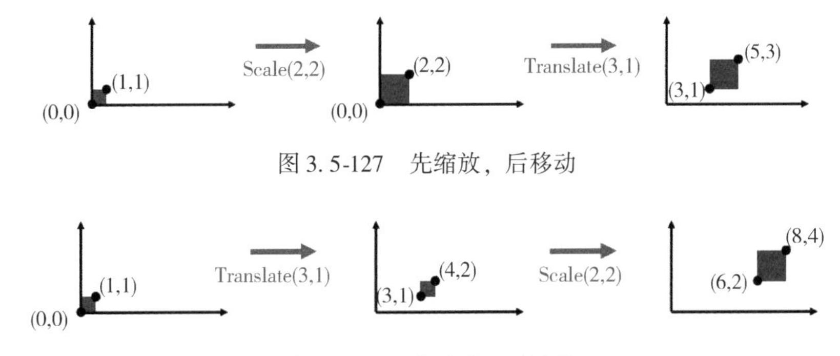

图 3.5-127　先缩放，后移动

(1,1)
(0,0)
Translate(3,1)
(4,2)
(3,1)
Scale(2,2)
(8,4)
(6,2)

图 3.5-128　先移动，后缩放

不同的 transform 之间可以用 Multiply 方法组合，通常 Revit 先执行右边的变换。例如 Transform t = t1. Multiply(t2) ，变换时先执行 t2，后执行 t1。

7. 综合案例

下面举 Solid 以质心为原点放大为例，介绍一种计算机图形学中常用的方法。就是处理复杂的变换时，可以通过将图元挪到原点等方法，将复杂的变换分解为一个个简单的变换。关键代码如下所示：

```
1.//构造一个先将 Solid 挪到世界坐标系原点，然后缩放的变换
2.Transform transform_center_to_Origin_and_Sacle = Transform.Create
Translation( -center).ScaleBasisAndOrigin(scale);
3.//对 solid 应用这个变换
4.Solid s = SolidUtils.CreateTransformed(solid, transform_center_to_
Origin_and_Sacle);
5.//缩放后的 Solid 挪到原来的质心
```

```
6.Transform transform_OriginToCenter = Transform.CreateTranslation(c
enter);
    7.Solid s2 = SolidUtils.CreateTransformed(s, transform_OriginToCenter);
    8.return s2;
```

Q53 怎样利用坐标系变换解决问题

上一小节我们介绍了对几何体进行平移、旋转等变换的 Revit API。本小节主要介绍对相同的图元在不同坐标系下进行表示的有关方法。

1. 不同坐标系下曲线和实体的转化

〔**举例**〕求世界坐标系下梁的放样轮廓

梁和柱子连接后，实体被剪切。有时候我们需要获取被剪切前的实体。梁一般由放样生成，因此可以通过创建放样重建其实体。以下语句可以获取放样轮廓：

```
Profile profile = beam.GetSweptProfile().GetSweptProfile();
```

这个放样轮廓的曲线方程是相对于本地坐标系的，所有的曲线都位于局部坐标系的 XY 平面上，如图 3.5-129 所示。如何将其表示为世界坐标系下的曲线呢？

方法 1：分步变换。我们先在世界坐标系的 XY 平面上绘制轮廓，获取原始曲线。问题变成如何将轮廓挪到梁的截面上，这样就转化为上一小节的问题。

经过平移和旋转可以将世界坐标系 XY 平面上的曲线挪到模型中的对应位置，也就是模型中的梁的截面上。平移和旋转的组合有无数个，我们选取最简单的组合，先绕世界坐标系 X 轴逆时针旋转 90°，然后挪到梁中心。这样问题就转化为构造旋转和偏移的 Transform，分步使用 Curve. CreateTransformed 方法作用于原始曲线，即可获取目标曲线。

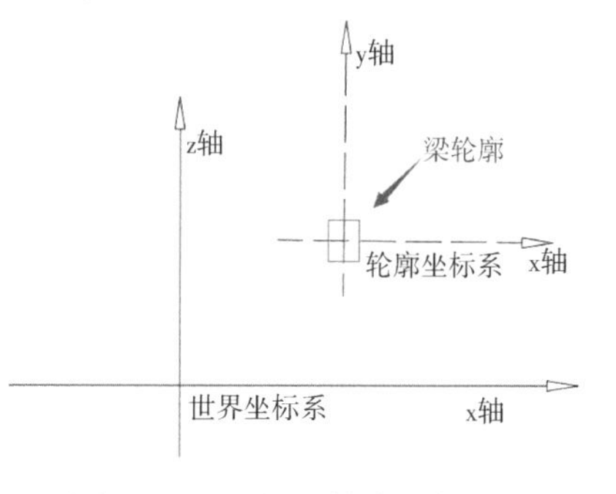

图 3.5-129　梁的轮廓坐标系，其 y 轴和项目坐标系 z 轴方向相同

方法 2：一步到位变换。新建一个 transform，其原点等于图 3.5-129 中轮廓坐标系的原点，坐标轴等于轮廓坐标系的坐标轴。这些原点和坐标轴的坐标值都是相对于世界坐标系的。使用这个 transform 为参数，直接变换曲线即可，关键代码如下所示：

```
1.//获取放样路径
2.Curve drivingCurve = beam.GetSweptProfile().GetDrivingCurve();
3.CurveLoop swaptPath = new CurveLoop();
4.swaptPath.Append(drivingCurve);
5.
6.//获取放样轮廓
7.Profile profile = beam.GetSweptProfile().GetSweptProfile();
8.//将梁截面处的轮廓坐标系转化为世界坐标系下的坐标表示
9.Transform transform_beam = beam.GetTotalTransform();
10.Transform newTs = Transform.Identity;
```

```
11.newTs.Origin = drivingCurve.GetEndPoint(0);
12.newTs.BasisX = transform_beam.BasisY;
13.newTs.BasisY = transform_beam.BasisZ;
14.newTs.BasisZ = newTs.BasisX.CrossProduct(newTs.BasisY).Normalize();
15.//变换曲线到梁截面位置
16.CurveLoop curveloop = new CurveLoop();
17.foreach (Curve curve in profile.Curves)
18.{
19.    curveloop.Append(curve.CreateTransformed(newTs));
20.}
21.List<CurveLoop> profileloops = new List<CurveLoop>() { curveloop };
```

为什么可以这样做呢？上一小节我们已经分析了矩阵乘法变换的过程：

$$\vec{b}^t c \Rightarrow \vec{b}^t Mc$$

因为矩阵乘法满足结合律（$\boldsymbol{AB}$）$\boldsymbol{C}=\boldsymbol{A}$（$\boldsymbol{BC}$）。变换式子的右边，$\boldsymbol{M}$ 和 c 先乘，则 $\boldsymbol{Mc}$ 表示一个坐标值，变换前后基向量不变，这就是方法 1 的做法。

如果我们从轮廓坐标系映射到世界坐标系的角度出发，那么就需要将轮廓坐标系的基向量用世界坐标系表示，也就是获取 $b\boldsymbol{M}$，这是方法 2 的做法。上方代码的第 9 ~ 14 行，做的就是将轮廓坐标系用世界坐标系的基向量表示的工作。

也就是说线性变换有两个方面的含义：坐标系不变，变换图元；图元不变，变换坐标系。这两个观察角度是相对的，结果是等价的。

实际工作中，记住结论即可：如果已知局部坐标系下的 curve 和 solid，想求世界坐标系下的表示，则新建一个 Transform 实例。将局部坐标系的原点和坐标轴用世界坐标系表示，赋值给 transform，然后用这个 transform 进行变换即可。

2. 不同坐标系下点的相互转化

将局部坐标系的原点和基向量，用世界坐标系进行表示，得到一个 transform，如果已知局部坐标系中点 p 的坐标为（1，2，3），则求世界坐标系中点坐标的代码为：

```
transform.OfPoint(new XYZ(1, 2, 3));
```

已知世界坐标系中点 p 的坐标为（1，2，3），求局部坐标系中点的坐标代码为：

```
transform.Inverse.OfPoint(new XYZ(1, 2, 3));
```

记忆口诀为：相对转绝对，相对较简单；绝对转相对，绝对要加 Inverse。

在二次开发中，经常使用如下的技巧：

1）新建局部坐标系，将世界坐标系下的点坐标值用局部坐标系表示。

2）在局部坐标系中进行运算，得到新的点。例如局部坐标系中投影很简单，只要把 z 值改成 0 即可。

3）将局部坐标系下的新点的坐标轴转化为世界坐标系下表示。详见“怎样将点投影到剖切面上”小节的例子。

3. 不同坐标系下向量的相互转化

向量描述的是两个点之间的相对关系，已知局部坐标系的 transform，局部坐标系下向量坐标值为（1，2，3），则世界坐标系下的表示为：

```
Transform.OfVector(new XYZ(1, 2, 3));
```

〔**举例**〕求梁的中心线

梁的定位线有Z轴偏移和Y轴偏移，加上梁可能是斜梁或高低梁，导致很难在项目坐标系中由定位线推导出梁的中心线。但是定位线和中心线之间的相对关系是比较简单的，可以通过平移获取。具体代码如下：

```
1.public static Curve GetBeamCenterLine(FamilyInstance beam)
2.{
3.   //如果能获取 SweptProfile，则直接返回放样中心线
4.   if (beam.HasSweptProfile())
5.   {
6.       return beam.GetSweptProfile().GetDrivingCurve();
7.   }
8.
9.  //如果因为剪切，梁无法找到放样中心线，则使用坐标系变换获取中心线
10.        //获取梁宽、高、偏移量
11.        double beam_b_ft = UnitUtils.ConvertToInternalUnits(GetBofBe
am(beam), DisplayUnitType.DUT_MILLIMETERS);
12.        double beam_h_ft = UnitUtils.ConvertToInternalUnits(GetHofBe
am(beam), DisplayUnitType.DUT_MILLIMETERS);
13.        double y_axis_offset_ft = beam.get_Parameter(BuiltInParamete
r.Y_OFFSET_VALUE).AsDouble();
14.        double z_axis_offset_ft = beam.get_Parameter(BuiltInParamete
r.Z_OFFSET_VALUE).AsDouble();
15.
16.        //获取 y z 轴定位参照
17.        string y_axi_ref = beam.get_Parameter(BuiltInParameter.Y_JUS
TIFICATION).AsValueString();
18.        string z_axi_ref = beam.get_Parameter(BuiltInParameter.Z_JUS
TIFICATION).AsValueString();
19.
20.        //以定位线中点建立坐标系
21.        Curve locationCurve = (beam.Location as LocationCurve).Curve;
22.        Transform transform = Transform.Identity;
23.        transform.Origin = locationCurve.Evaluate(0.5, true);
24.        transform.BasisX = locationCurve.ComputeDerivatives(0.5, true).
BasisX;
25.        //为了处理高低梁，先获取局部坐标系的 Y 轴
26.        transform.BasisY = XYZ.BasisZ.CrossProduct(locationCurve.Compu
teDerivatives(0.5, true).BasisX).Normalize();
27.        //第三个坐标轴用叉积获取
28.        transform.BasisZ = transform.BasisX.CrossProduct(transform.
BasisY).Normalize();
29.
```

```
30.     //获取定位线到梁中心 Z 轴方向的向量
31.     XYZ z_dir_local = new XYZ(0, 0, z_axis_offset_ft);
32.     if (z_axi_ref = = "顶")
33.     {
34.         z_dir_local = z_dir_local - 0.5 * new XYZ(0, 0, beam_h_ft);
35.     }
36.     else if (z_axi_ref = = "底")
37.     {
38.         z_dir_local = z_dir_local + 0.5 * new XYZ(0, 0, beam_h_ft);
39.     }
40.
41.     //获取定位线到梁中心 Y 轴方向的向量
42.     XYZ y_dir_local = new XYZ(0, y_axis_offset_ft, 0);
43.     if (y_axi_ref = = "左")
44.     {
45.         y_dir_local = y_dir_local - 0.5 * new XYZ(0, beam_b_ft, 0);
46.     }
47.     else if (y_axi_ref = = "右")
48.     {
49.         y_dir_local = y_dir_local + 0.5 * new XYZ(0, beam_b_ft, 0);
50.     }
51.
52.     //获取本地坐标系下的平移向量
53.     XYZ offset_local = z_dir_local + y_dir_local;
54.     //获取世界坐标系下的平移向量
55.     XYZ offset_globle = transform.OfVector(offset_local);
56.
57.     Transform transform_offset = Transform.CreateTranslation(off
set_globle);
58.     Curve centerCurve = locationCurve.CreateTransformed(transform_o
ffset);
59.
60.     return centerCurve;
61.}
```

4. 对 Transform 类的进一步探讨

在 Revit API 中，对 Transform 类的定义是“A transformation of the affine 3-space.”现在我们可以理解这句话的意思了。

Transform 体现的是仿射变换。一个 Transform 包含基向量和原点，我们可以有两种思考角度：

第一种是先将局部坐标系和世界坐标系重合，在世界坐标系中根据局部坐标系中的方程绘制图元。然后将图元从世界坐标系的原点移动到项目中的定位点，接着按照基向量进行缩放、旋转等线性变换（平移不是线性变换），让图元到达项目中的实际位置。

第二个角度是在世界坐标系中先布置好局部坐标系。根据局部坐标系下的方程绘制图元。

然后将局部坐标系的基坐标和原点用世界坐标系表示，将图元的局部坐标系下的坐标映射成世界坐标系的坐标。

Q54 怎样根据图块生成族实例

根据 CAD 底图上的图块生成族实例是一个常见的需求，例如自动布置电箱、消火栓箱、水泵、集水坑等。很多插件都是让用户点选底图上的图块，然后在插件窗口中选择对应的族类型进行转化。生成的族实例经常会出现角度和图块对不上的情况，本小节介绍一种新的布置方法。

1. 图块转化原理

如图 3.5-130 所示，已知图块 A 和图块 B 以及对应的局部坐标系。图块 A 可以通过镜像、旋转和平移变换变成图块 B。

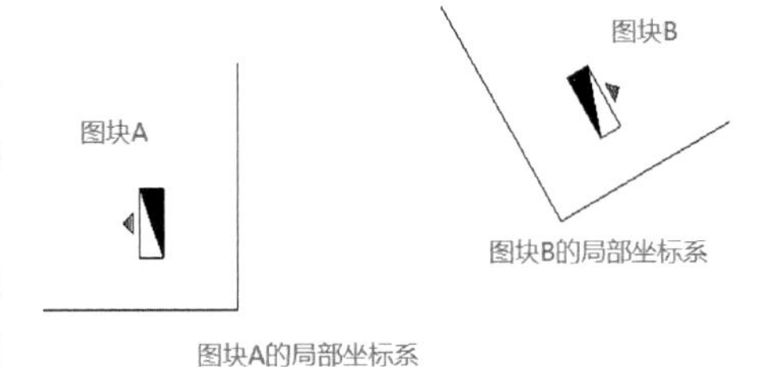

图 3.5-130 不同图块的坐标系

对于族实例，不像 Curve 一样有 CreateTransformed 方法，也不能直接设置 Transform 属性，因此不能一次变换到位，只能分步变换。如果我们先在 A 处布置好一个族实例，复制一份后通过移动、旋转和镜像调整位置，这些变换能使图块 A 和图块 B 重合，那么这个族实例就会到达到我们期望的位置。

2. 获取变换信息

（1）求图块的局部坐标系 图块是 GeometryInstance，其 Tranform 属性的坐标值是相对于其宿主 dwg 文件内部的，因此求世界坐标系下图块的坐标系，需要以下语句：

```
transform_instanceCurve = dwgTransform.Multiply(geometryInstance.Transform);
```

像这种坐标转化问题，我们可以使用举例法，如图 3.5-131 所示，构造最简单的情况以确定矩阵变换的顺序。

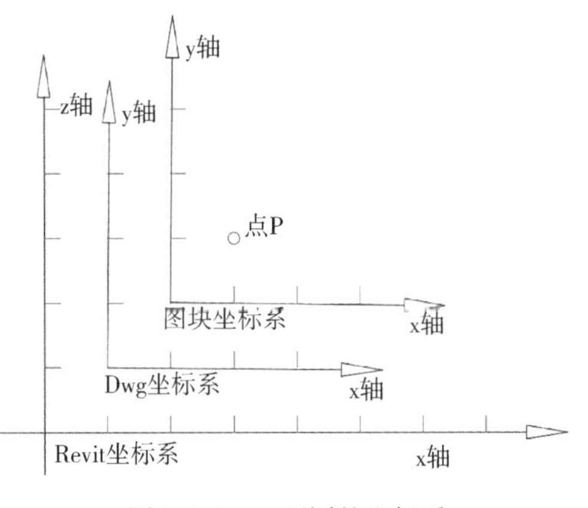

图 3.5-131 不同的坐标系

如图 3.5-131 所示，使用 geometryInstance.Transform 属性，获取的是图块坐标系的基向量用 Dwg 坐标系表示的 Transform。我们想得到世界坐标系下的 Transform，就还需要乘以 Dwg 相对世界坐标系的 Transform。因为 Multiply 方法执行的顺序是从右向左，所以 dwgTransform 放在前面，最后乘。表示先在 CAD 中绘制图块，接着在 Revit 中绘制 CAD。

实际工作中，也可以对不同的组合进行尝试，通过调试找到合适的组合顺序。或是分步计算，详见下一小节的例子。

（2）求用户点击的图块 A 图纸上有很多图块，求图块中心点的关键代码如下：

1）首先求 Dwg 坐标系下的 Outline：

```
1.private static Outline GetGeometryInstanceOutLine_inDwgCoordinate(GeometryInstance geometryInstance)
2.{
```

```
3.   //获取 DWG 坐标系下的曲线
4.    GeometryElement curves = geometryInstance.GetInstanceGeometry();
5.    List<XYZ> points = new List<XYZ>();
6.    foreach (GeometryObject item in curves)
7.    {
8.        //曲线转化为点，其中多线段取控制点，直线和圆弧等曲线 Tessellate 后取点
9.    }
10.
11.        double maxX = points.Max(p => p.X);
12.        double minX = points.Min(p => p.X);
13.        double maxY = points.Max(p => p.Y);
14.        double minY = points.Min(p => p.Y);
15.
16.        XYZ max = new XYZ(maxX, maxY, 0);
17.        XYZ min = new XYZ(minX, minY, 0); //这是 dwg 中的坐标
18.
19.        Outline outline = new Outline(min, max);
20.        return outline;
21. }
```

2）求出一个图块的中心后，相同的图块可以简化计算过程：

```
1.public static void ComputeCenterPoint_OneSymblol(List<ZcBlockInstance> blocks)
2.{
3.        //如果列表为空，直接返回
4. ……
5.    Outline outline = GetGeometryInstanceOutLine_inDwgCoordinate(blocks[0].geometryInstance);
6.    XYZ center_dwg = (outline.MaximumPoint + outline.MinimumPoint) * 0.5; //dwg 坐标系下的坐标轴
7.    XYZ center_Globle = blocks[0].dwgTransform.OfPoint(center_dwg); //globle 世界坐标系下的值
8.
9.    XYZ center_local = blocks[0].transform_instanceCurve.Inverse.OfPoint(center_Globle); //图块坐标系下的值
10.    foreach (var item in blocks)
11.    {
12.        //每个图块的中心点，相对每个图块的坐标系，其坐标值是一样的
13.        item.centerPoint_globle = item.transform_instanceCurve.OfPoint(center_local);
14.    }
15.}
```

3）每个图块在世界坐标系下的坐标都获取之后，使用中心点和用户点选的点进行距离排序，就可以获取当前用户点击的图块。

（3）求两个图块之间的平移和旋转变换　两个图块局部坐标系的原点之差就是平移向量，平移完成后，绕基点逆时针旋转，使X轴对齐的角度就是旋转角，其关键代码如下：

```
1.//平移变换
2.ElementId newFamilyinstanceId = ElementTransformUtils.CopyElement(doc,
familyInstance.Id, new XYZ(0, 0, 0)).First();
3.XYZ dir2 = transform_currentBlock.Origin - transform_block0.Origin;
4.ElementTransformUtils.MoveElement(doc, newFamilyinstanceId, dir2);
5.
6.//旋转变换
7.double angel_to_x = transform_block0.BasisX.AngleOnPlaneTo(trans
form_currentBlock.BasisX, XYZ.BasisZ);
8.Line line = Line.CreateBound(transform_currentBlock.Origin, trans
form_currentBlock.Origin + XYZ.BasisZ);
9.ElementTransformUtils.RotateElement(doc, newFamilyinstanceId, line,
angel_to_x);
```

（4）求镜像变换　如果两个图块之间有镜像关系，则需要对族实例也进行镜像处理。

对于Dwg中的图块，镜像之后的Transform有以下性质：

1）其HasReflection属性变为true。

2）Transform的基向量不再满足右手法则，Z轴可通过左手法则确定。

因为图块可能是沿着短边镜像，也可能是沿着长边镜像，所以将族实例镜像后，可能直接到达图块b中对应的位置，也可能需要再旋转180°。为此，我们在两个坐标系中构造定位向量，比较平移和旋转变换之后两个定位向量是否重合，如果没有重合，则将族实例继续旋转180°，关键代码如下：

```
1.else//处理图块a.HasReflection ! = 图块b.HasReflection的情况
2.{
3.  //定位向量
4.   XYZ vec0_globle = transform_block0.BasisX + transform_block0.BasisY;
5.   XYZ vecCurrent_globle = transform_currentBlock.BasisX + transfor
m_currentBlock.BasisY;
6.   //平移和旋转变换族实例
7.   ......
8.
9.   //旋转定位向量
10.       XYZ axis = transform_currentBlock.Origin + XYZ.BasisZ;
11.       Transform transform_rotate = Transform.CreateRotation(axis, an
gel_to_x);
12.       vec0_globle = transform_rotate.OfVector(vec0_globle);
13.
14.       //相对当前图块坐标系Y轴对称变换
15.       Plane plane = Plane.CreateByNormalAndOrigin(transform_curre
ntBlock.BasisX, transform_currentBlock.Origin);
```

```
16.        List<ElementId> elementIds = new List<ElementId>() { new FamilyinstanceId };
17.        ElementTransformUtils.MirrorElements(doc, elementIds, plane, false);
18.
19.        //镜像定位向量
20.        Transform transform_reflection = Transform.CreateReflection(plane);
21.        vec0_globle = transform_reflection.OfVector(vec0_globle);
22.
23.        //求还需要旋转角度
24.        double angle2 = vec0_globle.AngleOnPlaneTo(vecCurrent_globle, XYZ.BasisZ);
25.        if (Math.Abs(angle2) > 0.017)  //如果不是0度
26.        {
27.            ElementTransformUtils.RotateElement(doc, newFamilyinstanceId, line, Math.PI);
28.        }
29.  }
```

Q55 怎样处理非统一缩放图块

前面小节中我们介绍了利用图块坐标系之间的关系布置族实例的方法。对于大部分 CAD 图纸，该方法都能适用。但是对于图块是非统一缩放图块（non – uniformlyScaled）的情况，就无能为力了。本小节在上小节的基础上，继续介绍处理这类图块的方法。本小节内容涉及对接 CAD 有关知识，读者可先阅读第 4 章相关内容。

1. 非统一缩放图块问题

如图 3.5-132 所示的图块，有 X、Y、Z 比例参数。

如果我们打开编辑图块界面（图 3.5-133），会发现这个图块的四条边长度都为 1，在 CAD 中具体的尺寸是通过放大 X、Y、Z 比例倍数实现的。

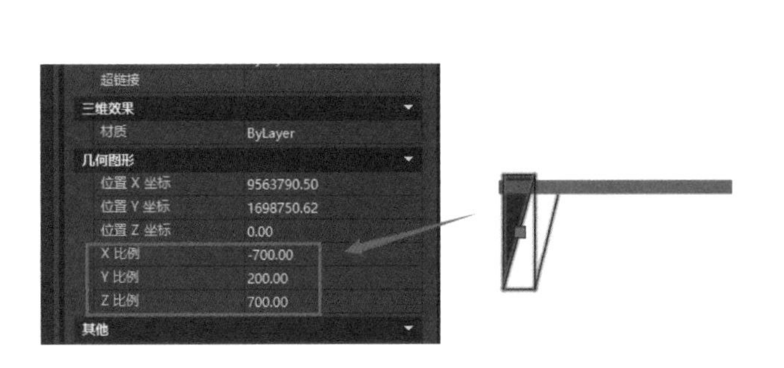

图 3.5-132　非统一缩放图块

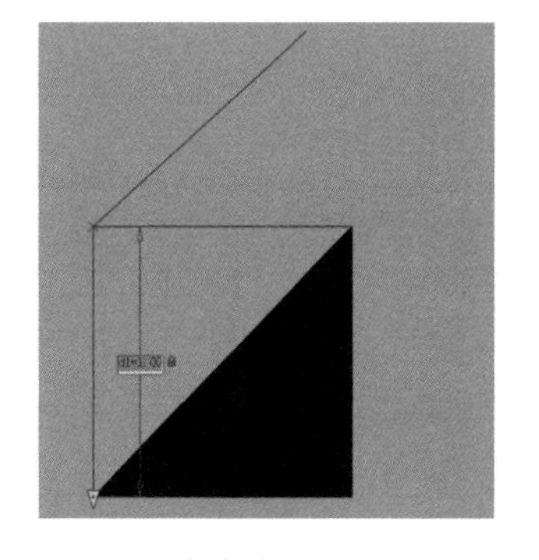
图 3.5-133　缩放前的非统一缩放图块

Revit 对这种非统一缩放的图块没有提供很好的 Transform 的支持，这种图块的 Transform 的

Origin 属性都是（0,0,0），基坐标也没有体现线段长度的缩放。如图 3.5-134 所示，图块的基向量长度都是 1，原点都是（0,0,0）。

上小节我们提到，Transform 代表仿射。图块的 transform，代表图块从自身坐标系到 Dwg 坐标系的仿射，其 origin 属性对应 CAD 中的图块坐标系原点的定位。由于 Revit 中非统一缩放的图块的原点都被处理为（0,0,0），所以不能直接利用图块对应的 GeometryInstance 定位。

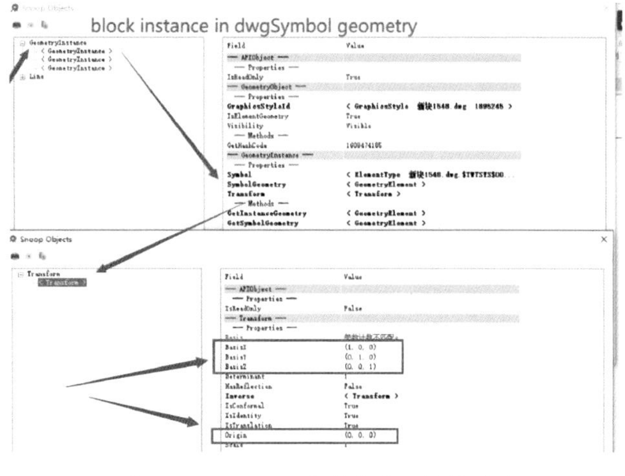

图 3.5-134　Revit 中的非统一缩放图块

2. 解决方法

（1）获取具体图块的坐标系　既然 Revit 中无法读取图块的坐标系，那就只能从 CAD 数据图中读取了：

```
1.if (entity.GetRXClass().Name == "AcDbBlockReference")
2.{
3.    Teigha.DatabaseServices.BlockReference br = (Teigha.DatabaseSer
vices.BlockReference)entity;
4.
5.    Matrix3d matrix3D = br.BlockTransform;
6.    Transform transform_block_toDwg = ConvertMatrix3DToTransform(matri
x3D);
7.    BlockTableRecord blockTable2 = (BlockTableRecord)br.BlockTable
Record.GetObject(OpenMode.ForRead);
8.
9.    CADBlock cADBlock = new CADBlock(transform_block_toDwg, trans
form_cadinRevit, blockTable2);
10.        cADBlock.blockName = br.Name;
11.        blocks.Add(cADBlock);
12.    }
```

上面代码中的第 6 行获取图块相对 Dwg 仿射的方法的具体代码为：

```
1.private Transform ConvertMatrix3DToTransform(Matrix3d matrix3D)
2.{
3.    CoordinateSystem3d coordinateSystem3D = matrix3D.CoordinateSyst
em3d;
4.
5.    Point3d orign = coordinateSystem3D.Origin;
6.    Vector3d xaxis = coordinateSystem3D.Xaxis;
7.    Vector3d yaxis = coordinateSystem3D.Yaxis;
8.    Vector3d zaxis = coordinateSystem3D.Zaxis;
```

```
9.
10.        Transform transform = Transform.Identity;
11.        transform.Origin = ConverCADPointToRevitPoint(orign);
12.        transform.BasisX = new XYZ(xaxis.X, xaxis.Y, xaxis.Z);
13.        transform.BasisY = new XYZ(yaxis.X, yaxis.Y, yaxis.Z);
14.        transform.BasisZ = new XYZ(zaxis.X, zaxis.Y, zaxis.Z);
15.
16.        return transform;
17.  }
```

其注意点为：第11行将CAD中的点转化为Revit中的点，是因为前者单位为mm，后者为ft。第12~14行基向量不需要单位转化，因为基向量值代表的是图元几何上的变换关系，和长度的单位无关。

（2）获取图块在图块坐标系对应的曲线 CADBlock类的构造方法为：

```
1.public CADBlock(Transform transform_block_to_dwg, Transform trans
form_dwg_to_reivt, BlockTableRecord blockTable)
2.{
3.    this.transform_block_to_dwg = transform_block_to_dwg;
4.    this.transform_dwg_to_Revit = transform_dwg_to_reivt;
5.    this.blockTable = blockTable;
6.    curves_inBlockCoor = GetCurves_inBlockCoor(blockTable);
7.    curves_indwgCoor = TansformCurves(curves_inBlockCoor, transfor
m_block_to_dwg);
8.    curves_inRevitCoor = TansformCurves(curves_indwgCoor, transfor
m_dwg_to_Revit);
9.    centerPoint_globle = GetCenter(curves_inRevitCoor);
10.   }
```

限于本书篇幅，只对关键部分进行介绍，读取图块坐标系下曲线的方法代码如下所示：

```
1.public static List<Curve> GetCurves_inBlockCoor(BlockTableRecord
record)
2.{
3.    List<Curve> curves = new List<Curve>();
4.    foreach (ObjectId id in record)
5.    {
6.        Entity entity = (Entity)id.GetObject(OpenMode.ForRead, fal
se, false);
7.        //省略将 CAD 直线和多段线转化成 Revit 直线的代码
8.    }
9.    return curves;
10.}
```

该方法的参数为我们读取的图块的BlockTableRecord。读者可新建一个Dictionary<BlockTableRecord, List<Curve>>字典存储计算结果，以加快运算速度。

（3）获取图块在CAD坐标中对应的曲线 不同坐标系下曲线变换的方法代码如下所示：

```
1.private List<Curve> TansformCurves(List<Curve> curves, Transform
transform)
2.{
3.    List<Curve> curves_transformed = new List<Curve>();
4.    if (transform.IsConformal)
5.    {
6.        foreach (var item in curves)
7.        {
8.            Curve curve = item.CreateTransformed(transform);
9.            curves_transformed.Add(curve);
10.           }
11.       }
12.       else
13.       {
14.       foreach (var item in curves)
15.       {
16.           XYZ startPoint = item.GetEndPoint(0);
17.           XYZ endPoint = item.GetEndPoint(1);
18.
19.           startPoint = transform.OfPoint(startPoint);
20.           endPoint = transform.OfPoint(endPoint);
21.           try
22.           {
23.               Line line = Line.CreateBound(startPoint, endPoint);
24.               curves_transformed.Add(line);
25.           }
26.           catch (Exception)
27.           {
28.
29.           }
30.       }
31.    }
32.    return curves_transformed;
33. }
```

这个方法的第4行有一个判断变换是不是“Conformal”的语句，中文对应为变换是否是保角的（图3.5-135）。

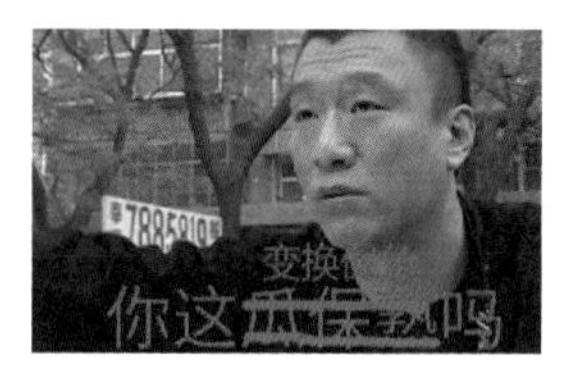

图3.5-135　保角变换

保角变换是指尽管图形的形状要发生变化，但是相应的两条曲线之间的夹角却保持不变。Revit中Curve类的CreateTransformed方法只支持保角变换。而对于本节中的图块，从图块坐标系中的正方形变成了Dwg坐标系中的长方形，曲线之间的角度发生了变化，所以不是保角变换。

解决方法是只读取直线，将直线的两个端点变换后重新连接，如第 16~24 行代码所示。对于图块中的圆弧，可在读取图块曲线时将圆转化为多边形，读者可以自行尝试。

(4) 获取图块在 Revit 中对应的曲线 再调用一次 TansformCurves 方法即可，如 CADBlock 类的构造方法的第 8 行代码所示。

这样我们就获取了非统一缩放图块在 Revit 中对应的曲线，为图块后续的处理提供了准备。

Q56 怎样获取元素的 Solid

获取元素的实体 Solid，是进一步获取和加工元素几何信息的前提。因为过程中涉及的概念比较多，本小节先介绍简单族的 Solid 提取方法，理清各种类之间的关系后，再给出一个普遍适用的方法。

对于梁这样简单的构件，其 Solid 只有一个，获取这个 Solid 的代码如下所示：

```
1.public static Solid GetSolidOfSimpleElement(Element ele)
2.        {
3.            Options options = new Options();
4.            options.DetailLevel = ViewDetailLevel.Fine;
5.            options.ComputeReferences = true;
6.            GeometryElement geometryElement = ele.get_Geometry(options);
7.            foreach (var geometryObject in geometryElement)
8.            {
9.                Solid solid = geometryObject as Solid;
10.                   if (solid ! = null && solid.Faces.Size > 0)
11.                   {
12.                       return solid;
13.
14.                   }
15.
16.                   GeometryInstance geometryInstance = geometryObject
as GeometryInstance;
17.                   if (geometryInstance ! = null)
18.                   {
19.                       GeometryElement geometryElement1 = geometryIns
tance.GetInstanceGeometry();
20.                       foreach (var item in geometryElement1)
21.                       {
22.                           Solid solid2 = item as Solid;
23.                           if (solid2 ! = null && solid2.Faces.Size > 0)
24.                           {
25.                               return solid2;
26.                           }
27.                       }
28.                   }
```

```
29.
30.         }
31.         return null;
32.     }
```

上面代码涉及的类有：

1. GeometryOption 类

第 6 行获取元素的几何信息调用了方法 get_Geometry，方法需要参数 GeometryOption，用于指定要获取的怎样的 Geometry。其各个属性的意义为：

1）ComputeReferences：默认为 false。如果设置为 true，则提取出来的几何图元会有 Reference 属性，Reference 可用于标注。

2）IncludeNonVisibleObjects：默认为 false。如果设置为 true，则可以获取默认视图中看不到的几何图元，例如管道的保温层、窗户族内部的参照平面等。

3）DetailLevel：默认是中等“Medium”。和 UI 界面中“视图详细程度”选项对应，例如一根梁，在“粗略”选项中只能获取到一条线，在“中等”选项下可以获取到面。

4）View：获取该视图下的元素的几何图元。如果设置了这个属性，该视图的详细程度属性会替代前面的 DetailLevel。

2. GeometryElement 类

get_Geometry 方法返回的是一个 GeometryElement 类的实例。如图 3. 5-136 所示，该类继承自 GeometryObject，同时实现了 IEnumerable 接口，集合内元素为 GeometryObject 类型。

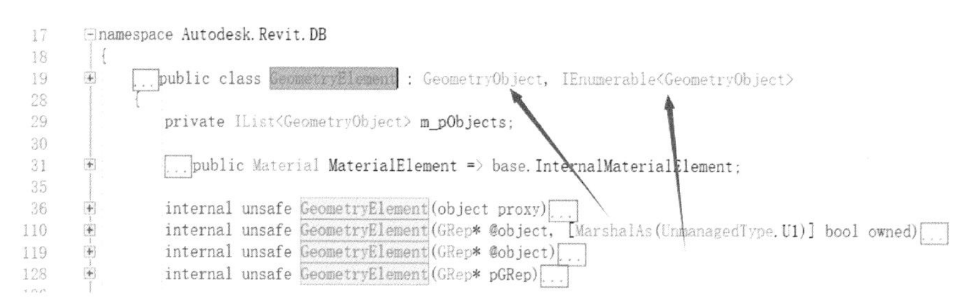

namespace Autodesk.Revit.DB
public class GeometryElement : GeometryObject, IEnumerable<GeometryObject>
private IList<GeometryObject> m_pObjects;
public Material MaterialElement => base.InternalMaterialElement;
internal unsafe GeometryElement(object proxy)
internal unsafe GeometryElement(GRep* @object, [MarshalAs(UnmanagedType.U1)] bool owned)
internal unsafe GeometryElement(GRep* @object)
internal unsafe GeometryElement(GRep* pGRep)

图 3. 5-136　GeometryElement 类的定义

而 GeometryObject 是所有几何类的基类，如图 3. 5-137 所示。

Inheritance Hierarchy

System.Object
　Autodesk.Revit.DB.APIObject
　　Autodesk.Revit.DB.GeometryObject
　　　Autodesk.Revit.DB.Curve
　　　Autodesk.Revit.DB.Edge
　　　Autodesk.Revit.DB.Face
　　　Autodesk.Revit.DB.GeometryElement
　　　Autodesk.Revit.DB.GeometryInstance
　　　Autodesk.Revit.DB.Mesh
　　　Autodesk.Revit.DB.Point
　　　Autodesk.Revit.DB.PolyLine
　　　Autodesk.Revit.DB.Profile
　　　Autodesk.Revit.DB.Solid

图 3. 5-137　GeometryObject 类的派生类

由以上分析可知，GeometryElement 类是几何图元的集合，里面的元素都是 GeometryObject，具体可以是点线面体，也可以是 GeometryElement 类和 GeometryInstance。因此，第 7 行代码使用 foreach 的方法访问提取出来的 GeometryElement，然后利用类型是否是 Solid，提取需要的结果。

3. GeometryInstance 类

创建 GeometryInstance 类的目的是为了减少项目中几何图元的存储空间。以梁为例，单独绘制的一根梁，只有 GeometryInstance，如图 3. 5-138 所示。

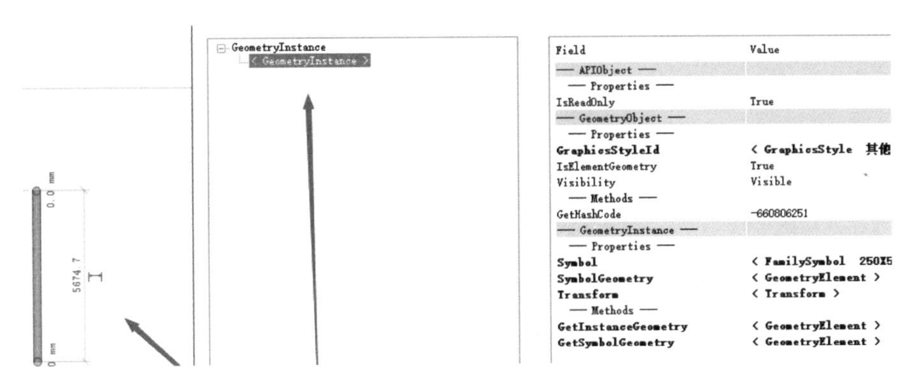

图 3.5-138　单独绘制的梁

复制后，依然只有 GeometryInstance。因为这两个梁的除了定位以外的几何信息一样，所以可以用一个 GeometryInstance 来保存两个梁的几何信息。也就是说，Revit 文档中只保留各个梁公共的几何信息，以及每个梁的定位信息，如图 3.5-139 所示。

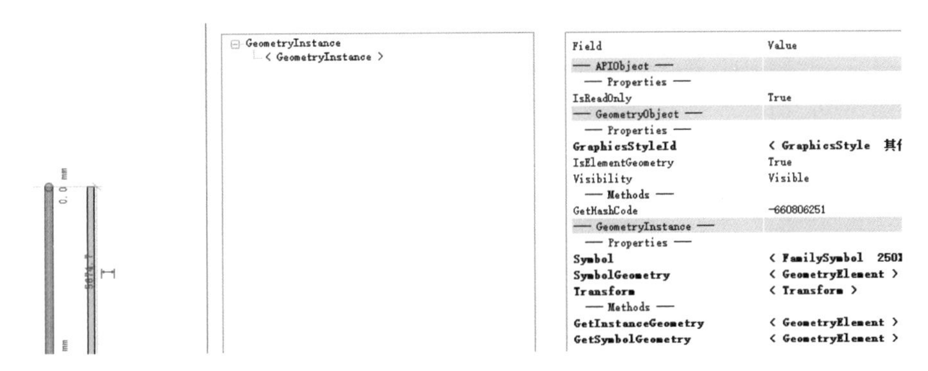

图 3.5-139　复制后梁的 Geometry 属性

发生剪切关系后，两根梁的几何信息不一样了，每根梁都需要单独绘制，因此 GeometryInstance 变为空，代之以具体的 Solid，如图 3.5-140 所示。

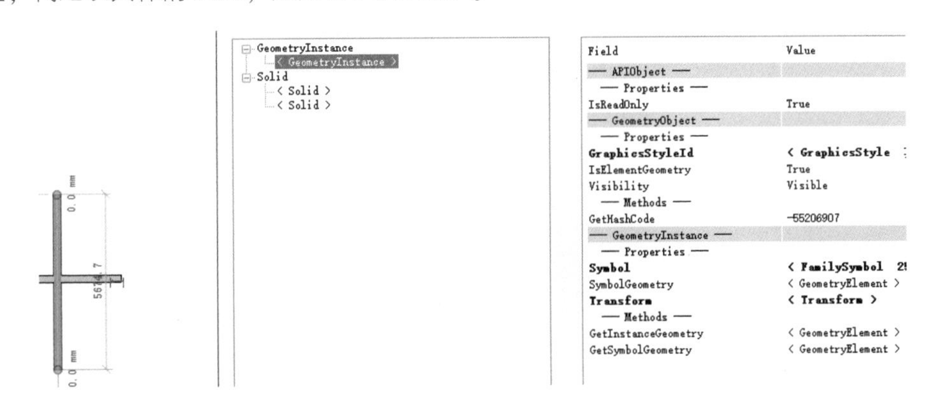

图 3.5-140　剪切后梁的 Geometry 属性

图 3.5-140 中，Revit LookUp 中选中的 GeometryInstance 的 GetSymbolGeometry 方法的结果是灰色的，代表当前的 GeometryInstance 没有内容。此时左侧两根梁的几何信息是具体的 Solid。也就是说，对于项目中的一根梁，get_Geometry 方法返回的可能是 Solid，也可能是 GeometryInstance。

读者可再次查看本小节开头的代码来加深印象。

4. 通用的 Solid 获取方法

理清以上类的概念后，就可以设计通用的提取元素实体的代码了。因为 GeometryElement 里面可能有 GeometryElement，所以从 GeometryElement 提取 Solid 的代码需要递归调用，具体实现代码如下所示：

```
1.public static List<Solid> GetSolidsOfElement(Element ele)
2.{
3.    Options options = new Options();
4.    options.DetailLevel = ViewDetailLevel.Fine;
5.    options.ComputeReferences = true;
6.    options.IncludeNonVisibleObjects = true;
7.
8.    GeometryElement geoElement = ele.get_Geometry(options);
9.
10.        List<Solid> result = new List<Solid>();
11.        GetAllSolidsFromGeoEle(geoElement, ref result);
12.
13.        return result;
14.  }
15.  private static void GetAllSolidsFromGeoEle(GeometryElement geoEl
e, ref List<Solid> result)
16.  {
17.        if (geoEle == null)
18.        {
19.            return;
20.        }
21.
22.        foreach (GeometryObject geoObject in geoEle)
23.        {
24.            if (geoObject is GeometryElement geometryElement)
25.            {
26.                GetAllSolidsFromGeoEle(geometryElement, ref result);
27.            }
28.            else if (geoObject is GeometryInstance geometryInstance)
29.            {
30.                GetAllSolidsFromGeoEle(geometryInstance.GetInstance
Geometry(), ref result);
31.            }
32.            else
33.            {
34.                if (geoObject is Solid solid)
35.                {
36.                    if (solid.Volume > 0)
```

```
37.                 }
38.                     result.Add(solid);
39.                 }
40.             }
41.         }
42.     }
43. }
```

注意上面代码中，加入结果集合前，要先判断 Solid 是否有具体的面和边。这是因为在边界表示法下，有可能出现 Solid 不为 null，但是体积为 0 的情况。

Q57 怎样创建 Solid

创建 Solid 需要使用 GeometryCreationUtilities 类，创建 Solid 的方法有拉伸、旋转、放样等，有关命令的中英文对照如图 3.5-141 和图 3.5-142 所示。

图 3.5-141　中文 UI

图 3.5-142　英文 UI

本小节介绍二次开发中最常用的几个创建 Solid 的方法。

1. CreateExtrusionGeometry（通过拉伸创建 Solid）

相当于 UI 界面的拉伸命令，平面拉伸成 Solid 的代码如下所示：

```
1. //由 face 转变为拉伸所需要的截面 profile
2.var profiles = planarFace.GetEdgesAsCurveLoops();
3.
4.//生成拉伸体 solid
5.var solid = GeometryCreationUtilities
6.    .CreateExtrusionGeometry(profiles, planarFace.FaceNormal, 1);
```

该方法的第一个参数是 CurveLoop。CurveLoop 是彼此首尾相连，除了端点以外没有相交点的曲线的集合。用于创建 Solid 的 Curveloop，还要求位于一个平面上。

该方法的第二个参数是一个提供方向的向量。该向量不能为 0，也不能和 CurveLoop 的平面共线。方向向量只提供方向，具体拉伸的距离由第三个参数指定。

2. CreateRevolvedGeometry（通过旋转获取 Solid）

绕直线生成圆柱 Solid 的代码如下所示：

```
1.XYZ startPoint = seg.Evaluate(0, true);
2.XYZ endPoint = seg.Evaluate(1, true);
3.
4.XYZ direction = seg.Direction.Normalize();
5.XYZ yAxis = XYZ.BasisZ.CrossProduct(direction).Normalize();
```

```
6.if (yAxis.GetLength() < 0.0001)
7.{
8.    yAxis = XYZ.BasisY; //处理线段和 Z 轴平行的情况
9.}
10.   XYZ xAxis = yAxis.CrossProduct(direction).Normalize();
11.   Frame frame = new Frame(startPoint, xAxis, yAxis, direction);
12.
13.   XYZ p1 = startPoint + xAxis * 10 /304.8;
14.   XYZ p2 = endPoint + xAxis * 10 /304.8;
15.
16.   Line l1 = Line.CreateBound(startPoint, p1);
17.   Line l2 = Line.CreateBound(p1, p2);
18.   Line l3 = Line.CreateBound(p2, endPoint);
19.   Line l4 = Line.CreateBound(endPoint, startPoint);
20.
21.   CurveLoop curves = new CurveLoop();
22.   curves.Append(l1);
23.   curves.Append(l2);
24.   curves.Append(l3);
25.   curves.Append(l4);
26.   List<CurveLoop> curvesList = new List<CurveLoop>();
27.   curvesList.Add(curves);
28.   double startAngle = 0;
29.   double endAngle = Math.PI * 2;
30.
31.    Solid solid = GeometryCreationUtilities.CreateRevolvedGeometry(fra
me, curvesList, startAngle, endAngle);
```

注意该方法要求 CurveLoop 中的曲线都位于局部坐标系的 XZ 平面中，且 x 值要大于等于 0。

3. CreateSweptGeometry（通过放样获取 Solid）

梁和柱子连接之后，其 Solid 会被剪切掉一部分。可以使用放样重建梁的 Solid，其中生成放样的代码如下：

```
1.public static Solid GetSolidofBeam_byRebuiltSolid(FamilyInstance beam)
2.{
3.     //获取放样轮廓和路径的代码详见“怎样利用坐标系变换解决问题”一节
4.    ……
5.     //创建放样
6.     Solid solid = GeometryCreationUtilities.CreateSweptGeometry(sw
aptPath, 0, drivingCurve.GetEndParameter(0), profileloops);
7.     return solid;
8.}
```

CreateSweptGeometry 方法的第一个参数是放样路径，是彼此连接的曲线的集合。第二个参数是路径曲线集合中轮廓所在曲线的索引。第三个参数是轮廓面和曲线相交处的 u 值，在这个点处，轮廓平面和曲线切线垂直。第四个参数为放样轮廓。

Q58 怎样在模型中显示几何图元

插件运行过程中生成的点、线、面、体、范围盒等几何图元，在视图中是不可见的。这给程序的调试带来了很大麻烦，因为出了问题通常也看不出是哪里出错了。本小节即介绍如何使用DirectShape类显示几何图元的方法。

1. DirectShape类简介

DirectShape类是用来显示外部导入的几何形状的，API创建的几何图元也可以用这个类显示，主要涉及的方法有：

（1）CreateElement方法　创建一个DirectShape类的实例。该方法的参数为当前文档和一个类别Id，这个Id使用常规模型类别即可。

（2）SetShape方法　参数为一个GeometryObject的列表。

2. 使用DirectShape在模型中显示几何图元

（1）在模型中显示Solid　向模型中添加DirectShape，需要在事务中进行。因此可以准备两个方案，一个内部带事务，一个内部不带。为节约篇幅，本小节只介绍内部不带事务的方法。在模型中显示Solid的代码为：

```
1.public static DirectShape ShowSolidWithoutTsInside(Solid solid, Document doc)
2.{
3.    DirectShape directShape = DirectShape.CreateElement(doc, new ElementId(BuiltInCategory.OST_GenericModel));
4.    List<GeometryObject> geometries = new List<GeometryObject>{solid};
5.    directShape.SetShape(geometries);
6.    return directShape;
7.}
```

（2）在模型中显示Line　Solid、Mesh、GeometryInstance、Point、Curve类型都是GeometryObject的派生类，所以需要显示直线时，将上方代码的Solid类型改为Line即可。注意只能显示有边界的直线，不能显示无限长的线段。读者也可以将上面方法的参数类型改成GeometryObject。

（3）在模型中显示XYZ　因为XYZ不是GeometryObject的派生类。所以需要先利用Point. Create方法，将XYZ转化为Point类，具体代码为：

```
1.public static DirectShape ShowXYZWithoutTsInside(XYZ xyz, Document doc)
2.{
3.    DirectShape directShape = DirectShape.CreateElement(doc, new ElementId(BuiltInCategory.OST_GenericModel));
4.    List<GeometryObject> geometries = new List<GeometryObject>{Point.Create(xyz)};
5.    directShape.SetShape(geometries);
6.    directShape.get_Parameter(BuiltInParameter.ALL_MODEL_INSTANCE_COMMENTS).Set(xyz.ToString());
7.    return directShape;
8.}
```

也可以用两个直线的交点表示一个点，具体代码为：

```
1.public static void ShowPoint_ByTwoSeg_withoutTsInside(XYZ xyz, double
seg_length_mm, Document doc)
2.{
3.    XYZ p1 = xyz + XYZ.BasisX * seg_length_mm /304.8 /2;
4.    XYZ p2 = xyz - XYZ.BasisX * seg_length_mm /304.8 /2;
5.    XYZ p3 = xyz + XYZ.BasisY * seg_length_mm /304.8 /2;
6.    XYZ p4 = xyz - XYZ.BasisY * seg_length_mm /304.8 /2;
7.
8.    Line line1 = Line.CreateBound(p1, p2);
9.    Line line2 = Line.CreateBound(p3, p4);
10.
11.        DirectShape ds1 = ZcLine.SegToDirectShape_withoutInsideMeth
od(line1, doc);
12.        DirectShape ds2 = ZcLine.SegToDirectShape_withoutInsideMeth
od(line2, doc);
13.
14.        ds1.get_Parameter(BuiltInParameter.ALL_MODEL_INSTANCE_COM
MENTS).Set(xyz.ToString());
15.        ds2.get_Parameter(BuiltInParameter.ALL_MODEL_INSTANCE_COM
MENTS).Set(xyz.ToString());
16.  }
```

上面代码中，第14、15行将新生成的DirectShape的“注释”参数设置为点的坐标值，以方便查看。

（4）在模型中显示BoundingBox　需要先将BoundingBox转为Solid，然后将Solid转化为DirectShape。BoundingBox转为Solid的代码如下所示：

```
1.public static Solid BoundingBoxToSolid(BoundingBoxXYZ bbox)
2.{
3.  //获取本地坐标系
4.  Transform transform = bbox.Transform;
5.
6.  //世界坐标系下 bounding Box 的下表面的四个点的坐标
7.  XYZ p0 = new XYZ(bbox.Min.X, bbox.Min.Y, bbox.Min.Z);
8.  XYZ p1 = new XYZ(bbox.Max.X, bbox.Min.Y, bbox.Min.Z);
9.  XYZ p2 = new XYZ(bbox.Max.X, bbox.Max.Y, bbox.Min.Z);
10. XYZ p3 = new XYZ(bbox.Min.X, bbox.Max.Y, bbox.Min.Z);
11.
12.      //世界坐标系下的四条边
13.      Line line1 = Line.CreateBound(p0, p1);
14.      Line line2 = Line.CreateBound(p1, p2);
15.      Line line3 = Line.CreateBound(p2, p3);
16.      Line line4 = Line.CreateBound(p3, p0);
```

```
17.
18.      //新建 CurveLoop
19.      List<Curve> lines = new List<Curve>();
20.      lines.Add(line1);
21.      lines.Add(line2);
22.      lines.Add(line3);
23.      lines.Add(line4);
24.      CurveLoop loop = CurveLoop.Create(lines);
25.      List<CurveLoop> loops = new List<CurveLoop>();
26.      loops.Add(loop);
27.
28.      //新建世界坐标系下的 Solid
29.      double height = bbox.Max.Z - bbox.Min.Z;
30.      Solid solid = GeometryCreationUtilities.CreateExtrusionGeomet
ry(loops, XYZ.BasisZ, height);
31.
32.      //坐标系变换,将 Solid 挪到原来的本地坐标系上
33.      Solid newSolid = SolidUtils.CreateTransformed(solid, transform);
34.      return newSolid;
35.  }
```

(5) 在模型中显示 PlannerFace 对于已有的 face，可以先获取平面的法向量，利用平面在法向量方向拉伸很小的一段距离生成 Solid，然后将 Solid 转成 DirectShape 显示。

因为 face 类不能直接创建，如果需要构造 face，可以先用闭合的曲线生成 Solid，然后利用法向量的方向找到对应的面，可参考显示 BoundingBox 的代码。

3. 在模型中查看点的坐标

二次开发中经常碰到的另外一个问题就是查询模型中某点的坐标值，可以使用 TextNote 显示坐标值，具体代码为:

```
1.public static void ShowCoordinate(UIDocument uidoc)
2.{
3.    XYZ point;
4.    try
5.    {
6.        point = uidoc.Selection.PickPoint();
7.    }
8.    catch (Exception)
9.    {
10.       return;
11.   }
12.
13.       Document doc = uidoc.Document;
14.       ElementId textTypeId = doc.GetDefaultElementTypeId(ElementTy
peGroup.TextNoteType);
15.
16.     using(Transaction ts = new Transaction(doc))
17.     {
```

```
18.          ts.Start("标记点");
19.          ShowXYZWithoutTsInside(point, doc);
20.          TextNote.Create(doc, uidoc.ActiveView.Id, point, point.ToStr
ing(), textTypeId);
21.          ts.Commit();
22.      }
23.}
```

运行效果如图 3.5-143 所示。

读者可尝试将本节代码改成扩展方法，以方便调用。

4. 其他在模型中构造几何图元的方法

BRepBuilder 类提供了添加边、面、环的方法，可以一步一步地构造几何体，TessellatedShapeBuilder 可以通过一系列的面创建几何体。这两个类创建的几何体可以作为参数传递给 Directshape 类的 SetShape 方法，以达到在模型中显示的效果，感兴趣的读者可以查看 API 文档中的样例。

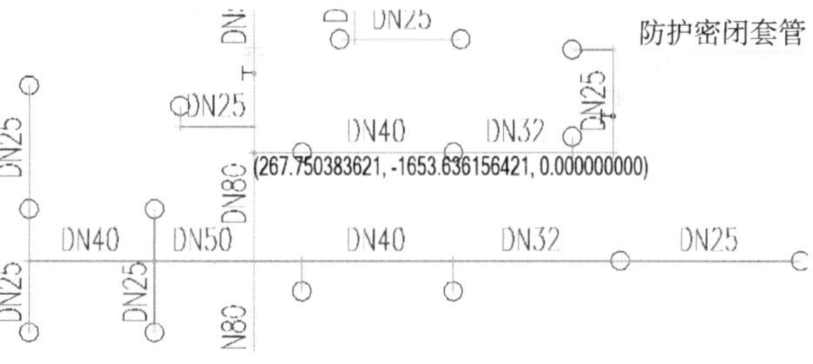

图 3.5-143　标注点的坐标值

Q59 怎样匹配直线和对应的文字

二次开发中经常会遇到需要匹配图纸中的文字和直线的情况。比如翻模、生成等高线等工作。本小节以匹配管道线和对应的文字标注为例，介绍此具体的做法。

1. 直接标注

管道标注分为直接标注和引线标注两种情况。如图 3.5-144 所示，文字在直线边上的情况，称为直接标注。

一种简单的匹配方法就是对于每一个文字，求文字和所有直线的距离，然后找到最近的直线。这种方法的缺点是计算量比较大，许多离开点很远的直线都参与了计算，导致程序运行时间很长。

图 3.5-144　直接标注

直线等几何图元无法使用 BoundingBoxIntersectsFilter 过滤器过滤。Revit API 中有一个轮廓类 Outline，可以达到类似的效果。

构造 Outline 的实例需要一个最小点和最大点。轮廓之间可以通过 Intersects 方法判断是否有碰撞。点是否在轮廓中，可以用轮廓的 Contains 方法判断。这两个方法都需要设置误差范围，实践中去 0.001 即可。因为 Revit API 对轮廓有关的算法进行过优化，所以这两个方法的速度是非常快的。另外，和 Boundingbox 不同，Outline 的边界只能平行于世界坐标系的基向量。

因此，可以给文字的定位点和直线都构造 Outline，然后利用轮廓是否相交，先找到四周可能的线，然后找最近的线。

主方法：

```
1.//分配文字给管道，因为存在一个直径可以找到两个直线的情况，所以需要两次分配
2.//第一次分配
```

```
3.List <CADTextModel> cADTextModels_secondCheck = new List <CADText
Model>();
4.foreach (var item in diaTexts_all)
5.{
6.    List <MyEdge> myedges_aroundText = myGraph.edges.Where(e => e.outl
ine.Intersects(item.outline, 0.001) && IsSameDirection(item, e.line)).ToList();
7.      if (myedges_aroundText.Count == 1)
8.      {
9.          double dia = DNTextHelpers.GetNumberFromText(item.Text);
10.           myedges_aroundText[0].weight = dia;
11.      }
12.      else if (myedges_aroundText.Count >1)
13.      {  //记录需要重新检查的文字
14.          cADTextModels_secondCheck.Add(item);
15.      }
16. }
17.
18. //第二次分配
19. foreach (var item in cADTextModels_secondCheck)
20. {
21.         List <MyEdge> myedges_aroundText = myGraph.edges.Where(e =>
e.outline.Intersects(item.outline, 0.001) && IsSameDirection(item, e.line)
&&e.weight ==0).ToList();
22.         if (myedges_aroundText.Count == 1)
23.         {
24.             double dia = DNTextHelpers.GetNumberFromText(item.Text);
25.             myedges_aroundText[0].weight = dia;
26.         }
27.         else if (myedges_aroundText.Count >1)
28.         {
29.             double dia = DNTextHelpers.GetNumberFromText(item.Text);
30.              myedges_aroundText.OrderBy(me => me.line.Project(item.
Location).Distance).First().weight = dia;   //找最近的直线赋值
31.         }
32. }
```

上方代码使用了两次分配，是因为可能出现文字和多个直线轮廓碰撞的情况，如图 3.5-145 所示，DN150 文字上下的管道都被识别成了 150。

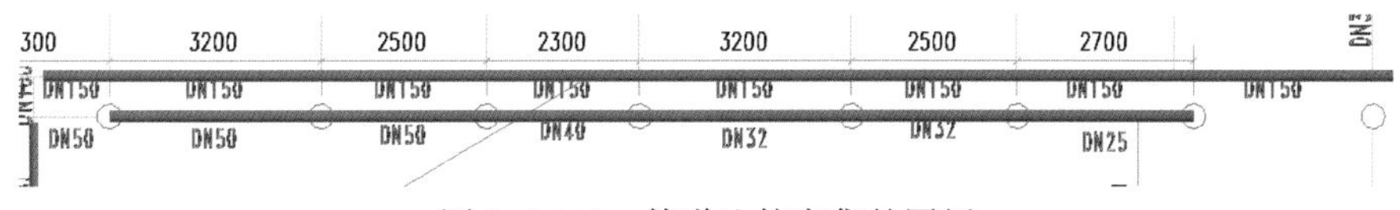

图 3.5-145　管道比较密集的图纸

使用两次分配法，第一次分配时，DN150 有两根直线碰撞，此时不为直线赋直径，只记录这个文字。接着处理 DN50，该文字只有一根管道碰撞，该管道的直径被赋值为 50。图纸所有文字遍历完成后，开始第二次分配，这一次只遍历没有被处理的文字。此时和 DN150 碰撞且没有直径的直线只有一根，这样就提高了识别的准确度。

为直线创建轮廓的方法如下所示：

```
1.public static Outline CreateOutLineForLine(Line line, double range_ft)
2.{
3.    XYZ dir = line.Direction;
4.    XYZ center = line.Evaluate(0.5, true);
5.    double length_ft = line.Length;
6.    XYZ min;
7.    XYZ max;
8.
9.    if (Math.Abs(dir.Y) < 0.001)//平行于 X 轴
10.    {
11.        max = center + new XYZ(0.5 * length_ft, range_ft, 0.1);
12.        min = center + new XYZ(-0.5 * length_ft, -range_ft, -0.1);
13.       Outline outline = new Outline(min, max);
14.        return outline;
15.    }
16.    else if (Math.Abs(dir.X) < 0.001)//平行于 Y 轴
17.    {
18.        max = center + new XYZ(range_ft, 0.5 * length_ft, 0.1);
19.        min = center + new XYZ(-range_ft, -0.5 * length_ft, -0.1);
20.        Outline outline = new Outline(min, max);
21.        return outline;
22.    }
23.    else
24.    {
25.        //新建局部坐标系
26.        Transform transform = Transform.Identity;
27.        transform.Origin = line.Evaluate(0.5, true);
28.        transform.BasisX = line.Direction.Normalize();
29.        transform.BasisZ = XYZ.BasisZ;
30.        transform.BasisY = line.Direction.Normalize().CrossProduct
(XYZ.BasisZ).Normalize();
31.
32.        //用局部坐标系表示四个角点
33.        XYZ p1_local = new XYZ(0.5 * length_ft, range_ft, 0);
34.        XYZ p2_local = new XYZ(0.5 * length_ft, -range_ft, 0);
35.        XYZ p3_local = new XYZ(-0.5 * length_ft, range_ft, 0);
36.        XYZ p4_local = new XYZ(-0.5 * length_ft, -range_ft, 0);
37.
38.        //用世界坐标系表示的四个角点
```

```
39.         XYZ p1_globle = transform.OfPoint(p1_local);
40.         XYZ p2_globle = transform.OfPoint(p2_local);
41.         XYZ p3_globle = transform.OfPoint(p3_local);
42.         XYZ p4_globle = transform.OfPoint(p4_local);
43.
44.         //求四个点的坐标最大值
45.         List<XYZ> points = new List<XYZ>() { p1_globle, p2_globle,
p3_globle, p4_globle };
46.         double maxX = points.Select(p => p.X).Max();
47.         double maxY = points.Select(p => p.Y).Max();
48.         double minX = points.Select(p => p.X).Min();
49.         double minY = points.Select(p => p.Y).Min();
50.
51.         //构建轮廓，轮廓总是平齐世界坐标系坐标轴的。
52.         //轮廓可以是一个平面，构成轮廓的 min 和 max 点 Z 值可以为 0
53.         double currentZ = center.Z;
54.         min = new XYZ(minX, minY, currentZ - 0.1);
55.         max = new XYZ(maxX, maxY, currentZ + 0.1);
56.         Outline outline = new Outline(min, max);
57.
58.         return outline;
59.     }
60. }
```

上述代码使用了坐标系变换的内容，详见几何章节。也可以利用向量叉积，获取垂直于直线方向向量的单位向量（XYZ. BasisZ. CrossProduct(line. Direction) ），再找轮廓的四个角点。读者可以自行尝试。

为了提高精度，主方法第 4 行代码增加了文字和直线的方向是否一致的条件。为文字创建方向属性和轮廓的代码如下所示，其中文字的角度和定位点通过 Teigha 读取，详见最后一章有关内容：

```
1.        XYZ startPoint = text.Location;
2.        double angle = text.Angle;
3.        XYZ dir_text = new XYZ(Math.Cos(angle), Math.Sin(angle), 0);
4.
5.        text.dir = dir_text;
6.        XYZ endPoint = startPoint + range_b_mm/304.8 * dir_text;
7.
8.        Line line = Line.CreateBound(startPoint, endPoint);
9.        text.outline = MyLineHelpers.CreateOutLineForLine(line, rang
e_h_mm /304.8);
10.
```

2. 引线标注

如图 3. 5-146 所示，因为管道比较密集，很多图纸都是用引线带出标注文字。

如果我们可以将文字挪到对应的管道的直线上，那么就可以按前面提到的直接标注的处理方法统一处理了。因此，对于引线标注，算法步骤为：

1）遍历所有文字，对于当前文字，找到和文字平齐的、最近的线，即水平引线 leader_h：

```
MyLeader leader_h = myLeaders.FirstOrDefault(l => l.outline.Intersects(currentText.outline, 0.001) && l.line.Direction.CrossProduct(currentText.dir).GetLength() <0.01);
```

2）找到和这个最近的线碰撞的线，即竖向的引线 myLeader_v：

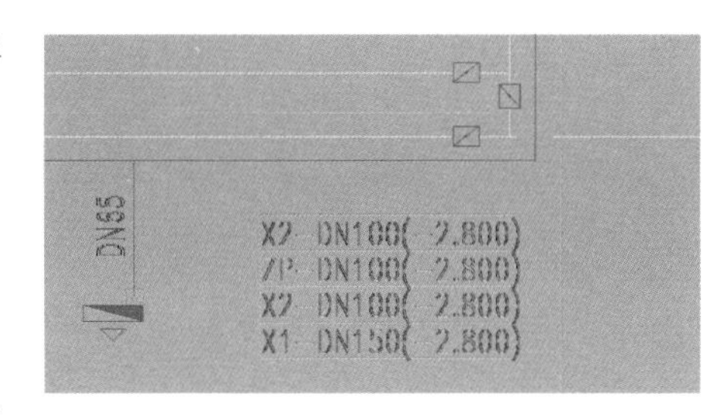

图 3.5-146　引线标注

```
1. MyLeader myLeader_v = null;
2. if (leader_h ! = null)
3. {
4.    var quary = from ml in myLeaders
5.                where ml.outline.Intersects(leader_h.outline, 0.001)
6.                where Math.Abs(ml.line.Direction.CrossProduct(leader_h.line.Direction).GetLength()) > 0.01  //竖向引线可能是斜的，这里不共线即可
7.                select ml;
8.    List<MyLeader> intersectLine = quary.ToList();
9.    myLeader_v = intersectLine.First();
10.   return myLeader_v;
11. }
```

如果第8行找到多个竖向相交的直线，则可利用交点是否在水平引线的端点进行进一步判断，本书限于篇幅不再给出具体代码。

3）找到竖向的引线四周所有的文字 T。

```
1.List<CADTextModel> cADTextModels = dias_text.Where(dt => myLeader_v.outline.Contains(dt.Location, 0)).ToList();
```

对找到的文字，可以设置其 Checked 属性为 false，下一次 while 循环中就不用再处理了。

4）找到竖向的引线和管道线的交点 P。

```
1.  myLeader_v.pipes_around = myline_pipes.Where(pl => pl.outline.Intersects(myLeader_v.outline, 0.001)).ToList();
2.  foreach (var pipeline in myLeader_v.pipes_around)
3.  {
4.      IntersectionResultArray intersectionResultArray = new IntersectionResultArray();
5.      SetComparisonResult intersectionType = pipeline.line.Intersect(myLeader_v.line, out intersectionResultArray);
6.      if (intersectionType = = SetComparisonResult.Overlap) //注意可能点 Z 值大于 0，导致直线不相交，因此读取直线的时候要赋 Z 值为 0;
7.      {
8.        XYZ p = intersectionResultArray.get_Item(0).XYZPoint;
9.          myLeader_v.intersectPoint_pipe.Add(new MyIntercectPoint(p, pipeline.layer));
```

```
10.     }
11.}
```

5）找到竖向的引线靠近文字一端的端点 nearPoint。

文字 T 和交点 P，都按和端点 nearPoint 的距离排序，这样就建立了一一对应的关系。

对文字按和引线端点的距离排序的关键代码为：

```
1.//竖向引线的端点
2.XYZ endPoint0 = myLeader.line.GetEndPoint(0);
3.XYZ endPoint1 = myLeader.line.GetEndPoint(1);
4.//求文字和两个端点的距离
5.List < double > dis_to_endPoint0 = myLeader.textAround.Select(p =>
p.Location.DistanceTo(endPoint0)).ToList();
6.List < double > dis_to_endPoint1 = myLeader.textAround.Select(p =>
p.Location.DistanceTo(endPoint1)).ToList();
7.//定义靠近文字一侧的端点为 nearPoint
8.XYZ farPoint;
9.XYZ nearPoint;
10.  //如果端点和文字的最近距离更小，这个端点就是靠近文字的点
11.  if (dis_to_endPoint0.Min() > dis_to_endPoint1.Min())
12.  {
13.      nearPoint = endPoint1;
14.      farPoint = endPoint0;
15.  }
16.  else
17.  {
18.      nearPoint = endPoint0;
19.      farPoint = endPoint1;
20.  }
21.  //根据和端点的距离排序
22.  myLeader.textAround = myLeader.textAround.OrderBy(t => t.Locati
on.DistanceTo(nearPoint)).ToList();
```

管道碰撞点排序的方法和文字点相同。

6）然后遍历 T 和 P 集合，设置文字的定位点为对应的交点，具体代码为：

```
1.//挪动 text 位置
2.int i = 0;
3.foreach (var intersectPointWithPipe in myLeader.intersectPoint_pipe)
4.{
5.    if (i > = myLeader.textAround.Count)
6.    {
7.        break;
8.    }
9.    myLeader.textAround[i].Location = intersectPointWithPipe.point;
10.       myLeader.textAround[i].Layer = intersectPointWithPipe.layer;
```

```
11.        myLeader.textAround[i].dir = intersectPointWithPipe.dir.Normalize();
12.        myLeader.textAround[i].Angle = XYZ.BasisX.AngleOnPlaneTo(intersectPointWithPipe.dir, XYZ.BasisZ);
13.        i++;
14.    }
```

这样就完成了对引线类型的标注的识别。有的图纸文字下方没有水平引线，此类情况在文字下方新建一个 Line 即可。

Q60 怎样在后台生成族文件

本小节以项目中异形柱翻模为例，介绍后台生成族的方法。

1. 族编辑有关的 API

(1) 获取族文档　在项目文档中，通过 doc. EditFamily (family) 方法获取族文档，编辑完成后使用 doc. LoadFamily (path) 方法加载族。

如果是新建族文档，则使用 Autodesk. Revit. ApplicationServices. Application 类（通过 doc. Application 属性获取）的 NewFamilyDocument 方法，其参数为族样板文件的路径。族样板文件所在文件夹可以通过 uidoc. Application. Application. FamilyTemplatePath 获取。

第一次使用项目中没有布置过实例的族时，需要使用 symbol. Activate 方法激活族。因为 Revit 为了节约文件大小，对于项目中没有使用过的族，不会访问其几何信息。

族文档也是 Document 类型，里面有一个 FamilyManager 属性，提供了管理族类型等有关的方法。

(2) 创建几何形体　族文档的 FamilyCreate 属性是一个 FamilyItemFactory，该类提供了创建几何形体、标注、模型文字等方法。创建族形状的 API 和对应的命令的关系如图 3. 5-147 所示。

这些方法的参数在 API 文档中都有详细的说明，限于本书篇幅，不再一一列举，以比较复杂的生成放样的操作为例，注意点有：

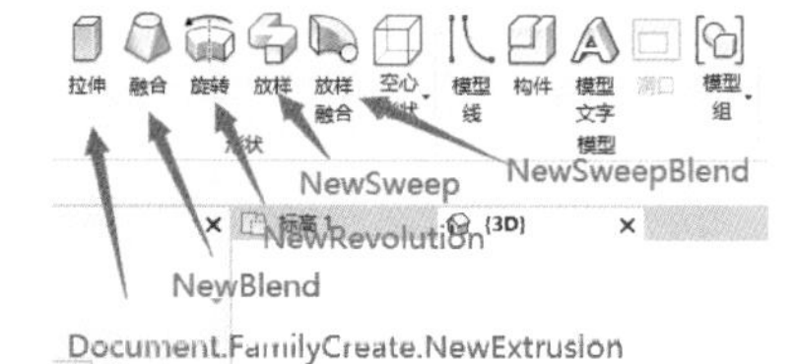

图 3. 5-147　创建几何体有关命令

1) 作为放样的路径参数的 CurveArray 要位于一个平面中。

2) 轮廓参数 SweptProfile 的曲线的坐标是相对于局部坐标系的，处于 XY 平面上，而不是相对于世界坐标系。就像软件中新建轮廓族，然后将轮廓族载入需要新建放样的族中使用一样，轮廓族有自己的坐标系。

3) 创建 SweptProfile 的方法为 familydoc. Application. Create. NewCurveLoopsProfile (curveLoops)。

(3) 创建参考平面　使用 document. Create. NewReferencePlane 方法。

(4) 创建约束　使用 document. Create. NewAlignment 方法。

(5) 创建和设置族参数　使用 Document. FamilyManager. AddParameter 方法创建族参数。FamilyManager 的 Set 方法用于设置族参数。

(6) 创建族类型　使用 Document. FamilyManager. NewType 方法。

(7) 修改族类别　有的时候可能会有批量修改族文件类别的需要，关键代码为：

```
familydoc.OwnerFamily.FamilyCategory = doc.Settings.Categories.get_Item (BuiltInCategory.OST_Doors);
```

注意不能修改可载入族的类别为墙 BuiltInCategory. OST_Walls 等系统族的类别。

2. 异形柱翻模关键代码

(1) 读取 CAD 图纸　用户指定异形柱轮廓线和标注文字的图层，插件读取 CAD。为节约篇幅，这里只介绍异形柱轮廓线是闭合的多段线的情况。

新建一个包装类，记录读取的多段线，在中心位置附近新建局部坐标系。

```
1.public ColumnEntity(PolyLine polyLine)
2.{
3.    this.polyLine = polyLine;
4.    outLine = polyLine.GetOutline(); //获取项目中大致的中心位置
5.    center_globle = (outLine.MinimumPoint + outLine.MaximumPoint) * 0.5;
6.    transform = Transform.Identity;
7.    transform.Origin = center_globle;
8.}
```

(2) 获取族坐标系下的轮廓　具体代码为：

```
1.public CurveArrArray GetLocalLines()
2.{
3.    CurveArrArray result = new CurveArrArray();
4.    CurveArray curveArray = new CurveArray();
5.
6.    List<XYZ> points_transformed = new List<XYZ>();
7.    List<XYZ> vexs = polyLine.GetCoordinates().ToList();
8.    foreach (var item in vexs)
9.    {
10.       //求局部坐标系下的点的坐标，这个值是和族坐标系对应的
11.       points_transformed.Add(transform.Inverse.OfPoint(item));
12.   }
13.
14.   //多段线转直线
15.   for (int i = 0; i <points_transformed.Count -1; i + +)
16.   {
17.       try
18.       {
19.           Line line = Line.CreateBound(points_transformed[i], poi
nts_transformed[i + 1]);
20.           curveArray.Append(line);
21.       }
22.       catch (Exception) {}
23.   }
24.
25.   //闭合多段线最后一段
26.   try
27.   {
```

```
28.        Line line = Line.CreateBound(points_transformed.Last(), poi
nts_transformed.First() );
29.        curveArray.Append(line);
30.    } catch (Exception) {}
31.
32.    result.Append(curveArray);
33.    return result;
34. }
```

(3) 新建族文档 具体代码为：

```
1.CurveArrArray lines = columnEntity.GetLocalLines();
2.//获取族文件
3.Document familyDoc = MainLine.doc.Application.NewFamilyDocument("D:\\公
制结构柱.rft");
4.Plane plane = Plane.CreateByNormalAndOrigin(XYZ.BasisZ, XYZ.Zero);
5.
6.string path;
7.string familyName;
8.using (Transaction ts = new Transaction(familyDoc))
9.{
10.    ts.Start("新建族"); //族文档中开启事务
11.
12.    //新建形状和类型
13.    familyDoc.FamilyManager.NewType("异形柱");
14.    SketchPlane sketchPlane = SketchPlane.Create(familyDoc, plane);
15.    Extrusion extrusion = familyDoc.FamilyCreate.NewExtrusion(true,
lines, sketchPlane, 4000 /304.8);
16.
17.    //建立约束
18.    Options options = new Options();
19.    options.ComputeReferences = true;
20.    options.DetailLevel = ViewDetailLevel.Fine;
21.    GeometryElement geometryElement = extrusion.get_Geometry(options);
22.
23.    Reference upperFaceRef = null;
24.    Reference bottomFaceRef = null;
25.    FaceArray faceArray = geometryElement.Where(g => g is Solid).Cast
<Solid>().First().Faces;
26.
27.    //找到上表面
28.    foreach (Face face in faceArray)
29.    {
30.        if (face.ComputeNormal(new UV()).IsAlmostEqualTo(XYZ.BasisZ))
31.        {
32.            upperFaceRef = face.Reference;
33.            break;
34.        }
35.    }
36.  //找下表面的代码省略
```

```
37.     ......
38.     //找到标高面，新建约束
39.     if (upperFaceRef ! = null && bottomFaceRef ! = null)
40.     {
41.         View view = new FilteredElementCollector(familyDoc).OfClass
(typeof(View)).Where(v => v.Name = = "前").FirstOrDefault() as View;
42.         Level topLevel = new FilteredElementCollector(familyDoc).OfCl
ass(typeof(Level)).Where(l => l.Name = = "高于参照标高").FirstOrDefault() as
Level;
43.         Level bottomLevel = new FilteredElementCollector(familyDoc).
OfClass(typeof(Level)).Where(l => l.Name = = "低于参照标高").FirstOrDefault()
as Level;
44.
45.         Reference topLevelRef = topLevel.GetPlaneReference();
46.         Reference bottomLevelRef = bottomLevel.GetPlaneReference();
47.
48.         Dimension topAlign = familyDoc.FamilyCreate.NewAlignment(view,
topLevelRef, upperFaceRef);
49.         topAlign.IsLocked = true;
50.         Dimension bottonAlign = familyDoc.FamilyCreate.NewAlignment
(view, bottomLevelRef, bottomFaceRef);
51.         bottonAlign.IsLocked = true;
52.     }
53.
54.     ts.Commit();
55.
56.     //另存族文件，如果不指定保存选项，出现同名时会报错
57.     familyName = "异形柱族" + index;
58.     SaveAsOptions saveAsOptions = new SaveAsOptions();
59.     saveAsOptions.OverwriteExistingFile = true;
60.     familyDoc.SaveAs("D: \\" + familyName + ".rfa", saveAsOptions);
61.     path = familyDoc.PathName;
62.     familyDoc.Close();
63.}
```

上面代码第38行开始做的工作是将柱的上表面和参照标高锁定，效果如图3.5-148所示。

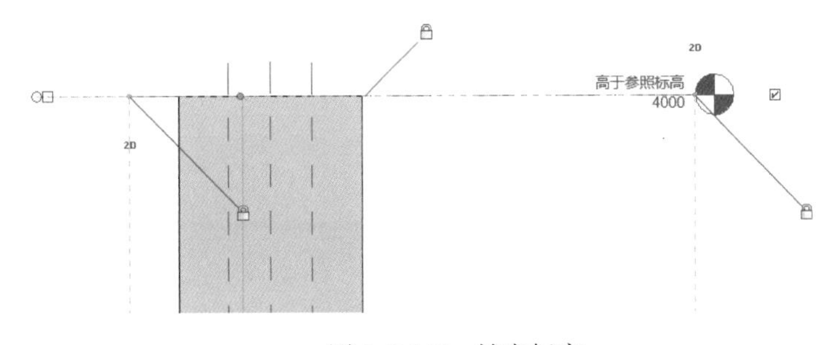

图3.5-148 锁定标高

生成族后，加载和使用族的方法见“Q38 怎样在后台加载管件族”小节。

Q61 怎样获取构件之间的距离

获取构件之间的距离，主要有两种方法：射线法和几何分析法。

1. 射线法

原理是从给定的点出发，发出一条射线，和射线相交的几何体和元素会被记录下来。例如消火栓箱要求底部据地面150mm，就可以利用射线法定位，关键步骤为：

（1）新建三维视图　射线只和三维几何体相交，所以需要指定一个三维视图。为了防止用户删除或是更改视图，一般都是使用程序新建一个三维视图，并控制里面图元的显示。生成三维视图的具体方法详见与视图有关的章节。

（2）构造射线发射器　如下面代码所示，为新建一个射线发射器ReferenceIntersector类的实例：

```
1.List < BuiltInCategory > categories_1 = new List < BuiltInCategory >
2.{
3.    BuiltInCategory.OST_Floors,
4.    BuiltInCategory.OST_StructuralFraming,
5.    BuiltInCategory.OST_Stairs
6.};
7.ElementMulticategoryFilter elementMulticategoryFilter = new Element
MulticategoryFilter(categories_1);
8.
9.intersector = new ReferenceIntersector(elementMulticategoryFilter,
FindReferenceTarget.Face, view3D);
10.   intersector.FindReferencesInRevitLinks = true;
```

第9行射线发射器的构造方法有三个参数。第一个是元素过滤器，本例中因为需要返回和地面的距离，所以用的是包含楼板、梁、楼梯的多类别过滤器。

第二个参数用于指定要找的对象，可以是Element或是Face、Curve、Edge、Mesh等几何图元，本例中设置为Face。

第三个参数是射线所在的三维视图。ReferenceIntersector类还有其他三个重载的构造方法，读者可查阅API文档。

第10行设置是否和链接文件中的图元碰撞。

（3）发射射线　以下代码展示了发射射线的过程：

```
1.private double GetDistanceToFloor_ft(XYZ rayOrigin, ReferenceInters
ector referenceIntersector)
2.{
3.    XYZ direction = XYZ.BasisZ * -1;
4.    ReferenceWithContext referenceWithContext = referenceIntersecto
r.FindNearest(rayOrigin, direction);
5.    if (referenceWithContext = = null)
6.    {
7.        return -1; //没有找到的情况
8.    }
9.
10.        Reference reference = referenceWithContext.GetReference();
```

```
11.        XYZ hitPoint = reference.GlobalPoint;
12.
13.        return hitPoint.DistanceTo(rayOrigin);
14.    }
```

第三行代码指定了射线的方向，本例中是指向地面，为 -Z 方向；

第四行调用射线发射器的 FindNearest 方法，返回第一个和射线碰撞的目标。ReferenceIntersector 还有一个 Find 方法，返回的是所有碰撞目标。

ReferenceWithContext 实例的 GetReference 方法可以返回目标的参照。射线和目标的交点会记录在 Reference 类的 GlobalPoint 属性中，如代码第 4～11 行所示。

找到了碰撞点，就确定了消火栓箱当前和地面之间的距离，接着可以通过设置标高偏移参数调整族实例到合适的位置了。

使用射线发射器的一些注意事项如下：

1）如果项目中几何元素发生了变化，则下一次使用射线定位时，会重新生成一次三维视图，这会增加插件的运行时间。可利用射线法先记录每个构件需要挪动的距离，然后统一挪动，从而提高效率。设置标高参数等 API 操作不会修改几何图元，只有提交事务、使用 doc. Regenerate 方法、使用 ElementTransformUtil 类的方法时会更新几何图形，所以发射射线后就调整消火栓的标高参数，对程序速度没有影响。

2）使用类别过滤器新建的射线发射器，即使类别中没有链接文件的类别 BuiltInCategory. OST_RvtLinks，只要设置 FindReferencesInRevitLinks = true，就会找出土建链接文件中的构件。土建链接中的元素只有满足类别过滤器，才会被射线发现。

3）使用 Id 集合构造的过滤器，如果 Id 集合里面没有链接模型的 Id，则即使设置 FindReferencesInRevitLinks = true，也不会寻找土建链接文件中的构件。

4）机电模型中只有土建链接模型，没有具体的墙梁板柱构件，因此不能通过新建 Id 集合的方式获取目标结构构件列表。如果要对土建链接模型中找到的构件进一步过滤，可使用以下的代码：

```
1.private double GetDistanceToFloor_ft(XYZ rayOrigin, ReferenceInters
ector referenceIntersector)
2.{
3.    //找所有的碰撞点
4.    XYZ direction = XYZ.BasisZ * -1;
5.    IList<ReferenceWithContext> referenceWithContexts = reference
Intersector.Find(rayOrigin, direction);
6.    if (! referenceWithContexts.Any())
7.    {
8.        return -1; //没有找到的情况
9.    }
10.
11.
12.     List<XYZ> hitPoints = new List<XYZ>();
13.     Document doc = uidoc.Document;
14.     ElementId beamCategoryId = new ElementId(BuiltInCategory.OST_Stru
cturalFraming);
15.     foreach (var referenceWithContext in referenceWithContexts)
```

```
16.     {
17.         Reference reference = referenceWithContext.GetReference();
18.         RevitLinkInstance RevitLinkInstance = doc.GetElement(refer
ence) as RevitLinkInstance;
19.         if (RevitLinkInstance = = null)
20.         {
21.             continue; //不是土建链接模型的情况
22.         }
23.         //获取结构模型中的构件
24.         Document RevitDoc = RevitLinkInstance.GetLinkDocument();
25.         ElementId eleId = reference.LinkedElementId;
26.         Element structuralEle = RevitDoc.GetElement(eleId);
27.
28.         //排除结构板，我司习惯使用类别名称区别建筑楼板和结构楼板
29.         if (structuralEle is Floor floor)
30.         {
31.             ElementId floorTypeId = floor.GetTypeId();
32.             string floorType = RevitDoc.GetElement(floorTypeId).Name;
33.             if (floorType.Contains("结构"))
34.             {
35.                 continue;
36.             }
37.         }
38.
39.         //排除柱帽
40.         if (structuralEle.Category.Id = = beamCategoryId)
41.         {
42.             if (structuralEle.Location is LocationPoint)
43.             {
44.                 continue;
45.             }
46.         }
47.
48.         //没有被排除的碰撞点加入集合
49.         hitPoints.Add(reference.GlobalPoint);
50.     }
51.
52.     //如果有符合条件的碰撞点，则找最高的点，也就是最近的点
53.     if (hitPoints.Any())
54.     {
55.         XYZ highestHitPoint = hitPoints.OrderByDescending(p => p.Z).First();
56.         return highestHitPoint.DistanceTo(rayOrigin);
57.     }
58.     return -1;
59.}
```

2. 几何分析法

求梁下净高时，如果梁下有降板区域，从梁中点发射的射线可能打在高的板上，也可能打在

低的板上，射线法就不是很准确了。

对于这类梁，可以使用几何分析法求净高，一种算法为：

1）根据梁的支撑情况，划分梁段，分段计算梁底净高。

2）拉伸梁下表面，形成 Solid。

3）对这个 Solid 和梁下方元素的 Solid 做求交集的布尔操作，返回结果 Solid2。

4）遍历 Solid2 的所有边，找到最高的点。这个点和梁下表面的距离就是梁下净高。

Q62 怎样获取标注需要的 Reference

Reference 可以理解为几何图元的包装类，里面不仅存储了几何图元对象，还存储了几何对象所在的元素、点选的位置等信息。本小节介绍获取用于标注的 Reference 的方法。

1. 新建 DetailLine 法

标注用的 Reference，必须来自项目中的元素，也就是需要“稳定的”参照。自己新建的 Line 等几何元素，只存在于内存中，是不稳定的，不能用于参照。因此在需要 Reference 又没有项目图元的地方，可以新建 DetailLine，然后通过其 GeometryCurve. Reference 属性获取参照。

2. 通过选择获取

Selection 类的 PickObject 方法可以返回构件的 Reference。

3. 通过 Reference 类的构造获取

Reference 类的构造函数接受一个 element 作为参数，因此可以使用构造函数生成参照。从构造函数也可以看出，reference 是和元素联系非常紧密的。

下面代码可用于标注梁之间的距离：

```
1.Reference reference1 = new Reference(ele1);
2.Reference reference2 = new Reference(ele2);
3.ReferenceArray referenceArray = new ReferenceArray();
4.referenceArray.Append(reference1);
5.referenceArray.Append(reference2);
6.
7.using (Transaction ts = new Transaction(doc))
8.{
9.    ts.Start("标注梁");
10.     doc.Create.NewDimension(doc.ActiveView, line, referenceArray);
11.     ts.Commit();
12.}
```

4. 通过构造射线获取

新建一个 ReferenceIntersector，发射射线后碰撞点会有 Reference，详见前一小节的内容。

5. 从 FamilyInstance 出发获取

FamilyInstance 类有一个 GetReference 方法，可以获取族文件中所有参照。如图 3. 5-149 所示，建族的时候，通过参照线或参照平面定位。

这些参照线或面都有名字以及“是参照”属性。“是参照”选项的内容对应于 GetReference 方法参数 FamilyInstanceReferenceType 的枚举。

获取梁中心（前/后）参照线的参数的代码如图 3. 5-150 所示。

从图 3. 5-150 中可以看到，这个 Reference 的 ElementReferenceType 属性是一个面。

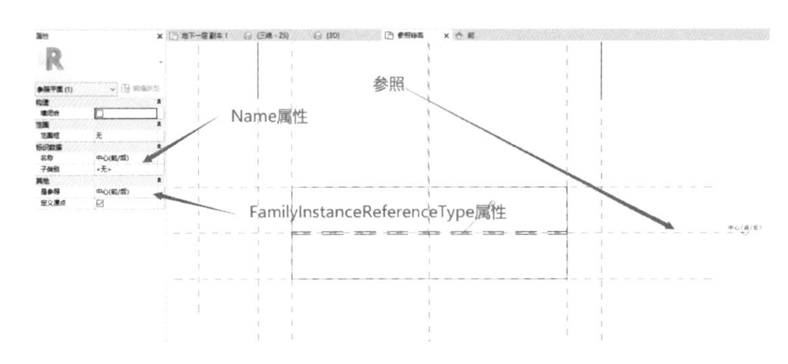

图 3.5-149　族文件中的参照面

```
FamilyInstance beam = doc.GetElement(new ElementId(557593)) as FamilyInstance;
IList<Reference> references=  beam.GetReferences(FamilyInstanceReferenceType.CenterFrontBack);
```

图 3.5-150　获取中心参照线

另外 FamilyInstance 类还有 GetReferenceName 和 GetReferenceByName 方法可用于过滤需要的参照。注意 GetReferenceByName 方法只能返回“是参照”的平面。

6. 从元素几何图元出发获取参照

对于元素，获取 Solid 之后可以接着获取需要的线和面。而 Curve 和 Face 类都有 Reference 属性。相关方法和属性如图 3.5-151 所示。

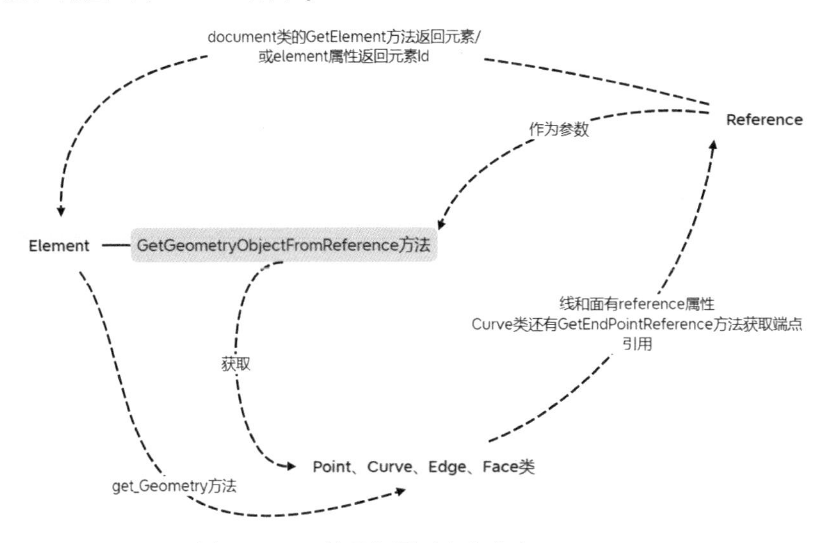

图 3.5-151　从几何图元出发获取 Reference

要注意 Element 的 Location 属性等途径获取的曲线，其 Reference 属性为 null。

7. 链接文件中的 Reference 的处理

前面我们已经知道 Reference 和元素是紧密联系的。链接文件中的 Reference 对应链接文件中的元素的 Id，因此只能在链接文件中使用。

如果需要在主文档中使用，需要使用 CreateLinkReference 新建一个 Reference，以下代码展示了如何在机电模型中获取两根土建梁的参照：

```
1.//链接文档中的参照
2.Reference reference1 =beam1.GetReferences(FamilyInstanceReferenceType.CenterFrontBack).First();
3.Reference reference2 =beam2.GetReferences(FamilyInstanceReferenceType.CenterFrontBack).First();
4.
5.//转化为主文档中的参照
6.ReferenceArray referenceArray = new ReferenceArray();
7.referenceArray.Append(reference1.CreateLinkReference(revitLinkInstance));
8.referenceArray.Append(reference2.CreateLinkReference(revitLinkInstance));
```

也可以通过射线法获取链接模型上的 Reference，详见前一小节的内容。

Q63 几何计算算法汇总

综合上面几个几何专题的介绍，本小节对判断点线面体等几何图元之间关系的算法进行汇总如下。

1. 点和点的关系

（1）求点和点的距离　求点和点的距离可以使用 XYZ 类的 DistanceTo 方法。

（2）判断两点是否重合　计算两点距离是否小于给定值即可。当点的数量较多时，为了减少计算量，可以只比较两点的坐标值之差的绝对值，代码如下所示：

```
if (Math.Abs(p1.X - p2.X) < 10 /304.8 && Math.Abs(p1.Y - p2.Y) < 10 /304.8)
```

以上比较不涉及平方计算，且第一个条件不满足时不会计算第二个条件，故整体的计算量比较小。

2. 点与线的关系

（1）点和线的距离　如图 3.5-152 所示，Curve 类的 Project 方法，当 P3 到线段的垂点不在线段上时，返回的是 d1 和 d2 的最小值；当 P3 的垂点在线段上时，返回的是 d0。因此如果要求 d0，可以将线段改成直线后用 Project 方法求，详见关于曲线的章节。

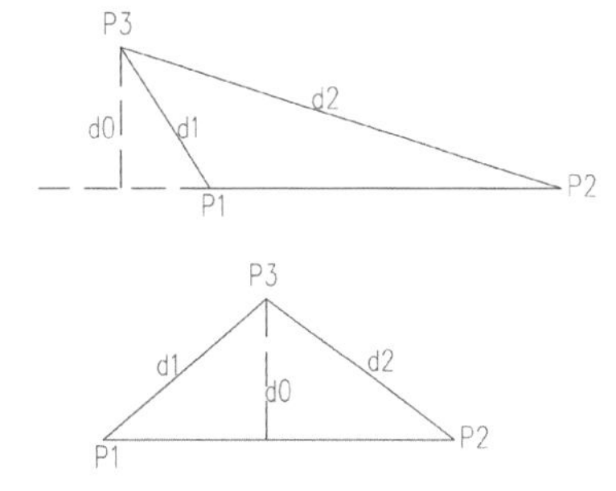

图 3.5-152　点和线的 Project 方法

（2）点是否在线段上　计算点和线段的距离是否为 0，如果为 0，则在线段上。因为浮点数的原因，这里用于比较的都应该是自己定义的误差值 eps，而不是 0，本小节其他地方也一样，不再特别说明。

（3）点是否在线段周围一定距离内　当点的数量较多时，为了减少计算量，首先要构造线段的 Outline 进行初步判断，然后求点和线段的距离。详见机电章节“怎样匹配文字标注”小节的内容。

（4）判断点是否在多段线一定距离内　先使用多段线的 Outline 属性过滤，接着为点 P 构造

Outline1，利用多段线的顶点是否在 Outline1 范围内进一步过滤。然后求剩下的顶点和点 P 的距离，如果发现小于给定距离的点即可返回，不用计算所有的点。

3. 点与面的关系

（1）点是否在面（Face）的范围内　使用 Face 类的 Project 方法，如果点不在面的范围内，则 IntersectionResult 值为 null。

如果要计算点是否在多边形内部，可以从点出发做射线，计算和多边形交点的个数，数量为奇数时点位于多边形内部。也可以使用 Clipper 库的 PointInPolygon 方法。

（2）点和面（Surface）的距离　使用 Surface 类的 Project 方法即可。

（3）点是否在面（Surface）上　使用 Surface 类的 Project 方法，计算点 P 到平面的距离，如果为 0，则在面上。

4. 点和体的关系

（1）点在体内部还是外部　Solid 类没有提供一个判断点是否在内部的方法。可以使用 Solid 的范围盒先进行过滤，然后从点出发构造直线和 Solid 进行碰撞检测，保留线在体内部的部分。如果相交结果中有该点，则点在 Solid 内部，代码如下所示：

```
1.public static bool IsRayOriginInSolid(Solid solid, XYZ point, XYZ vec
tor)
2.{
3.    SolidCurveIntersectionOptions sco = new SolidCurveIntersectionOp
tions();
4.    sco.ResultType = SolidCurveIntersectionMode.CurveSegmentsInside;
5.
6.    Line line = Line.CreateBound(point, point.Add(vector));
7.
8.    double tolerance = 0.000001;
9.
10.        SolidCurveIntersection sci = solid.IntersectWithCurve(line,
sco);
11.
12.        for (int i = 0; i < sci.SegmentCount; i++)
13.        {
14.            Curve c = sci.GetCurveSegment(i);
15.
16.            if(point.IsAlmostEqualTo(c.GetEndPoint(0), tolerance) || poi
nt.IsAlmostEqualTo(c.GetEndPoint(1), tolerance))
17.            {
18.                return true;
19.            }
20.    }
21.
22.    return false;
23. }
24.
```

```
25.  public static bool IsPointInSolid(Solid solid, XYZ point)
26.  {
27.          return IsRayOriginInSolid(solid, point, XYZ.BasisX) || IsRay
OriginInSolid(solid, point, XYZ.BasisX.Negate());
28.  }
```

（2）点和体的距离　理论上可以求点到体上所有顶点、边、面的距离，取最小值。实际工作中如果精度要求不高的话只计算点到顶点的距离即可。

5. 线和线的关系

（1）线和线的夹角　获取线的方向向量进行计算。

（2）两线段是否相交或重合　使用 Curve 类的 Intersect 方法，详见曲线相关章节。

6. 线和面的关系

（1）面与线的交点　使用 Face 类的 Intersect 方法可以获取面与线的交点。

如果是求直线和平面的交点，也可以利用向量计算。当直线 L 的方向向量 $\mathbf{d}_L$ 和平面的法向量不垂直时，交点 $P = P_L + [(P_L P_S * n_S)/(\mathbf{d}_L * n_S)] d_L$；其中 P_S 为面上一点，P_L 为线上一点。

（2）求多边形骨架线　如图 3.5-153 所示，对多边形进行 Delaunay 三角剖分，然后遍历三角形，形成二叉树结构。将多边形内部的线的中点连接起来，就得到了多边形骨架。

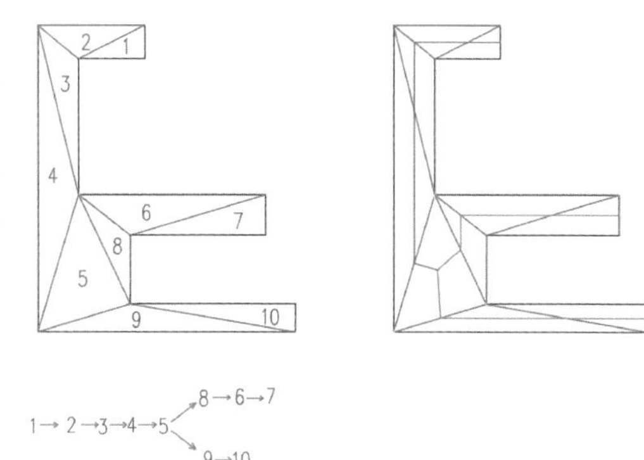

图 3.5-153　多边形骨架线

在二叉树分支处，如图 3.5-153 中的三角形 5，可以根据各个分支的面积之比确定骨架线在三角形中的交汇位置。

（3）直线在平面上的投影　可以将直线的端点分别投影到平面上，然后连接新端点生成结果。也可以利用平面建立局部坐标系，使用坐标系变换解决投影问题。详见“怎样将点投影到剖切面”小节。

7. 线和体的关系

使用 Solid 类的 IntersectWithCurve 方法可以判断线和体的关系。

8. 面与面的关系

（1）计算两个平面之间的角度　通过计算两个面的法向量来判断两个平面的方位关系。

（2）面与面是否相交　使用 Face 类的 Intersect 方法。Intersect 的一个重载 Intersect（Face，Curve）还可以计算两个面相交的结果。

位于同一个平面上的多边形求相交结果可以使用 Clipper 库。

（3）计算任意多边形面积　如果有 face，则可以查询 Area 属性获取面积。如果没有 face，可以使用 clipper 库构造多边形，求面积。

一个求多边形面积的数学公式为：设 m 多边形的顶点 P_k（x_k，y_k），顶点按逆时针方向排列，则多边形面积为 $S = \frac{1}{2}\sum_{1}^{m}(x_k y_{k+1} - x_{k+1} y_k)$

（4）计算多边形重心　步骤为：

1）以多边形的一个顶点 P1 为原点，作连接 P1 与其他所有非相邻顶点的线段，将多边形（n 条边）分为 $n-2$ 个三角形，如图 3.5-154 所示。

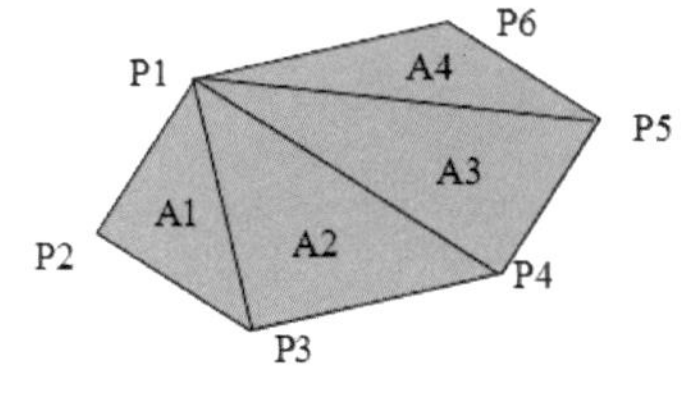

图 3.5-154　划分三角形

2）求每个三角形的面积和重心。设其中一个三角形的重心为 $G(c_x, c_y)$，顶点坐标分别为 $A1(x_1, y_1)$、$A2(x_2, y_2)$、$A3(x_3, y_3)$，则有 $c_x = (x_1 + x_2 + x_3)/3$；$c_y = (y_1 + y_2 + y_3)/3$；

面积为 $S = ((x_2 - x_1) \times (y_3 - y_1) - (x_3 - x_1) \times (y_2 - y_1))/2$；

3)求多边形的重心。

公式：$c_x = [\sum c_{x(i)} \times s_{(i)}]/\sum s_{(i)}$；$c_y = (\sum c_{y(i)} \times s_{(i)})/\sum s_{(i)}$；其中 $(c_{x(i)}, c_{y(i)})$，$s_{(i)}$ 分别是所划分的第 i 个三角形的重心坐标和面积。

实际工作中，往往只要求获取多边形比较靠近中心的点即可，可使用以下代码，获取点集的范围，然后求点集 Outline 的中心：

```
1.double maxX = points.Max(p => p.X);
2.double minX = points.Min(p => p.X);
3.double maxY = points.Max(p => p.Y);
4.double minY = points.Min(p => p.Y);
5.
6.XYZ max = new XYZ(maxX, maxY, 0);
7.XYZ min = new XYZ(minX, minY, 0);
```

9. 面与体的关系

BooleanOperationsUtils 类的 CutWithHalfSpaceModifyingOriginalSolid 方法可以用平面切割 Solid，只保留法向量一侧的 Solid。

10. 体与体的关系

BooleanOperationsUtils 类提供了体与体之间的布尔操作方法。因为三维布尔运算比较复杂，这些方法容易抛出异常。此时可以稍稍旋转其中的一个实体，一般就不会再报错了。

11. 求构件的重心

Solid 的 ComputeCentroid 方法可以获取匀质物体的重心。如果一个图元只有一个 Solid，则使用该方法即可返回重心。

如果该图元有多个 Solid，可使用重心叠加公式：

$$X_n = (M_1 \times x_1 + M_2 \times x_2 + M_3 \times x_3 + \cdots\cdots + M_n \times x_n)/(M_1 + M_2 + M_3 + \cdots\cdots + M_n)$$

即求出每个 Solid 的重心和体积，然后用各自的体积作为权重乘以重心，求和后除以总体积。

◀ 第 6 节　视图专题 ▶

Q64 视图是怎样生成的

1. 从三维模型到二维图像

视图是从 Revit 的 3D 模型投影到平面产生的图像。以透视投影视图为例，如图 3.6-155 所示，模型空间中有一个水壶和兔子（Scene），观察者位于相机（Camera）位置，需要在图像平面（Image plane）上生成图片。

方法是从相机出发，向图像平面上的每个像素（Pixel）都发射一条射线（图 3.6-156），找到和模型最近的碰撞点。然后将碰撞点的颜色等信息绘制在对应的像素上，这样就从三维模型生成了二维的图像。

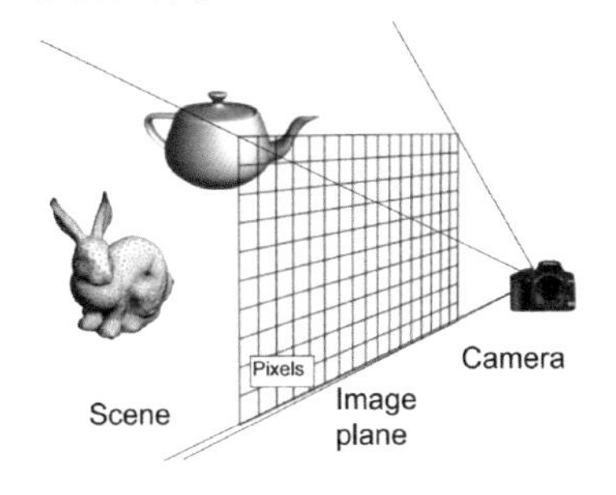

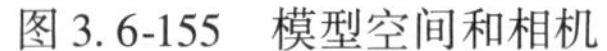

图 3.6-155 模型空间和相机

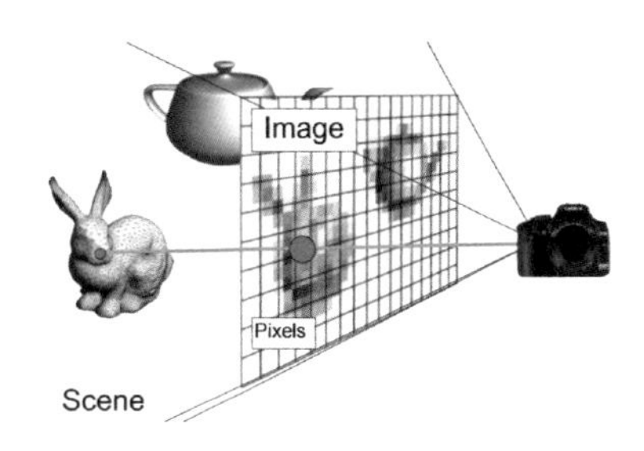

图 3.6-156 相机发射射线

分析以上视图的生成过程，我们可以得到以下结论：

1）生成视图需要指定模型空间的范围，因为射线不能射无限远，也不能射到相机后面。

2）生成视图需要一个投影面，也就是图 3.6-155 中的图像平面。

2. Revit 中的视图生成过程

Revit 中的视图生成过程如图 3.6-157 所示。

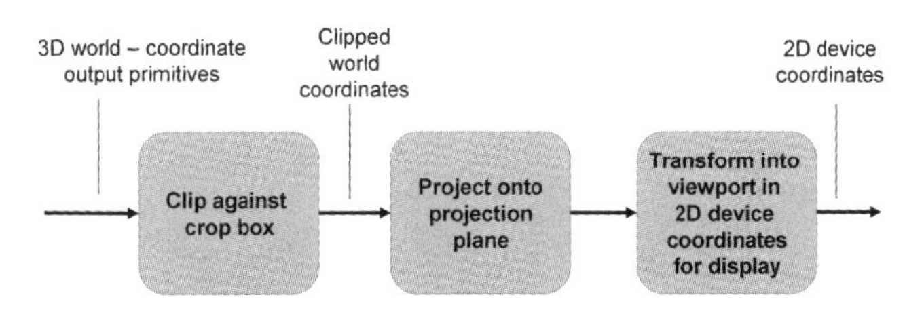

图 3.6-157 视图生成过程

（1）裁剪框裁剪（Clip against crop box） 以透视投影视图为例，如图3.6-158 所示，Front clipping Plane（前剪辑平面）和 Back clipping plane（后剪辑平面）组成了一个棱台。只有这个棱台范围内的构件会被显示在视图上。

在 Revit API 中，通过 view 类的 CropBox 属性获取裁剪框。该属性是一个 BoundingBox。对于透视视图，CropBox 的 Min 点是将 Front clipping Plane 上的 Min 点（图 3.6-158 中 CropBox.Max 的左下角）投影（沿着图中棱台内的虚线）到 Back clipping plane 形成的。

这些点的坐标都是基于视图坐标系的。视图坐标系是基于观察者的，其原点位于相机位置，即观察者位置，对应 View.Origin 属性。X 轴由 View.RightDirection 确定，指向屏幕的右侧；Y 轴由 View.UpDirection 确定，指向屏幕的上方；Z 轴方向根据叉积确定，对应 View.Direction，从屏幕指向观察者。

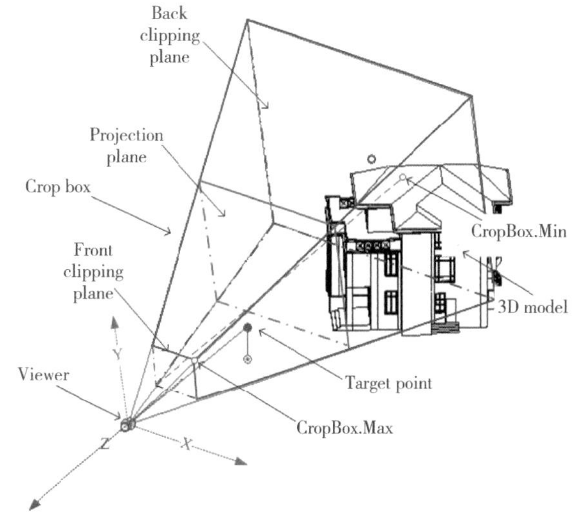

图 3.6-158 裁剪框

（2）投影到投影平面（Project onto projection plane）　如图 3. 6-158 所示，将投影面和棱台的交集称为裁剪区域，就是图中 Projection plane 上的矩形。在 Revit 软件界面中的对应如图 3. 6-159 所示。

通过 View. OutLine 属性可以获取这个区域，其坐标点也是相对于视图坐标系的。这个区域可以设置形状，不一定是矩形，可通过 View. GetCropRegionShapeManager 获取边界信息。

将投影平面划分成类似像素的单位区域，每个区域构造经过观察者和该区域的射线，找到棱台内第一个和射线碰撞的位置，将该位置的颜色记录在单位区域上，就完成了投影，如图 3. 6-160 所示。

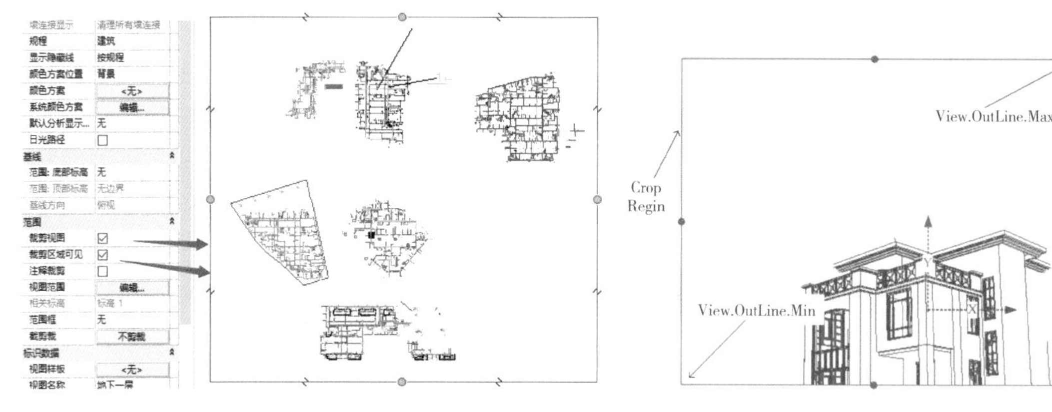

图 3. 6-159　软件中的裁剪区域　　　　图 3. 6-160　生成的视图

以上例子都是基于透视投影视图的，Revit 中更常用的是正等轴视图（Isometric View）。其特点在于裁剪框是一个平行六边形，用于投影的射线都是平行线，如图 3. 6-161 所示。

（3）在显示器中显示图像（Display in 2D device）　显示器的大小是有限的，因此投影面上的图像需要缩放形成视口，以放进显示器（图 3. 6-162）。这个缩放的比例对应的是 view. Scale 属性，表示模型尺寸和纸面尺寸的比例。二次开发中用的不多，主要是打印图纸的时候用于调整标注文字的相对大小。

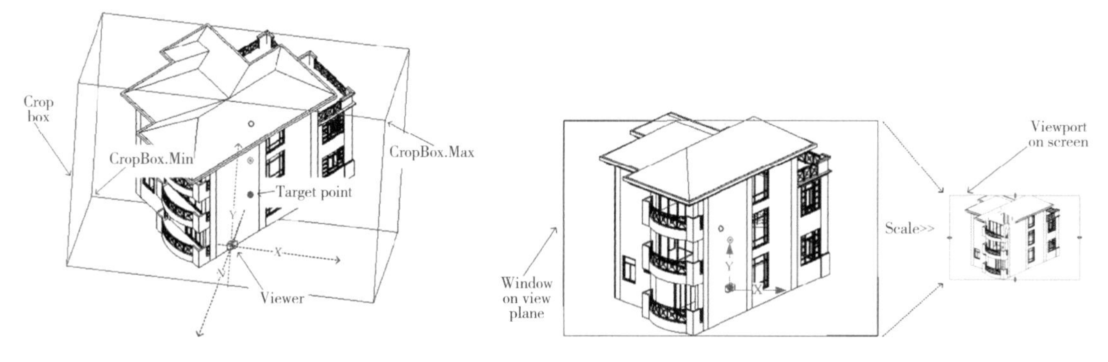

图 3. 6-161　正等轴视图的裁剪框　　　　图 3. 6-162　缩放视口

为了方便绘制，投影面上的点的坐标要转化为基于显示器的坐标系。

经过上述步骤，我们就在屏幕上看到了视图。可见整个过程还是比较复杂的。对于二次开发来说，了解其原理即可，重点要掌握的是了解视图坐标系的位置和坐标轴的方向。

Q65 View 类有哪些属性和方法

View 类是 Revit 中各种视图的基类，派生自 Element 类。本小节介绍其作为 View 类的重要方法和属性。在 Revit LookUp 中查看当前视图的命令为“Snoop Active View”。

1. View 类的重要属性

（1）AreModelCategoriesHidden　判断当前视图是否隐藏了所有模型类别。在 Revit 中使用快捷键 VV，可以打开视图可见性/图形替换选项。AreModelCategoriesHidden 属性对应软件中模型类别下的“在此视图中显示模型类别”选择框。其他类别的中英文对比如图 3.6-163 和图 3.6-164 所示。

楼层平面: 地下一层的可见性/图形替换　×

模型类别　注释类别　分析模型类别　导入的类别　过滤器　工作集　Revit 链接

☑在此视图中显示模型类别(S)　　如果没有选中某个类别，则该类别将不可见。

过滤器列表(F):　管道

图 3.6-163　中文类别

Visibility/Graphic Overrides for Floor Plan: 地下一层　×

Model Categories　Annotation Categories　Analytical Model Categories　Imported Categories　Filters　Worksets　Revit Links

☑Show model categories in this view　　If a category is unchecked, it will not be visible.

Filter list:　Piping

图 3.6-164　英文类别

获取这些属性可以 get 也可以 set。

如果只需要隐藏 Categories 下具体的几个 category，可以使用 SetCategoryHidden 方法。

（2）CropBox　对应 UI 范围框界面中的范围框，前面小节中已经介绍过了。View 类还有 CropBoxActive 和 CropBoxVisible 属性，对应裁剪视图和显示裁剪区域命令。

（3）DetailLevel　这是个枚举，对应 UI 的详细程度选项，如图 3.6-165 所示，从上到下依次为粗略、中等、精细。

（4）Displaystyle　这也是个枚举，对应视图的视觉样式，常用的样式见表 3.6-22。

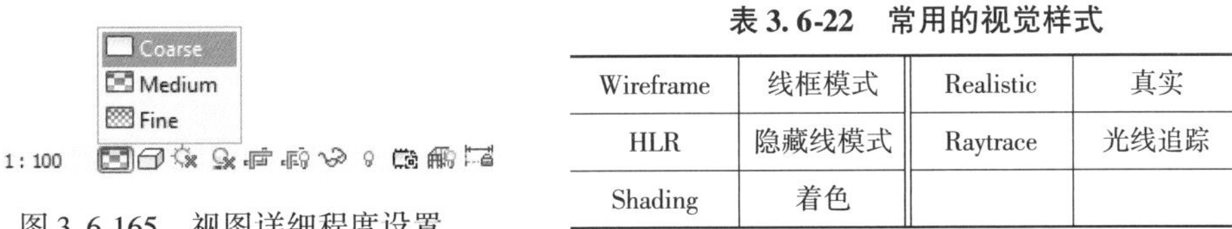

图 3.6-165　视图详细程度设置

表 3.6-22　常用的视觉样式

Wireframe	线框模式	Realistic	真实
HLR	隐藏线模式	Raytrace	光线追踪
Shading	着色		

（5）GenLevel　对于平面视图，可以使用该属性返回视图的参照标高。注意 View 类继承自 Element，因此也有 LevelId 属性，这个属性为 null。

（6）IsTemplate　判断视图是否是视图样板。使用元素收集器获取的视图，里面会有视图样板，需要用此属性排除。

（7）Origin　视图坐标系的原点，以及三个坐标轴对应的属性，在前面小节中已经介绍过了。

（8）Outline　投影平面和裁剪框相交的面，详见前面小节。

（9）ViewName　视图的名字。该属性从2019版本API开始就已经过期了，API作者推荐我们用Element的Name属性替代。

（10）TemporaryViewModes　该属性用于控制视图的临时显示样式，对应软件操作如图3.6-166所示。

例如，打开工作集共享显示的代码如下所示：

```
View.TemporaryViewModes.WorksharingDisplay = true;
```

（11）ViewType　对应视图类型的枚举，这个属性经常用来过滤我们需要的视图，常用的值见表3.6-23。

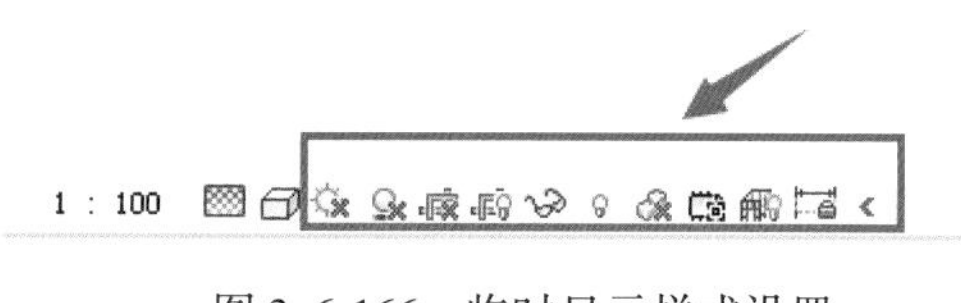

图3.6-166　临时显示样式设置

表3.6-23　ViewType枚举

FloorPlan	平面视图	AreaPlan	面积平面
CeilingPlan	天花板视图	Section	剖面视图
Elevation	立面	Detail	详图视图
ThreeD	3D视图	EngineeringPlan	结构视图

2. View类重要的方法

（1）AddFilter　添加视图过滤器；如果过滤器重名，会发生异常。

（2）Duplicate　复制视图。需要一个View-DuplicateOption枚举，对应软件中的复制视图选项，如图3.6-167所示。

图3.6-167　软件中的复制视图操作

（3）GetElementOverrides　获取元素在视图中的显示样式。

（4）HideElements　隐藏元素；如果元素列表是空，或者已经被隐藏了，会发生异常。

（5）UnHideElements　将被隐藏的元素重新显示，要求元素是已经被隐藏的。

这些方法的具体用法将在后面几节详细介绍。

限于本书篇幅，View类还有很多其他方法不能一一介绍，读者可查看API文档或是开发指南了解。

Q66 与视图有关的类有哪些

1. View类的派生类

View类的派生类如图3.6-168所示。平时使用比较多的是View3D（3d视图）、ViewPlan（平面视图）、ViewSection（剖面视图）。这些类在View类的基础上增加了对应视图类型的特殊属性和方法。

System.Object
Autodesk.Revit.DB.Element
Autodesk.Revit.DB.View
Autodesk.Revit.DB.TableView
Autodesk.Revit.DB.View3D
Autodesk.Revit.DB.ViewDrafting
Autodesk.Revit.DB.ViewPlan
Autodesk.Revit.DB.ViewSection
Autodesk.Revit.DB.ViewSheet

图3.6-168　View类的派生类

2. ViewType枚举

可以根据类名称使用过滤器筛选需要的视图，也可以使用视图的ViewType属性筛选。ViewType是一个枚举，对应视图的用途，详见前一小节内容。

3. ViewFamilyType

视图是系统族，视图实例对应的类型为ViewFamilyType。可以通过View的GetTypeId方法获取对应ViewFamilyType的Id。

ViewFamilyType 继承自 ElementType，可以复制、删除、重命名。类型属于族，通过 ViewFamilyType 的 ViewFamily 属性，可以获取视图类型对应的视图族。

以上涉及的概念比较多，我们以一个 3D 视图为例来进行简要介绍，其中涉及的类如图 3.6-169 所示。

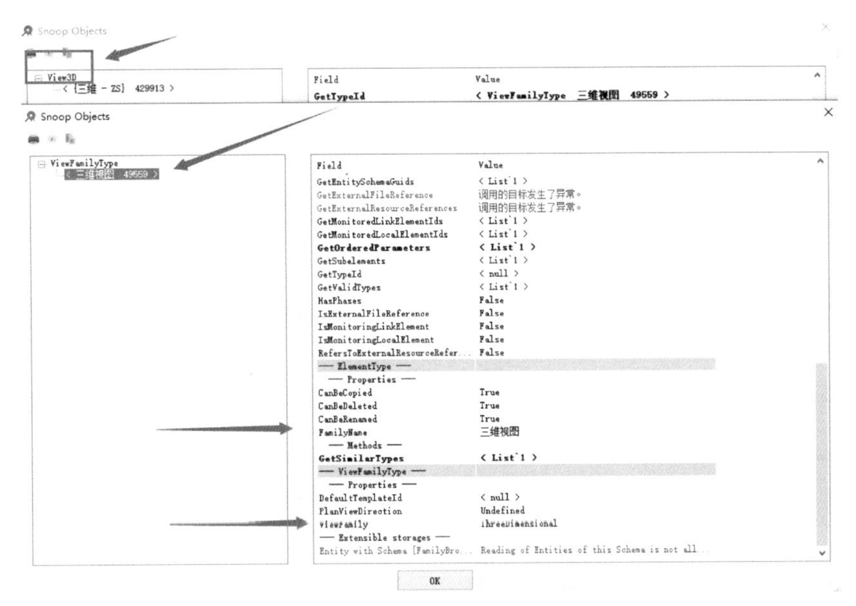

图 3.6-169　3D 视图实例的属性

图 3.6-169 中，一个三维视图属于 View3D 类，作为族实例，其类型 ViewFamilyType 为"三维视图"，对应的 ViewFamily 为 ThreeDimensional，族名称为"三维视图"。该三维视图的 ViewType 属性为 ThreeD，如图 3.6-170 所示。

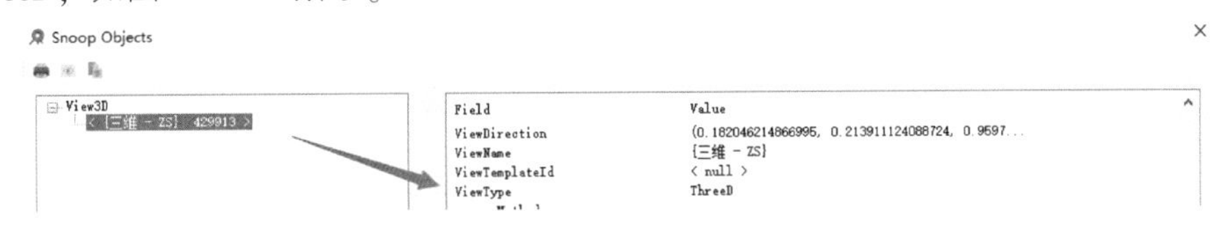

图 3.6-170　ViewType 属性

4. Revision 类

对应于 Revit 的修订功能，它能实现云线批注、标记和明细表追踪修订。这个类可通过其静态方法 Create 来创建实例。

5. ViewDisplayDepthCueing

对于立面视图，控制其深度选项，可通过 View 类的 GetDepthCueing( ) 方法获取。对应 UI 操作如图 3.6-171 所示。

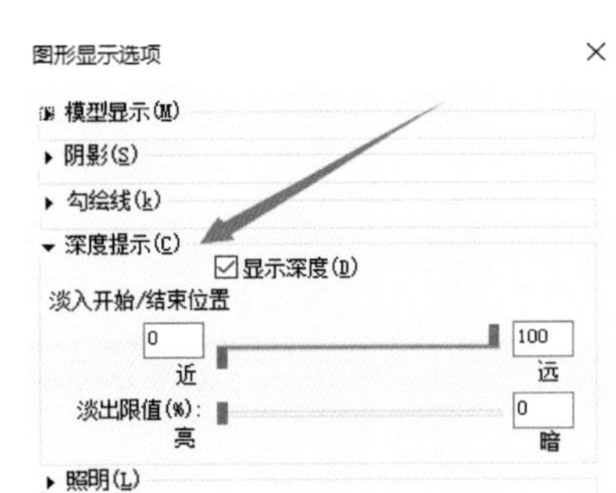

图 3.6-171　软件中的视图深度设置

6. DisplacementElement 类

在视图中不同的位置显示元素，可用于制作建筑物拆分爆炸图。

7. UIDocument 类

Uidoc 的 ActiveView 属性可以获取和切换当前活动视图。

8. Selection 类

其 SetElementIds 方法可用于在视图中亮显图元。

9. UIView 类

在 Revit 中，每个打开的视图对应一个 UIView 类，用于处理和用户交互有关的功能。详见“怎样在视图中定位元素”小节。

Q67 怎样在视图中定位元素

调整视图范围，使指定的元素位于屏幕中间高亮显示，是许多插件都需要用到的功能。高亮显示元素可以通过 Selection 类的 SetElementIds 方法完成，本小节介绍将元素放在屏幕中间的方法。

1. 使用 uidoc 定位元素

UIDocument 类的 ShowElements 可以在视图中定位图元。这个方法使用比较简单，缺点是经常会出现找不到对应的元素，弹出提示窗口的情况。

2. 使用 uiview 定位元素

每个视图被打开后，就会有一个对应的 uiview，可用于处理视图的打开、缩放、关闭等业务。

获取活动视图对应的 uiview 的代码如下所示：

```
1.private UIView GetUIViewForActiveView(UIDocument uidoc)
2.{
3.    IList<UIView> UIViews = uiDoc.GetOpenUIViews();
4.    Autodesk.Revit.DB.View activeView = uidoc.ActiveView;
5.    var quary = from uiview in UIViews
6.                where uiview.ViewId == activeView.Id
7.                select uiview;
8.    return quary.FirstOrDefault();
9.}
```

也可以使用另外一种形式的 LINQ 语句：

```
UIView uiView =uidoc.GetOpenUIViews().FirstOrDefault(item => item.View
Id ==uidoc.ActiveView.Id);
```

uiview 的方法有：

（1）GetWindowRectangle　该方法返回视图在屏幕上的位置（屏幕坐标系表示），例如使插件窗口在视图左上角显示的代码如下所示：

```
1.Rectangle rectangle =uIView.GetWindowRectangle();
2.form_Main.Location = new System.Drawing.Point(rectangle.Left, rect
angle.Top);
```

（2）GetZoomCorners　用于获取活动视图的两个角点，这些点是用项目坐标系表示的。

（3）Zoom　缩放视图，对应用户界面中滑动鼠标中间滚轮的操作。

（4）ZoomToFit　调整视图，显示所有模型。对应用户界面中双击鼠标中间滚轮的操作。

（5）ZoomAndCenterRectangle　给定两个角点（项目坐标系），该方法使用这两个角点可控制活动视图的显示范围。在视图中定位到给定元素的代码如下所示：

```
1.private void ShowElementWithUIView(List<ElementId> eleids, UIDocum
ent uidoc)
```

```
2.{
3.    List<Element> eles = eleids.Select(id => uidoc.Document.GetEleme
nt(id)).ToList();
4.    List<BoundingBoxXYZ> bboxes = eles.Select(e => e.get_Bounding
Box(null)).ToList();
5.
6.    //获取多个元素的最大范围
7.    double Xmax = bboxes.Select(b => b.Max.X).ToList().Max();
8.    double Xmin = bboxes.Select(b => b.Min.X).ToList().Min();
9.    double Ymax = bboxes.Select(b => b.Max.Y).ToList().Max();
10.       double Ymin = bboxes.Select(b => b.Min.Y).ToList().Min();
11.
12.       //最大范围外扩一段距离，显示周围的元素
13.       XYZ viewCorner_max = new XYZ(Xmax, Ymax, 0) + 2000 /304.8 *
new XYZ(1, 1, 0);
14.       XYZ viewCorner_min = new XYZ(Xmin, Ymin, 0) - 2000 /304.8 *
new XYZ(1, 1, 0);
15.
16.       UIView uIView = GetActiveViewUiView(uidoc.ActiveView, uidoc);
17.       uIView.ZoomAndCenterRectangle(viewCorner_min, viewCorner_max);
18.}
```

Q68 怎样控制视图中元素的显示样式

1. 控制元素颜色的方法和优先级

在 Revit 中控制元素颜色的方法有很多，按优先级排序有：

按图元替换 > 视图过滤器 > 阶段化 > 按类别替换 > 材质 > 对象样式

本小节重点介绍按图元替换的设置方法，下小节介绍设置图元过滤器的方法。

2. OverrideGraphicStyle 类简介

View 类的 SetElementOverrides 方法可以修改单个元素的显示样式，对应在软件界面中选择元素后，“替换视图中的图形”命令中的“按图元替换”命令如图 3. 6-172 所示。

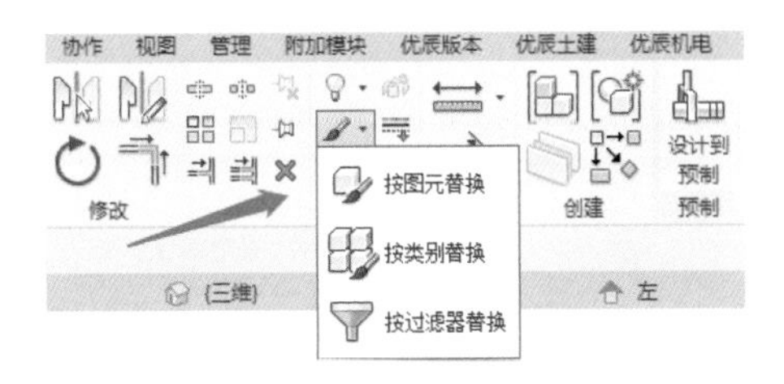

图 3. 6-172　软件中按图元替换操作

该方法需要一个被修改图元的 Id 和表示样式的 OverrideGraphicStyle 类。

OverrideGraphicStyle 类用于表示元素在视图中显示样式有关的设置，其方法和属性可查看软件中的操作界面（图 3. 6-173）以了解对应的用途。

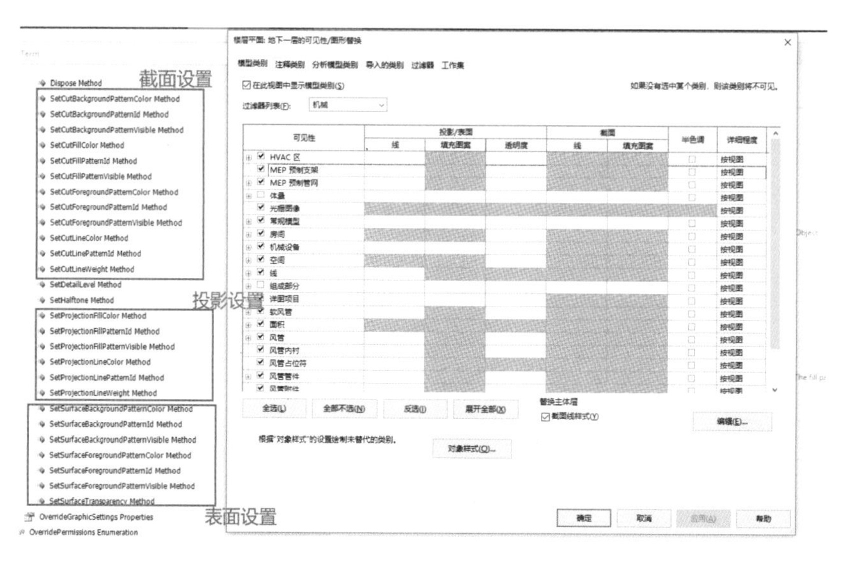

图 3. 6-173　与视图有关的设置

以设置填充图案为例，API 中的方法和软件界面的对应关系如图 3. 6-174 所示。

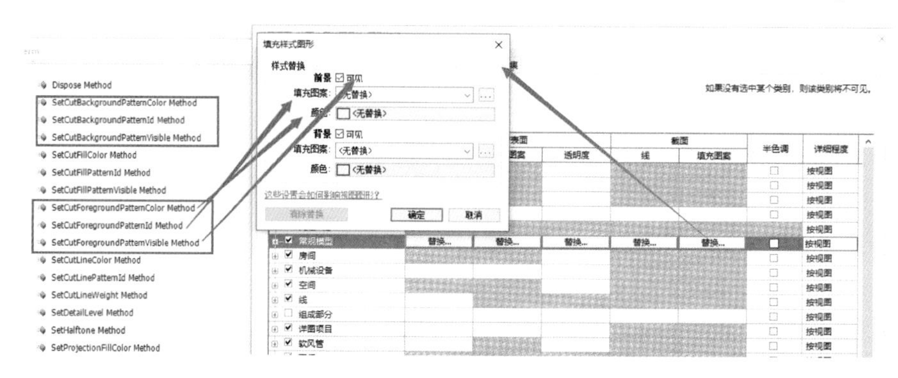

图 3. 6-174　设置填充图案

3. 样例代码

（1）获取实体填充样式的代码为：

```
1.FilteredElementCollector fillPatternCollector = new FilteredElementCollector(currentdoc);
2.fillPatternCollector.OfClass(typeof(FillPatternElement));
3.FillPatternElement fillPatternElem = fillPatternCollector.First(f => (f as FillPatternElement).GetFillPattern().IsSolidFill) as FillPatternElement;
```

（2）修改视图中元素视觉样式的代码为：

```
1.Color RevitColor = new Color(255, 0, 0);
2.OverrideGraphicSettings ogs =  view.GetElementOverrides(eleId);
3.ogs.SetSurfaceBackgroundPatternColor(RevitColor);
4.ogs.SetSurfaceForegroundPatternColor(RevitColor);
5.ogs.SetSurfaceBackgroundPatternId(fillPatternElem.Id);
6.ogs.SetSurfaceForegroundPatternId(fillPatternElem.Id);
```

```
7.
8.view.SetElementOverrides(element.Id, ogs);
```

(3) 取消元素视觉样式设置　新建一个没有任何设置的 OverrideGraphicSettings 类实例，用这个实例设置元素的显示样式即可，具体代码为：

```
1.OverrideGraphicSettings ogs = new OverrideGraphicSettings();
2.activeView.SetElementOverrides(id, ogs);
```

(4) 控制详图线的显示样式　通过设置详图线的 LineStyle 属性控制详图线的线型、颜色等属性。样例代码为：

```
1.//新建线型子类别
2.Category lineCategory = doc.Settings.Categories.get_Item(BuiltInCategory.OST_Lines);
3.Category subCategory = doc.Settings.Categories.NewSubcategory(lineCategory, "YC点划线");
4.
5.//新建线型元素
6.List<LinePatternSegment> segments = new List<LinePatternSegment>
7.{
8.    new LinePatternSegment(LinePatternSegmentType.Dot, 0.0),
9.    new LinePatternSegment(LinePatternSegmentType.Space, 0.02),
10.   new LinePatternSegment(LinePatternSegmentType.Dash, 0.03),
11.   new LinePatternSegment(LinePatternSegmentType.Space, 0.02)
12.};
13.LinePattern linePattern = new LinePattern("点划线2");
14.linePattern.SetSegments(segments);
15.LinePatternElement linePatternElement = LinePatternElement.Create(doc, linePattern);
16.
17.//设置线型
18.subCategory.SetLineWeight(5, GraphicsStyleType.Projection);
19.subCategory.SetLinePatternId(linePatternElement.Id, GraphicsStyleType.Projection);
20.subCategory.LineColor = new Color(255, 0, 0);
21.
22.//获取对应的GraphicStyle
23.FilteredElementCollector gracphicStyleCol = new FilteredElementCollector(doc);
24.GraphicsStyle graphicsStyle = (GraphicsStyle)gracphicStyleCol.OfClass(typeof(GraphicsStyle)).Where(g => g.Name == "YC点划线").First();
25.
26.//设置详图线样式
27.detailLine.LineStyle = graphicsStyle;
```

Q69 怎样为视图加载过滤器

1. 视图过滤器简介

为视图添加过滤器的步骤如图 3.6-175 所示。

图 3.6-175　添加视图过滤器的有关操作

视图过滤器分选择过滤器和基于规则的过滤器。两者在 API 中对应的类分别为 SelectionFilterElement 类和 ParameterFilterElement 类，其继承关系和相关方法如图 3.6-176 所示。

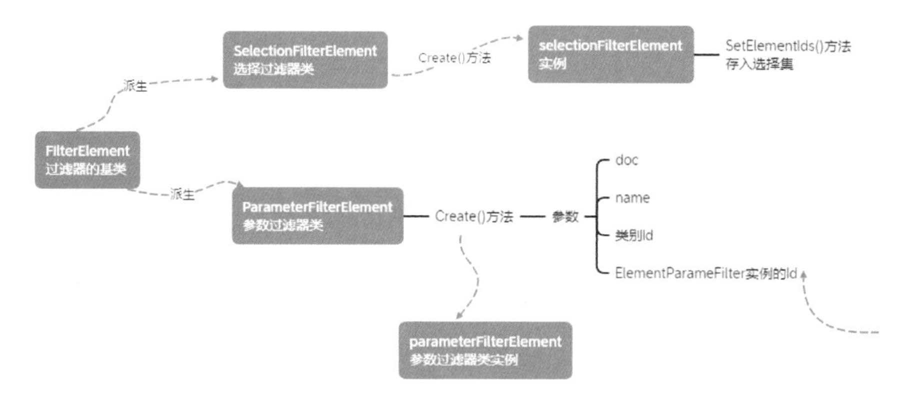

图 3.6-176　视图过滤器有关类的继承关系

选择过滤器比较简单，新建时传入元素 Id 的集合即可。本小节主要介绍比较复杂的参数过滤器。在 Revit 中，设置参数过滤器的界面如图 3.6-177 所示。

图 3.6-177　软件中设置视图过滤器的界面

这个窗口对应于 API 中的 FilterDialog 类，可以创建该类的实例，然后调用 Show 方法显示这个对话框。

二次开发中，规则过滤器一般在后台新建。观察图 3.6-177 中的对话框，可见新建过滤器需要指定元素的类别和过滤器规则。而在 ParameterFilterElement 的 Create 方法中，使用过滤器规则新建实例的方法已过期，如图 3.6-178 所示，需要使用元素参数过滤器 ElementParameterFilter。

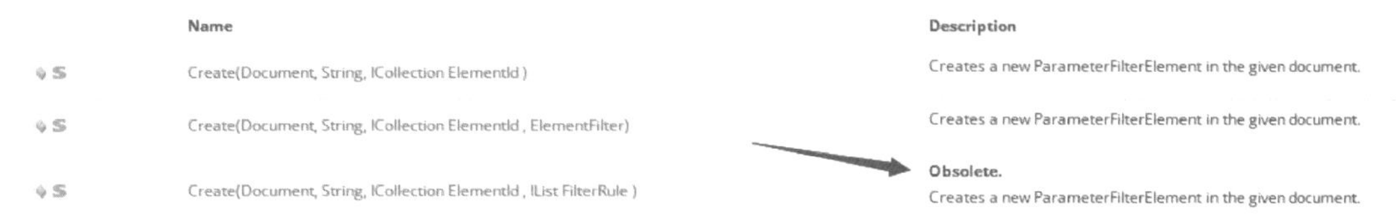

	Name	Description
S	Create(Document, String, ICollection ElementId)	Creates a new ParameterFilterElement in the given document.
S	Create(Document, String, ICollection ElementId , ElementFilter)	Creates a new ParameterFilterElement in the given document.
S	Create(Document, String, ICollection ElementId , IList FilterRule)	Obsolete. Creates a new ParameterFilterElement in the given document.

图 3.6-178　已过期的方法

2. ParameterFilterElement 和 ElementParameterFilter 的区别

构成这两个类的单词是一样的，可以通过最后一个单词进行区分。ParameterFilterElement 类以 Element 结尾，是一个 Element。ElementParameterFilter 以 Filter 结尾，是个过滤器，具体对应参数过滤器，其基类为 ElementFilter。

ParameterFilterElement 的 Create 方法需要 ElementFilter 参数。ElementFilter 是 ElementParameterFilter 的基类。作为 Create 方法参数的 ElementFilter 必须是一个参数过滤器，不能是 ElementClassFilter 等其他过滤器。

3. 新建元素参数过滤器 ElementParameterFilter

如图 3.6-179 所示，新建 ElementParameterFilter 需要一个或多个 FilterRule：

- ElementParameterFilter Class
  - ElementParameterFilter Members
  - ElementParameterFilter Constructor
    - ElementParameterFilter Constructor (FilterRule)
    - ElementParameterFilter Constructor (IList(FilterRule))
    - ElementParameterFilter Constructor (FilterRule, Boolean)
    - ElementParameterFilter Constructor (IList(FilterRule), Boolean)

图 3.6-179　ElementParameterFilter 的构造函数

查询 FilterRule 类的继承关系，如图 3.6-180 所示。

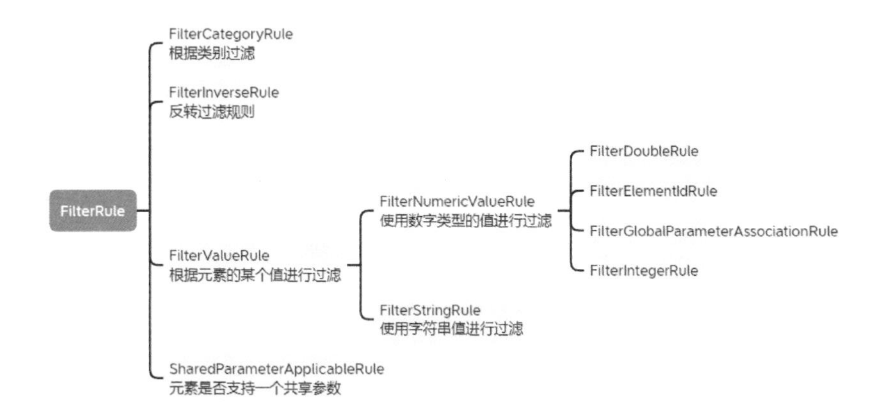

图 3.6-180　FilterRule 类的继承关系

如果我们想要新建一个直径大于 100 的规则，就需要选择 FilterDoubleRule 类，观察这个类的构造方法，如图 3.6-181 所示。

```
C#

public FilterDoubleRule(
        FilterableValueProvider valueProvider,
        FilterNumericRuleEvaluator evaluator,
        double ruleValue,
        double epsilon
)
```

图 3.6-181　FilterDoubleRule 类的构造方法

该方法涉及的各个参数之间的关系如图 3.6-182 所示。

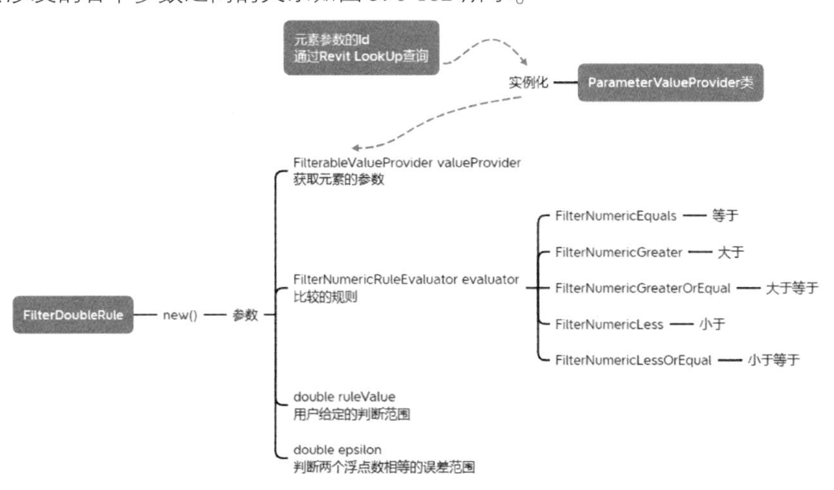

图 3.6-182　构造 FilterDoubleRule 有关的方法

可见以上操作还是比较麻烦的，为此 Revit API 提供了 ParameterFilterRuleFactory 类，这个类有很多创建 FilterRule 的方法，部分方法如图 3.6-183 所示。

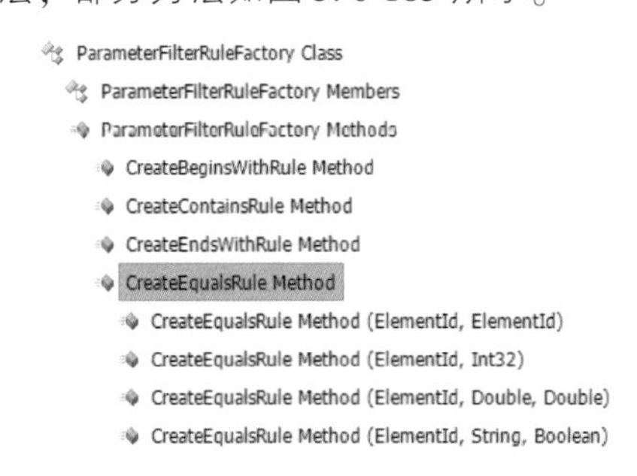

图 3.6-183　ParameterFilterRuleFactory 类的有关方法

4. 样例代码

以将项目中压力排水系统管道设置为黑色显示为例子，相关代码为：

```
1.using (Transaction ts = new Transaction(doc))
2.{
3.    ts.Start("添加视图过滤器");
```

```
4.
5.    //获取系统类型参数对应的 Id
6.    ElementId paraId = new ElementId(BuiltInParameter.RBS_PIPING_SYSTEM_TYPE_PARAM);
7.    //新建规则
8.    FilterRule filterRule = ParameterFilterRuleFactory.CreateEqualsRule(paraId, "YP-地库压力排水系统", true);
9.    //新建元素参数过滤器
10.    ElementParameterFilter elementParameterFilter = new ElementParameterFilter(filterRule);
11.    //新建视图过滤器
12.    List<ElementId> categories = new List<ElementId>() { new ElementId(BuiltInCategory.OST_PipeCurves) };
13.    ParameterFilterElement parameterFilterElement = ParameterFilterElement.Create(doc, "车库压力排水", categories, elementParameterFilter);
14.    //为视图加载过滤器
15.    activeView.AddFilter(parameterFilterElement.Id);
16.    //打开过滤器显示
17.    activeView.SetFilterVisibility(parameterFilterElement.Id, true);
18.    //设置过滤器显示样式
19.    //省略设置 OverrideGraphicSettings 的代码，详见前一节
20.    activeView.SetFilterOverrides(parameterFilterElement.Id, ogs);
21.
22.    ts.Commit();
23.}
```

应注意新建视图过滤器要放在事务中进行。视图过滤器的名称不能重复，否则会报错。读者可使用元素搜集器先获取文档中的所有视图过滤器，如果已有对应名字的过滤器，则不用新建，直接对其修改即可。

视图过滤器新建以后，需要被视图添加，如上面代码第 15 行所示。

新建的视图过滤器，可见性默认是不可见。所以第 17 行需要设置可见性。

第 20 行代码为过滤器添加了对应的显示样式。

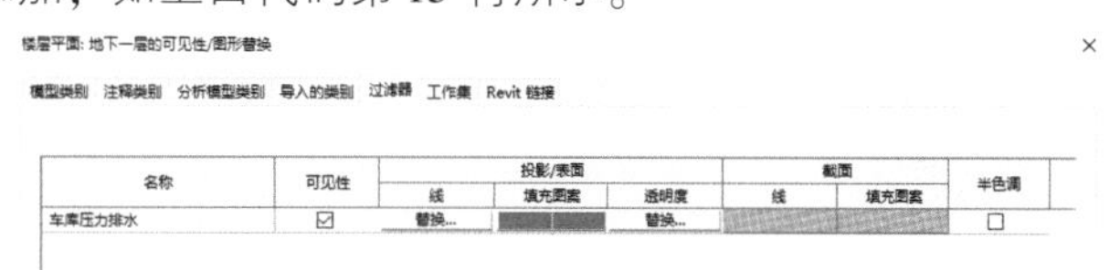

图 3.6-184　设置过滤器后的效果

在当前视图使用快捷键 VV 查看上面的代码效果，则如图 3.6-184 所示。

Q70 怎样创建剖面视图

使用 ViewSection 类的静态方法 CreateSection 可以新建剖面视图，其参数为：

Document document、ElementId viewFamilyTypeId 和 BoundingBoxXYZ sectionBox。

1. 获取 viewFamilyTypeId

可以使用以下语句获取项目中默认的剖面视图 FamilyTypeId。

```
ElementId viewFamilyTypeId = currentDocument.GetDefaultElementTypeId(ElementTypeGroup.ViewTypeSection);
```

如果是从已知的 ViewSection 类的实例出发，可以使用 GetType 方法获取这个 Id，如图 3. 6-185 所示。

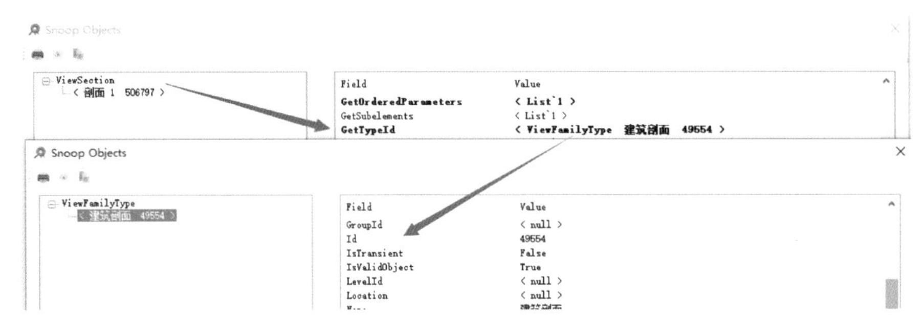

图 3. 6-185　获取 viewFamilyTypeId 参数

也可以使用过滤器获取 ViewFamilyType，根据其 ViewFamily 属性等于 Section 的条件进行过滤。

2. 获取 sectionBox

创建剖面需要一个 BoundingBox 参数，这个参数既指定了剖面视图的范围，也给出了剖面视图的视图坐标系。

如图 3. 6-186 所示，左侧是模型空间，里面有从左到右排列的“模型文字”四个字。在文字周围新建了一个剖面视图，右边是剖面视图的效果。

上方虚线围成的区域就是作为参数的 Boundingbox 的区域，也是新生成的剖面视图的范围。剖面符号实线是投影面（剖切面）的位置。

视图坐标系的 ViewDirection 是朝向屏幕外的，在图中也就是朝向人物眼睛的方向。ViewRight 朝向屏幕右侧，因此方向和人物的右手相同，如图中箭头所示。

在实际工作中，可以先画出需要的剖面视图，确定需要的坐标系，然后构造 Boundingbox。

实践中发现，如图 3. 6-187 所示，API 接受我们传进去的 bbox 之后，会把 bbox 的 Z 轴赋值给视图坐标系的 ViewDirection，接着将 bbox 的 Y 轴赋值给视图坐标系的 UpDirection，然后根据左手法则，叉积生成 ViewRight 方向。注意这里是左手法则，不是右手法则。

等视图生成后，Viewdirection 又会反转 180°。如图 3. 6-187 所示，如果想生成图中的剖面，给定的 bbox 的 Y 轴应该垂直纸面向上，Z 轴应该指向剖面远裁剪方向。

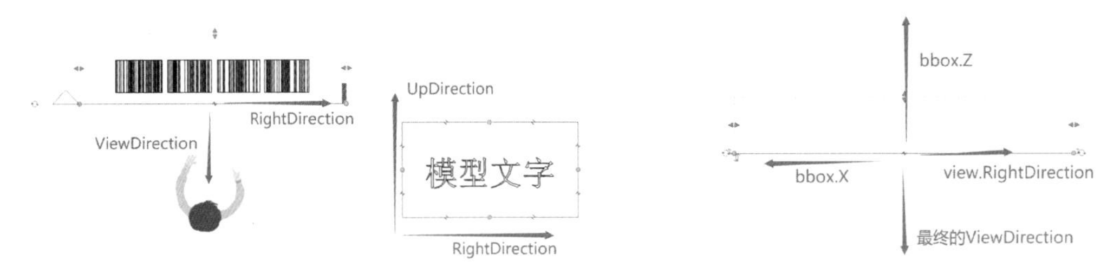

图 3. 6-186　视图坐标系基向量方向　　　　图 3. 6-187　范围框坐标系和视图坐标系的关系

3. 快速剖面功能

使用 Revit 自带的剖面生成命令，生成的剖面视图的深度往往很大，不是很方便，因此可以开发三点生剖面的功能。第一点 startPoint 和第二点 endPoint 确定剖面位置，第三点 p3 确定视图深度，生成剖面的 sectionbox 参数的关键代码如下：

```
1.//获取剖面深度
2.Line line = Line.CreateBound(startPoint, endPoint);
3.XYZ p3ProjcetOnline = PointProjectOnLine(line, p3);
4.
5.//计算视图范围
6.double viewDepth_ft = p3.DistanceTo(p3ProjcetOnline);
7.double lengh_ft = startPoint.DistanceTo(endPoint);
8.double height_ft = 8000 /304.8;
9.
10.   //构造 bbox 的坐标系，注意其 Z 轴方向
11.   Transform transform = Transform.Identity;
12.   transform.Origin = 0.5 * (startPoint + endPoint);
13.   transform.BasisZ = (p3 - p3ProjcetOnline).Normalize();
14.   transform.BasisY = XYZ.BasisZ; //y 轴要指向上方
15.   transform.BasisX = transform.BasisY.CrossProduct(transform.BasisZ);
16.
17.   //bbox 本地坐标系下的角点
18.   XYZ min_local = new XYZ( -lengh_ft * 0.5, -height_ft * 0.5, 0);
19.   XYZ max_local = new XYZ(lengh_ft * 0.5, height_ft * 0.5, viewDepth_ft);
20.
21.   //构造 bbox, bbox 的 Min 和 Max 属性坐标轴是相对于其本地坐标系的
22.   BoundingBoxXYZ bbox = new BoundingBoxXYZ();
23.   bbox.Transform = transform;
24.   bbox.Max = max_local;
25.   bbox.Min = min_local;
26.
27.   return bbox;
```

读者可查看“怎样提示插件的用户体验”小节的有关内容，做一个定位族辅助用户选择和构件平行或是垂直的剖面。

Q71 怎样新建三维和平面视图

本小节介绍如何新建和设置三维、平面视图的有关操作。

1. 怎样新建三维视图

视图分平行投影（Isometric）和透视投影（CreatePerspective），平时使用比较多的是平行投影，使用 View3D. CreateIsometric 方法创建三维视图。获取指定名称的三维视图的代码如下所示：

```
1.FilteredElementCollector view3dCol = new FilteredElementCollector
(currentdoc);
2.view3dCol.OfClass(typeof(View3D));
3.var quary = from view3d in view3dCol
4.            where view3d.Name == viewName
```

```
5.              select view3d as View3D;
6.View3D result = quary.FirstOrDefault();
7.//如果找不到，则新建一个
8.if (result = = null)
9.{
10.    ElementId viewTypeId = currentdoc.GetDefaultElementTypeId(ElementTypeGroup.ViewType3D);
11.    result = View3D.CreateIsometric(currentdoc, viewTypeId);
12.    result.Name = "YC 消火栓定位视图" + DateTime.Now.ToString("yyyyMMddhhmmss");
13.    result.ViewTemplateId = ElementId.InvalidElementId;
14.    result.DetailLevel = ViewDetailLevel.Fine;
15.    result.DisplayStyle = DisplayStyle.ShadingWithEdges;
16.    return result;
17. }
```

上面代码的第 1 ~6 行用来查找项目中是否有指定名称的视图。

第 10 ~ 11 行创建三维视图。第 12 行为三维视图命名，这个名字不能和已有的名字重复。如果不命名，Revit 会自动分配一个名字，如“三维视图 1”。

第 14 ~ 15 行设置三维视图的显示样式。因为项目默认视图类型可能是带有视图样板的，所以在设置可见性等属性之前，需要取消视图的视图样板，如第 13 行所示。

2. 怎样控制三维视图的显示范围

对于 3D 视图，可以通过 SetSectionBox 方法控制显示范围，软件中界面如图 3. 6-188 所示。

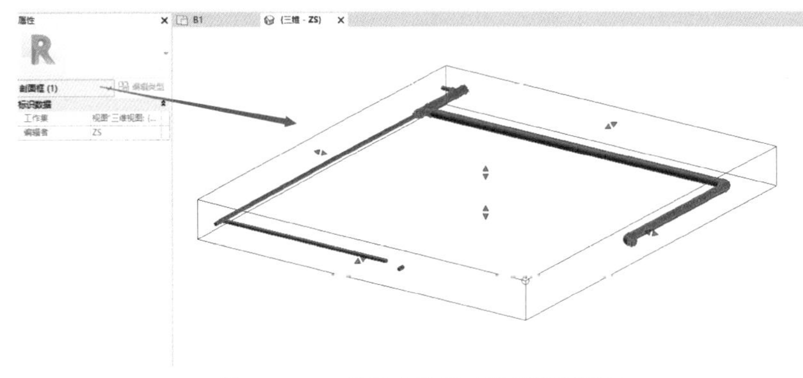

图 3. 6-188　软件中设置三维视图剖面框

该方法的参数是一个 BoundingBox，其坐标值是相对于世界坐标系的。

view3D 的 IsSectionBoxActive 用于控制这个剖面框是否启用。

3. 怎样控制三维视图的角度

通过 view3D. SetOrientation 方法可以设置三维视图的观察角度。实际工作中，可以先将视图调整到合适的角度，使用 Revit LookUp 查看并记录活动视图的 ViewOrientation3D 值。插件中通过挪动 eye 参数的位置来控制视图的中心。下面的代码即实现了按照一定的角度显示元素的效果。

```
1.BoundingBoxXYZ bbox = ele.get_BoundingBox(null);
2.XYZ midPoint = (bbox.Min + bbox.Max) * 0.5;
```

```
3.
4.XYZ eye = midPoint + new XYZ(1125.177, 202.747, -155.968);
5.XYZ up = new XYZ(0.39193, -0.718374, 0.57474);
6.XYZ forward = new XYZ(0.27526, -0.504538, -0.81833);
7.
8.ViewOrientation3D viewOrientation3D = new ViewOrientation3D(eye, up, forward);
9.    view3D.SetOrientation(viewOrientation3D);
```

4. 平面视图的创建和设置

创建平面视图的过程和剖面、三维视图相同，可使用 ViewPlan 类的 Create 方法创建实例。实际工作中，更常用的是直接复制一份当前视图：

```
ElementId newViewId = uidoc.ActiveView.Duplicate(ViewDuplicateOption.Duplicate);
```

创建平面后，可通过其 GetViewRange 方法获取一个 PlanViewRange 对象，然后进一步设置视图范围。

设置视图范围时需要指定具体的视图平面 PlanViewPlane，这个枚举和软件界面的对应如图 3. 6-189 所示。

视图范围的具体含义如图 3. 6-190 所示。

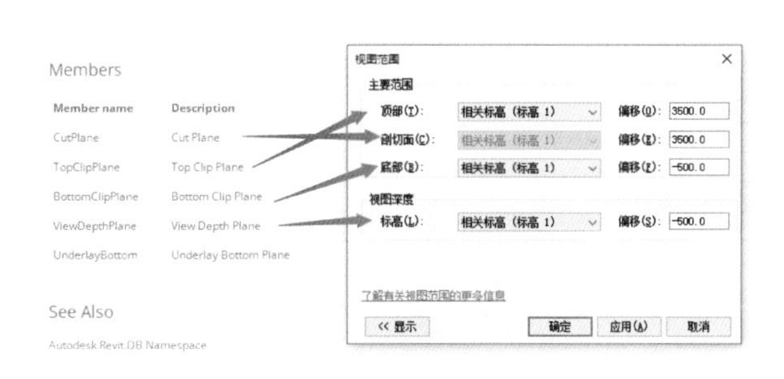

图 3. 6-189 视图范围有关参数

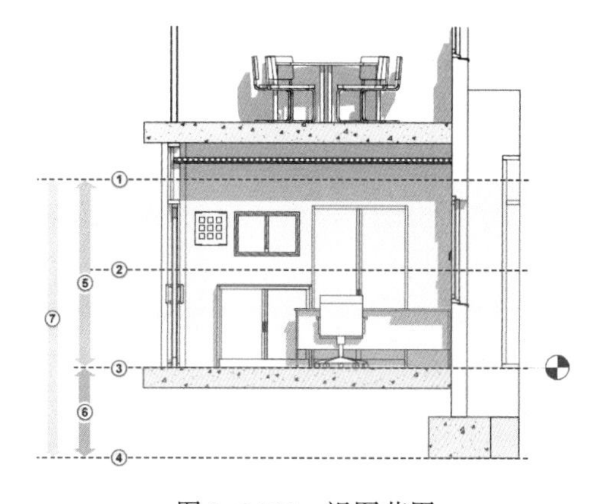

图 3. 6-190 视图范围

视图范围 7 包括：顶部 1、剖切面 2、底部 3、偏移（从底部）4、主要范围 5 和视图深度 6。要注意 MEP 图元有个特性，就是只要在视图范围内，就会全部显示。

以下代码展示了获取平面视图剖切面以及相对剖切面偏移的方法：

```
1.PlanViewRange planViewRange = viewPlan.GetViewRange();
2.
3.double offset_CutPlane = planViewRange.GetOffset(PlanViewPlane.CutPlane);
4.ElementId levelId_CutPlan = planViewRange.GetLevelId(PlanViewPlane.CutPlane);
5.Level cutPlanLevel = doc.GetElement(levelId_CutPlan) as Level;
```

Q72 怎样将点投影到剖切面上

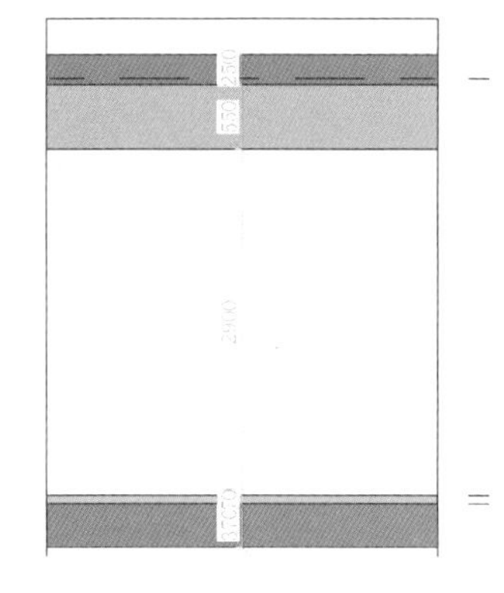
图 3.6-191　用户需要的标注效果

本小节以将三维模型中的点投影到剖面视图的剖切面上为例，同读者一起全面复习一下前面学过的几何和视图有关知识。

1. 问题背景

用户要求为构件新建剖面时，能同时标注构件上下方向的定位，以方便进行净高分析，如图 3.6-191 所示。

我们可以从构件中心出发，向下发射射线，以获取和其他构件的碰撞点：

```
1.//抬高中心点，作为射线源
2.XYZ rayOrigin_Globle = center + XYZ.BasisZ * 100;
3.
4.//构造射线发射器，方向为 -Z，下方的 rayView 是一个新建的 3d 视图
5.ReferenceIntersector  ri = new ReferenceIntersector(rayView);
6.ri.FindReferencesInRevitLinks = true;
7.
8.//发射射线，获取碰撞点
9.XYZ direction = XYZ.BasisZ.Negate();
10.    List<ReferenceWithContext> referenceWithContexts = ri.Find(ra
yOrigin_Globle, direction).ToList();
11.    List<XYZ> hitPoints = referenceWithContexts.Select(r => r.Get
Reference().GlobalPoint).ToList();
```

因为射线是从构件中心发射的，因此这些碰撞点不在剖切面上，需要投影。

2. 解决方案

（1）向量计算法　如图 3.6-192 所示，**n** 是剖切面的单位法向量，P 是要求投影的点，Q 是剖切面上的一个点。

则有投影点 $=P-[(P-Q)n]n$。读者可结合向量点积的几何意义验证这个公式。

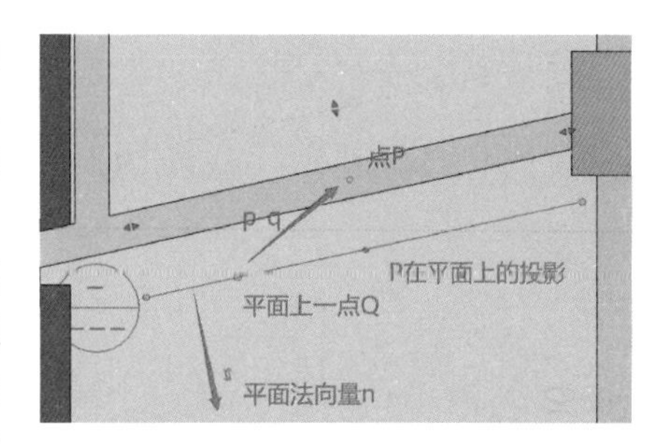

图 3.6-192　向量计算

（2）坐标系变换法　如果已知点 P 在剖面视图坐标系下的坐标，那么只需要将点 P 的 Z 值改成 0，就得到了视图坐标系表示的投影点坐标。这种在世界坐标系下比较难以解决，在局部坐标系中很容易解决的问题，都可以通过以下的三步法处理：

第一步，首先将世界坐标系中的图元，用局部坐标系表示；

第二步，在局部坐标系中进行运算，获取局部坐标系下的结果；

第三步，将局部坐标系中的结果用世界坐标系表示。

本例有关代码如下所示：

```
1.//世界坐标系表示的视图坐标系的轴和源点
2.Transform tf = Transform.Identity;
3.tf.BasisZ = view.ViewDirection;
4.tf.BasisX = view.RightDirection;
```

```
5.tf.BasisY = view.UpDirection;
6.tf.Origin = view.Origin;
7.
8.  //世界坐标系表示转化为视图坐标系表示
9.XYZ hitPoint_local = tf.Inverse.OfPoint(hitPoint_globle);
10.    //视图坐标系中投影
11.    XYZ projectPoint_local = new XYZ(hitPoint_local.X, hitPoint_loc
al.Y, 0); //投影到剖面视图上
12.    //转回世界坐标系表示
13.    XYZ  projectPoint_golble = tf.OfPoint(projectPoint_local);
```

这样就完成了点在指定平面上的投影。

◀ 第7节　用户交互专题 ▶

Q73 怎样保存程序数据到本地

插件运行时，所有类的实例都是“生活”在内存中。当插件运行完成后，.NET 的垃圾回收机制就会销毁内存中无用的对象。而在实际工作中，我们经常需要保存插件的数据到本地磁盘，以供下次使用。目前 Revit 二次开发常用的数据交互保存方法有 XML 法、序列化法、共享参数、可扩展存储等。

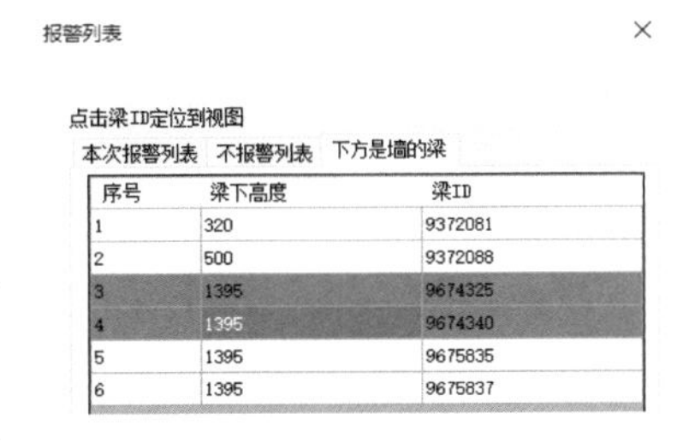

报警列表

点击梁ID定位到视图

本次报警列表　不报警列表　下方是墙的梁

序号	梁下高度	梁ID
1	320	9372081
2	500	9372088
3	1395	9674325
4	1395	9674340
5	1395	9675835
6	1395	9675837

图 3.7-193　需要保存的表格

本小节以保存图 3.7-193 所示的表格中的数据为例，介绍使用 XML 文档的原理。因为实际工作中，大部分情况下可以用更简单的序列化方法。所以读者在掌握本节 XML 文档基本原理后，可直接阅读最后一章的有关章节。

1. XML 文档保存数据的原理

XML 文档是一种树状结构（类似于文件夹系统的结构）。如图 3.7-193 所示的表格，为了保存它，我们需要将其改成树状结构，如图 3.7-194 所示。

对应的 XML 文档如图 3.7-195所示。

由此可见，使用 XML 文档保存数据的原理，就是将要保存的数据组织成树状结构，然后使用 .NET 提供的 API 将数据在表格和 XML 之间进行相互转换。

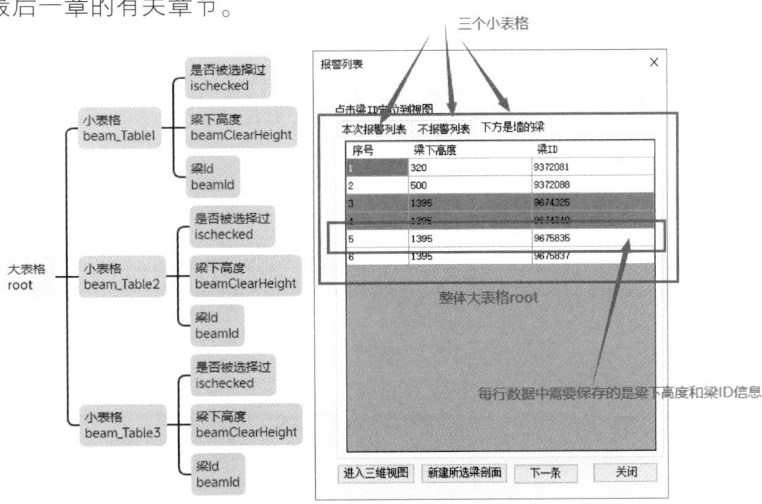

图 3.7-194　需要保存的数据转化为树状结构

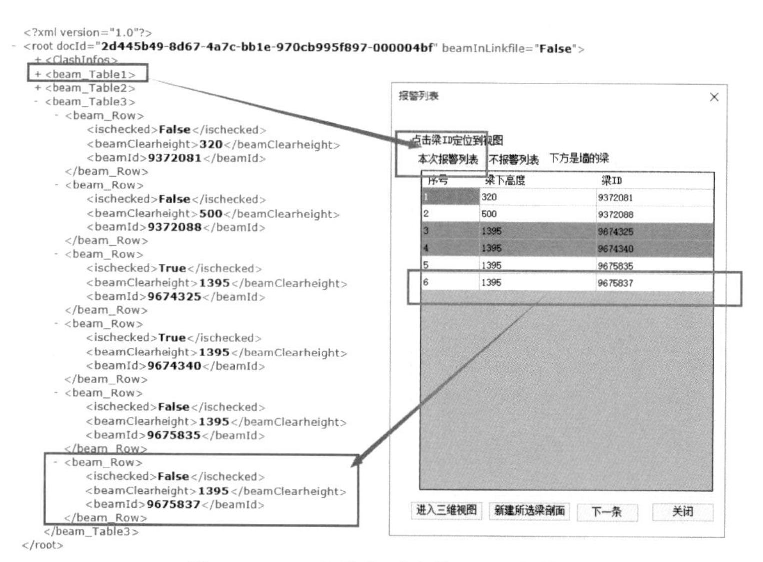

图 3.7-195　表格和对应的 XML 文档

XML 文档的组成和元素如图 3.7-196 和图 3.7-197 所示。

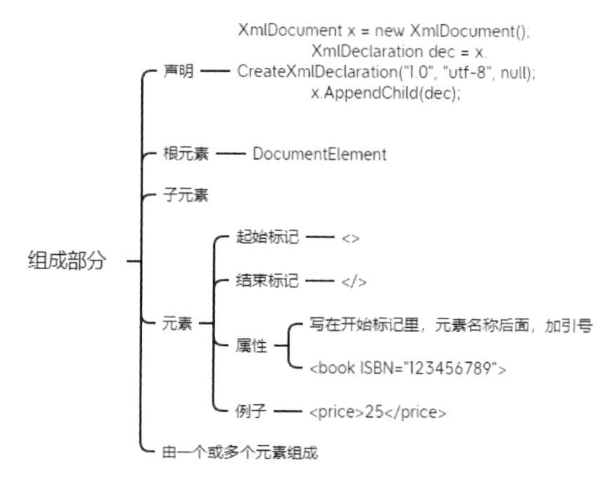

图 3.7-196　XML 文档的组成

```
<?xml version="1.0"?>                                                    声明
- <root docId="2d445b49-8d67-4a7c-bb1e-970cb995f897-000004bf" beamInLinkfile="False">
  + <ClashInfos>
  + <beam_Table1>
  + <beam_Table2>
  - <beam_Table3>
    - <beam_Row>
        <ischecked>False</ischecked>
        <beamClearheight>320</beamClearheight>
        <beamId>9372081</beamId>
      </beam_Row>
    - <beam_Row>
        <ischecked>False</ischecked>
        <beamClearheight>500</beamClearheight>                         子元素
        <beamId>9372088</beamId>
      </beam_Row>
    + <beam_Row>
    - <beam_Row>
        <ischecked>True</ischecked>
        <beamClearheight>1395</beamClearheight>
        <beamId>9674340</beamId>
      </beam_Row>
    - <beam_Row>
        <ischecked>False</ischecked>
        <beamClearheight>1395</beamClearheight>
        <beamId>9675835</beamId>                                       子元素
      </beam_Row>
    - <beam_Row>
        <ischecked>False</ischecked>
        <beamClearheight>1395</beamClearheight>
        <beamId>9675837</beamId>
      </beam_Row>
    </beam_Table3>
</root>
```

根元素　属性

图 3.7-197　XML 文档的元素

2. 保存和读取与数据有关的类

XML文档读写有关的方法如图3.7-198所示。

过程中涉及的主要的类有：

（1）XmlDocument类　该类代表一个XML文档，常用的属性和方法如图3.7-199所示。

（2）XmlNode类　XmlDocument类继承自XmlNode类，XmlNode类常用的属性和方法如图3.7-200所示。

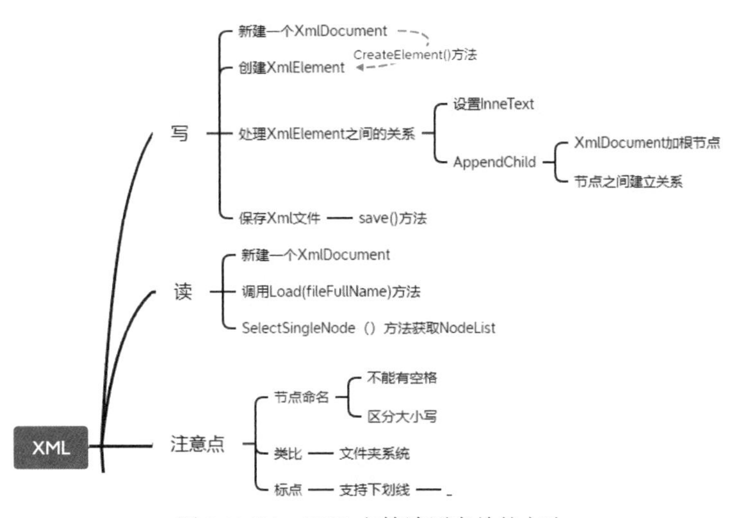

图3.7-198　XML文档读写有关的方法

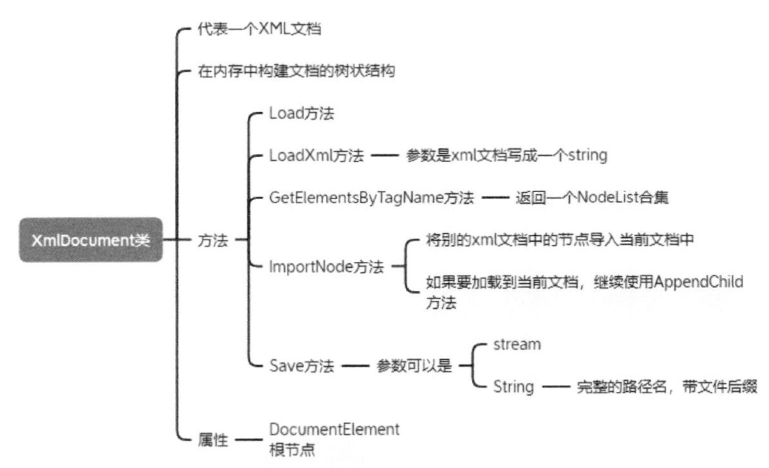

图3.7-199　XmlDocument类有关属性和方法

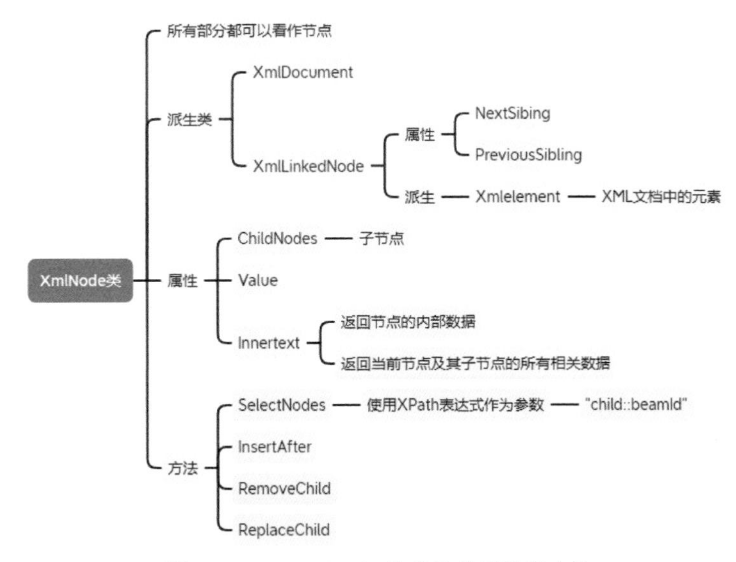

图3.7-200　XmlNode类有关的属性和方法

3. 实际代码

(1) 保存到 XML　以本小节中的表格为例，首先在类中新建一个 XmlDocument 的类变量：

```
XmlDocument xmlDocument = new XmlDocument();
```

接着为 xmlDocument 添加子节点，如图 3.7-201 所示。这里的子节点代表一个表格。

```
164  public static void SaveClashInfoToXML(FormShowBeams formShowBeams)
165  {
166      _beamInLinkFile = formShowBeams.beam_In_Link_file;
167      _docId = formShowBeams.activeView.Document.ProjectInformation.UniqueId;
168      tablerows.Clear();
169
170      //创建根节点
171      XmlElement root = xmlDocument.CreateElement("root");
172      //设置根节点的属性
173      root.SetAttribute("beamInLinkfile", _beamInLinkFile.ToString());
174      root.SetAttribute("docId", _docId);
175      //添加根节点
176      xmlDocument.AppendChild(root);
177
178      XmlElement clashinfos = ClashInfosToXMLElement(FormShowBeams.clashInfos);
179      root.AppendChild(clashinfos);
180
181      XmlElement firstTable = FirstTableToXMLElement(formShowBeams.dataGridView1);
182      root.AppendChild(firstTable);
183
184      XmlElement secondTable = SecondThirdTableToXMLElement(formShowBeams.dataGridView2, "beam_Table2")
185      root.AppendChild(secondTable);
186
187      XmlElement thirdTable = SecondThirdTableToXMLElement(formShowBeams.dataGridView3, "beam_Table3");
188      root.AppendChild(thirdTable);//根节点添加子节点
```

创建和添加根节点
新建方法，返回一个XML元素

图 3.7-201　创建和添加根节点

保存一个表格为 XML 元素的节点，如图 3.7-202 所示。

```
193  private static XmlElement SecondThirdTableToXMLElement(System.Windows.Forms.DataGridView dataGridView1, string name)
194  {
195      //XmlDocument xmlDocument = new XmlDocument();不能在这里新建xmlDocument，因为每个方法返回的
196      //XmlElement对应的xmlDocument必须一样才能添加到同一个文档。所以这里xmlDocument作为类的全局变量
197      XmlElement beam_table = xmlDocument.CreateElement(name);//创建
198
199      int j = 0;
200      for (int i = 0; i < dataGridView1.RowCount; i++)
201      {
202          XmlElement beam_Row = xmlDocument.CreateElement("beam_Row");
203
204          XmlElement beam_Row_ischecked = xmlDocument.CreateElement("ischecked");
205          bool ischecked = dataGridView1.Rows[i].Cells[1].Style.BackColor == System.Drawing.Color.Gray;
206          beam_Row_ischecked.InnerText = ischecked.ToString();
207          beam_Row.AppendChild(beam_Row_ischecked);
208
209          XmlElement beam_Row_clearHeight = xmlDocument.CreateElement("beamClearheight");
210          beam_Row_clearHeight.InnerText = dataGridView1.Rows[i].Cells[1].Value.ToString();
211          beam_Row.AppendChild(beam_Row_clearHeight);
212
213          XmlElement beam_Row_beamId = xmlDocument.CreateElement("beamId");
214          beam_Row_beamId.InnerText = dataGridView1.Rows[i].Cells[2].Value.ToString();
215          beam_Row.AppendChild(beam_Row_beamId);
216
217          beam_table.AppendChild(beam_Row);
218          i = i;
219      }
```

图 3.7-202　保存一个表格

(2) 读取 XML 的数据　主要通过 xmldoc 的 SelectNodes 和 SelectSingleNode 方法获取对应的元素，然后将元素的 Innertext 提取出来，转化为对应的数据类型。

SelectNodes 方法返回所有符合要求的元素，SelectSingleNode 方法获取第一个符合要求的元素。这两个方法的参数是一个表示路径的字符串（称为 XPath）。以下代码展示了获取 xml 文档中所有名称为"SimplePipeSysTemInfo"的标签的方法。"//SimplePipeSysTemInfo"表示文档中所有名称为 SimplePipeSysTemInfo 子节点：

```
1.XmlDocument xmldoc = new XmlDocument();
2.xmldoc.Load(XMLPath_pipesToCheck + file_selected + ".xml");
3.XmlNodeList simSysInfos = xmldoc.SelectNodes("//SimplePipeSysTemIn
fo");
```

以下代码展示了获取当前节点下第一个 worksetId 标签的方法，“./worksetId” 表示从当前节点出发，找到所有 worksetId 子节点。注意子节点的子节点不会被搜索。

```
1.XmlNode worksetId = xmlNode.SelectSingleNode("./worksetId");
2.int worksetId_int = Convert.ToInt32(worksetId.InnerText);
```

也可以使用 XmlNode 类的属性获取对应的节点，如下表所示：

属性	说明	属性	说明
ParentNode	当前节点的父节点	FirstChild	第一个子节点
ChildNodes	当前节点的所有子节点	LastChild	最后一个子节点

还可以使用 LINQ 访问 XML 文件，如下方代码所示：

```
1.XDocument xd = XDocument.Load(xmlFilePath); //加载 xml 文件
2.var isPlusV = from e in xd.Descendants()//所有子节点中
3.             where e.Name == "pipeFragentPlusV"//查找名称为给定值的节点
4.             select e;
5.
6.bool result =Convert.ToBoolean( isPlusV.First().Value); //字符串转化
```

关于更多 xml 有关类的用法，可查看 MSDN 的说明。

Q74 怎样使用外部事件

1. Revit 中的上下文

在窗体中调用 Revit API 命令时，有时候会出现如图 3.7-203 所示关键字是 “outside of API context is not allowed” 的错误。

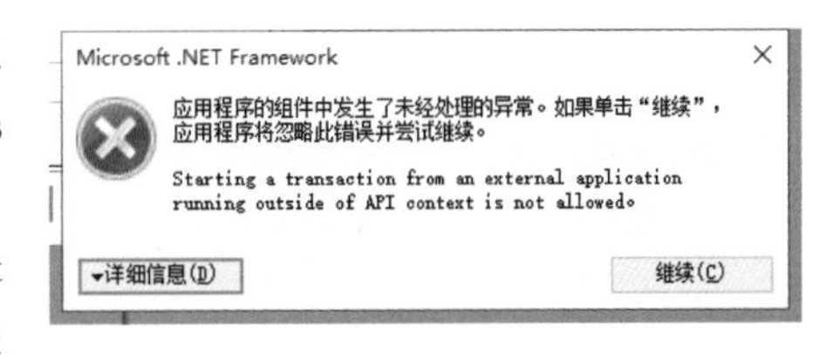

图 3.7-203　outside of API context 错误

发生错误的原因在于对 API 命令的调用需在Revit上下文发生。上下文，也就是执行任务所需要的相关信息。这个任务可以是一段代码，一个线程，一个进程，一个函数。Revit 上下文（API context）是一个特殊的线程，如果从其他的线程中访问 API，就会出现这个错误。

如图 3.7-204 代码所示，类 MainLine继承了 IExternalCommand 接口，在接口的方法 Execute 内部的代码，属于 Revit 上下文。第 41 行窗口调用 Show 方法后，继续执行第 43 行，方法调用结束，也就是离开了上下文范围。此时窗口 “生活在” 另外一个线程中，所示从窗口的按钮事件中直接访问 API 函数，就会出现 “outside of API context” 的错误。

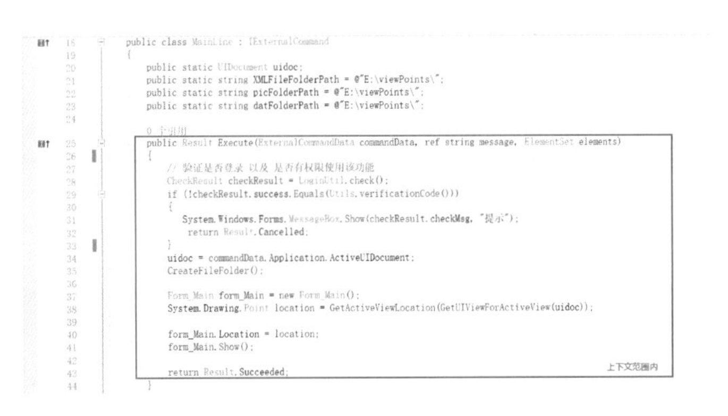

图 3.7-204　上下文的范围

如图 3.7-204 所示，调用窗口实

例的 Show 方法后，程序继续执行 Show 方法后面的代码，这样的窗体称为非模式窗体。非模式对话框显示后，我们可以接着操作其他窗口。而窗体调用 ShowDialogue 方法后，程序等待窗体的交互结果，不再往下运行，我们必须关闭这个窗口，才能接着操作其他窗口，这种窗体称为模式对话框。

本质上 Revit 对事务的处理是单线程的，非模态窗口是另外的线程，需要用外部事件把事务的处理推到 Revit 主线程上。

2. 使用外部事件

离开 IExternalCommand 的 Execute 方法提供的上下文之后，如果想继续回到 Revit 上下文，可以使用外部事件。在窗体离开 Revit 上下文之前，应新建外部事件实例，用于记录上下文信息，步骤如下：

1）新建一个类，该类继承 IExternalEventHandle 接口，称为外部事件处理器。

2）实现接口方法。该接口的 GetName 方法返回事件处理器的名字，Execute 方法内的代码用于执行命令，方法里面的代码位于 Revit 的上下文中。

3）在窗体显示还处于 Revit 上下文中的时候（例如窗体构造方法内，或是作为静态类变量），新建一个外部事件，也就是 ExternalEvent 类的实例。使用该类的 Create 静态方法，用外部事件处理器作为参数。此时该外部事件类的实例已经记录了创建时的上下文。

4）窗口离开了当前上下文后，如果想使用 API 命令，就应在按钮响应代码中调用外部事件实例的 Raise 方法提交外部事件，重新进入 Revit 上下文。

相关代码如图 3.7-205 ~ 图 3.7-207 所示。

注意新建外部事件也需要在 Revit 上下文中进行。

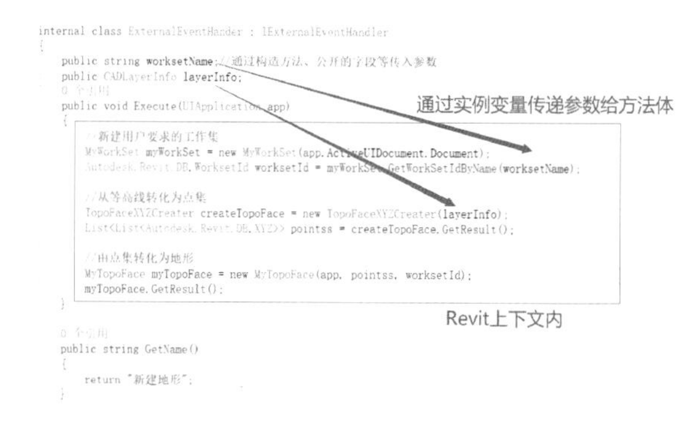

图 3.7-205　定义的外部事件处理器类，注意其参数传递方式

图 3.7-206　窗体构造方法中新建外部事件

图 3.7-207　提交外部事件，传递参数给事件处理器

使用 Raise 方法提交外部事件之后，Revit 主程序会收到这个事件。等 Revit 空闲的时候，就会调用这个事件，执行事件处理器中的 Execute 方法。

外部事件涉及的各个类之间的关系如图 3.7-208 所示。

只有 Revit 空闲的时候，才会执行外部事件中的代码。要注意如果交互窗口已经关闭，窗体的资源被释放，各个控件的 value 都会回到默认值。如图 3.7-209 所示的代码，运行到第 44 行时文本框是有文字的，但是第 55 行代码实际执行的时候，因为窗体已经关闭，文本框的值会回到默认值。

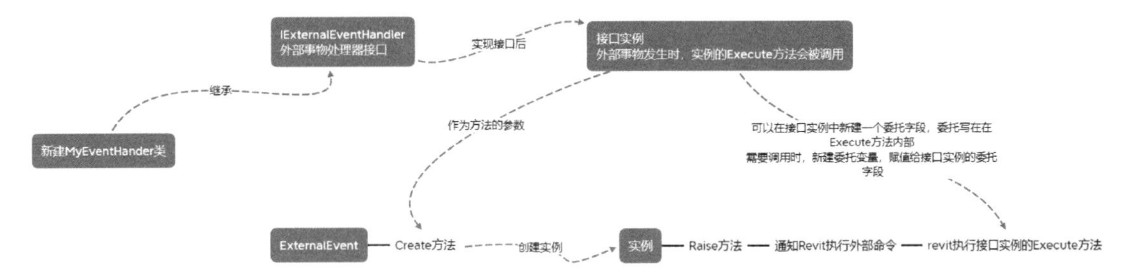

图 3.7-208　外部事件中各个类之间的关系

```
        1 个引用
42      private void button1_Click(object sender, EventArgs e)
43      {
44          if (string.IsNullOrWhiteSpace( textBox_worksetName.Text))      此时有内容
45          {
46              MessageBox.Show("请输入工作集名称");
47              return;
48          }
49          CADLayerInfo cADLAyerInfo = new CADLayerInfo(textBox1.Text, textBox2.Text, cadfilepath);
50
51          myEventHander.ExecuteAction = new Action<Revit.UIApplication>(app =>
52          {
53              //新建用户要求的工作集
54              MyWorkSet myWorkSet=new MyWorkSet(app.ActiveUIDocument.Document);
55              Autodesk.Revit.DB.WorksetId worksetId = myWorkSet.GetWorkSetIdByName(textBox_worksetName.Text);
56
57              //从等高线转化为点集
58              TopoFaceXYZCreater createTopoFace = new TopoFaceXYZCreater(cADLAyerInfo);
59              List<List<Autodesk.Revit.DB.XYZ>> pointss = createTopoFace.GetResult();
60
61              //由点集转化为地形
62              MyTopoFace myTopoFace = new MyTopoFace(app, pointss,worksetId);
63              myTopoFace.GetResult();
64          });
65          externalEvent.Raise();          方法体内代码在窗口关闭后执行，此时没有内容
66          this.Close();
```

图 3.7-209　方法体内代码在窗体关闭后执行

3. 使用委托简化外部事件的代码

当窗体按钮很多时，为每个按钮都写一个事件处理器类比较麻烦，可以使用委托简化代码。首先新建一个 MyEventHander 类，该类代码如下所示：

```
1.public class MyEventHander : IExternalEventHandler
2.  {
3.        public string Name { get; private set; }
4.        public Action<UIApplication> ExecuteAction { get; set; }
5.        public void Execute(UIApplication app)
6.        {
7.            if (ExecuteAction != null)
8.            {
9.                try
10.                {
11.                    ExecuteAction(app);
12.                }
13.                catch (Exception e)
14.                {
15.                    System.Windows.Forms.MessageBox.Show(e.Message);
16.                }
17.            }
18.        }
19.        public MyEventHander(string name)
20.        {
```

```
21.                 Name = name;
22.             }
23.             public string GetName()
24.             {
25.                 return Name;
26.             }
27.         }
```

该类有一个委托变量 Action <UIApplication> ExecuteAction，执行不同的命令时，只要给该变量指定对应的方法即可。整体步骤如图 3.7-210 所示。

使用静态类变量的方式实例化外部事务的代码如图 3.7-211 所示。

也可以将这两个变量声明为类的实例变量，在构造方法中指向具体的实例。

如果事件处理代码比较简单，可以和图 3.7-212 中第 135 行代码一样，使用 lamada 表达式填写。如果事件代码比较复杂，可以和第 145 行代码一样，将其他类的方法作为参数，新建 Action 类型的委托。

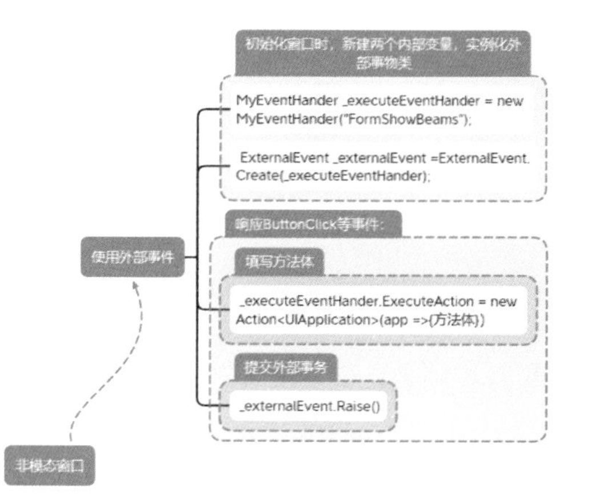

图 3.7-210　窗体中使用外部事件

```
        12 个引用
17      public partial class Form_Main : System.Windows.Forms.Form
18      {
19          private static MyEventHander _eventHander = new MyEventHander("zc");
20          private static ExternalEvent _externalEvent = ExternalEvent.Create(_eventHander);
21
```

图 3.7-211　窗体类中实例化外部事件

```
        1 个引用
133     private void button1_Click(object sender, EventArgs e)
134     {
135         _eventHander.ExecuteAction = new Action<UIApplication>(app =>
136         {
137             Form_exploreViewPorts form_ExploreViewPorts = Form_exploreViewPorts.GetInstance();//使用单例模式，仿
138             form_ExploreViewPorts.Show();
139         });
140         _externalEvent.Raise();
141     }
142
        1 个引用
143     private void button_getLocation_Click(object sender, EventArgs e)
144     {
145         _eventHander.ExecuteAction = new Action<UIApplication>(Business_LocationByGrid.DiscribeLocationByGrid);
146         _externalEvent.Raise();
147         SetActiveWindow(active_RevitWindow);
148     }
149
```

图 3.7-212　两者不同的 Action 赋值方式

第 145 行对应的 Business_LocationByGrid 类的 DiscribeLocationByGrid 方法如图 3.7-213 所示。可见该方法只有一个 UIApplication app 参数，返回值是 void，所以可以作为参数，新建 Action <UIApplication> 类型的委托。

4. 在 Execute 方法中调用参数

初次使用外部事件时，可能会感觉不方便在方法体中调用参数，因为这个方法是由接口定义的，不能再添加其他方法参数。解决方法为：

如果想在 Execute 方法中使用 Revit 有关的 uidoc 之类的参数，可以由该方法的参数 UIApplication app 获取：

uidoc = app.ActiveUIDocument;

如果是其他参数，那么在方法体中调用所在类的成员变量即可，也可以在方法体中调用别的方法的返回值，可参考图 3.7-212 和图 3.7-213 所示。

```
30  public static void DiscribeLocationByGrid(UIApplication app)
31  {
32      _uidoc = app.ActiveUIDocument;
33
34      XYZ point = SelectPoint();
35      if (point == null)
36      {
37          return;
38      }
39
40      string s = GetDiscribeWord(point);
41
42      Form_showLocationByGrid form_ShowLocationByGrid = new Form_showLocationByGrid();
43      form_ShowLocationByGrid.label1.Text = s;
44      form_ShowLocationByGrid.Text = formtitle;
45      form_ShowLocationByGrid.ShowDialog();
46  }
```

图 3.7-213　功能类中对应的方法

Q75 怎样绘制临时图元

某些插件需要在 Revit 视图中绘制临时标记，例如图 3.7-214 中的“CAD 文字查找”插件，需要在找到的文字下方放一个三角形标记，以和周围的文字相区分。

这个三角形如果使用详图线绘制，则每次用户点选一个查找结果，就需要删除和绘制一次详图线，这将导致撤销栏被这些不重要的事务占据。

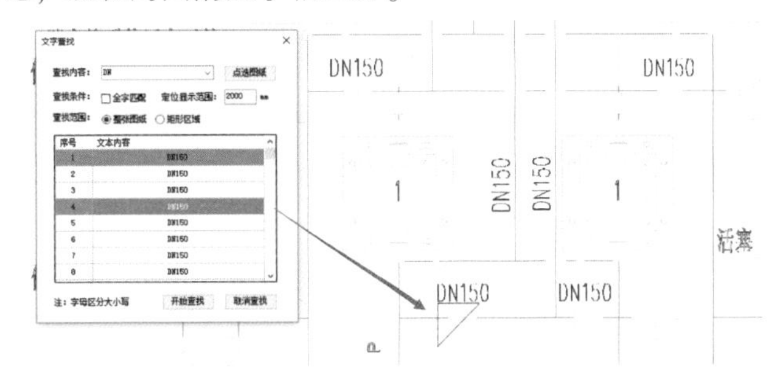

图 3.7-214　绘制临时定位图元

下面介绍使用 Revit 的 DirectContext3D 服务绘制临时图元的方法。本小节涉及的类不是很常用，读者了解其中的原理即可。当自己工作中需要显示临时图元时，可以打开 SDK 中的样例文件 DuplicateGraphics 项目，从中找到需要的代码。

1. 原理简介

如图 3.7-215 所示，Revit 提供绘图服务 Service，插件开发者编写服务器类 Server，并将自己新建的服务器类注册到 Revit 的绘图服务中。

服务器类里面存储了需要绘制的图元。当服务器注册完成后，每当 Revit 视图刷新时，就会调用服务器类的 RenderScene 方法。

在 RenderScene 方法中，我们需要将想绘制的图元转化为缓冲，再将缓冲作为参数，传递给 DrawContext 类的静态方法 FlushBuffer。Revit 的绘图服务会将这些缓冲绘制在视图上。

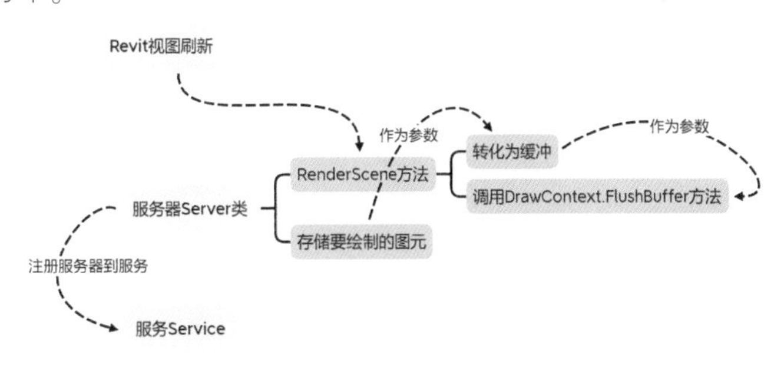

图 3.7-215　绘制临时图元有关操作

2. 具体实现代码

具体步骤为：

（1）新建服务器　新建服务器需要继承 IDirectContext3DServer 接口，该接口有关的方法比较多，具体的注意点详见下方代码的注释部分：

```
1.public bool CanExecute(View dBView)
```

```
2.{
3.    if(dBView.ViewType = = ViewType.EngineeringPlan || dBView.ViewType = = Vie
wType.FloorPlan)
4.    {
5.        return true;
6.    }
7.    return false; //判断当前视图是否需要绘制临时图元
8.}
9.public string GetApplicationId()
10.  {
11.      return ""; //返回服务器所在程序的 Id，返回空字符串即可
12.  }
13.  public Outline GetBoundingBox(View dBView)
14.  {
15.      if (this.LineList.Count > 0)
16.      {   //提供一个和要绘制的图元差不多的轮廓
17.          return new Outline(this.LineList[0].GetEndPoint(0), this.
LineList[0].GetEndPoint(1));
18.      }
19.      return null;
20.  }
21.  public string GetDescription()
22.  {
23.      return "绘制 CAD 文字定位标记";   //提供更进一步的文字说明，只要不空即可
24.  }
25.  public string GetName()
26.  {
27.      return "YC";    //返回服务器的名字
28.  }
29.  public Guid GetServerId()
30.  {
31.      return this.guid;    //返回一个 GUID，用于标记当前的服务器
32.  }
33.  public ExternalServiceId GetServiceId()
34.  {
35.      //返回服务的 Id，这里我们返回 DirectContext3DService 服务
36.      return ExternalServices.BuiltInExternalServices.DirectContext3DService;
37.  }
38.  public string GetSourceId()
39.  {
40.      return ""; //返回空字符串即可
41.  }
```

```
42.  public string GetVendorId()
43.  {
44.      return "YCKJ"; //返回四个字符的自己公司名称缩写
45.  }
46.  //Revit 视图刷新时调用的方法
47.  public void RenderScene(View dBView, DisplayStyle displayStyle)
48.  {
49.     //创建 buffer
50.      try
51.      {
52.          CreateBuffer(displayStyle);
53.      }
54.      catch (Exception e)
55.      {
56.          System.Windows.Forms.MessageBox.Show(e.Message);
57.      }
58.
59.      if (edgeBufferStorage.PrimitiveCount == 0)
60.      {
61.          return;
62.      }
63.     //提交缓冲
64.      DrawContext.FlushBuffer(this.edgeBufferStorage.VertexBuffer,
this.edgeBufferStorage.VertexBufferCount,
65.          this.edgeBufferStorage.IndexBuffer,
66.          this.edgeBufferStorage.IndexBufferCount, this.edgeBufferS
torage.VertexFormat,
67.          this.edgeBufferStorage.EffectInstance, PrimitiveType.Line
List, 0, this.edgeBufferStorage.PrimitiveCount);
68.  }
69.  public bool UseInTransparentPass(View dBView)
70.  {
71.      return true; //返回 true 时，服务器可以提交透明图元
72.  }
73.  public bool UsesHandles()
74.  {
75.      return false; //返回 false 即可
76.  }
```

如图 3.7-216 所示，服务器类第 15 行有一个 Guid 参数，用于上方 GetServerId() 方法。第 17 行有一个自己新建的存储缓冲的类，用于给上方第 64 行的 DrawContext. FlushBuffer 方法提供参数。第 18 行存储了需要绘制的图元。

```
12    public class ZCTriangleDrawingServer : IDirectContext3DServer
13    {
14
15        private readonly Guid guid;
          1 个引用
16        public Document Document { get; set; }
17        private ZCRenderingPassBufferStorge edgeBufferStorage;
          7 个引用
18        public List<Line> LineList { get; set; }
19
          1 个引用
20        public ZCTriangleDrawingServer(Document doc)
21        {
22            this.Document = doc;
23            this.guid = Guid.NewGuid();
24            LineList = new List<Line>();
25        }
```

图 3.7-216　服务器类代码

（2）将服务器注册到 Revit 的绘图服务　在插件窗体的构造方法中调用以下代码：

```
1.//注册服务
2.server = new ZCTriangleDrawingServer(MainLine_textSearch.uidoc.Document); //新建服务器实例
3.//获取 Revit 服务
4.var direct3dServices = ExternalServiceRegistry.GetService(ExternalServices.BuiltInExternalServices.DirectContext3DService);
5.//注册服务
6.if (direct3dServices is MultiServerService msDirectContext3DService)
7.{
8.    var serverIds = msDirectContext3DService.GetActiveServerIds(); //获取该服务的已有的服务器列表
9.    direct3dServices.AddServer(server); //添加自定义的服务器
10.    serverIds.Add(server.GetServerId()); //将自定义服务器添加到服务器列表中
11.    msDirectContext3DService.SetActiveServers(serverIds); //设置活动服务器
12.}
```

（3）生成图形缓冲　需要使用点和点的序号表示需要绘制的图元，并将点和点的序号转化为缓冲。

如图 3.7-217 所示，我们有三条边需要绘制，每个边有两个顶点。我们需要先存储这 6 个点，然后根据点索引构造需要绘制的边。

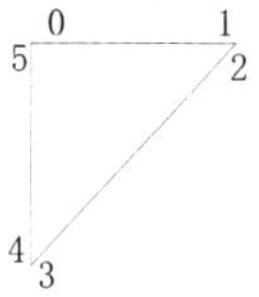

图 3.7-217　点和点的序号

转化为缓冲的方法代码如下所示：

```
1.public void CreateBuffer(DisplayStyle displayStyle)
2.{
3.    //新建一个存储 buffer 的实例
4.    this.edgeBufferStorage = new ZCRenderingPassBufferStorge(displayStyle);
5.    List<Line> lines = this.PrepareProfile(); //获取要绘制的图元，本例中是 3 个线
6.    if (! lines.Any())
7.    {
```

```
8.         return;
9.     }
10.    foreach (var item in lines)
11.    {
12.        IList <XYZ > xyzs = new List <XYZ >() { item.GetEndPoint(0),
item.GetEndPoint(1) };
13.        this.edgeBufferStorage.VertexBufferCount + = xyzs.Count; //统
计要绘制的点数量
14.        this.edgeBufferStorage.PrimitiveCount + = xyzs.Count - 1; //统
计要绘制的边的数量，两个顶点合成一条边
15.        this.edgeBufferStorage.EdgeXYZs.Add(xyzs); //EdgeXYZs 统计点
集，一个边的两个点形成一个点集
16.    }
17.
18.    //新建顶点的缓冲
19.    this.edgeBufferStorage.FormatBits =VertexFormatBits.Position; //只
需要绘制位置信息
20.    int bufferSize = VertexPosition.GetSizeInFloats() * edgeBufferSto
rage.VertexBufferCount; //计算缓冲空间大小
21.    edgeBufferStorage.VertexBuffer = new VertexBuffer(bufferSize); //新建
缓冲类
22.
23.    //将缓冲类进行映射
24.    edgeBufferStorage.VertexBuffer.Map(bufferSize);
25.    {
26.        //从 buffer 创建流
27.        VertexStreamPosition vertexStream = edgeBufferStorage.Vert
exBuffer.GetVertexStreamPosition();
28.        foreach (var xyzs in edgeBufferStorage.EdgeXYZs)
29.        {
30.            foreach (var xyz in xyzs)
31.            {
32.                vertexStream.AddVertex(new VertexPosition(xyz)); //流
中添加数据，这些数据会写入创建该流的 buffer
33.            }
34.        }
35.    }
36.    edgeBufferStorage.VertexBuffer.Unmap(); //结束映射
37.
38.    //建立点的索引的缓冲
39.    edgeBufferStorage.IndexBufferCount = edgeBufferStorage.Primitive
Count * IndexLine.GetSizeInShortInts();
40.     var indexBufferSize = 1 * edgeBufferStorage.IndexBufferCoun
t; //计算空间
```

```
41.    edgeBufferStorage.IndexBuffer = new IndexBuffer(indexBufferSize); //新建索引缓冲类
42.    edgeBufferStorage.IndexBuffer.Map(indexBufferSize);
43.    {
44.        var indexStream = edgeBufferStorage.IndexBuffer.GetIndexStreamLine(); //新建流
45.        int i = 0;
46.        foreach (var item in edgeBufferStorage.EdgeXYZs)
47.        {
48.            indexStream.AddLine(new IndexLine(2 * i, 2 * i + 1)); //表示绘制直线，直线的端点为给定的点的索引值
49.            i++;
50.        }
51.    }
52.    edgeBufferStorage.IndexBuffer.Unmap(); //写入内存
53.    edgeBufferStorage.VertexFormat = new VertexFormat(edgeBufferStorage.FormatBits);
54.    edgeBufferStorage.EffectInstance = new EffectInstance(edgeBufferStorage.FormatBits); //EffectInstance 实例可以设置绘制的图元颜色等样式
55.}
```

（4）提交和更新缓冲　当用户点击插件窗体中的文字，视图切换时，我们在视图发生变化前修改服务器中存储的图元，具体代码为：

```
1.//绘制定位标记
2.drawingServer.LineList.Clear();    //清空上次图元
3.drawingServer.LineList = GetLines(point, dir);    //设置要显示的图元
4.
5.//视图定位
6.UIView uIView = GetActiveViewUiView(uidoc.ActiveView, uidoc);
7.XYZ viewCorner_max = point + range_mm /304.8 * new XYZ(1, 1, 0);
8.XYZ viewCorner_min = point - range_mm /304.8 * new XYZ(1, 1, 0);
9.uIView.ZoomAndCenterRectangle(viewCorner_min, viewCorner_max);
```

第9行代码执行后，Revit 刷新视图，服务器中的 RenderScene 方法开始执行。在 RenderScene 中调用的 FlushBuffer 方法，各个参数的意义如图 3.7-218 所示。

```
public static void FlushBuffer(
        VertexBuffer vertexBuffer, 顶点的buffer
        int vertexCount, 顶点buffer数量
        IndexBuffer indexBuffer, 索引的buffer
        int indexCount, 索引数量
        VertexFormat vertexFormat, 顶点格式（是否包含颜色信息等）
        EffectInstance effectInstance, 绘制的样式
        PrimitiveType primitiveType, 要绘制的几何图元的类型
        int start, 开始绘制的点索引
        int primitiveCount 要绘制的几何图元的数量
)
```

图 3.7-218　FlushBuffer 方法

（5）卸载服务器　当插件关闭后，需要卸载服务器，窗口关闭事件中对应的代码为：

```
1.private void Form_searchText_FormClosed(object sender, FormClosedE
ventArgs e)
2.{
3.    if (server != null)
4.    {
5.        var service = ExternalServiceRegistry.GetService(ExternalServic
es.BuiltInExternalServices.DirectContext3DService);
6.        service.RemoveServer(server.GetServerId());
7.    }
8.}
```

3. 绘制其他类型的图元

本小节例子是绘制直线。如果需要绘制面等其他类型的图元，可以参考 SDK 中的样例项目 DuplicateGraphics 的代码。

Q76 怎样在 Revit 中监听键盘和鼠标

下面介绍在 Revit 中监听键盘和鼠标事件的方法。

1. 通过窗体发送键盘指令给 Revit

有时候我们不知道用户需要点选几个元素，于是会把选择放在一个 while 循环里面。用户选择完，再按 esc 退出循环。

如果要达到选择完成后，单击插件窗口中的按钮，即可退出选择的效果，就需要窗体被激活时，窗体向 Revit 进程发送一个 esc 的键盘指令。

具体代码如下所示：

```
1.private void Form_fanmuo_Activated(object sender, EventArgs e)
2.{
3.    if (isInWhileLoop == true) //判断是否在循环中
4.    {
5.        PostMessage(RevitWindowHandle, WM_KEYDOWN, System.Windows.Fo
rms.Keys.Escape, IntPtr.Zero);
6.    }
7.}
8.
9.[DllImport("user32.dll", SetLastError = true)] //特性，修饰下面的方法
10.  public static extern bool PostMessage(IntPtr hWnd, int Msg, System.Windows.
Forms.Keys wParam, IntPtr lParam); //windowsAPI 中进程之间通信的方法
11.  const int WM_KEYDOWN = 0x0100; //keyDown 事件对应的指令的整数值
12.  IntPtr RevitWindowHandle = Autodesk.Windows.ComponentManager.Appli
cationWindow; //获取 Revit 主窗体句柄
```

这里有一个 Windows API 的方法 PostMessage，用于不同窗体之间的通信。其参数的含义为：

1) hWnd：接受消息的窗口的句柄。句柄就是操作系统为窗体分配的 Id，是个整数，其用途在于标记对象，实际的值并不重要。Revit 主窗体的句柄通过上面第 12 行的代码获取。窗体中的

控件也有各自的句柄。

2）Msg：要传递的消息。可在Microsoft文档中查询键盘下按事件对应消息的整数为0×100；

3）wParam和lParam：消息的附加信息，键盘按下消息的附加信息的说明如图3.7-219所示。

本例中传递的是一个键盘发送Esc的信息，使用了PostMessage方法的重载。第三个参数是System.Windows.Forms.Keys类型。第4个参数不需要使用，调用时输入IntPtr.Zero即可。

… / "应用" / Win32 / 桌面技术 / 桌面应用用户界面 / 用户交互 / 旧功能 / 键盘和鼠标输入 /

WM_KEYDOWN消息

项目 • 2022/09/23 • 7 个参与者

按下非系统键时，使用键盘焦点发布到窗口。非系统键是未按下 ALT 键时按下的键。

```
C++
#define WM_KEYDOWN                    0x0100
```

参数

wParam

非系统密钥的虚拟密钥代码。请参阅 虚拟密钥代码。

lParam

重复计数、扫描代码、扩展键标志、上下文代码、以前的键状态标志和转换状态标志，如下所示。

Bits	含义
0-15	当前消息的重复计数。该值是由于用户按住键而自动重复击键的次数。如果击键的保持时间足够长，则发送多个消息。但是，重复计数不是累积计数。
16-23	扫描代码。该值取决于 OEM。

图3.7-219　WM_KEYDOWN方法

2. 让Revit监听鼠标和键盘事件

监听鼠标和键盘事件，涉及很多Windows的API，比较复杂。可以下载jeremy tammik博客中的样板项目RevitJigSample，里面有一个类UserActivityHook，提供了监听鼠标和键盘的方法，下载地址为：

https：//thebuildingcoder.typepad.com/files/kd_Revitjigsample.zip

本小节主要讲解该类的使用方法。和Winform中为控件添加监听的代码类似，为自己编写的类添加监听的方法如下方代码所示：

```
1.//新建一个UserActivityHook类的实例
2.this.UserActivityHook = new UserActivityHook(true, true);
3.//注册事件
4.this.UserActivityHook.OnMouseActivity + = OnMouseActivity;
5.this.UserActivityHook.KeyPress + = OnKeyPressActivity;
```

上面第4、5行代码等号右边的事件是我们自己写的事件处理方法。当鼠标移动或是键盘敲击时，就会调用我们的方法。

（1）响应鼠标事件的代码　响应鼠标事件的代码如下：

```
1.public virtual void OnMouseActivity(object sender, MouseEventArgs e)
2.{
3.    var topWindow = GetActiveWindow(); //获取当前的活动窗口
4.    if (this.RevitWindow ! = topWindow) //如果不是Revit窗口，就不用动作
5.    {
6.        return;
7.    }
8.
9.    try
10.       {
11.          //获取鼠标点位置的XYZ值，鼠标按键信息可以从该方法的参数e中获取
12.          XYZ currPoint = GetMousePoint();
13.          //具体的响应代码
14.          ……
```

```
15.        }
16.        catch (Exception ex)
17.        {
18.
19.        }
20.  }
```

上面代码的第 3 行，获取当前活动窗口句柄的代码为：

```
1.[DllImport("user32.dll")]
2.static extern IntPtr GetActiveWindow();
```

如果要获取 Revit 的句柄，需要在 Revit 还是当前窗口的时候调用以上方法，用一个变量记录返回值。也可以引入 Revit 中的 AdWindows. dll，然后新建变量指向 Autodesk. Windows. ComponentManager. ApplicationWindow。

鼠标点对应的 Revit 项目中 XYZ 值的获取方法，详见坐标系有关章节。

（2）响应键盘事件的代码如下：

```
1.public virtual void OnKeyPressActivity(object sender, KeyPressEven-
tArgs e)
2.{
3.  //如果活动窗口不是 Revit 窗口，则直接返回
4.    var topWindow = GetActiveWindow();
5.    if (this.RevitWindow ! = topWindow)
6.    {
7.        e.Handled = false;
8.        return;
9.    }
10.
11.        if (e.KeyChar = = 27)
12.        {
13.            //UserInput 是一个类变量，记录用户的输入；27 代表 Esc
14.            this.UserInput = ""; //根据实际情况，也可以注销事件
15.        }
16.
17.        if ( e.KeyChar = = 8 && this.UserInput.Length > 0)
18.        {
19.            //8 对应退格键
20.            this.UserInput = this.UserInput.Substring(0, this.UserInp
ut.Length - 1);
21.    }
22.    else
23.    {
24.        if (char.IsLetterOrDigit(e.KeyChar))
25.        {
26.            //接受输入
```

```
27.             this.UserInput + = e.KeyChar.ToString();
28.         }
29.     }
30.
31.     e.Handled = false;
32. }
```

(3) 事件的注销　因为注册监听事件使用了Windows API的方法，不属于托管资源，所以需要手动释放资源。可通过在类的Dispose方法中调用以下代码实现。

```
1.if (this.UserActivityHook ! = null)
2.{
3.    this.UserActivityHook.OnMouseActivity - = OnMouseActivity;
4.    this.UserActivityHook.KeyPress - = OnKeyPressActivity;
5.    this.UserActivityHook.Stop();
6.}
```

Q77 怎样直接调用Revit界面上的命令

启动Revit软件界面上的命令主要有两种途径：通过PostCommand或是Windows API的SendMessage方法。

1. 使用PostCommand方法

UIApplication类有一个PostCommand方法，该方法的参数为Revit命令的Id。

以下代码展示了调用建筑墙命令的方法：

```
uiapp.PostCommand(RevitCommandId.Revit LookUpPostableCommandId(PostableCommand.ArchitecturalWall));
```

上面代码中PostableCommand是一个枚举，里面记录了可以调用的命令。

使用PostCommand注意点有：

1）一次只能调用一个命令。如果使用了两个PostCommand方法，就会报错。

2）只有控制权回到Revit时，才会调用对应的方法。

3）只有出现在PostableCommand枚举中的方法才能被调用。

2. 使用SendMessage方法

不是所有的命令都有对应的PostCommand，如图3.7-220所示，我们想调用“重新应用类型”方法。

该命令没有对应的PostCommand，可以使用Windows API模拟鼠标按下该按钮。

前面小节我们已经使用过了PostMessage方法。本例使用和它非常相似的SendMessage方法，两者的区别在于后者需要窗体处理完消息后才返回。

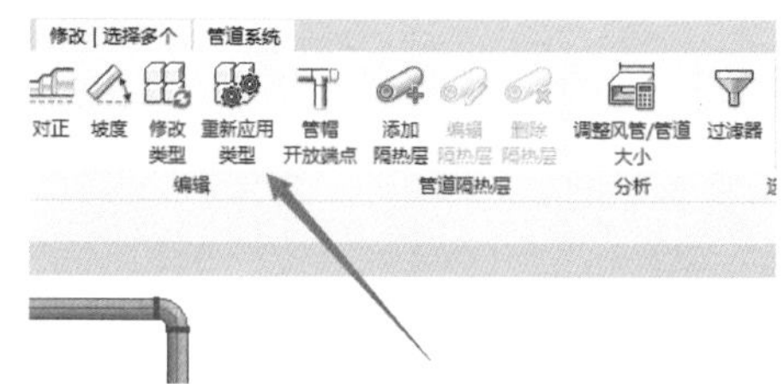

图3.7-220　软件中的命令

本例中，我们要模仿按钮被按下的行为，可查询MSDN，如图3.7-221所示。

可知该消息为BM_CLICK，接着在以下网址查询该命令对应的数字，如图3.7-222所示。

https://program-day.tistory.com/22

图 3.7-221　单击按钮对应的消息　　　　图 3.7-222　BM_CLICK 对应的整数值

根据 MSDN 的描述，第 3、4 个参数需为 0。问题转化为如何确定第一个参数，即获取“重新应用类型”按钮对应的句柄。

Windows API 中有一个 EnumChildWindows 方法，可以遍历主窗体。该方法需要一个回调函数，类似 LINQ 中的 Where 方法的委托类型的参数。回调函数返回 false 时停止遍历，返回 true 则继续遍历。在回调函数内，我们可以使用一个类变量记录符合要求的按钮的句柄。

本例中具体代码如下所示：

```
1.//发送消息的方法
2.[DllImport("user32.dll", EntryPoint = "SendMessageA")]
3.public static extern int SendMessage(IntPtr hwnd, int wMsg, int wParam, int lParam);
4.
5.//遍历子控件的方法
6.[DllImport("user32.dll")]
7.public static extern bool EnumChildWindows(IntPtr hwndParent, CallBack lpEnumFunc, int lParam);
8.public delegate bool CallBack(IntPtr hwnd, int lParam); //回调函数
9.IntPtr buttonToClick;
10.  public bool GetControlHandle(IntPtr hwnd, int lParam)//具体实现回调函数
11.  {
12.      StringBuilder text = new StringBuilder(255);
13.      GetWindowText(hwnd, text, 255); //获取当前控件的文字,
14.      if (text.ToString() = = "重新应用类型" || text.ToString() = = "Reapply Type")
15.      {
16.          buttonToClick = hwnd; //使用类变量记录对应的句柄
17.          return false; //返回 false 停止遍历
18.      }
19.      return true;
20.  }
21.
22.  //获取控件名称的方法
```

```
23.  [DllImport("user32.dll")]
24.  public static extern int GetWindowText(IntPtr hWnd, StringBuilder
lpString, int nCount);
25.
26.
27.  private void MockClickButton()
28.  {
29.       IntPtr rvtwindow = Autodesk.Windows.ComponentManager.Applic
ationWindow; //Revit 主窗体
30.
31.       EnumChildWindows(rvtwindow, GetControlHandle, 0); //遍历子窗体
和控件
32.
33.       int BM_CLICK = 245;
34.       SendMessage(buttonToClick, BM_CLICK, 0, 0);
35.}
```

Q78 怎样响应用户切换视图的操作

本小节以响应用户切换视图的操作为例，介绍 Revit 事件中的有关操作。

1. 事件（Events）概述

最经典的事件就是鼠标单击按钮事件。鼠标单击按钮后，产生一个按钮点击事件。操作系统会遍历该事件的订阅者，并执行订阅者的事件处理代码。

如图 3. 7-223 所示，Student 类是事件的发布者，其中第 29 行代码定义了一个 PropertyChanged 事件。

事件和方法、属性一样，是类的成员，而不是类型，因此不能在方法体内声明事件，只能声明在类里面。

事件内部维护了一个委托列表。如图 3. 7-224 所示，其他类通过“+=”和“-=”来订阅或取消事件。事件内部的委托列表记录这些方法，当事件被触发时，依次执行列表中的方法：

图 3. 7-223　拥有事件的类　　　　图 3. 7-224　事件和调用列表的关系

在 Student 类的第 25 行，当 Name 属性被设置时，触发了 PropertyChanged 事件。当事件没有订阅者时，值为 null，所以 PropertyChanged 后面有一个“?”的判断符。

2. 使用事件的步骤

（1）新建事件处理方法　该方法一般有两个参数：object sender 和 EventArgs e。第一个参数 Sender 代表产生事件的对象。第二个参数附加该事件的信息。我们在 API 文档中找到视图激活事件，可见其参数 e 的类型为 ViewActivatedEventArgs。

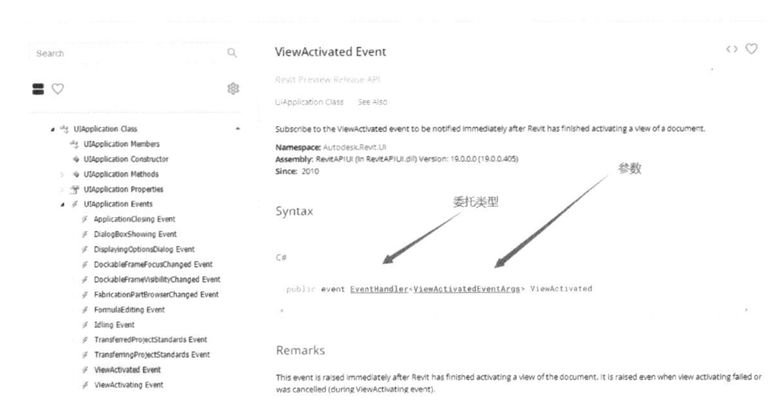

图 3.7-225　ViewActivated 事件

图 3.7-225 中，EventHandler 为 C#中的预定义委托，专用于表示不生成数据的事件的处理程序方法。因此，我们可以新建一个没有返回值、参数 e 类型为 ViewActivatedEventArgs 的方法，如下所示：

```
1.public static void ActiveViewChanged(object sender, ViewActivatedEventArgs e)
2.{
3.    //具体事件处理代码
4.}
```

参数 e 作为 ViewActivatedEventArgs 类型，有 PreviousActiveView 和 CurrentActiveView 属性，代表切换视图前后的视图。参数 sender 在以上代码中，具体是事件所在的类 UIApplication。

（2）订阅事件　Revit 中注册和注销事件必须在 Revit 的上下文中进行。使用“+=”对事件进行订阅，代码为：

```
ActiveUIDocument.Application.ViewActivated += UiUtils.ActiveViewChanged;
```

“+=”的右侧，只要是一个返回值为 void，参数为 object sender 和 ViewActivatedEventArgs e 的方法即可。

一个事件可以注册多个处理方法，执行时按订阅的顺序先后调用。

（3）取消订阅事件　不需要继续监听事件的时候，就需要取消订阅事件。操作符为“-=”，例如取消对视图切换监听的操作为：

```
ActiveUIDocument.Application.ViewActivated -= UiUtils.ActiveViewChanged;
```

判断事件有没有被监听的代码为：

```
doc.Application.DocumentChanged == null;
```

即使没有注册事件，取消订阅事件也不会发生异常，下方代码中即使 DocumentChanged 为 null，也不会报错：

```
doc.Application.DocumentChanged -= OnDocumentChanged;
```

3. Revit 中的事件有关注意点

事件是类的成员，而不是新的类型。Revit 中的事件主要集中在 Application、Document 和 UIApplication 这三个类中，可查看具体的 API 文档。

事件发生前后一般用“ing”和“ed”结尾。例如 DocumentOpening 事件发生在打开文档之前，此时我们可以做检查文档是否符合要求等动作。DocumentOpened 事件发生在文档打开之后。

在某些 Revit 事件中，可能文档不能被修改，因此需要用 Document 的 IsModifiable 和 IsReadOnly 属性进行判断。

4. DocumentChanged 事件

DocumentChanged 事件是一个经常使用的事件。从该事件的参数 DocumentChangedEventArgs e 出发可以获取本次事务中修改的、删除的元素、新增的元素。

只有事务被提交时才会激发 DocumentChanged 事件。如果事务在事务组中时，则只有事务组被提交后才会引发该事件。

在 DocumentChanged 事件的处理代码中不能新开事务。

例如有些用户会要求插件生成的图元自动并入对应的工作集，就可以使用 DocumentChanged 事件监听获取插件新生成的图元。

整个过程的具体代码如下所示：

```
1.//在开启事务前添加监听方法
2.doc.Application.DocumentChanged += workSetAdjuster.OnDocumentChanged;
3.CreateWaterPot(doc, pumpModels); //生成元素的方法，里面有事务的开启和提交
4.
5.//即使 doc.Application.DocumentChanged ==null，以下代码也不会报错
6.doc.Application.DocumentChanged -= workSetAdjuster.OnDocumentChanged;
7.
8.//在类变量中保存新增加的元素，重开事务，调整工作集
9.workSetAdjuster.GetResult();
```

其中监听方法的代码如下：

```
1.public void OnDocumentChanged(object sender, DocumentChangedEventArgs e)
2.{
3.    //获取新添加到项目中的图元
4.    Document doc = e.GetDocument();
5.    ICollection<ElementId> eleIds = e.GetAddedElementIds();
6.
7.    //过滤出需要的图元，因为新生成的元素中可能有材质等不需要的图元
8.    List<ElementId> categoriesIds = new List<ElementId>() { pipe_category_id, pump_category_id, accesory_category_id, fitting_category_id };
9.    ElementMulticategoryFilter elementMulticategoryFilter = new ElementMulticategoryFilter(categoriesIds);
10.    FilteredElementCollector eleCol = new FilteredElementCollector(doc, eleIds);
11.    eleIds = eleCol.WherePasses(elementMulticategoryFilter).ToElementIds();
12.
13.    //获取需要元素
14.    eles = eleIds.Select(ele => doc.GetElement(ele));
15.    eles = eles.Where(ele => ele.Location != null).ToList();
16.}
```

注意监听方法中不能开启事务，只能获取需要的元素后存入类变量，接着在另外一个方法中新建事务来处理获取的元素。

Q79 怎样处理 Revit 的报错窗口

涉及构件几何信息修改的插件，运行过程中 Revit 经常会弹出错误报警窗口。处理这些错误通常只需要删除发生错误的图元即可。下面就介绍让这些窗口不显示的方法。

1. Revit 中的故障处理机制

当我们提交事务之后，Revit 会在内部进行自动连接、重叠检查等工作，此时可能产生错误。错误发生后交给错误处理机制处理，错误处理机制修改了文件之后，还需要重新检查是否又产生了新错误。因此，错误处理的过程可能是多个循环（图 3.7-226），每个循环的处理顺序为：

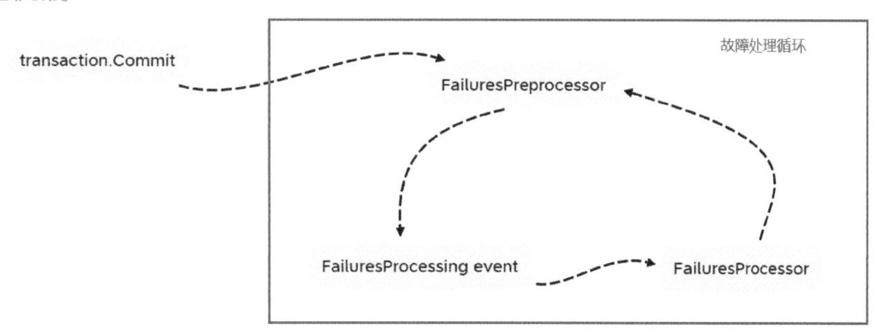

图 3.7-226 故障处理循环

1）先使用接口 IFailuresPreprocessor 中的方法处理（故障预处理 FailuresPreprocessor）。

2）接着提交 FailureProcessing 事件（故障处理事件广播（FailuresProcessing event）），使用事件对应的代码。

3）最后使用 IFailuresProcessor 的接口里面的方法处理（最终处理 FailuresProcessor）。

循环中的三个步骤，都返回一个 FailureProcessingResult。其意义为：

FailureProcessingResult. Continue，继续故障处理流程。如果最后一步的 FailuresProcessor 处理完成后还有没处理完的错误，就会返回事务。

FailureProcessingResult. ProceedWithCommit。重新开始一轮故障处理，如果故障一直没有被处理，就会出现死循环。

FailureProcessingResult. ProceedWithRollback。返回事务。

FailureProcessingResult. WaitForUserInput。只有第三步才用得到，一般不用考虑。

循环中后两个步骤都是全局性的，可针对所有的故障。对于插件开发者来说，更关心具体的事务，因此通常利用接口 IFailuresPreprocessor 即可，具体步骤为：

1）新建故障预处理类，继承 IFailuresPreprocessor 接口。

2）填写接口方法 PreprocessFailures 里面的内容，该方法参数中有一个故障存储器类 FailuresAccessor，提供了获取故障信息和一些简单的故障处理方法。

3）开启事务时，先获取事务的故障处理选项，然后设置其故障预处理器为我们新建的类的实例。

2. 相关代码

(1) 故障处理器的代码　具体如下所示：

```
1.internal class MyFailuresPreProcess : IFailuresPreprocessor
2.{
3.    //处理故障
4.    public FailureProcessingResult PreprocessFailures(FailuresAcces
sor failuresAccessor)
```

```
5.    {
6.        IList<FailureMessageAccessor> failures = failuresAccessor.GetFailureMessages(); //获取故障信息列表
7.        if(failures.Count == 0)
8.        {
9.            return FailureProcessingResult.Continue; //如果没有失败信息，则不用处理
10.       }
11.
12.       foreach(FailureMessageAccessor failureMessage in failures)       {
13.           if (failureMessage.GetSeverity() == FailureSeverity.Error) //如果有错误类的信息
14.           {
15.               if(failureMessage.HasResolutions())
16.               {
17.                   failuresAccessor.ResolveFailure(failureMessage); //如果有解决方法，则按默认解决方法
18.               }
19.               else //如果删除构件能够解决问题，则删除构件
20.               {
21.                   if (failuresAccessor.IsElementsDeletionPermitted(failureMessage.GetFailingElementIds().ToList()))
22.                   {
23.                       failuresAccessor.DeleteElements(failureMessage.GetFailingElementIds().ToList());
24.                   }
25.               }
26.           }
27.           else if(failureMessage.GetSeverity() == FailureSeverity.Warning) //警告类型的信息
28.           {
29.               failuresAccessor.DeleteWarning(failureMessage); //从信息列表中删除，不会显示警告对话框
30.           }
31.       }
32.       return FailureProcessingResult.Continue; //如果前面的处理之后还有没有处理完的错误，Revit 会回滚事务
33.   }
34.
35.}
```

(2) 在事务中的使用　具体代码如下所示：

```
1. using (Transaction ts = new Transaction(doc))
```

```
2.          {
3.                FailureHandlingOptions fho = ts.GetFailureHandlingOptions(); //获取事务的故障处理选项
4.                fho.SetFailuresPreprocessor(new MyFailuresPreProcess()); //设置选项的处理器
5.                ts.SetFailureHandlingOptions(fho); //将修改后的处理选项重新连接到事务
6.
7.                ts.Start("生成连接件");
8.                //中间处理代码
9.                ts.Commit();
10.  }
```

(3) 处理特定类型的故障　以上代码是通用的故障处理方法。如果需要对特定类型的故障作区别处理，则需要利用故障信息的 GetFailureDefinitionId () 方法获取故障描述。

以墙体重叠故障为例，步骤如下：

首先在英语状态下启动 Revit（如图 3.7-227 所示，将中文软件快捷方式最后三个字母由 CHS 改为 ENG）。

然后绘制两面重叠的墙，获取故障信息如图 3.7-228 所示。

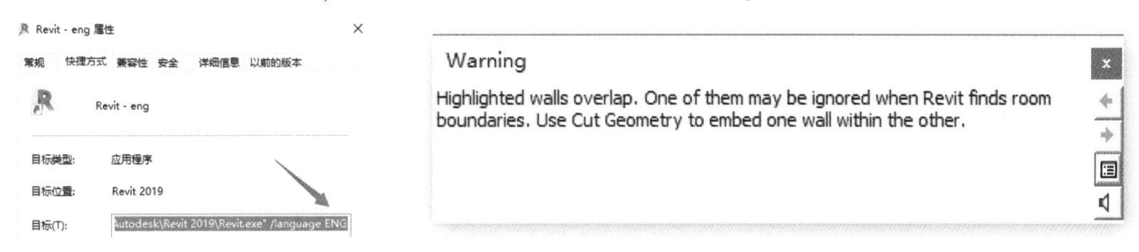

图 3.7-227　启动英文界面　　　　图 3.7-228　获取故障信息

根据故障信息的关键字“walls overlap”，在 API 中找到对应的内置故障类，如图 3.7-229 所示。

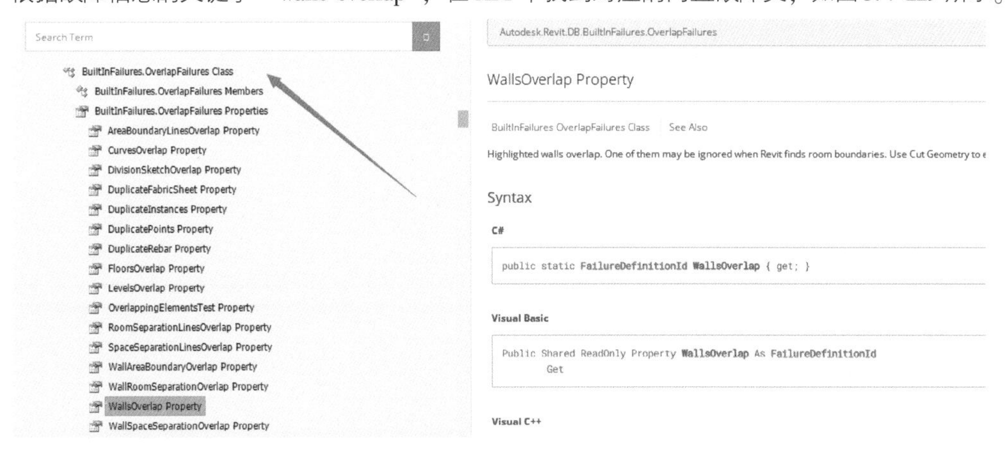

图 3.7-229　寻找对应的故障

如下所示，根据内置故障信息的 Id 判断是否为特定的故障，然后再进行具体处理。

```
if (failuresAccessor.GetFailureDefinitionId() == BuiltInFailures.OverlapFailures.WallsOverlap)
```

Q80 怎样提升插件的用户体验

1. 自动切换活动窗口

在二次开发中，我们经常需要在点击 Winform 的控件后，插件的窗体自动隐藏，活动窗口切换到 Revit 的效果，这就需要调用 WindowAPI。

在面向对象语言中，我们是以类为单位调用方法，比如调用 String. SubString 方法，需要指定类名称和方法。在面向对象语言出现之前，最大的封装单位是方法，我们可以直接调用方法，不需要使用方法的类名。

在 C#中获取和设置活动窗口，需要调用 Windows API 中的方法。这些方法不是用 C#语言写的，最大封装单位是方法，在 C#中调用的代码如下所示：

```
1.private void dataGridView1_CellClick(object sender, DataGridViewCell
EventArgs e)
2.{
3.    DataGridView dgv = sender as DataGridView;
4.    int rowIndex = e.RowIndex;
5.    int columnIndex = e.ColumnIndex;
6.    if (rowIndex = = -1)
7.    {
8.        return; //点击表头时不动作
9.    }
10.
11.    if (columnIndex = = 2)
12.    {
13.        eventHandler.action = app =>
14.        {
15.            //dgv 中切换焦点，需要放到外部事务中
16.            this.WindowState = FormWindowState.Minimized;
17.            SetActiveWindow(RevitWindow); //切换活动窗体为 Revit
18.            string blockName = cADBlockSearcher.GetCadBlockName(uidoc);
19.            dgv.Rows[rowIndex].Cells[columnIndex].Value = blockName;
20.            this.WindowState = FormWindowState.Normal;
21.            SetActiveWindow(this.Handle);
22.        };
23.        externalEvent.Raise();
24.    }
25. }
26.
27. [DllImport("User32.dll")]
28. static extern IntPtr GetActiveWindow();
29.
30. [DllImport("User32.dll")]
31. static extern IntPtr SetActiveWindow(IntPtr intPtr);
```

上面代码第 17 行使用了 Windows API 的 SetActiveWindow 方法。如以上代码的第 30 和 31 行所示，导入 Window API 的方法，前面都有“static extern”关键字。该方法还有“［DllImport ("User32. dll")］”的特性修饰，表示从 User32. dll 类库中找一个 SetActiveWindow 的方法（因此方法名称是一定的，不能随便修改）。该方法使用窗口的句柄（可以理解为窗口的引用）作为参数。

获取 Revit 窗口句柄的语句为：

```
private IntPtr RevitWindow = Autodesk.Windows.ComponentManager.ApplicationWindow;
```

该命名空间位于 AdWindows. dll 类库中，和 RevitAPI. dll 位于同一目录下。使用时要添加到该类库的引用里。

当前 winform 窗体句柄可以由窗体的 Handle 属性获取。Revit 窗口或是 Winform 窗口的句柄也都可以在各自是活动窗口的时候通过调用 GetActiveWindow() 方法获取。对于 WPF 窗口，获取句柄的语句为：new System. Windows. Interop. WindowInteropHelper（this）. Handle

2. 橡皮筋技术

用户框选时，会出现一个矩形框辅助用户选择，称为橡皮筋技术。

利用本章提到绘制临时图元和监听鼠标事件的知识，就可以做出这种效果。读者也可在 API 论坛搜索关键字“Jig”，下载 Revit Jigging Example 项目，里面的类可以直接使用。

3. 用户点选捕捉功能

在 Revit 插件中绘制墙或水管时，Revit 会提供辅助定位功能，如图 3. 7-230 所示。

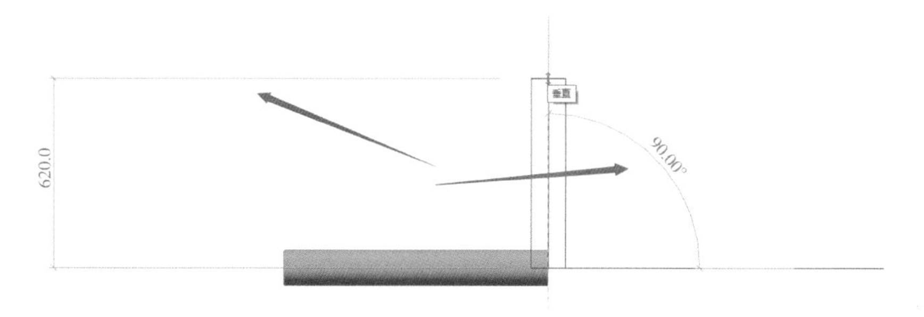

图 3. 7-230　Revit 辅助定位功能

有的插件在用户选点时，也需要这样的辅助线。例如集水坑翻模插件，需要用户点选水泵中心和对应的立管中心。有的图纸比较简单，没有绘制立管，用户点选时需要辅助对正功能，如图 3. 7-231 和图 3. 7-232 所示。

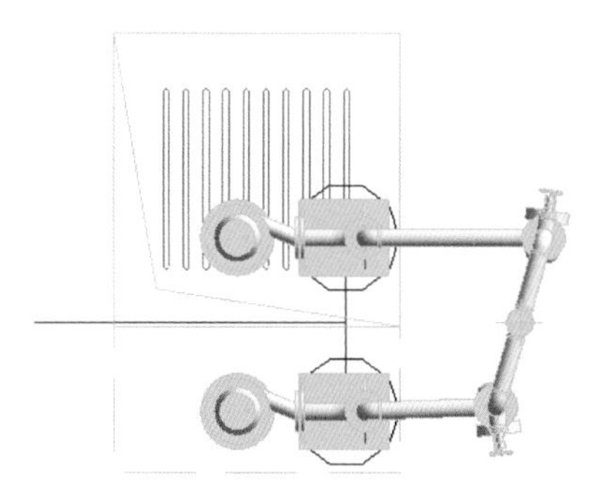

图 3. 7-231　没有辅助对正功能效果

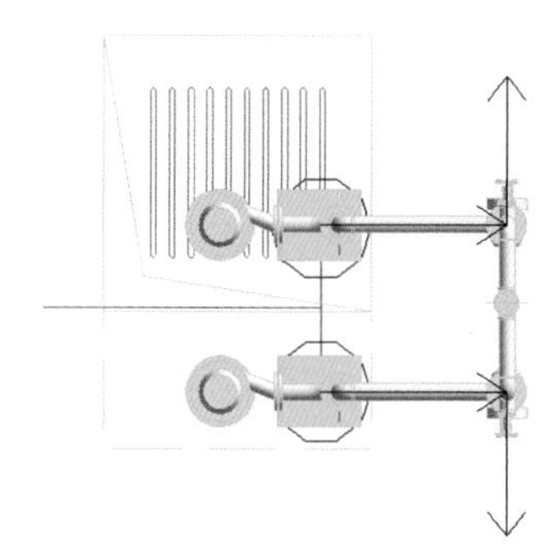

图 3. 7-232　使用辅助对正功能后的效果

可以利用 Revit API 的 PromptForFamilyInstancePlacement 方法模拟 Revit 的辅助对正功能。该

方法内部自带一个事务，所以只能在插件的事务外调用该方法。

首先以“基于公制详图项目线.rft”为族样板，新建一个基于线的公制常规模型族（图3.7-233），在族文件中使用模型线绘制一个箭头，其中“箭头部分长度”参数等于“长度”参数除以6。

在Revit中布置这个族时，就会有类似图3.7-230的辅助定位效果。

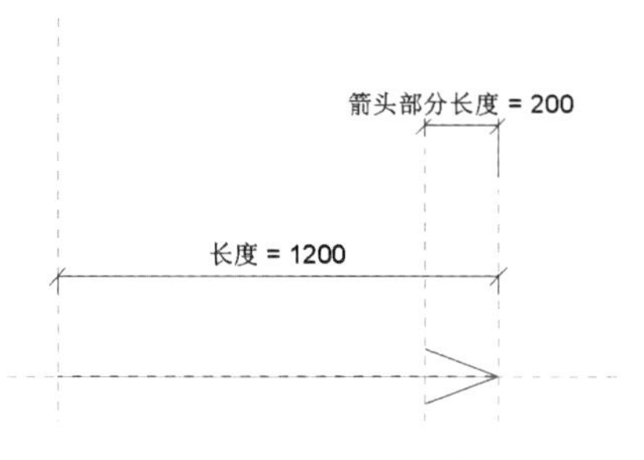

图3.7-233　新建定位箭头族

插件中使用以下代码可以让用户布置定位箭头：

```
 1.Autodesk.Revit.ApplicationServices.Application app = uidoc.Document.Application;
2.//选择水泵中心和对应的立管中心
3.try
4.{
5.    app.DocumentChanged += GetNewlyPlacedInstance;
6.    uidoc.PromptForFamilyInstancePlacement(arrowSymbol);
7.    app.DocumentChanged -= GetNewlyPlacedInstance;
8.}
9.catch (Exception)
10.{
11.     //处理用户点击Esc
12.     app.DocumentChanged -= GetNewlyPlacedInstance;
13.}
```

因为PromptForFamilyInstancePlacement方法的返回值类型是void。所以需要通过监听DocumentChanged事件获取用户布置的箭头：

```
1.private void GetNewlyPlacedInstance(object sender, DocumentChangedEventArgs e)
2.{
3.    Document doc = e.GetDocument();
4.    ElementId eleId = e.GetAddedElementIds().FirstOrDefault();
5.    if (eleId == null)  //开始布置时，会先激发一次DocumentChanged事件
6.    {
7.        return;
8.    }
9.
10.     //每布置完成一个族，就会激发一次事件
11.     FamilyInstance arrowInstance = doc.GetElement(eleId) as FamilyInstance;
12.     arrowInstances_forOnePump.Add(arrowInstance); //记录当前水泵的箭头
13.     elesTodelete.Add(arrowInstance); //存储所有的箭头，后期删除
14.
15.     if (arrowInstances_forOnePump.Count == 2)//用户布置的箭头数量已经满足要求时
```

```
16.     {
17.         //要发送两遍 Esc，才能退出布置状态
18.         WindowUtils.SendEsc(true);
19.         WindowUtils.SendEsc(true);
20.     }
21.}
```

对于布置的箭头，可以通过以下方法获取其起点、终点和方向向量。

```
1.public MyArrow(FamilyInstance familyInstance)
2.{
3.    this.familyInstance = familyInstance;
4.
5.    firstPoint = familyInstance.GetTotalTransform().Origin;
6.    dir = familyInstance.GetTotalTransform().BasisX.Normalize();
7.
8.    double length_ft = familyInstance.LookupParameter("长度").AsDou
ble();
9.    secondPoint = firstPoint + dir * length_ft;
10.}
```

4. 限制按钮在指定的视图中可用

很多插件只能在平面视图中使用，每个插件都写一个判断程序比较麻烦。因此可以新建一个继承 IExternalCommandAvailability 接口的类，代码如下：

```
1.internal class PlanViewRestricter : IExternalCommandAvailability
2.{
3.    public bool IsCommandAvailable(UIApplication applicationData, Ca
tegorySet selectedCategories)
4.    {
5.        UIDocument uidoc = applicationData.ActiveUIDocument;
6.        if (uidoc.ActiveGraphicalView is ViewPlan)
7.        {
8.            return true;
9.        }
10.           return false;
11.    }
12.}
```

然后设置按钮的 AvailabilityClassName 属性，这样不在平面视图时，命令图标会变成灰色：

```
pushButtonData3.AvailabilityClassName = "GenaratePipeFromCAD.PlanViewRe
stricter";
```

5. 限制用户选择

限制用户选择类型，方法为新建继承 ISelectionFilter 的类。

6. 进度窗口

程序运行时间比较长时，应提供给用户一个进度窗口，说明当前的工作内容和进度，如

图 3.7-234 所示。

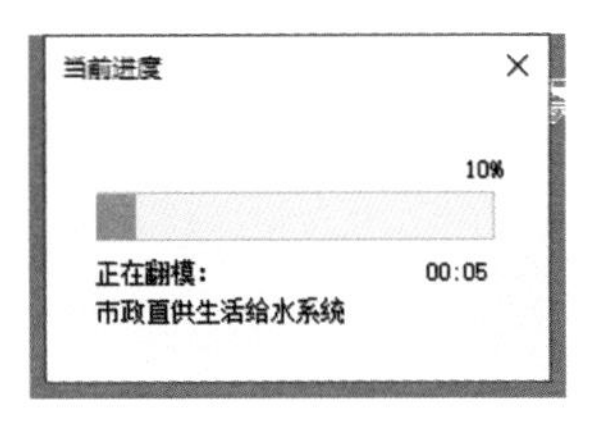

图 3.7-234　进度窗口示意

进度窗口由进度条 ProcessBar、文字标签 Lable 和计时器 Timer 组成。

使用进度条的注意点有：

1）要新建一个进程运行进度窗口，如果直接在主程序中开启进度条窗口，因为主程序很忙，会出现进度窗口不能响应的问题。新建进程和启动窗口的代码如下所示：

```
1.private Form_Progress Show_Progress_Window()
2.{
3.    Form_Progress progressForm = new Form_Progress();
4.    Thread t = new Thread(new ThreadStart(progressForm.InitProcessB
ar));
5.    t.Start();
6.    return progressForm;
7.}
```

窗体实例 progressForm 的 InitProcessBar 对应的代码为：

```
1.        public  void InitProcessBar()
2.{
3.    this.progressBar1.Value = 0;
4.    this.label_currentWork.Text = "";
5.    this.timer1.Enabled = true;
6.    this.ShowDialog();
7.}
```

2）设置进度过程中，要注意求每步增加的进度时，整数除以整数的结果默认是一个整数，需要添加类型转化。

时间不断累加的效果，是由计时器的 Tick 事件完成的，具体代码如下所示：

```
1.private void timer1_Tick(object sender, EventArgs e)
2.{
3.    this.label_timeConsumed.Text =GetTimeConsumed(start_time);
4.    this.label_currentPercentage.Text = ((double )this.progressBar
1.Value /100).ToString("0% ");
5.}
6.private string GetTimeConsumed(DateTime startTime)
7.{
8.    TimeSpan timespan = DateTime.Now - startTime;
9.    string timeConsumed = string.Format("{0: 00}: {1: 00}", timespa
n.Minutes, timespan.Seconds);
10.        return timeConsumed;
11.   }
```

7. 控制插件窗体的位置为屏幕中央

对于 WPF 窗体，在 Show 方法之前使用以下语句：

```
window.WindowStartupLocation = WindowStartupLocation.CenterScreen;
```

对于 Winform 窗体，设置 StartPosition 属性为 CenterScreen。

Q81 怎样在 Revit 界面添加命令

前面我们执行命令，都是采用 AddinManager 运行外部命令的方式执行的。当程序调试完毕后，就需要注册到 Revit 的 UI 界面中供用户使用。

在用户界面注册命令的步骤和相关的方法如图 3.7-235 所示。

实际工作中，一套插件会有一个专门的类负责软件开启时各个按钮的初始化。所以自己负责的项目，不需要继承 IExternalApplication 接口，也不需要编写 Addin 文件。只需要编写添加按钮有关的方法，然后在已经实现 IExternalApplication 接口的类的 OnStart 方法中调用即可。

本小节介绍的是从零开始注册命令的方法，具体步骤如下：

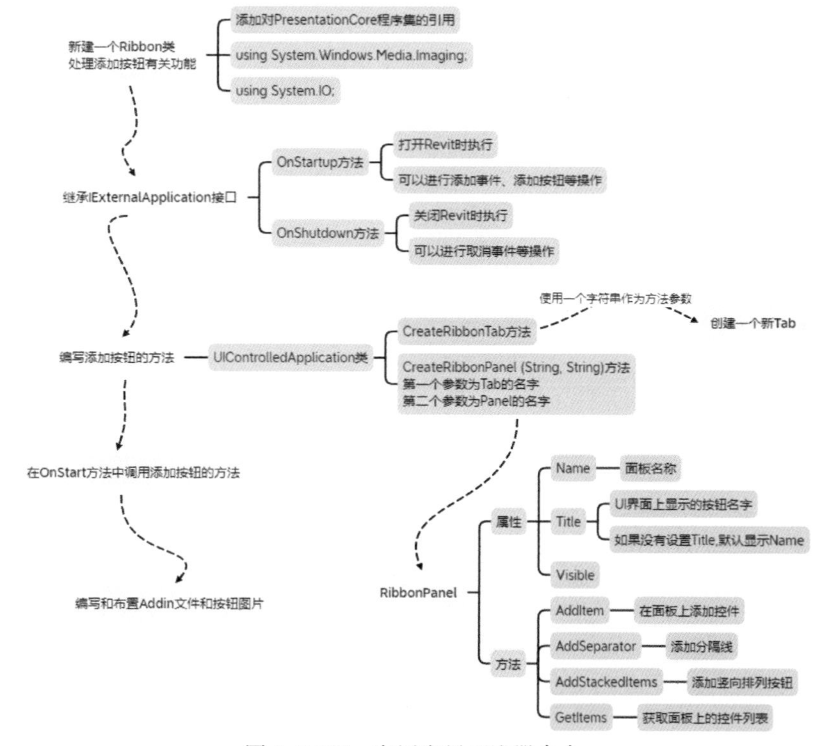

图 3.7-235　在用户界面注册命令

1. 新建 Ribbon 类

按照类的单一职能原则，我们在项目中新建一个 Ribbon 类，用来实现添加 UI 按钮功能。因为添加按钮需要处理图片，我们给项目添加对程序集 PresentationCore 的引用，如图 3.7-236 所示。

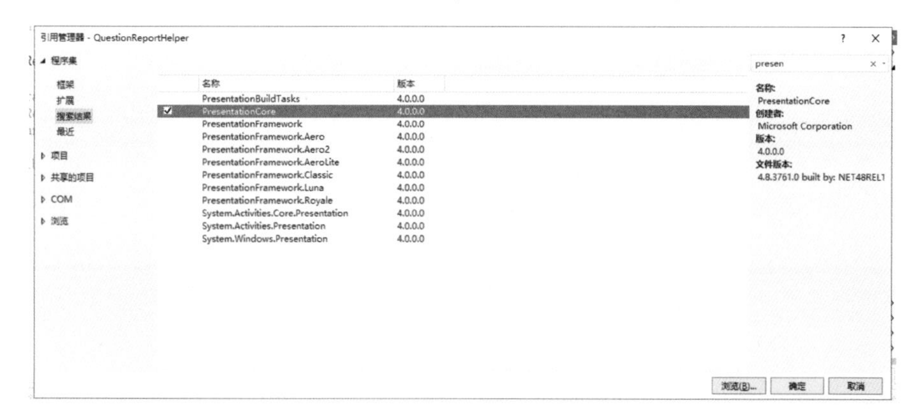

图 3.7-236　添加引用

2. 继承 IExternalApplication 接口

使 Ribbon 类继承 IExternalApplication 接口，并实现该接口的方法。

继承 IExternalApplication 接口的 API 调用方法被称为外部程序。IExternalApplication 接口有两个抽象方法 OnStartup 和 OnShutdown。当 Revit 程序启动时，会调用 OnStartup 方法，程序关闭时调用 OnShutdown 方法。

我们前面经常使用的是 IExternalCommand 接口，用户调用命令就可以执行该接口的 Execute 方法。而 IExternalApplication 的方法只在程序开启和关闭时调用，如图 3.7-237 所示。

```
        0 个引用
18      public class Ribbon : IExternalApplication
19      {
20          private string _dllPath;
21          private string _iconDirectory;
22
            0 个引用
23          public Result OnShutdown(UIControlledApplication application)
24          {
25              return Result.Succeeded;
26          }
            0 个引用
27          public Result OnStartup(UIControlledApplication application)
28          {
29              //初始化文件路径信息
30              _dllPath = @" E:\Project\ZCProject\ShowPositionByGrid\bin\Debug\QuestionReportHelper.dll";
31              _iconDirectory = @"E:\Project\icon";
```

图 3.7-237　继承 IExternalApplication 接口

接着在类中添加两个字符串变量_dllpath 和_iconDirectory（图 3.7-237 中第 30～31 行），用来记录项目程序集的文件名和按钮的图片文件夹位置。注意图 3.7-237 代码中，文件路径要使用转义符“@”。

3. 编写添加按钮有关的方法

添加按钮代码如图 3.7-238 所示。

```
        2 个引用
41      public void AddButtons(RibbonPanel panel)
42      {
43          PushButtonData pushButtonData = new PushButtonData("QuestionReportHelper", "问题报告助手", _dllPath, "QuestionReportHelper.MainLine");
44          pushButtonData.LargeImage= new BitmapImage(new Uri(_iconDirectory + @"\问题报告助手.png"));
45          pushButtonData.ToolTip = "提供查询定位、快速剖面、保存视点等功能";
46
47          panel.AddItem(pushButtonData);
48          panel.AddSeparator();
49      }
50
```

图 3.7-238　添加按钮代码

先新建包含按钮 pushButton 信息的 pushButtonData 类（图 3.7-238 中第 43～45 行）。然后该类作为参数，用于 RibbonPanel 的 AddItem 方法（第 47 行），在 UI 界面上产生按钮。

图 3.7-239　Ribbon 有关的术语

RevitUI 界面中 RibbonTab、RibbonPanel 和 PushButton 的关系如图 3.7-239 所示。

PushButton 和 PushButtonItem 类之间的关系如图 3.7-240 所示。

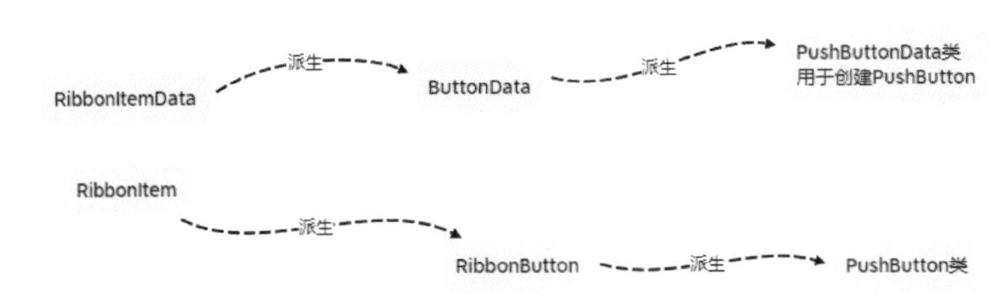

图 3.7-240　PushButton 有关的类

PushButtonData 类的构造方法有四个参数，分别为按钮名称、UI 界面上显示的文字、程序集的文件名和实现了 IExternalCommand 的类（也就是按钮对应的命令所在的类）的名字。

如图 3. 7-241 添加按钮代码第 13 行所示，"QuestionReportHelper" 是按钮名称，"问题报告助手" 是按钮下方显示的文字。_dllPath 是按钮对应的命令所在的程序集的文件名（例如 @" E:\Project\ZCProject\ShowPositionByGrid\bin\Debug\QuestionReportHelper. dll"）；" QuestionReportHelper. MainLine" 是按钮对应的命令所在的类的全名（命名空间 + 类名）。

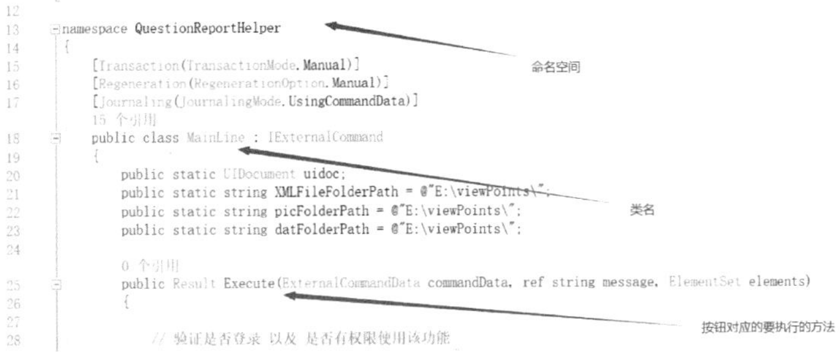

12
13 namespace QuestionReportHelper
14 {
15 [Transaction(TransactionMode.Manual)]
16 [Regeneration(RegenerationOption.Manual)]
17 [Journaling(JournalingMode.UsingCommandData)]
15 个引用
18 public class MainLine : IExternalCommand
19 {
20 public static UIDocument uidoc;
21 public static string XMLFileFolderPath = @"E:\viewPoints\";
22 public static string picFolderPath = @"E:\viewPoints\";
23 public static string datFolderPath = @"E:\viewPoints\";
24
0 个引用
25 public Result Execute(ExternalCommandData commandData, ref string message, ElementSet elements)
26 {
27
28 // 验证是否登录 以及 是否有权限使用该功能
命名空间
类名
按钮对应的要执行的方法

图 3. 7-241　按钮和命令所在类的关系

4. 在 OnStart 方法中调用添加按钮的方法

如图 3. 7-242 所示，在 Onstart 方法中设置程序集和图片的文件夹路径（第 31、32 行）。代码 34 ~ 37 行新建了选项板用于添加按钮。

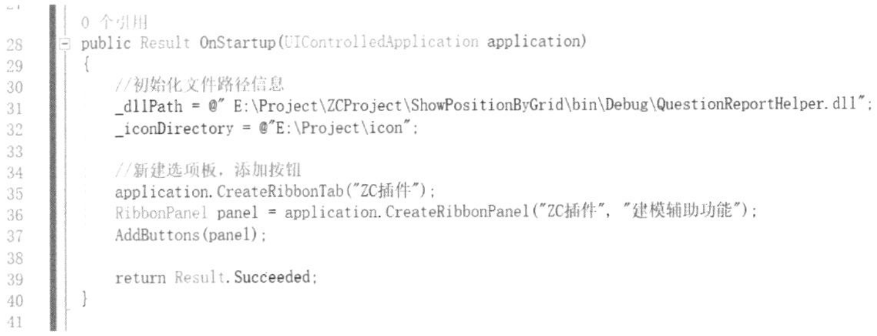

0 个引用
28 public Result OnStartup(UIControlledApplication application)
29 {
30 //初始化文件路径信息
31 _dllPath = @" E:\Project\ZCProject\ShowPositionByGrid\bin\Debug\QuestionReportHelper.dll";
32 _iconDirectory = @"E:\Project\icon";
33
34 //新建选项板，添加按钮
35 application.CreateRibbonTab("ZC插件");
36 RibbonPanel panel = application.CreateRibbonPanel("ZC插件", "建模辅助功能");
37 AddButtons(panel);
38
39 return Result.Succeeded;
40 }
41

图 3. 7-242　新建选项板

UI 界面完成添加后的效果如图 3. 7-243 所示。

Autodesk Re
文件 建筑 结构 钢 系统 插入 注释 分析 体量和场地 协作 视图 管理 附加模块 ZC插件
问题报告助手
提供查询定位、快速剖面、保存视点等功能

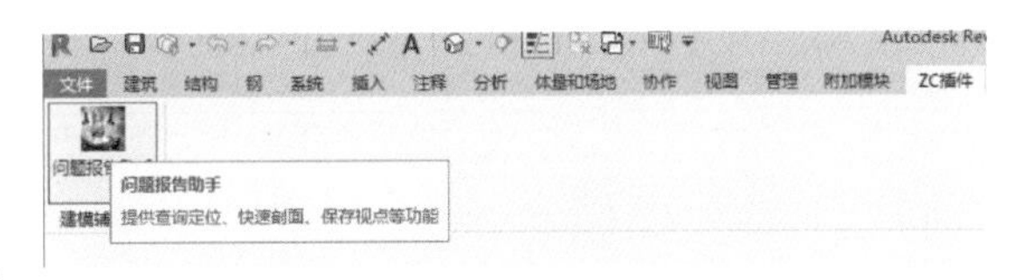

图 3. 7-243　完成添加后的效果

5. 制作 Addin 文件

Revit 启动后加载插件的过程如图 3. 7-244 所示。

Revit启动
检查Addin文件
加载Addin文件定位的dll文件
执行Addin文件中指定的类的OnStart方法

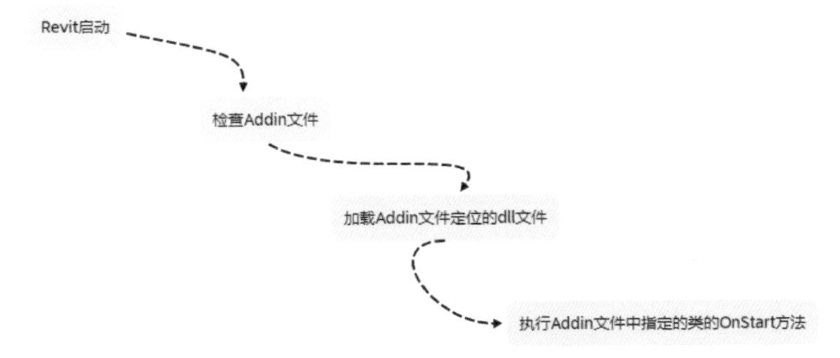

图 3. 7-244　Revit 加载插件的过程

我们打开 C:\ProgramData\Autodesk\Revit\Addins，进入对应的 Revit 版本。

复制其中的一个 Addin 文件，使用记事本打开后编辑，需要修改的地方如图 3.7-245 所示。注意 Addin Type 为 Application。

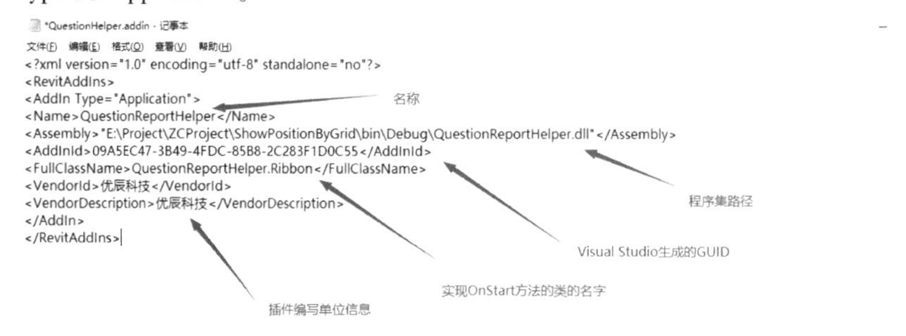

图 3.7-245 修改 Addin 文件

Addin 文件制作完成后，重启 Revit。第一次加载插件时会出现确认对话框（图 3.7-246），单击“总是载入”按钮即可。

图 3.7-246 第一次加载时的 Revit 提示

6. 制作按钮图片

RevitUI 界面的按钮图片，大的按钮（不是堆叠着布置的按钮、下拉按钮）对应图片尺寸为 32×32 像素，小的按钮（堆着布置的按钮、文本框、组合框等）对应尺寸为 16×16 的像素，如果尺寸过大，Revit 加载时会自动压缩。

按钮 PushButton 类有两个图像有关的属性 Image 和 LargeImage，如图 3.7-247 所示。如果一个按钮是大的按钮，则应设置 LargeImage 属性。如果只设置 Image，则 UI 界面上也不会显示图片。

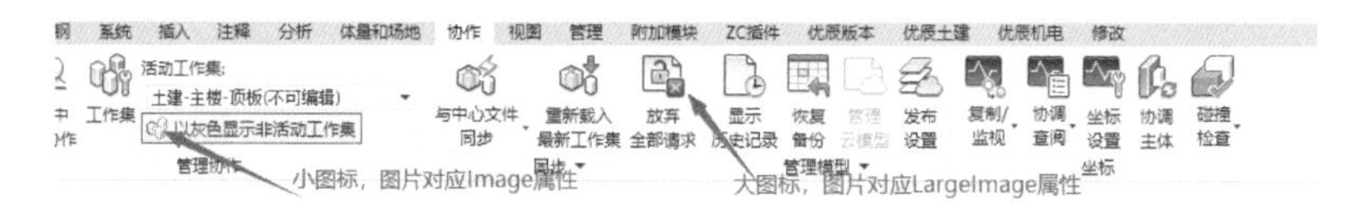

图 3.7-247 图标和图片的对应关系

在 Window 画图工具中新建画布，粘贴按钮图片到画布上按照按钮的大小调整画布尺寸为 32×32 或 16×16 像素，另存为 PNG 格式即可。

7. UI 界面处理其他有关的方法

（1）批量生成 PushButtonData　需要添加的按钮数量很多时，可以把生成 PushButton 的方法抽象出来复用。

（2）获取图片　获取图片的代码如图 3.7-248 所示，代码中 Uri 为图片的位置。

```
        2 个引用
166     private static BitmapImage GetBitmapImage(string iconName)
167     {
168         Uri uri2 = new Uri(Path.Combine(iconPath, iconName), UriKind.Absolute);
169         return new BitmapImage(uri2);
170     }
```

图 3.7-248 获取本地图片

（3）设置 pushBotton 的信息，如图 3.7-249 所示。

```
158     public static void SetPushButtonPicAndText(PushButton pushButton, string iconName, string tip)
159     {
160         pushButton.Image = GetBitmapImage(iconName);
161         pushButton.LargeImage = GetBitmapImage(iconName);
162         pushButton.ToolTip = tip;
163         pushButton.ItemText = tip;
164     }
```

图 3.7-249 设置 pushButton 信息

（4）返回指定名称的按钮，如图 3.7-250 所示。

图 3.7-250 中的代码有两个注

```
137    public static PushButton GetPushButtonByName(string name)
138    {
139        List<RibbonPanel> rPanels = new List<RibbonPanel>();
140        rPanels = myUIControlledApplication.GetRibbonPanels(tabName);//如果没有tabname，则只返回addin下面的panel
141        foreach (RibbonPanel rp in rPanels)
142        {
143            if (rp.Name == panelName)
144            {
145
146                foreach (RibbonItem ris in rp.GetItems())
147                {
148                    if (ris.Name == name)
149                    {
150                        return ris as PushButton;
151                    }
152                }
153            }
154        }
155        return null;
156    }
```

图 3. 7-250　返回指定名称的按钮

意点，一是该方法的参数是按钮的名字，不是按钮在 UI 界面上的文字。二是第 140 行使用 GetRibbonPanels方法时，如果不传入参数，则返回的是“附加模块”选项卡下的面板。

（5）其他类型控件　本小节只介绍了添加按钮的操作。Revit 中还有按钮组、下拉按钮、单选按钮等其他控件，具体可以查看 Revit Developer's Guide。

（6）将图片嵌入 dll 文件　可以将图标文件放在 dll 文件中，具体做法如下：

选中项目 => 右键 => 属性 => 资源 => 此项目不包含默认的资源文件，单击此处可创建一个 => 添加现有文件，然后在弹出的文件浏览窗口中选择图片，如图 3. 7-251 所示。

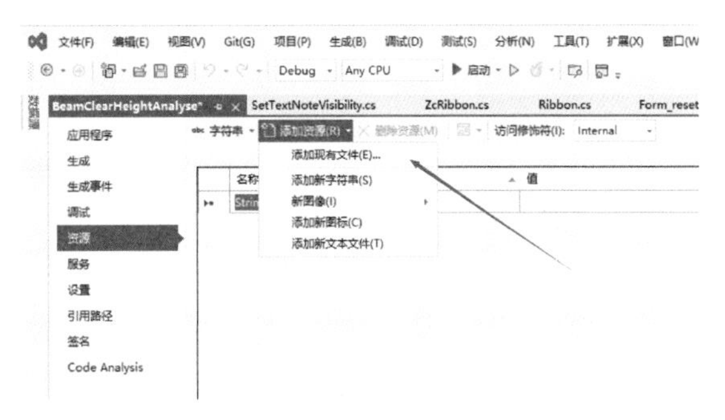

图 3. 7-251　添加图片到 dll 文件

读取资源中的图片的代码如下所示：

```
1.using (MemoryStream ms = new MemoryStream())
2.{
3.    Properties.Resources.文字查找.Save(ms, System.Drawing.Imaging.ImageFormat.Png);
4.    BitmapFrame bitmapFrame = BitmapFrame.Create(ms, BitmapCreateOptions.None, BitmapCacheOption.OnLoad);
5.    pushButtonData2.LargeImage = bitmapFrame;
6.}
```

上面代码中第 3 行“文字查找”为图片的名字。

第4章 进阶相关专业背景知识

第1节 深入了解算法及其应用

Q82 怎样搭建图类型的数据结构

程序 = 算法 + 数据结构。二次开发常用的数据结构是集合、列表和各种实体类，较少用到更加复杂的数据结构。如果遇到管道翻模等问题，简单的数据结构就无能为力了。本小节介绍图类型数据结构的搭建方法，下一小节介绍图这种数据结构的应用。

数据结构是为了表达信息。翻模过程中，我们需要知道管道的位置和相互之间的连接情况，因此很容易想到图纸上的边和顶点应该分别对应一个类。在顶点类 MyVex 中，存储一个边列表，记录顶点连接的边。而一个边类 MyEdge 中存储两个 MyVex 实例，对应起点和终点，如图 4.1-1 ~ 图 4.1-4 所示。

理论上只要顶点类里面存储了所有的相邻顶点的引用，就能完全表达一个图的信息，不需要新建边类（这也是数据结构课程中常用的邻接表表示法）。但是翻模过程中碰到的问题，有时候从顶点的角度看比较简单，如断开的直线合并问题、弯头生成问题；而对于推断直径、生成图等问题，则从边的角度出发更简单。因此本小节中采用混合表达的方式构建图。

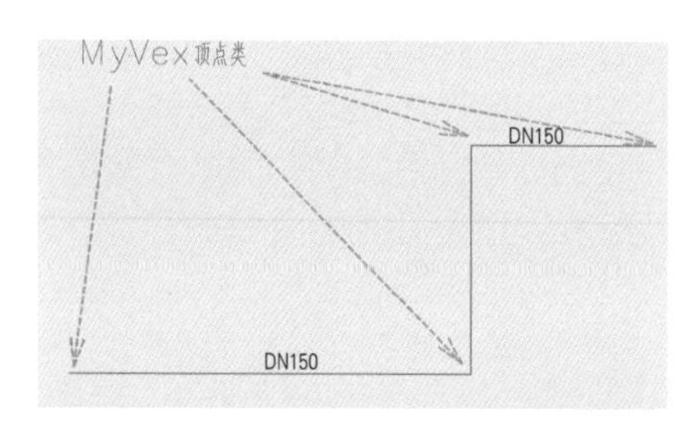

图 4.1-1　顶点类对应 CAD 图中管道的端点

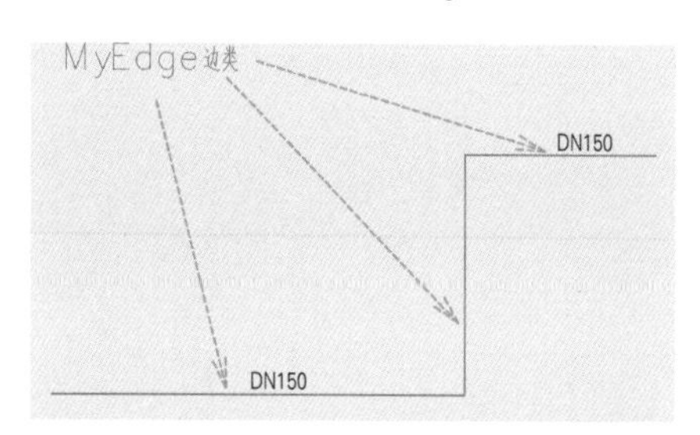

图 4.1-2　边类对应 CAD 图纸中管道的定位线

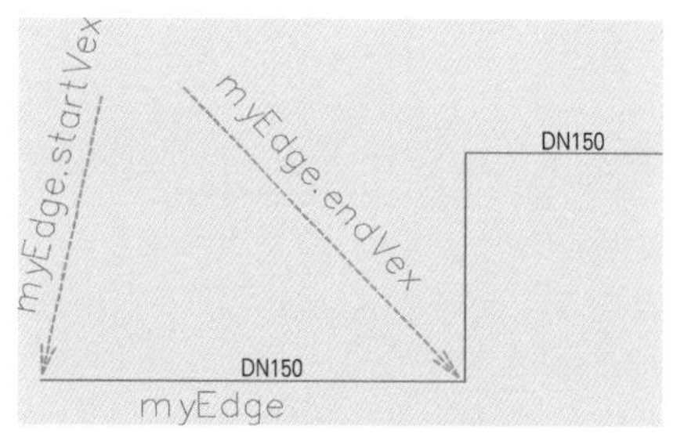

图 4.1-3　边实例中存储顶点信息

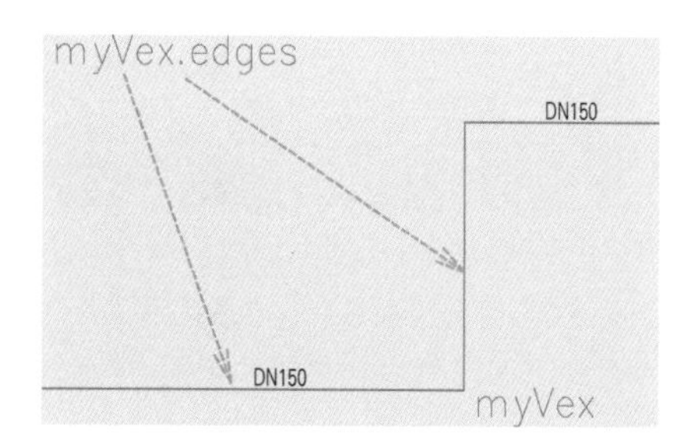

图 4.1-4　顶点实例中存储相邻的边实例的引用

新建边类代码如下：

```
1.public class MyEdge
2.{
3.    //记录边信息
4.    public MyVex startVex; //起始顶点
5.    public MyVex endVex; //结束顶点
6.    public Line line; //位置直线
7.    public double weight  = 0; //用于保存管道直径
8.    public bool visited = false; //记录是否被访问
9.    public Pipe pipe; //记录对应的管段
10.
11.             public MyEdge(Line line)
12.        {
13.            startVex  = new MyVex(line.GetEndPoint(0));
14.            endVex  = new MyVex(line.GetEndPoint(1));
15.            startVex.edges.Add(this);
16.            endVex.edges.Add(this);
17.            this.line  = line;
18.        }
19.
20.        public MyVex GetOtherEnd(MyVex myVex) //已知一个端点，求另外一个
端点
21.        {
22.            if (myVex  = startVex)
23.            {
24.                return endVex;
25.            }
26.            else
27.            {
28.                return startVex;
29.            }
30.        }
31.    }
```

上面代码中第11行为边类的构造方法，其参数为一根直线。先求直线的两个端点，然后由端点生成两个顶点类，分别赋值给边类的startVex和endVex字段。接着在顶点类的邻边表添加当前边。这样已知边可以找到顶点，已知顶点也可以找到邻边，就能表达边和点的关系了。

上面代码中第20行为给定一个端点，求另外一个端点的方法，这个方法以后会经常用到。

新建顶点类代码如下：

```
1.public class MyVex
2.{
3.    //代表顶点
4.    public XYZ point; //顶点位置
```

```
5.    public bool visited = false; //是否被访问
6.    public List<MyEdge> edges = new List<MyEdge>(); //连接的边
7.
8.    public MyVex(XYZ point)
9.    {
10.           this.point = point;
11.       }
12.       public bool IsSamePosition(MyVex otherVex) //判断是不是同一个点
13.       {
14.            if (Math.Abs(otherVex.point.X - point.X) < 0.001&&Math.Abs
(otherVex.point.Y - point.Y) < 0.001)
15.            {
16.                 return true;
17.            }
18.           return false;
19.       }
20.       public List<MyEdge> GetNeiborEdges(MyEdge edge) //求顶点上一
个边的其他邻边
21.       {
22.           List<MyEdge> edges_neibor = new List<MyEdge>();
23.           foreach (var item in edges)
24.           {
25.                if (! item.Equals(edge))
26.                {
27.                     edges_neibor.Add(item);
28.                }
29.           }
30.           return edges_neibor;
31.       }
32.   }
```

上面代码第8行为顶点类的构造函数，存储一个XYZ类的实例。顶点类中提供了判断点是否重合的方法，和一个给定一条邻边，返回其他邻边的方法。

有了边和顶点类，可以构造图类的代码如下：

```
1.class MyGraph
2.{
3.    public List<MyEdge> edges = new List<MyEdge>(); //所有的边
4.    public List<MyVex> vertices = new List<MyVex>(); //所有的顶点
5.
6.    public MyGraph(List<Line> lines) //已知边后的构造方法
7.    {
8.         foreach (Line line in lines) //遍历所有直线
9.         {
```

```
10.                 MyEdge edge = new MyEdge(line); //新建边
11.                 edges.Add(edge); //图中加边
12.
13.                 MyVex startVex = edge.startVex; //获取当前边的起点和终点
14.                 MyVex endVex = edge.endVex;
15.
16.                 //处理起点
17.                 MyVex samePoint = vertices.FirstOrDefault(v => star
tVex.IsSamePosition(v)); //查找图中相同位置是否已经有点
18.                 if (samePoint == null)
19.                 {
20.                   vertices.Add(startVex); //如果没有，则图中添加该点
21.                 }
22.                 else
23.                 {
24.                   edge.startVex = samePoint; //如果有，将边的起点指向
已有的点
25.                   samePoint.edges.Add(edge); //已有的点的临边表中添加当
前边
26.                 }
27.
28.                 //同样方法处理终点
29.                 samePoint = vertices.FirstOrDefault(v => endVex.IsSam
ePosition(v));
30.                 if (samePoint == null)
31.                 {
32.                   vertices.Add(endVex);
33.                 }
34.                 else
35.                 {
36.                   edge.endVex = samePoint;
37.                   samePoint.edges.Add(edge);
38.                 }
39.             }
40.         }
41.     }
```

我们从 CAD 图纸上能获取所有管道直线的信息，所以从边出发构造图。如图类的构造方法所示，向图中添加边时，要检查边的端点是否已经记录在图中了。如果没有，则图中添加新点，如果已经有了，则修改边类对应的端点为已知点。遍历完所有直线后，一个图就建好了。

图类中有两个公开的属性，代表图中所有的边和顶点。想依次处理图中的所有边或是顶点，只需要使用 foreach 语句访问即可，非常简单。

Q83 怎样连接图中断开的直线

在上一小节，我们介绍了搭建图类型数据结构的方法。本小节介绍利用这种数据结构解决翻模中经常碰到的一个问题：合并图纸上断开的线段。

如图 4.1-5 所示，CAD 上的管线重叠处直线会断开，翻模时需要接上。

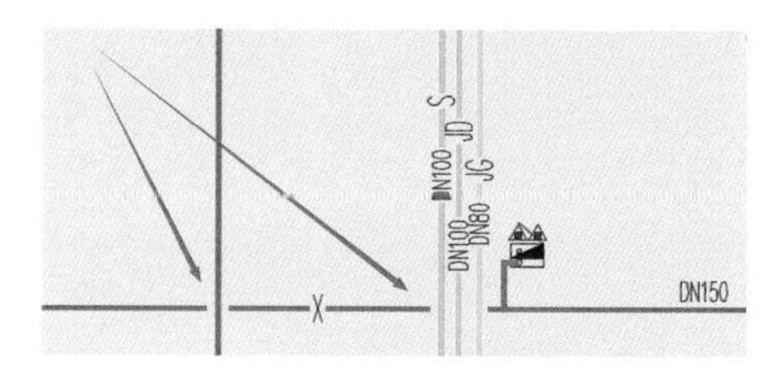

图 4.1-5 需要连接的断开处

从点的角度出发，合并线段的步骤如图 4.1-6 所示。

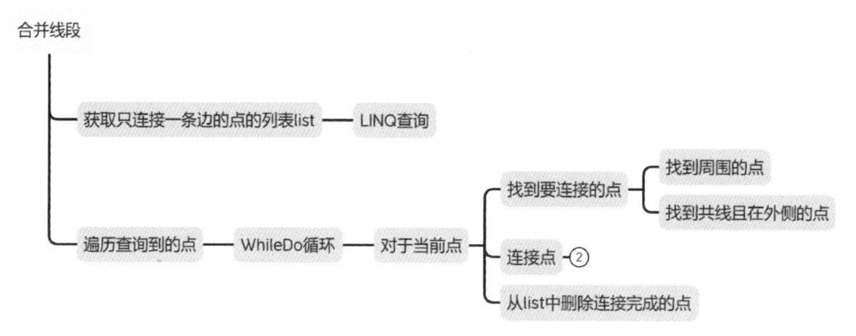

图 4.1-6 合并线段的步骤

合并线段的关键代码如下：

```
1.public void Merge()
2.{
3.    List<MyVex> points_needToConnect = myGraph.vertices.Where(v =
> v.edges.Count == 1).ToList(); //筛选出图中只有 1 个边的顶点
4.    while (points_needToConnect.Count > 0)
5.    {
6.        MyVex myVex = points_needToConnect[0];   //处理待处理表的第一个点
7.        points_needToConnect.Remove(myVex);   //当前点从待处理列表中移除
8.
9.        MyVex point_toConnect = FindPointToBeConnected(myGraph.vertic
es, myVex);
10.        if (point_toConnect != null)
11.        {
12.            XYZ dir1 = myVex.edges[0].line.Direction;
13.            XYZ dir2 = point_toConnect.edges[0].line.Direction;
14.            double alin = dir2.CrossProduct(dir1).GetLength();
15.
16.            if (Math.Abs(alin) < 0.001&&point_toConnect.edges.Count
==1)//共线且被连接点只有一个边情况
17.            {
18.                points_needToConnect.Remove(point_toConnect); //找
到的点也要在循环表中删除掉
```

```
19.
20.                     //删除图中的旧顶点和边，这里不新建边，是因为翻模后会出
现管道一段一段的情况
21.                     myGraph.vertices.Remove(point_toConnect);
22.                     myGraph.vertices.Remove(myVex);
23.                     myGraph.edges.Remove(myVex.edges[0]);
24.                     myGraph.edges.Remove(point_toConnect.edges[0]);
25.
26.                     //删除图中顶点的连接关系
27.                     myVex.edges[0].GetOtherEnd(myVex).edges.Remove(m
yVex.edges[0]);
28.
29.                     point_toConnect.edges[0].GetOtherEnd(point_toConne
ct).edges.Remove(point_toConnect.edges[0]);
30.
31.                     //合并直线。
32.                     Line line = Line.CreateBound(myVex.edges [0].GetOth
erEnd(myVex).point, point_toConnect.edges[0].GetOtherEnd(point_toConnect).
point);
33.                     MyEdge myEdge = new MyEdge(line);
34.
35.                     //图中添加新边，新建连接关系
36.                     myGraph.edges.Add(myEdge);
37.                     myVex.edges[0].GetOtherEnd(myVex).edges.Add(myEdge);
38.                     point_toConnect.edges[0].GetOtherEnd(point_toConne
ct).edges.Add(myEdge);
39.                     myEdge.startVex = myVex.edges[0].GetOtherEnd(myVex);
40.                     myEdge.endVex = point_toConnect.edges[0].GetOtherE
nd(point_toConnect);
41.                 }
42.                 else
43.                 {
44.                     points_needToConnect.Remove(point_toConnect); //找
到的点也要在循环表中删除掉
45.
46.                     //删除图中的旧顶点和边
47.                     myGraph.vertices.Remove(myVex);
48.                     myGraph.edges.Remove(myVex.edges[0]);
49.
50.                     //删除图中顶点的连接关系
51.                     myVex.edges[0].GetOtherEnd(myVex).edges.Remove(myV
ex.edges[0]);
52.
53.                     //合并直线。
54.                     Line line = Line.CreateBound(myVex.edges[0].GetOthe
rEnd(myVex).point, point_toConnect.point);
```

```
55.                     MyEdge newEdge = new MyEdge(line);
56.
57.                     //图中添加新边，新建连接关系
58.                     myGraph.edges.Add(newEdge);
59.                     myVex.edges[0].GetOtherEnd(myVex).edges.Add(newE
dge);
60.                     point_toConnect.edges.Add(newEdge);
61.
62.                     newEdge.startVex = myVex.edges[0].GetOtherEnd(my
Vex);
63.                     newEdge.endVex = point_toConnect;
64.                 }
65.             }
66.         }
67.     }
```

上述代码中，共线且被连接的点只有一条边的情况需要区别对待，是因为这种情况下，连接后消失的点的数量是两个，如图4.1-7和图4.1-8所示。

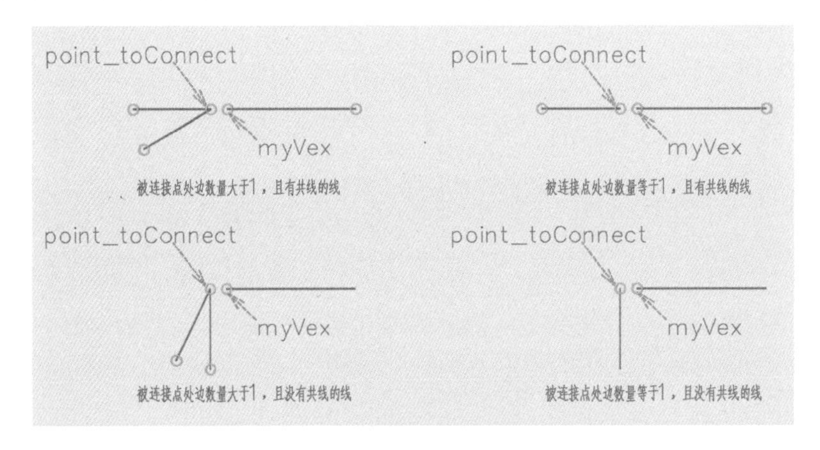

图4.1-7　连接前所有可能的顶点分布情况

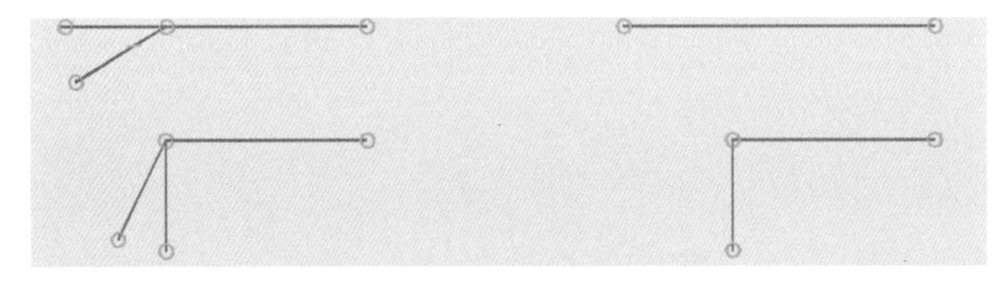

图4.1-8　连接后的顶点分布

寻找要合并的点的代码如下：

```
1.    private MyVex FindPointToBeConnected(List<MyVex> points_all, MyVex
point)
2.{
3.    List<MyVex> pointsAround = FindPointsAround(points_all, point,
maxMergeLength_mm /304.8);
```

```
4.
5.    XYZ p1 = point.point;
6.    XYZ p2 = point.edges[0].GetOtherEnd(point).point;
7.
8.    var quary = from mp in pointsAround
9.                let p3 = mp.point
10.               where p3.DistanceTo(p1) < maxMergeLength_mm /304.8
11.               where (p3 - p1).DotProduct(p1 - p2) > 0//在 p2p1 的延长
线方向
12.               where (p3 - p1).CrossProduct(p3 - p2).GetLength() <
0.001//共线
13.               orderby p3.DistanceTo(p1)
14.               select mp;
15.        return quary.FirstOrDefault();
16.    }
```

上述代码中各个变量之间的关系如图 4.1-9 所示。

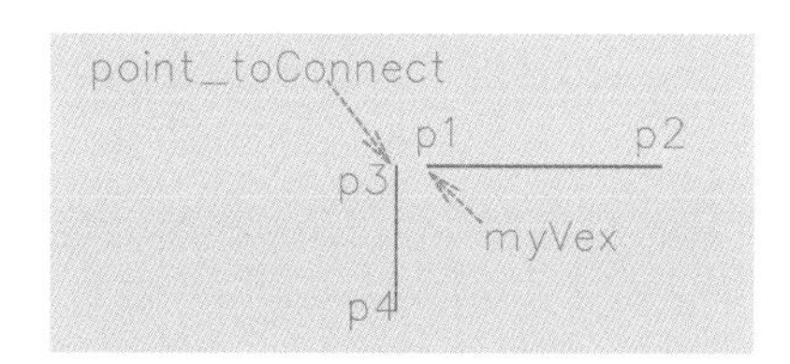

图 4.1-9 各个变量之间的关系

为了加快寻找该点周围一定范围内的点，我们使用 API 中 Outline 类提供的方法，具体代码如下所示：

```
1.private List<MyVex> FindPointsAround(List<MyVex> myPoints, MyVex
myPoint, double searchRange_ft)
2.{
3.     List<MyVex> result = new List<MyVex>();
4.
5.     Outline ol = PointToOutLine(myPoint.point, searchRange_ft);
6.     foreach (var item in myPoints)
7.     {
8.          Outline local = PointToOutLine(item.point, 5 /304.8);
9.          if (ol.Intersects(local, 0))
10.             {
11.                  result.Add(item);
12.             }
13.         }
14.
15.         return result;
16.    }
17.
```

```
18.    private Outline PointToOutLine(XYZ point, double distance_ft)
19.    {
20.        XYZ max = point + distance_ft * new XYZ(1, 1, 1);
21.        XYZ min = point - distance_ft * new XYZ(1, 1, 1);
22.
23.        Outline outline = new Outline(min, max);
24.        return outline;
25.    }
```

这样就完成了用户给一个最大合并长度、程序自动合并断开线段的功能。

Q84 怎样构造循环解决问题

构造循环是常用的解决问题的方法，根据问题的类型不同，可以构造单层循环、双层循环和while 循环。

1. 单层循环

单层循环就是遍历一个集合或列表中的所有元素，例如需要遍历每一个未赋值的边，代码如下：

```
1.foreach (var item in edges_withoutWeight){
2.……
3.//对每根管道进行处理
4.}
```

使用 foreach 访问列表的时候，不能对列表进行增加和删除操作。如果要增删原列表，可以在循环外面新建一个列表，在循环内部用这个列表记录需要符合要求的元素，循环结束后使用新列表。

2. 双层循环

涉及两个集合时，需要构造双层循环。注意循环变量不要都用 item、item1 的格式命名，这样很容易混淆。例如对于未赋值的边，需要接着遍历这条边的所有顶点，代码如下所示：

```
1.foreach (var item in edges_withoutWeight) {
2.   List<MyVex> vexesOfEdge = new List<MyVex>() { item.startVex, it
em.endVex };
3.    foreach (MyVex myVex in vexesOfEdge) {
4.            //处理顶点的代码
5.    }
6.}
```

又如求点的集合中距离最远的两个点：

```
1.List<XYZ> points = new List<XYZ>() { p1, p2, p3, p4 };
2.XYZ startPoint = p1;
3.XYZ endPoint = p2;
4.double maxLength = p1.DistanceTo(p2);
5.for (int i = 0; i < points.Count - 1; i++)
6.{
```

```
7.     for (int j = i + 1; j < points.Count; j + +)
8.     {
9.         double dis = points[i].DistanceTo(points[j]);
10.            if (dis > maxLength)
11.            {
12.                maxLength = dis;
13.                startPoint = points[i];
14.                endPoint = points[j];
15.            }
16.        }
17.    }
```

3. while 循环

如果不知道要循环几次，但是知道什么情况应该结束循环，那么就可以使用 while 循环，构造 while 循环的步骤为：

1）分析第 N 轮循环完成后，第 $N+1$ 轮的工作内容。从而确定每次循环的工作内容和两次循环之间的关系。

2）确定终止条件。

3）将每次循环的内容和终止条件翻译成具体的代码。

下面以处理简单的链状的管道为例进行说明。如图 4.1-10 所示，管道 A 的一个端点只和一根有直径的管道相连，那么我们很容易推断出管道 A 的直径和连接的管道相同，为 150。

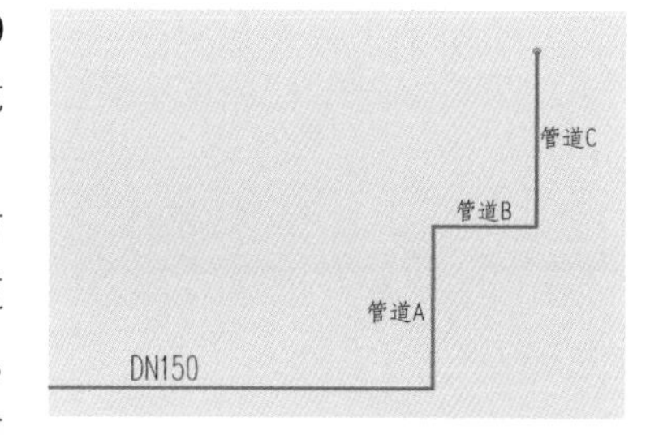

图 4.1-10　相互连接的管道

管道 A 直径确定后，管道 B 和 C 的直径可以用相同的方法确定。根据上面的分析可知，管道 A 确定后才能确定管道 B，管道 B 确定后才能确定管道 C，整个过程需要循环多次。由于图纸的多样性，具体循环次数我们是不知道的，所以适合使用 While 循环处理。

接着我们分析两个循环之间的关系。在第 N 轮循环结束之后，第 $N+1$ 轮的工作为：

1）遍历剩下的没有直径的边。

2）如果这样的管道：有一个端点只和一根有直径的管道连接，则赋予这个管道一样的直径。

3）遍历完成，进入下一轮遍历。

分析以上工作，可知循环的终止条件为：找不到这样的管道，其有一个端点只和一根有直径的管道连接。

如图 4.1-11 所示的管道群，第一次循环中，管道 A、D、10、11 被赋值，第二轮循环中管道 B、E 被赋值，第三轮循环中管道 C 被赋值，第四轮循环没有新的管道被赋值，退出循环。

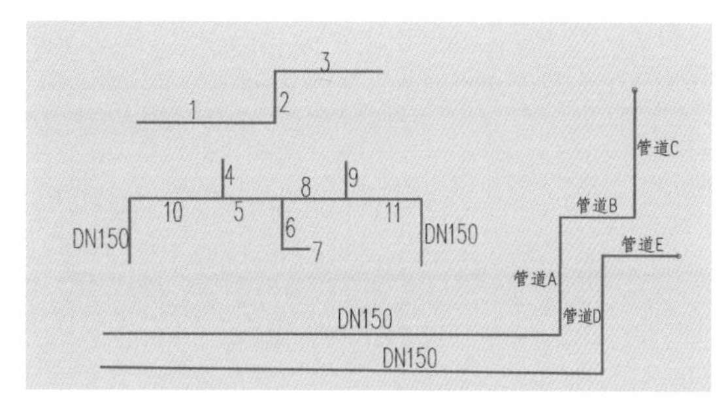

图 4.1-11　没有直径的管道

管道1~9每次循环都要被查询一次，但是最后都没有被赋值。这说明我们的算法有改进的空间，我们可以在找到一根可以赋值的管道后，“顺藤摸瓜”处理完所有链式相连的管道。例如找到管道A后，紧接着就完成管道B、C的赋值。

根据以上分析，新建方法代码如下所示：

```
1.private static void ProcessSimpleLinkedEdges2(List<MyEdge> edges_withoutWeight)
2.{
3.    List<MyEdge> edges_newly_weighted = new List<MyEdge>(); //新建列表，记录一轮循环下新赋值的边
4.
5.    foreach (var item in edges_withoutWeight)//循环遍历所有没有分配到直径的线，只需要遍历一轮即可
6.    {
7.        if (item.weight == 0)//过程中，列表可能有的边已经被赋值
8.        {
9.            List<MyVex> vexesOfEdge = new List<MyVex>() { item.startVex, item.endVex };
10.            foreach (MyVex myVex in vexesOfEdge)//遍历边的顶点
11.            {
12.                if (myVex.edges.Count == 2 && myVex.GetNeiborEdges(item)[0].weight != 0)//找到可以赋值的管道
13.                {
14.                    double diameter1 = myVex.GetNeiborEdges(item)[0].weight; //记录直径
15.
16.                    MyEdge currentEdge = item; //记录此时的点和边
17.                    MyVex currentVex = myVex; //循环体里面使用currentVex和currentEdge变量
18.
19.                    MyEdge nextEdge;
20.                    do
21.                    {
22.                        currentEdge.weight = diameter1; //对没有直径的边赋值
23.                        edges_newly_weighted.Add(currentEdge); //记录已经赋值的边
24.
25.                        List<MyEdge> myEdges = currentEdge.GetOtherEnd(currentVex).edges; //另外一个顶点的所有邻边
26.                        if (myEdges.Count == 1)//管网尽头
27.                        {
28.                            nextEdge = null;
```

```
29.                                     }
30.                                     else if (myEdges.Count = = 2) //链式连接
31.                                     {
32.                                         nextEdge = currentEdge.GetOtherEnd(cur
rentVex).GetNeiborEdges(currentEdge)[0];
33.                                         if (nextEdge.weight = = 0)
34.                                         {
35.                                             currentVex = currentEdge.GetOtherE
nd(currentVex); //指向下一个边和点
36.                                             currentEdge = nextEdge;
37.                                         }
38.                                         else
39.                                         {
40.                                             nextEdge =null; //如果找到的边已经有
直径，则不用继续循环
41.                                         }
42.
43.                                     }
44.                                     else//三个及三个以上管道交点
45.                                     {
46.                                         nextEdge = null;
47.                                     }
48.
49.                             } while (nextEdge ! = null); //如果找不到链式邻边，则
退出循环
50.                             break; //如果一个顶点完成寻找，则另外一个点不用再
寻找
51.                         }
52.                     }
53.                 }
54.             }
```

这样就处理完了所有链状的可以确定直径的管道。限于篇幅，处理完链状管道后剩下管道直径的确定方法无法一一介绍，读者可自行尝试。

4. 小结

刚开始使用构造 While 循环的方法时，可能会觉得无从下手。解决方法是按步骤分析，分析完再翻译成代码。也可以查看下面两种模板，如图 4.1-12 和图 4.1-13 所示。

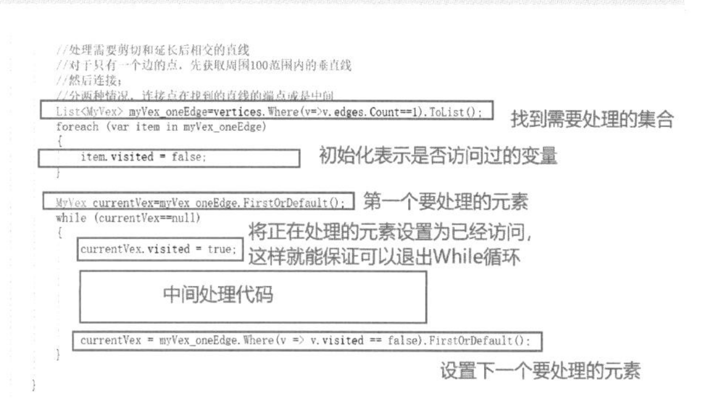

图 4.1-12　模板 1

如果代码运行的效果不符合预期，或是出现死循环，可以自己构造一个简单的样例，比如 CAD 中手画几根管道，接着在 Visual Studio 中逐步运行观察代码。另外，代码中的变量的名字要便于区分，很多时候出问题都是因为变量在使用中混淆了。

图 4.1-13　模板 2

总之，熟能生巧，多练习几次后，就能掌握这种方法了。

Q85 怎样进行 CAD 底图的预处理

前面我们已经介绍了构造图数据结构解决翻模问题的方法。在实际工作中，由于机电设计师每个人的设计习惯不同，其 CAD 成果格式也并不是标准的，因此读取的线需要进行预处理。本小节即介绍底图预处理的方法，读者可同时复习上一小节提到的构造循环解决问题的算法知识。

1. 处理重合线

如图 4.1-14 所示，看上去只有一根线，实际上是部分重合的两条线。这种情况需要合并重合的部分，具体处理方法的代码如下：

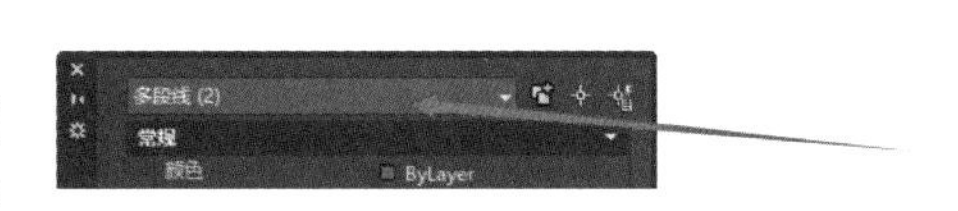

图 4.1-14　重合的多段线

```
1.public List<Line> GetResult()
2.{
3.
4.    List<Line> result;
5.    List<MyLine> myLines = lines.Select(l => new MyLine(l)).ToList
(); //添加一个中间类，记录线是否已经被处理过
6.
7.    MyLine currentLine = myLines.FirstOrDefault(x => x.Ischecked ==
false); //找到第一根没有被处理的线
8.    while (currentLine != null)//如果还有没处理的线。
9.    {
10.        currentLine.Ischecked = true; //当前线已检查
11.
12.        List<MyLine> linesColinearCurrentLine = new List<MyLine>();
13.        List<MyLine> lines_around = myLines.Where(myline => mylin
e.outline.Intersects(currentLine.outline, 10/304.8) && myline != currentLine).
ToList();
14.
15.        //出现过两个线完全重合，line.Intersect 方法的返回值却是 overl
ap 的情况，这里用自己编写的方法过滤一下
16.        Line line_current = currentLine.line;
17.        XYZ p1 = currentLine.line.GetEndPoint(0);
18.        XYZ p2 = currentLine.line.GetEndPoint(1);
19.        foreach (MyLine myline in lines_around)
```

```
20.         {
21.                 Line line = myline.line;
22.
23.                 XYZ pa = line.GetEndPoint(0);
24.                 XYZ pb = line.GetEndPoint(1);
25.                 Line line_unbound = Line.CreateUnbound(p1, line_curr
ent.Direction);
26.                 IntersectionResult r1 = line_unbound.Project(pa);
27.                 IntersectionResult r2 = line_unbound.Project(pb);
28.                 if (r1.Distance < 0.0001 && r2.Distance < 0.0001)//两
个线段在同一直线上
29.                 {
30.                     //四个点两两比较，找最远距离 maxLength，详见前一节
31.                     ……省略部分代码
32.                     //有部分重合，或是端点处重合，或是离开 10mm 以内
33.                     double lengthAdded = currentLine.line.Length + myli
ne.line.Length;
34.                     if ( LengthAdded - maxLength >0.1/304.8)//处理重合部分
在 0.1mm 以上的线。0.1mm 以下的线在建图时会被当成一个点处理
35.                     {
36.                         myLines.Remove(currentLine);
37.                         myLines.Remove(myline);
38.                         //添加合并后的直线到结果集合
39.                         Line line_combined = Line.CreateBound(startP
oint, endPoint);
40.                         myLines.Add(new MyLine(line_combined));
41.                         break; //找到一个即可
42.                     }
43.                 }
44.         }
45.         //如果当前直线没有重合线
46.         currentLine = myLines.FirstOrDefault(x => x.Ischecked ==
false);
47.     }
48.
49.     //返回处理后的线
50.     result = myLines.Select(ml => ml.line).ToList();
51.     return result;
52. }
```

2. 打断交界处的直线

如图 4.1-15 所示，有的图纸管道相交的位置，多段线是连续的，没有被打断。处理这种问题的代码的架构和处理重合线类似，关键点在于：

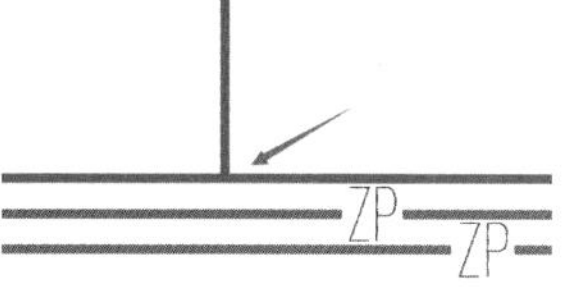

图 4.1-15　没有打断的多段线

1）找到第一根没有检查的线，进入 While 循环。因为处理过

程中有的线段会被打断，线段数量会不断变多，所以不能用 foreach 循环。

2）找到当前直线周围的线；

利用 intersectionResult = = SetComparisonResult. Overlap 找到不共线的线。

3）找到碰撞点，如果碰撞点不在端部，则删除当前直线，替换为打断后的两根线。

4）重设当前检查线，进入下一轮的 While 循环。

3. 合并断开的线

经过前面的合并重合线和打断多段线的步骤，就可以生成图了。生成图之后，需要合并部分断开的直线，详见本书 Q83 问。

4. 处理需要剪切和延长后相交的直线

如图 4.1-16 所示，有的图纸会在直线相交位置有“空隙”。这种情况的处理方法和合并断开线类似。

5. 处理无端断开的直线

如图 4.1-17 所示，看上去是一根连续的直线，实际上却是断开的两根线。如果不处理，翻模后这个地方会出现一个管道连接件。处理方法是找到图中有两个边的顶点，然后检查两条边是不是共线。如果是，则合并边。合并边的代码为：

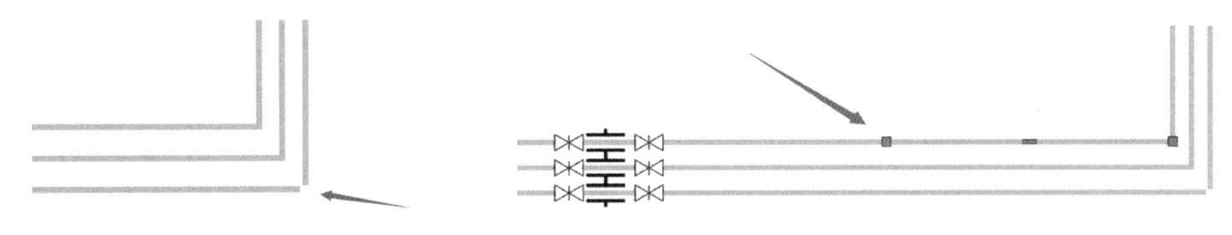

图 4.1-16　需要连接的多段线　　　图 4.1-17　无端断开的直线

```
1.Line lineNew = Line.CreateBound(p1.point, p2.point);
2.
3.//处理图，图删除边和顶点
4.myGraph.vertices.Remove(currentVetex);
5.myGraph.edges.Remove(myEdge1);
6.myGraph.edges.Remove(myEdge2);
7.
8. //从边所在的顶点的边表中移除当前边
9.p1.edges.Remove(myEdge1);
10.    p2.edges.Remove(myEdge2);
11.    //添加新边到图中
12.    MyEdge myEdge_new = new MyEdge(lineNew);
13.    myGraph.edges.Add(myEdge_new);
14.    //建立新边和顶点的关系
15.    myEdge_new.startVex = p1;
16.    myEdge_new.endVex = p2;
17.    p1.edges.Add(myEdge_new);
18.    p2.edges.Add(myEdge_new);
```

6. 处理孤立的短线段

有的图纸阀门和管道是一个图层，可以利用管道长度为条件，删除过短的边。

7. 处理重合的喷淋头

有的喷淋图纸部分位置看上去只有一个喷头，实际上是2个喷头。读取图块的定位点后，需要进行去重工作：

```
spkVexs = spkVexs.Distinct(new MyVexEqualCompare(20)).ToList();
```

其中 MyVexEqualCompare 为自建的类，利用两点 X 和 Y 坐标值各自的差的绝对值小于给定值为条件，比较两个点是否相同，从而达到去重的目的。

Q86 怎样提高程序的运行效率

现代计算机的计算速度已经很快了，因此提高插件的速度主要是靠优化算法，减少整体的计算量，而不是通过巧妙设置变量等编码上的优化来实现。本小节介绍一种常用的算法优化方法：备忘录法，就是对于需要多次计算的问题，我们存储中间计算的结果。这样下一次遇到相同的问题时，就可以直接通过查询获取结果，不需要再重新计算。

以同图层不同线型的管道翻模为例，为了区分不同系统的管道线段，需要读取线型的关键字：

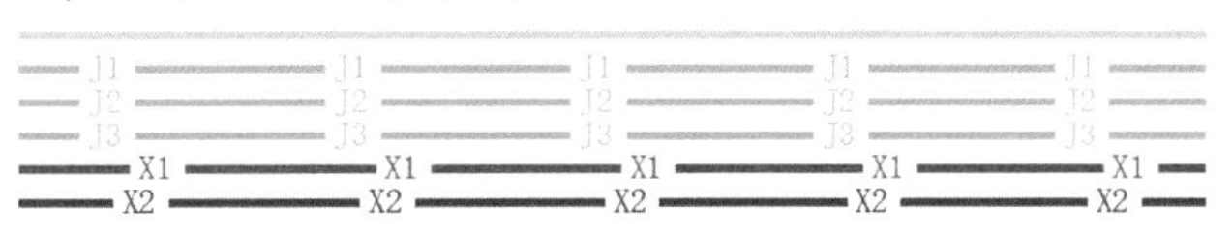

图 4.1-18 用线型区分的多段线

如图 4.1-18 所示，J1 ~ J3 的线段位于同一图层，设计师通过线型中间的文字区分。对于一般的多段线，通过 entity 的 Linetype 属性可以获取线型名称。而有的多段线 Linetype 属性是 “ByLayer”，查询这种多段线中间文字的代码如下所示：

```
1.public string GetLayerDefaultLineTypeKeyWord(Entity entity)
2.{
3.     string layerName = entity.Layer;
4.
5.     //获取对应的图层
6.     Database db = entity.Database;
7.     LayerTable lt = (LayerTable)db.LayerTableId.GetObject(OpenMode.For
Read);
8.     ObjectId layerId = lt[layerName];
9.     LayerTableRecord layerTableRecord = (LayerTableRecord)layerId.GetO
bject(OpenMode.ForRead, false, false);
10.
11.         //获取对应的线型
12.         ObjectId lineType = layerTableRecord.LinetypeObjectId;
13.         LinetypeTableRecord linetypeTableRecord = (LinetypeTableRec
ord)lineType.GetObject(OpenMode.ForRead, false, false);
14.
15.         try
16.         {
```

```
17.            string keyword = linetypeTableRecord.TextAt(1); //记录多段线中间的文字
18.            return keyword;
19.        }
20.        catch (System.Exception)
21.        {
22.            layername_defaultLineKeyword.Add(layerName,""); //对于没有关键字的线型，返回空白文字
23.            return "";
24.        }
25.    }
```

上面代码涉及对接 CAD 的知识，详见本章关于对接 CAD 的有关内容。

一张 CAD 图中有成百上千根 ByLayer 的线段，如果每个多段线都这样查询一遍，显然会耗费很多时间。我们观察这个过程，本质上是输入一个图层名称，返回一个线型关键字。为此，我们新建一个字典类型的类变量：

```
private Dictionary<string, string> layername_defaultLineKeyword = new Dictionary<string, string>();
```

在最开头代码的第 3 行插入以下片段：

```
1.    if (layername_defaultLineKeyword.Keys.Contains(layerName))
2.    {
3.        return layername_defaultLineKeyword[layerName];
4.    }
```

在第 23 行前插入以下语句：

```
layername_defaultLineKeyword.Add (layerName, keyword);
```

这样程序刚开始运行时，字典为空，于是直接查询 CAD 数据库，并将查询结果填入字典。下一次查询时，如果带查询的多线段的图层已经出现过，那么查询字典就可以直接返回结果，不用再计算一遍。

通过存储中间结果，减少计算量，这就是备忘录法。

对于 Revit 二次开发，其他提高程序效率的方法还有：

1）不要频繁开启事务。尽量将循环放在事务里面，而不是在循环中多次提交事务。

2）多熟悉 Revit 和 .NET 的类库，尽量使用类库中的方法，因为里面的方法都是优化过的。

3）涉及几何的算法，要先用 OutLine 或是 BoundingBox 过滤可能的对象，再进行计算。

Q87 如何使用递归加回溯法解决问题

如图 4.1-19 所示，管道 5、8、3 的直径在图纸上没有标注，可以推断出其直径为 DN150。

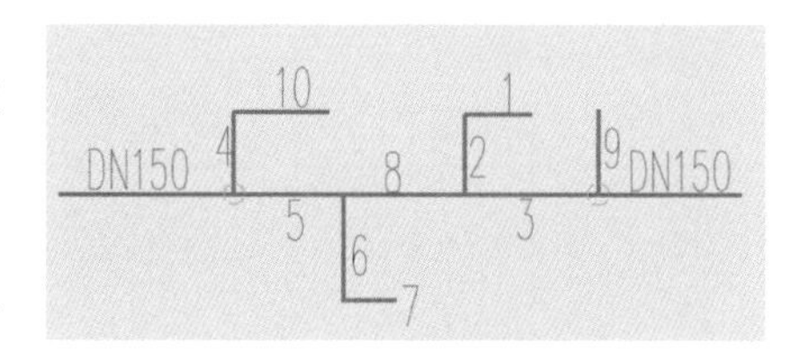

图 4.1-19　管道图纸

虽然人眼一下子能看出来，但是对于计算机来说，找两个点中间的路径，只能从起点出发，每条边都试一下，如果走到头了，就退回来，这样不断重复，直到找

到目标点。这类问题，适合使用递归+回溯解决。

如果把图4.1-19转换为树状结构，则更容易理解：

如图4.1-20所示，我们从起点S出发，S出发有两条路4和5。先检查管道4，管道4的端点不是目标点，但是可以继续走，因此我们沿着4走到管道10。

管道10端头b不是我们要找的终点，且b处无法继续走，所以需要退回。退回到a点后，仍然没有新路可走，于是接着退到点S。

点S处还有可走的路径，于是接着从新路5出发，重复上述过程，直到找到终点T。

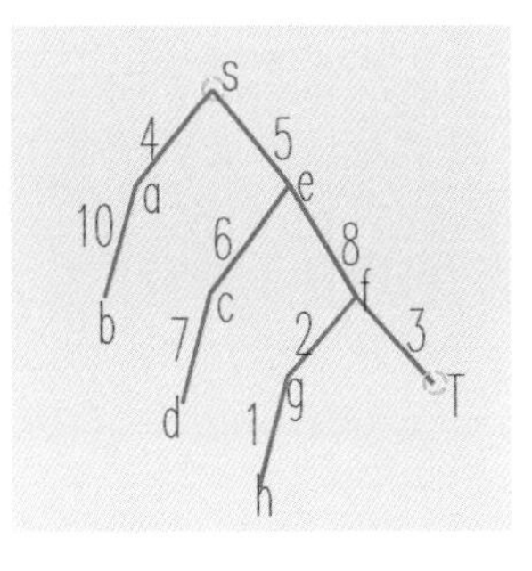

图4.1-20 树状结构

1. 回溯和递归的代码实现

分析找目标点的步骤，可知需要一个变量currentVex对应活动点，一个列表path记录已经走过的路径。如果活动点走到尽头没有结果，就沿着记录的路径不断返回，直到回到一个还有新路的点，然后重新出发。

具体代码为：

```
1.    List<MyEdge> path = new List<MyEdge>(); //用于存储找到的路径，类变量，放在方法体外部
2.
3.private List<MyEdge> GetPathBetweenVex(MyVex startPoint, MyVex targetPoint)
4.{
5.    MyEdge currentEdge = startPoint.edges.Where((e) => e.weight ==0 && e.Walked == false).FirstOrDefault(); //找到一条边，开始出发
6.    MyVex currentVex = currentEdge.GetOtherEnd(startPoint); //指向边的另外一个端点，称为活动顶点
7.
8.    currentEdge.Walked = true; //标志当前路径为走过，回溯之后，用来确定有没有新路
9.    path.Add(currentEdge); //添加当前路径到列表，当前路径相当于已经走过了
10.
11.        if (currentVex == targetPoint) //找到目标点
12.        {
13.            return path; //找到目标点就退出方法
14.        }
15.        else if (currentVex.edges.Where(e => e.weight == 0).Where(e=> e.Walked == false).ToList().Count == 0) //没有新路
16.        {
17.            int currentCount = path.Count; //记录此时走过的边的数量
18.            for (int i = currentCount - 1; i > -1; i--) //从存储的路径最后一条边开始后退
19.            {
20.                currentEdge = path[i]; //当前所在边
21.                currentVex = currentEdge.GetOtherEnd(currentVex); //活动顶点后退
```

```
22.                     path.RemoveAt(i); //路径列表中删除当前路径
23.
24.                     List<MyEdge> roadsToChose = currentVex.edges.Where(e =>
e.weight == 0 && e.Walked == false).ToList(); //检查活动顶点处有没有新路
25.                     if (roadsToChose.Any())
26.                     {
27.                          //没有直径且没有走过的路，就是新路，如果有，退出循环，当
前点就是要找的新活动点
28.                          break;
29.                     }
30.                 }
31.                 //找到新的活动顶点后，继续向终点出发
32.                 GetPathBetweenVex(currentVex, targetPoint);
33.             }
34.             else//如果没有到尽头，也没有到目标点，则从活动顶点接着往下走
35.             {
36.                 GetPathBetweenVex(currentVex, targetPoint);
37.             }
38.             return path;
39.         }
```

2. 回溯和递归的技巧

初次写回溯加递归的代码时，会觉得无从下手，可对照本小节代码的架构找到相似点后“照”着写。一些技巧如下：

1）记录路径的列表要作为类变量，放在方法外面初始化，不然每次递归重新进入方法时会清空列表。也可以新建一个方法包装这个回溯的方法，在新建的方法中存放记录列表。

2）如果需要多次调用找两个点之间路径的方法，则每次调用方法前或后要做初始化工作，也就是将路径表清空以及将有关的边调成未访问，如下所示：

```
1.foreach (var item in localEdges.edges)
2.{
3.      item.Walked = false;
4.}
5.path.Clear(); //还原
```

3）内部活动点或是活动边前进后退要同步，如果当前边没有后退，则会导致活动点也无法后退。

4）回溯的条件要准确，本例中回溯的条件是当前顶点处所有边都已经走过。如果条件改成顶点处只有一条边（到分支尽头就返回）才返回，就会出现问题。因为可能会走到有多条边且边都被走过的顶点，这种情况应该回溯。

5）不同层级的递归调用，人脑跟着思考的话会觉得很乱，可查看下一小节的有关内容，以加深对递归方法的掌握。

6）代码出问题时，设计一个规模小的方便跟踪的案例调试，重点关注回溯过程是否符合要求。在本小节例子中，可以根据调试时直线的长度确定当前所在的直线是哪一根。

7）也可以利用线程暂停和窗体强制刷新功能观察回溯过程，关键代码为：

```
1.//显示 currentEdge.line 的代码，详见几何章节
2.……
3.Application.DoEvents()；//强制刷新
4.Thread.Sleep(5000)；//暂停5秒，观察效果
```

我们选取一个更加复杂的图，计算机寻找路径的运行效果如图4.1-21～图4.1-30所示，其中红色部分是CAD底图，白色部分是存储的路径。

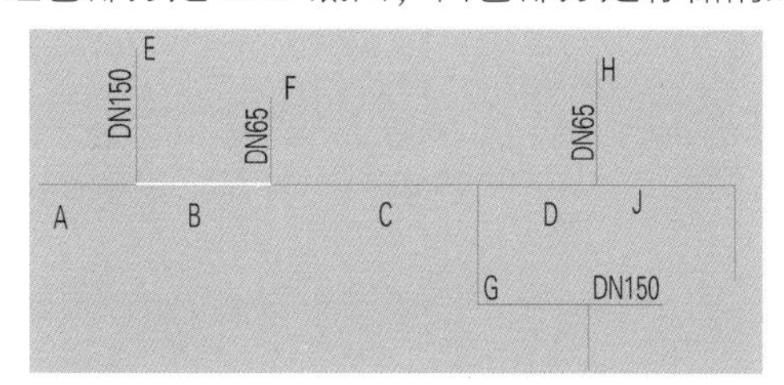

图4.1-21　第1步

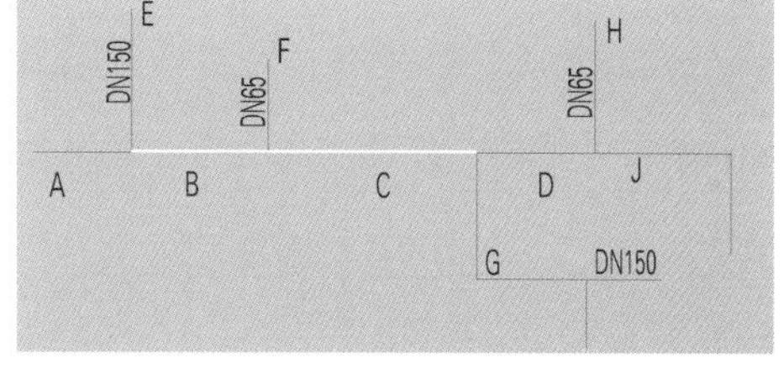

图4.1-22　第2步

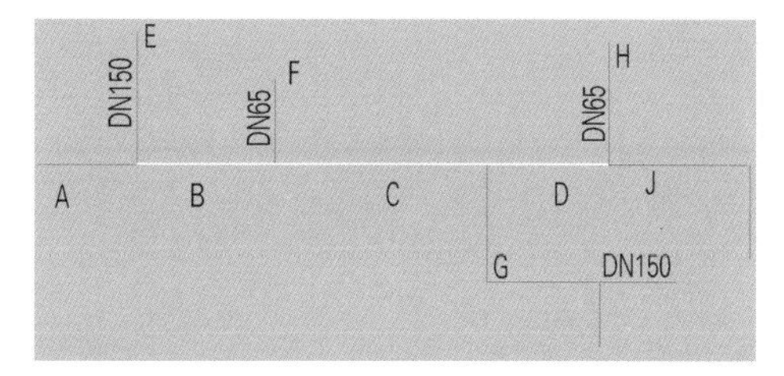

图4.1-23　第3步

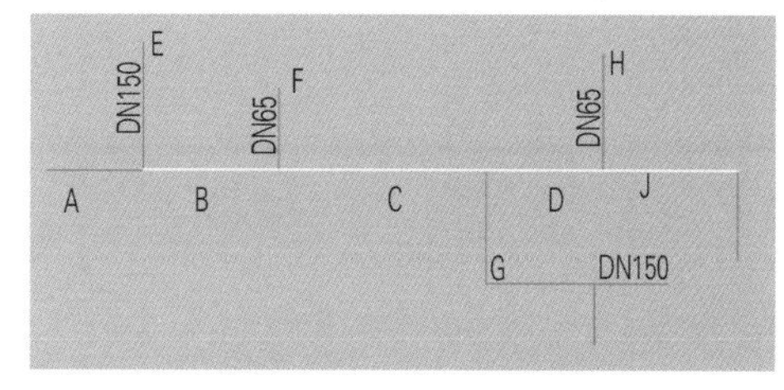

图4.1-24　第4步

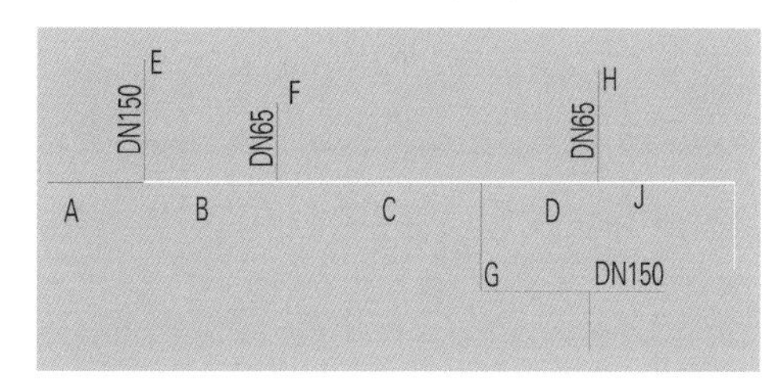

图4.1-25　第5步

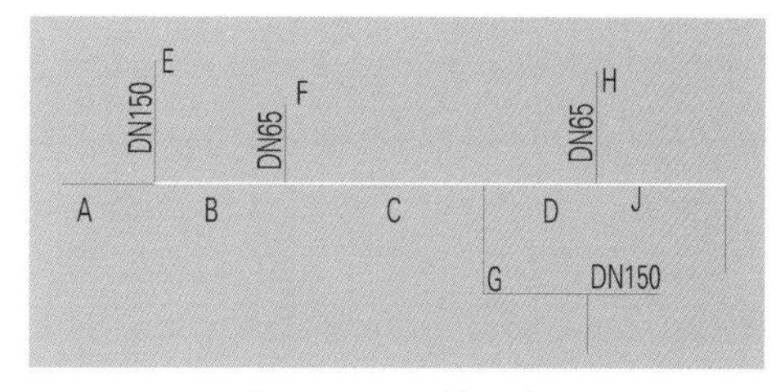

图4.1-26　第6步

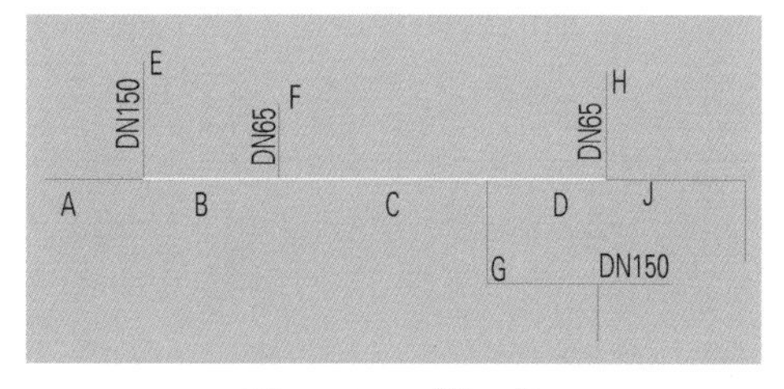

图4.1-27　第7步

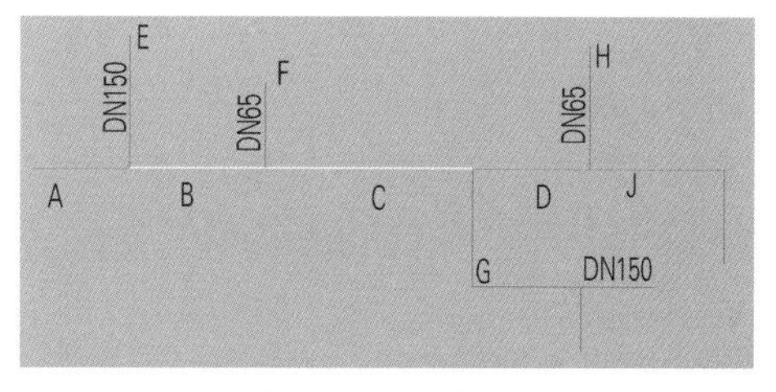

图4.1-28　第8步

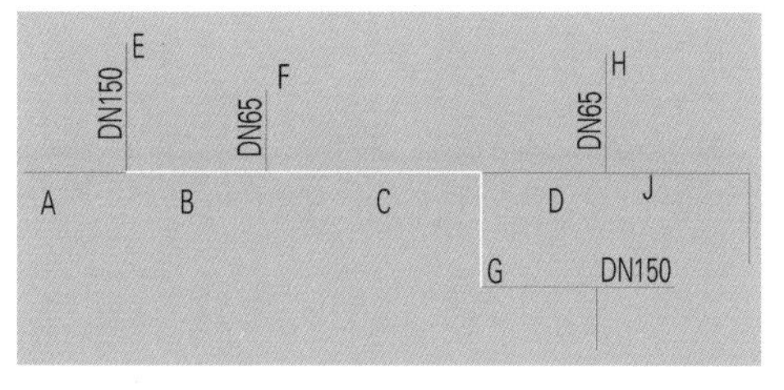

图4.1-29　第9步

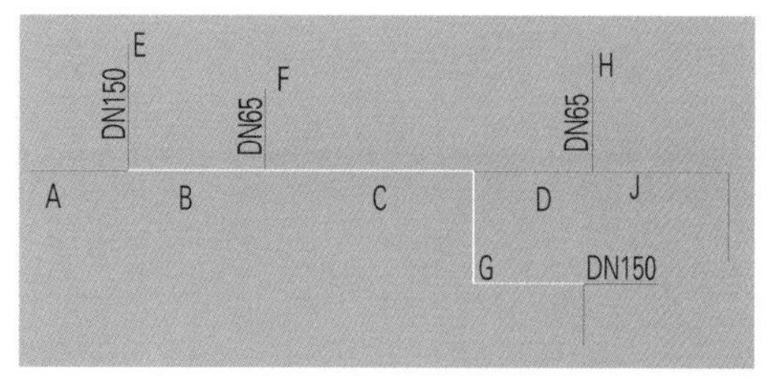

图4.1-30　第10步

8）使用前一小节构造循环的方法，也能解决寻找两点之间一条路径的问题。关键点在于给节点类中增加一个 parent 变量。如图 4.1-31 所示，从初始节点 S 出发，用广度优先法遍历图，从当前点出发遍历各点，其 parent 指向当前点。遍历到终点 T 时结束，然后从终点 T 出发沿着 parent 指针回到起始点 S，即可找到 S 与 T 之间的一条路径。

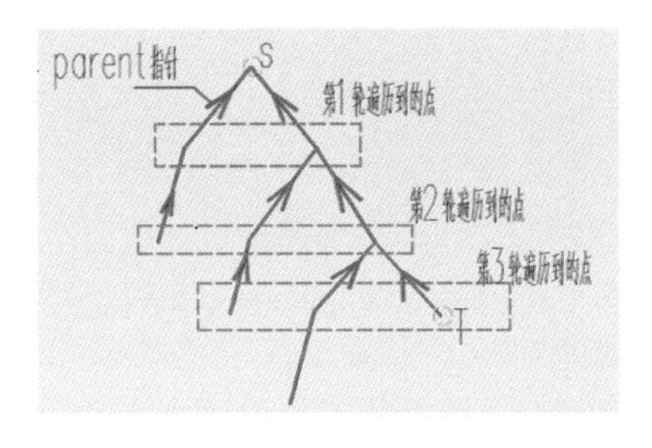

图 4.1-31　广度优先法找两点之间路径

该方法是笔者在 MIT 算法公开课 6.006 Introduction To Algorithms 上学到的。教这门课的教授 Erik Demaine 说他 7 岁编程求解迷宫问题时就想到了这个方法，读者可进行尝试。

Q88 如何掌握递归思维

前面一小节介绍了递归加回溯法解决问题的思路。递归是一种非常重要的思想，特别是插件的开发过程中遇到图、树这样复杂的数据结构时，使用递归往往能达到事半功倍的效果。下面就对递归思维进行展开说明。

1. 关于递归的都市传说

笔者刚开始接触编程的时候，发现有许多资料都不推荐写递归方法，主要的理由如下：

（1）迭代是人，递归是神　这是说递归的方法很难想到，普通人只能掌握递推的思维，只有“大神”级才能使用递归。

实际上递归并没有这样高深莫测，它只是一种编程技术。使用递归编写的方法，几乎是叙述式的，代码量很少，逻辑也很清晰，更加符合人的思维。而使用递推则需要设计复杂的控制流程。

（2）递归无法调试　对于递归深度很大的情况，的确不好调试。但是我们可以构造简单的样例，控制递归的深度，从而方便调试。另一方面，因为递归代码逻辑上很清晰，往往一次就能运行成功，不需要调试。

（3）递归效率低　递归需要开新的方法栈，效率上的确比不上递推方法。但是现代计算机计算速度已经很快，加上现代编程语言在函数调用上的优化，两者在速度上的差别已经很小了。

另外，对于一次有 2 个及其以上的递归调用的递归方法（如斐波那契数列 $f(n)=f(n-1)+f(n-2)$，等号右侧有两项），算法复杂度是指数增长的。但是这类问题可以通过动态规划的方法，记录中间结果，从而提高效率。因此不用担心递归导致效率变低的问题。

2. 递归思维

递归思维，就是求 $f(n)$ 的时候，假设 $f(n-1)$ 已经被解决了。

例如，求阶乘的代码如下：

```
1.public static long factorial(int n) {
2.   if (n == 0) {
3.     return 1;
4.   } else {
5.     return n * factorial(n -1);
6.   }
7.}
```

在上面第5行代码中，我们假设 factorial（$n-1$）是一个有效的新函数，这个函数能返回 $n-1$的阶乘。那么我们想求 n 的阶乘，只要在 factorial（$n-1$）基础上乘以 n 即可。

3. 递归套路

递推方法的设计要点为：

找到 BaseCase，就是能直接根据输入返回结果的情况。例如上面阶乘代码的第2行，如果 n 等于0，根据阶乘的定义，直接返回1。

设计递归步骤。假设 f（$n-1$）已经被解决了，把 f（$n-1$）看作一个新的函数，这个函数能解决 $n-1$ 的情况。然后找到 f（n）和 f（$n-1$）之间的关系。

4. 递归过程中的方法调用

计算机会自动地不断分解问题，直到 BaseCase，然后不断返回结果。我们只需要假设 f（$n-1$）是一个有效的新方法即可，不需要深入理解具体的数据传递过程。

但是我们的大脑总是会忍不住想追踪具体的数据变化。如果一定要分析数据的流向，最好的方法是画图。方法的调用是开新的方法栈的过程，每个方法栈中的局部变量可以名称相同。例如求3的阶乘，可以通过绘图分析，如图4.1-32所示。

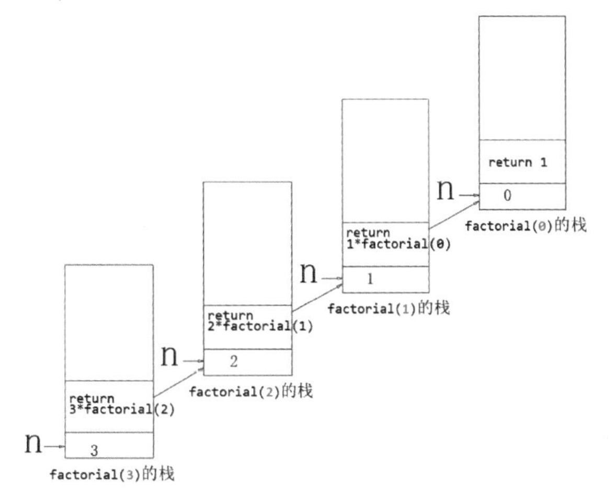

图4.1-32　递归函数的调用过程

求3的阶乘时，factorial（3）的方法栈中 n 等于3，因为 n 不等于0，该方法的返回值为 n ＊ factorial（n－1），即3＊ factorial（2）。

于是新建一个 factorial（2）的方法栈。在这个栈里，n 等于2，返回2＊factorial（1）的值。求 factorial（1）时，返回值为1＊factorial（0）。新开方法栈 factorial（0），该方法栈中 n 等于0，于是返回值为1。factorial（0）返回1后，factorial（1）返回1＊factorial（0），即1＊1。然后不断结束方法栈，直到返回 factorial（3）。

如果递归方法中涉及了引用类型，还需要考虑堆中的数据，详见本书Q14问。

5. 综合应用：建立等高线的树状结构

根据前面的分析，可知有两类问题非常适合使用递归方法解决：

一类是问题本身就可以用递归的数学公式表达，如阶乘、斐波那契数列等。

另外一类问题是数据结构本身就是递归的，比如文件夹系统。这里再介绍一个递归算法在插件开发过程中的应用：如何建立等高线的树状结构。

在地形有关的插件中，需要生成树状的数据结构，让高处的等高线的 parent 指针指向低处的等高线，如图4.1-33所示，编号54、55的等高线父等高线是53，编号53的等高线的父等高线为24，最外侧的24号等高线指向 null。

给定一群等高线，我们如何建立相互之间的联系呢？此时可以应用递归的思路，假设有 n 个等高线，如果前面 $n-1$ 个已经整理好了，那么问题就转化为如何把第 n 个等高线插入已经整理好的等高线中。

在已经整理好的等高线树中插入等高线 a 时，首先要和最外侧的等高线对比，如果 a 和这些等高线是平级关系，那么 a 的 parent 指针为 null。如果被其中一个等高线 b 覆盖，那么 a 就和 b

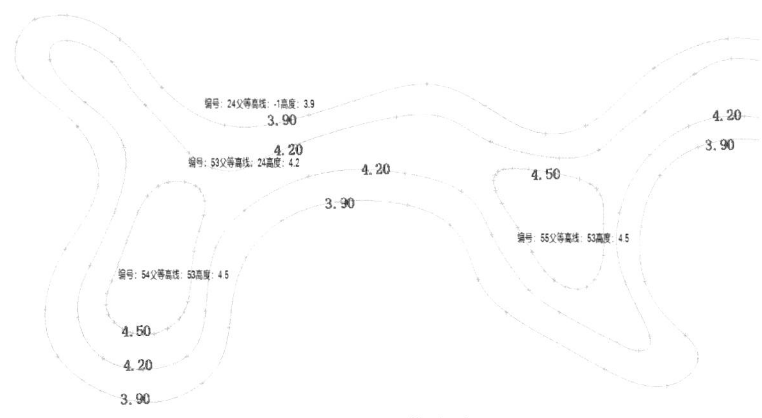

图 4.1-33　等高线

的所有子等高线对比，如果其中有一个等高线 c 包含 a，那就接着和 c 的子等高线对比，直到找到没有子等高线覆盖 a 的等高线 d，这个 d 就是 a 的 parent。

找到父等高线 d 后，还需要和 d 的子等高线对比，因为有可能 a 是这些子等高线的 parent。

我们用递归的方法实现以上的思路：

```
1.private void AddDgxToTree(List<DengGaoXian> dgxs_sorted, DengGaoXian dgx)
2.{
3.     SetParent(null, dgx, dgxs_sorted); //从最外侧的等高线开始寻找，最外侧等高线 parent 为 null
4.     dgxs_sorted.Add(dgx);
5.}
6.
7.private void SetParent(DengGaoXian parent_possible, DengGaoXian dgx_toInsert, List<DengGaoXian> dgxs_alreadySorted)
8.{
9.     List<DengGaoXian> childs = dgxs_inTree.Where(dgx => dgx.parent == parent_possible).ToList();
10.          foreach (var child in childs)
11.          {
12.              if (child.Contains(dgx_toInsert))
13.              {
14.                  SetParent(child, dgx_toInsert, dgxs_alreadySorted);
15.                  return; //假设上面这个方法已经完成了任务，那么此时退出即可
16.              }
17.          }
18.
19.          //如果运行到这里，说明要插入的等高线和子等高线平级或更高级的关系
20.          dgx_toInsert.parent = parent_possible;
21.          foreach (var child in childs)
22.          {
```

```
23.                 if (dgx_toInsert.Contains(child))
24.                 {
25.                     child.parent = dgx_toInsert;
26.                 }
27.             }
28.         }
```

上面代码第7行出现了一个递归方法 SetParent。该方法第一个参数为可能是 Parent 的等高线，第二个参数是要插入的等高线，第三个参数是已经整理好的等高线。

第12行表示出现了子等高线覆盖当前的等高线的情况。按照递归的思维，我们假设 SetParent（child，dgx_toInsert，dgxs_intree）是一个新方法，这个方法可以完成设置 parent 指针的任务。我们不必去关心方法的具体调用过程，只要假设它有用，那么到第15行我们已经完成了任务，退出方法即可。

如果前面没有退出，程序运行到了20行，说明我们已经找到了这样的等高线 x：x 的子等高线没有一个覆盖当前的等高线 a。因此将等高线 a 的 parent 指针指向 x 即可，接着整理和其他 x 的子等高线的关系。

读者可以将以上代码和求阶乘的方法对比，分析以上方法的 BaseCase 和递归条件，以加深对递归思维的理解。

◀ 第2节　处理复杂的代码 ▶

Q89 怎样减少代码的复杂度

程序的本质是对各种信息的组织。如果插件的结构在脑海中非常清楚，那么写出对应的程序是比较容易的。然而随着开发的深入，会遇到各种新问题和新需求，导致整个程序也变得越来越复杂。开发者慢慢也理不清楚各个组件之间的关系了，此时对程序进一步修改和拓展就会变得很慢。因此对于比较复杂的插件的开发，管理复杂度就是一件非常重要的工作。

软件复杂度不断提高是不可避免的，下面就介绍一些管理复杂度的方法和技巧，以将复杂度控制在可以接受的范围内。

1. 提高代码的可读性

1）命名要有具体含义，详见本书 Q13 问。

2）方法并不是越短越好，方法也不是只能做一件事。如果完成一个任务的代码是紧密联系的，那么放在一个方法中也行，使用空行控制好段落之间的层次即可。

3）注释要在写代码之前写。很多人不写注释，是因为觉得写注释是个有投入无产出的事情，也有的人认识到注释的重要性，但是因为拖延没有去写。如果先写注释，后写代码，那么注释可以帮助整理思路，也就让人愿意去写了。

4）注释应该描述从代码中不能一眼就看出的内容，而不是对代码的功能描述一遍。

5）自己的代码风格前后应一致。而修改别人的代码时，风格要尽量和已有的代码一致。

2. 提高组件的封装程度

这就是软件设计过程中的模块设计。将软件的各个功能分解成组件，例如类。每个类之间相对独立。程序员每次只需要关注一个类，不用了解其他类的实现细节。

不存在完全独立的类，因为类要被调用才能解决问题。模块设计的目的就是让类之间的相互依赖最少。每个类什么时候需要知道什么信息，是模块设计中非常重要的一个考虑点。

如果一个类中既有通用的方法，也有特殊情况的方法，那么可以考虑将这两者分开。

在功能类中新建方法时，首先要考虑这个方法是否放在其他有关的类中更合适。例如阀门连管道类内部需要一个获取族实例所有连接件的方法，这个方法放在族实例工具类中就更好。

3. 通过合理分层和抽象，减少类之间的依赖

软件是分层的，高层模块调用底层模块的方法，相邻的层之间的抽象程度要有差别。例如本书第1章提到的使用一个Constructor类负责流程的组织，Constructor类处于高层，没有具体的实现方法，抽象程度较高。各个功能类提供具体流程的实现方法，抽象程度相对较低，这样某个流程需要替换算法时，修改量就会比较小。

4. 减少重复代码

复制项目中已有的代码，然后稍加修改，是非常受初学者欢迎的解决方案。但是复制代码会经常出现一处修改了，另外一处忘记修改的问题。当发现项目中有很长的重复代码片段时，要抽象出方法。

例如，读取CAD文件可能出现找不到文件、文件被其他软件打开等错误。新建一个专门的错误处理方法或类，每次调用对应的方法，就可以减少用于处理错误的重复代码。

5. 要写“深”类（deep class），不要写“浅”类（Shallow class）

复杂度可以理解为修改或增加功能需要花费的时间和精力。例如监听键盘和鼠标的类，内部原理是比较复杂的，但是我们几乎不用修改他们内部的代码，这样这个类就没有增加我们插件的复杂度。

而类划分得太细，一个类只有几十行代码，而对外提供的方法却需要4个以上的参数，则管理和调用这些类反而增加了复杂度。

因此，类内部的实现过程可以很复杂，但是对外暴露的接口要清晰。要做到不用了解具体的实现过程，只要知道接口就可以使用的效果。也就是接口比实现要简单得多，达到“深”类的效果。就像微波炉，使用微波加热食物的原理是复杂的，但是微波炉人人都会用，因为其提供的操作按钮很简单。常用的写深类的技巧有：

1）设计类时，能对外隐藏的信息就全部隐藏，这样接口就会显得简单。

2）如果两个类共用一个外部信息，则修改了外部信息以后，需要同时修改两个类，此时需要思考是否可以合并这两个类。如果两个类一定要一起被调用，也应该考虑是否合并。

3）方法是分开还是合并，也要从是否增加复杂度的角度进行分析。

4）插件的每个子流程不一定要都要对应单独的一个类。思考完成这个任务需要哪些信息，按所需信息一致的原则分组，每组用一个类解决问题。这样可以减少类的数量，增加信息的隐藏，达到深类的效果。

5）在类内部，子方法尽量用private修饰。在子方法内尽量不要直接使用类变量，而是通过方法的参数传递变量，以方便后期提取公共方法。

6）设计类和方法的接口时，多用抽象思维，提炼出通用的格式。不要每种情况简单地对应一个方法，要想办法用一个方法解决多种情景下的问题。可以添加一个辅助类，将不同情况的问题计算出通用的信息，传入通用的方法。当然，如果辅助类太多或是太复杂，那就改用多个特殊方法。

7）设计类时，要思考如何方便别的类调用。多做一些工作，把复杂的实现放在类里面，对外提供简单的接口。

6. 合理使用软件开发技术

软件技术日新月异，但并不都是适合 Revit 二次开发的。学到新技术时，应该思考这个技术是增加还是减少了复杂度，应合理采用。以下是笔者的一些经验：

面向对象技术中类的继承往往会增加复杂度。当两个类有完全一样的方法时，使用一个工具类包装这个方法，而不是新建基类。

不要强行套用设计模式，只有遇到合适的问题，设计模式才能发挥作用。

测试驱动开发过分关注了细节，忽视了花时间优化架构设计，并不适合在 Revit 二次开发中使用。

Revit 插件开发中写单元测试比较麻烦，而集成测试时间和效率上都可以。平时更多是采用集成测试，只对可能需要反复测试的方法才会新建一个单元测试类。

总之要具体问题具体分析，选择合适的技术。

7. 设计两次

陈云前辈说过做事要“交换、比较、反复”。我们在设计类或是插件架构时，不应满足于首先浮现于脑海中的方案，而应该多想几个方案。比较各个方案的优缺点，看看哪个方案最简单。

首先浮现于脑海的方案往往不是最好的。这不是因为自己不聪明，而是软件开发的确是困难的事情，也正是因为是困难的事情，解决起来才有乐趣。

8. 战术编程（Tactical Programming）和战略编程（Strategic Programming）

在第 1 章插件开发流程部分，我们已经介绍了软件的开发是一个不断循环改进的过程，很难做到编码前就设计好最终的结构。面对新的需求，可以有两种不同的思考方法。第一种是战术编程：快速修改，考虑的是怎样用最少的改动（例如复制已有的代码）就能满足需求，这种做法往往会增加插件的复杂度。

第二种是战略编程：思考如果我一开始就知道这个需求，那么我的插件应该如何设计。长远看来，最好是采用第二种思考方式，让插件保持干净整洁。

插件的复杂度是随着变量之间的依赖数量增多而增加的。一两个快速修改的地方，不会明显增加系统的复杂度。但是日积月累，项目中有了几十个这样的补丁，插件的复杂度就上去了。因此不建议走捷径，不要认为能跑的代码就是好代码，要主动设计好的代码，改进插件的设计。

好的设计不是免费的，是需要前期投入大量时间的。每天要花 10% 的时间重构代码，思考让代码怎样才能更简单。要把减少复杂度看作最重要的目标之一。这 10% 的时间不会影响进度，但到后期可以节约大量修改的时间。

9. 其他方法

其他常用的控制代码复杂度的方法还有：应用设计原则、使用版本控制软件、应用设计模式、自动化的单元测试等，详见后续章节。

Q90 怎样应用设计原则

面向对象技术是在面向过程基础上发展起来的。对于代码数量是 10 万行以下的程序，面向对象和面向过程在开发效率上差别不大。而单个 Revit 插件的代码基本都在 10 万行以下，因此使用面向过程的思维进行开发也没有问题。

各种设计模式的目的是为了形成可扩展、易复用的代码。对于 Revit 二次开发来说，各个插件之间可复用的部分并不多。而且插件开发者一般可以接触到公司所有的代码，导致应用设计模式的回报率不是很高。另一方面，如果机械地套用面向对象的各种设计模式，反而会使代码变得复杂和难以修改。

因此对于插件开发者来说，掌握和应用设计原则比套用设计模式更加重要。下面介绍常用的设计原则及其在二次开发过程中的应用。

1. 类的单一职责原则

笔者刚开始编程时，只知道方法需要不断抽象出来，而不知道类也要根据功能进行划分。看到公司前辈们留下的代码中，都有一个通用工具类 Utils。感到这个单词比较高大上，于是不断把抽象出的方法放在 Utils 类中。最终这个插件只有一个非常大的 Utils 类和其他几个调用 Utils 的类。

结果越到后期，开发进度越慢。因为想用一个方法，如果一时记不起名称的话就只能在 Utils 类的文档中找，很多时间都花在找方法上了。如图 4.2-34 所示，处理视图、xml 转化、参数等功能的方法都在一个类中，所以很难定位到自己需要的方法。

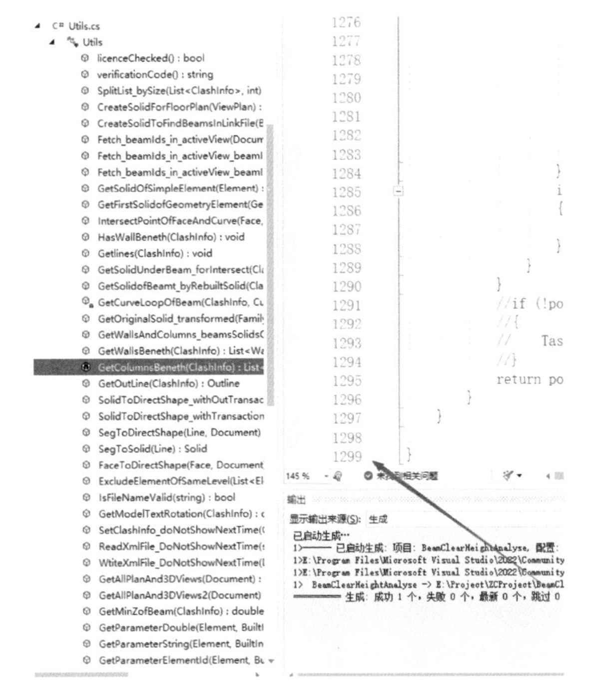

图 4.2-34　超级多功能的类

因此，类应该按照一定的功能进行组织。在二次开发中的典型例子就是三层架构（图 4.2-35）：窗体有关的类只负责窗体的展示。继承了外部命令和拥有外部事件的类负责对接 Revit 数据库。窗体复杂的数据验证和对 Revit 数据的操作通过调用中间层的功能类实现。这样项目中的每个类只负责一些相关的功能，它们只需要知道自己的输入和输出即可，修改、调试和复用都比较方便。

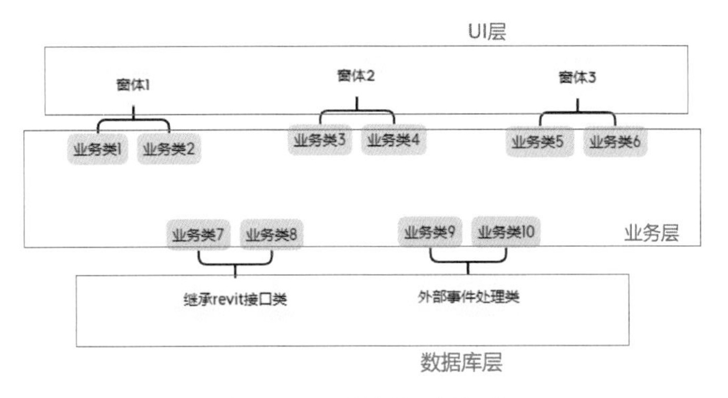

图 4.2-35　插件的三层架构

单一职责原则不是说类只能有一个功能。其原文为：就一个类而言，应该仅有一个引起它变化的原因。也就是说类不是越小越好，类可以有很多功能，但是这些功能的性质应该一样。

例如处理 XML 序列化的类。一方面，把序列化和反序列化分成两个类没有必要。另一方面，在这个类中加入窗体数据验证等功能也不合适。

2. 依赖反转

依赖反转的意思是服务调用方和提供方之间不要直接接触，而是通过接口对接。比如，如果我们喜欢某人，觉得非他/她不可，这就是具体的依赖，会给我们带来很多烦恼（图4.2-36）。而如果我们喜欢的不是具体的某人，而是这个人的性格、外观或是其他，那这样择偶的范围就广阔起来了。

图4.2-36　依赖反转

服务调用方需要的是一个服务，而不是具体的服务员。我们习惯的做法是调用一个具体的类的方法，如果有一天需要切换具体的服务提供方就会比较麻烦。如果我们调用的是一个接口变量，就没有以上问题了，详见后面Q92问中提供的例子。

3. 接口隔离原则

接口隔离原则是说不要提供一个太大的接口，服务需求方会用不了接口里面所有的方法。例如为坦克新建一个ITank大接口，里面有Run和Fire两个不同性质的方法。我们如果只想使用坦克上下班，就浪费了Fire方法。如果让坦克继承IVehicle和IWeapon这两个小接口，切换起来就比较方便了。

这个坦克的例子来自刘铁锰的C#课程，感兴趣的读者可以在哔哩哔哩APP搜索观看。

4. 迪米特法则

又称为“不要和陌生人说话”原则。就是类里面尽量不要出现其他自建的类型，因为对其他类型有依赖时，该类不能单独复用，必须和依赖的类一起被调用。如果依赖的类还有自己的依赖类，复用就很麻烦了。

以上是笔者对设计原则使用的一些理解。因为二次开发中使用各种设计模式的机会不多，所以笔者的这些理解谈不上深刻，只希望能起到抛砖引玉、激发读者学习兴趣的效果。

Q91 怎样控制代码版本

插件开发过程中经常碰到这种情况：修改代码之后，发现问题没有解决，这时候要是能够退回到修改前就好了。一个简单的解决方案就是在进行关键的修改前，把项目源代码另存一份。下面就以Source tree为例，介绍更高效的方法：使用git控制代码版本。

1. git版本控制原理

如图4.2-37所示，使用git版本控制软件后，在工作空间下会产生三个区域：工作区（working directory）、暂存区（staging area）和存储库（Repository）。

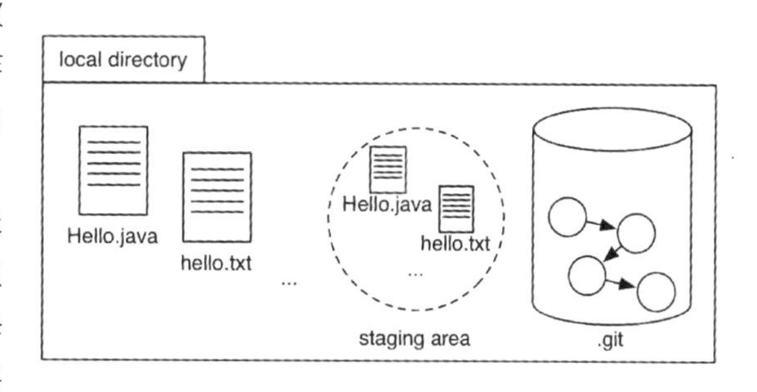

图4.2-37　工作区域

当我们修改工作区代码时，会形成“未暂存文件”。使用“暂存”命令（add）可以把修改放到“暂存区”，积累了一定量的修改后，可以使用“提交”命令（Commit）将修改后的内容提交到存储库中，相关流程如图4.2-38所示。

存储库是一个有向图，如图4.2-39所示。每次Commit时，会产生一个SHA-1值标记当前修改。如最下方第一次 Commit 的 SHA-1 的值为“41c4b8f”，第二次 Commit 为“1255f4e”，每次 Commit 时，都会有一个指针指向上一次的 Commit。

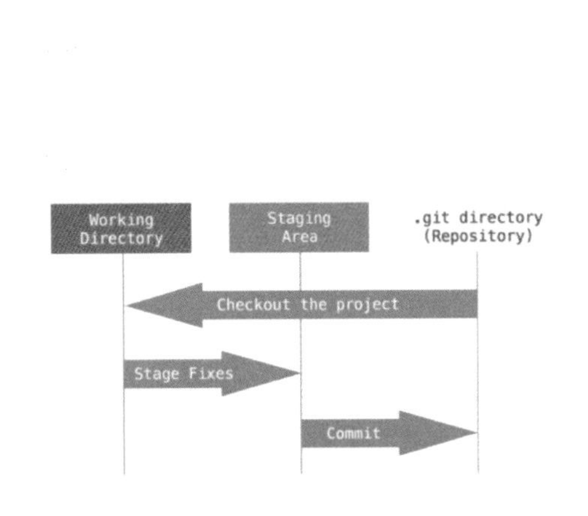

图 4.2-38　存储库有关操作

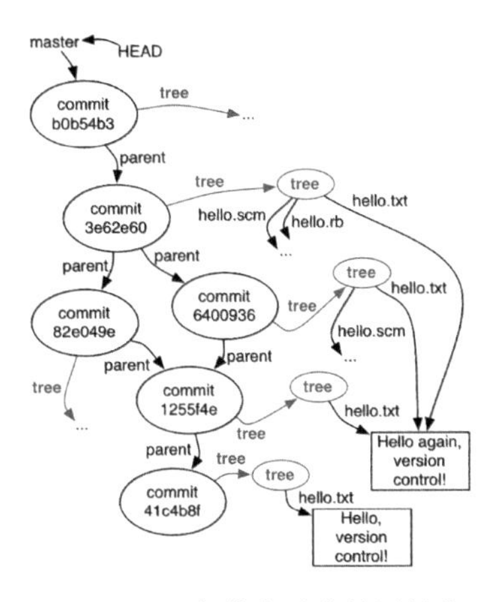

图 4.2-39　存储库对应的图结构

在 git 内部，每次 Commit 都会关联一棵树，指向被修改的文件。这样 git 不用每次复制一份被修改的文件，只要记录修改的内容即可。

因为所有的修改都可以追根溯源，为了方便理解，可以把每个 Commit 都看作是源代码的一个副本，这样就可以从任意的 Commit 出发修改代码，形成很多分支。Head 标签指向当前所在分支。

2. 使用 SourceTree

下面以 SourceTree 为例，介绍常用的操作。Visual Studio 也有自带的 Git 工具，读者也可以直接使用（菜单栏“Git”选项下），两者的原理是一样的。

（1）安装 Source Tree　百度 SourceTree，下载安装包。因为每次 Commit 都需要记录提交修改的人员，所以安装时要创建一个账号，如图 4.2-40 所示。

（2）添加目录　使用 Add 或 Create 命令，添加想要管理的代码所在的文件夹，如图 4.2-41 所示。

图 4.2-40　注册 SourceTree 账号

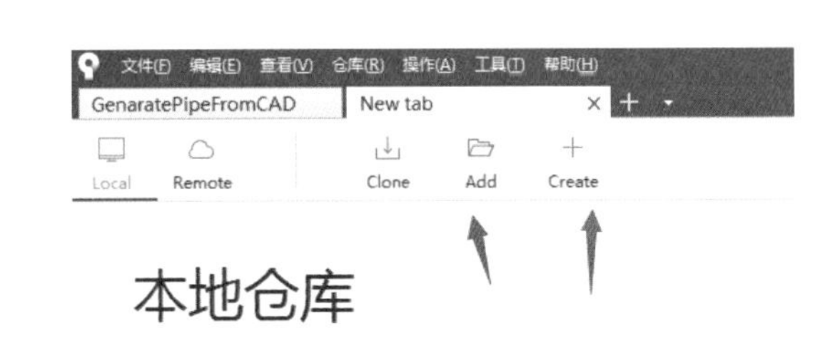

图 4.2-41　添加要监控的文件夹

（3）提交修改　如图 4.2-42 所示，单击左侧“文件状态”，可以查看修改情况。代码所在的文件发生修改后，会出现在“未暂存文件区”。单击文件名称，每个修改的部位会产生一个区块，标注修改内容。此时单击暂存区块，可以将修改提交到暂存区。如果单击丢弃区块，则此处的修改会被撤销。

使用“暂存所有”命令，可以将所有修改放到暂存区。在提交区输入本次修改的关键描述，然后单击“提交”命令，就完成了一次 Commit。

每次 Commit，只会提交暂存区的修改。先暂存，后提交的模式，是为了防止 Commit 太零碎。

（4）切换代码版本　如图 4.2-43 所示，单击“History”，可以查看修改记录。

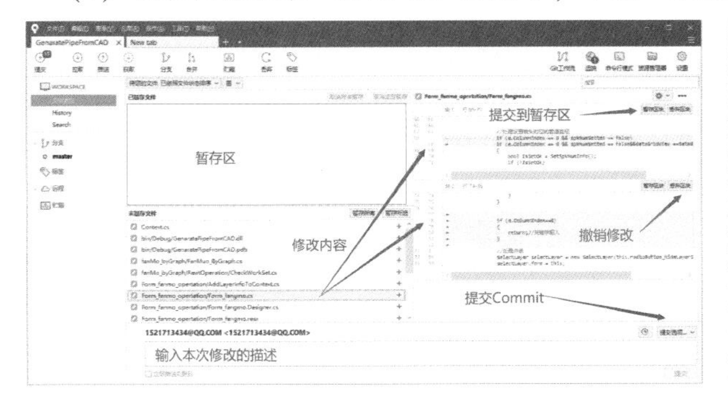

图 4.2-42　SourceTree 界面

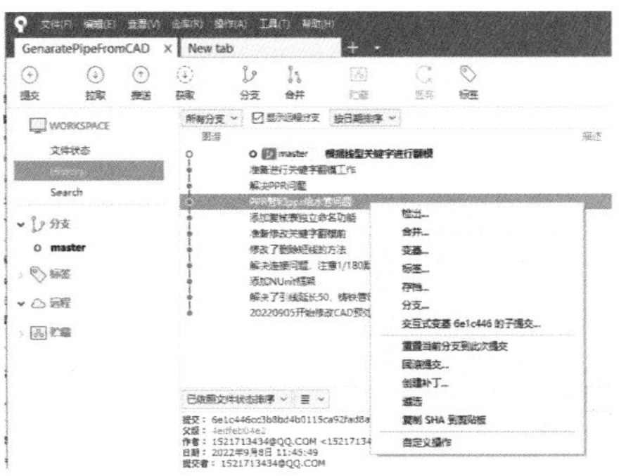

图 4.2-43　回到某个文件状态

想要回到某个提交 A，则在提交 A 位置右键单击“重置当前分支到此次提交”即可。此时 Head 指针改为指向提交 A，以后所有的修改都是在提交 A 的基础上进行了。

Q92 怎样减少嵌套的 if... else 语句

1. 面向过程编程带来的问题

造成代码复杂很大的一个原因是为了配合不同情境下的功能实现，导致程序中出现很多层嵌套的 if... else 判断语句。如图 4.2-44 所示的插件，功能是将图纸中的消火栓箱图块批量转化为族实例，然后自动连接到管道。

以这个插件连接消火栓箱到管道的子功能为例，如果采用面向过程的设计方法，则需要处理最少近 40 种可能性：

管道是立管还是横管，算法不一样，需要分别处理；

连接件的位置有 5 种选项，每个位置接管方法不一样；

微调消火栓位置还是管道位置，算法不一样；

每次连接时，管道离连接件很近和不近两种情况需要分别考虑。

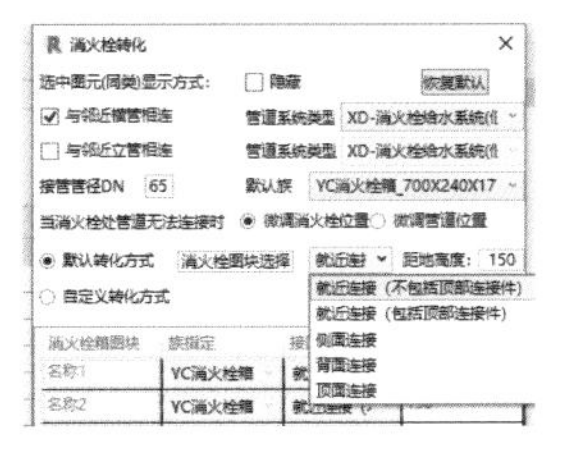

图 4.2-44　插件界面

如果采用面向过程的思路，则需要嵌套 4 层 if... else 判断，处理至少 $2\times5\times2\times2=40$ 种不同的情况，由此代码的复杂度可想而知。

2. 减少 if... else 语句嵌套的方法

（1）使用抽象思维分析问题　抽象思维是计算机科学中非常重要的一种思维方法，它要求对问题进行分析，提炼出最本质的部分。以前面提到的消火栓箱连管道为例，各种复杂的组合的本质是这样一个问题：给定消火栓箱上的一个连接件和附近的管道，如何将它们连接起来。从这一视角出发，可以分析出一共是四种基本情况：

1）管道是水平的，连接件方向是水平的。

2）管道是水平的，连接件位于消火栓箱顶部。

3）管道是立管，连接件位于消火栓箱顶部。

4）管道是立管，连接件方向是水平的。

这样问题就转化为根据用户的需求获取对应的管道和连接件，判断管道和连接件的组合方式，在四种可能性中选择一种进行处理即可。通过分析和抽象，我们将数量很大的用户使用情况，整理成了数量较少的一些比较本质的问题，从而大大减少了代码的复杂度。

（2）使用类的组合减少 if...else 判断　笔者解决消火栓连管的客户端主代码如下所示：

```
1.//新建找目标管道和连接件的类
2.TargetPipeSearcher targetPipeSearcher = new TargetPipeSearcher(uidoc.Document, mainViewModel.IsConnectToHPipe, mainViewModel.TargetPipeSystemTypeName);
3.TargetConnectorSearcher targetConnectorSearcher = new TargetConnectorSearcher(tableContent.selectedConnectOps);
4.
5.//处理每一个消火栓
6.foreach (var item in fireBoxes)
7.{
8.     //提取消火栓箱信息
9.     FireBoxInfo fireBoxInfo = new FireBoxInfo(item);
10.          result.Add(fireBoxInfo);
11.          //找到对应的管道
12.          Pipe targetPipe = targetPipeSearcher.GetResult(fireBoxInfo.bbox, fireBoxInfo.fireBox.GetTotalTransform().Origin);
13.          //找到对应的连接件
14.          Connector targetConnector = targetConnectorSearcher.GetResult(fireBoxInfo, targetPipe);
15.          //根据位置关系选择对应的连接类
16.          TargetConnPipeConnector targetConnPipeConnector = TargetConnPipeConnectorFactory.Create(targetConnector, targetPipe);
17.          targetConnPipeConnector.GetResult(targetConnector, targetPipe, mainViewModel.PipeDia, mainViewModel.IsChangeBoxPositionFirst);
18.     }
```

可以看到主程序代码中没有任何 if...else 语句，因此整个处理的过程是非常清晰的。以选择消火栓箱周围目标管道的 TargetPipeSearcher 类为例，其结构如图 4.2-45 所示。

图 4.2-45　TargetPipeSearcher 类结构

如图 4.2-45 所示，TargetPipeSearcher 有一个提供服务的接口 GetResult。这个方法内部使用了 PipeDirectionChecker 类来筛选用户需要的管道。HPipeGetter 和 VPipeGetter 是 PipeDirectionChecker 类的派生类。

程序运行时，传入用户具体的选项。在构造方法中，pipeDirectionChecker 变量指向具体的派生类。因为派生类可以替代基类，所以图 4.2-45 最后一行实际执行的时候会调用具体的派生类的方法。

就像我们去饭店吃饭，我们只要和服

务员说好要吃什么就行，具体哪位厨师给我们做菜我们并不关心。TargetPipeSearcher 就是服务员，我们和她说自己需要什么服务。PipeDirectionChecker 类是厨师类，HPipeGetter 和 VPipeGetter 是具体的厨师。服务员根据我们点的菜选择具体的厨师，整个过程我们只和服务员打交道，不用自己决定派哪个厨师做菜。

(3) 使用工厂方法减少 if... else 判断　图 4. 2-45 中在类构造方法里面具体化了派生类。还可以专门使用一个类负责派生类的产生。例如前面第 16 行，通过 TargetConnPipeConnectorFactory 类产生具体的类型，Create 方法的具体内容见图 4. 2-46。

这样客户端只和基类打交道，调用基类的方法。程序运行时，确定了用户具体的选择，根据用户具体的选择生成对应的派生类，从而消除了客户端的 if... else 判断。

图 4. 2-46　TargetConnPipeConnectorFactory 类结构

虽然在工厂类中也有 if... else 判断，但是取消了嵌套的 if... else 判断。比如连接管道的时候是微调消火栓箱还是管道，这一层判断就放在 TargetConnPipeConnector 类中了。

也就是说不同类之间通过组合满足了多种多样的应用情景。程序没有运行时，客户端具体的类型并不确定，只有运行时才会指定具体的派生类的类型。这样就通过类的组合消除了多层嵌套的 if... else 判断。

Q93 怎样使用模板方法简化代码

本书第 2 章提到，“类之间的依赖关系，终止于接口或抽象类，是面向对象编程的标志。”通过上一小节的例子，我们对这句话的理解应该能更深一步了。

遇到工作流程是一样的，但是因为工作环境的不同需要切换不同算法的情况，可以采用抽象类或是接口以减少 if... else 循环的嵌套，降低代码的整体复杂度。

面向对象是提高编码效率的技术。如果实现某个功能的算法是固定的、唯一的，那么专门新建抽象类反而增加了代码的复杂度。因此要根据具体情况选择面向过程还是面向对象，不要为了面向对象而写一大堆接口和抽象类。

下面继续以消火栓箱连接给水管为例，介绍如何利用模板方法组织抽象基类及其派生类，从而达到简化代码的目的。

1. 对连接到水管过程的抽象

如图 4. 2-47 所示，从左到右分别是侧面、背面、顶面连接到主管的情况。

图 4. 2-47　不同位置连接件连接到主管

以侧连接件连主管为例，分析其过程，可以分为以下四步：

1）连接件沿着其 Z 轴延伸 100，生成一小段水平管道。

2）生成竖向管道。

3）生成连接到主管的水平管道。

4）连接这些新生成的管道。

对于顶面连接来说，不需要第一步。我们采用抽象的思维方法，将顶面连接的第一步定义为生成一段空管的操作，这样顶面连接也可以和侧面连接一样采用相同的流程描述了。

2. 使用模板方法组织代码

有了前面的分析，我们在抽象类中新建一个对外提供服务的方法 GetResult。方法体中依次调用四个抽象方法，如图 4. 2-48 所示。

程序运行时，已经根据用户的选项确定了具体的派生类，因此会调用具体的派生类的方法。

如果派生类之间有一些相同的代码，则可以将其拉到基类中，这样就减少了代码的重复。比如设置新生成的元素的工作集的操作，就可以放在图 4. 2-48 第 75 行代码的后面，这样派生类中就不需要考虑工作集设置的问题。

图 4. 2-48　GetResult 方法

3. 小结

这里对这两小节涉及的类及其功能做一个小结：

（1）抽象类　对外提供一个统一的服务接口。对内一方面组织服务的流程，另一方面汇总派生类之间公用的参数和方法。

（2）派生类　具体实现不同情景下需要单独处理的内容，也就是实现抽象类的抽象方法。

（3）工厂类　根据用户的选项，生成对应的派生类实例给客户端类。

（4）客户端类　调用抽象类提供的服务。内部有一个抽象类类型的变量，将自己的要求传给工厂类后，生成具体的类型赋值给这个变量。

以上这种固定的“套路”在面向对象编程中被称为设计模式，读者可查阅有关的资料，深入学习其他设计模式。

Q94 怎样对插件进行自动化测试

1. 为什么需要自动化测试

本书第 1 章介绍了集成测试和简单的单元测试。当插件比较复杂时，这两个方法的不足之处就显示出来了。

例如管道翻模插件，很难准备单元测试的数据用例，于是只能做集成测试。而翻模插件的集成测试是非常烦琐的，每个测试用的图纸都需要点选图层、填写信息后运行插件。另外如果测试了 9 张 CAD 底图都没有问题，到了第 10 张图纸发现了问题。修改了插件之后，为了保证不引入新问题，需要对前面 9 张图纸重新测一遍，这很容易让人身心俱疲。

2. 在 Revit 中进行自动化测试的方法

对涉及 Revit API 的方法进行测试的难点在于，Revit 数据库只能从 IExternalCommand 等接口接入，这导致常用的单元测试框架如 NUnit 等无法获取 uidoc 等关键类。

解决方法之一是使用专门的 Revit 测试框架，如 xUnit Revit by Speckle，其界面如图 4. 2-49 所示。

下载地址为 https://github.com/specklesystems/xUnitRevit。

类似的 Revit 测试框架还有 Revit Test Runner 和 Revit Unit Test FrameWork，下载地址可在 jeremytammik 的博客获取。这些测试框架都需要配置对应的测试项目，比较麻烦。因此可以自己做一个专门的测试插件，界面如图 4.2-50 所示。

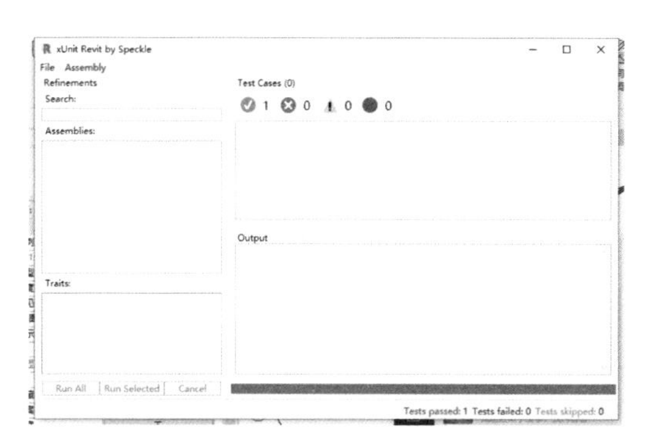

图 4.2-49 xUnit Revit 界面

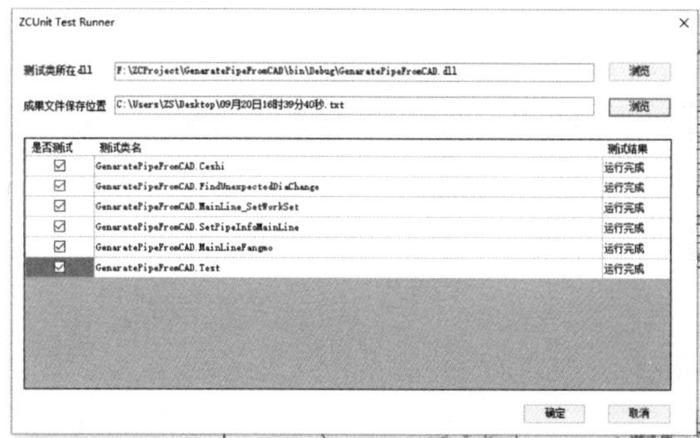

图 4.2-50 自建的单元测试插件

下面对该插件的关键部分进行介绍。

3. 自动化测试插件技术要点

该插件的原理为读取用户选择的 dll 文件中所有继承 IExternalCommand 接口的类，然后构造实例，运行实例的 GetResult 方法为：

```
1.foreach (var item in types)
2.{
3.  IExternalCommand externalCommand = assembly.CreateInstance(item.FullName) as IExternalCommand;
4.  if (externalCommand != null)
5.  {
6.    Result result = externalCommand.Execute(commandData, ref message, elements);
7.  }
8.};
```

整个运行流程为：

1）对于每个要测试的方法，用户新建一个测试类。这个测试类继承 IExternalCommand 接口。在 Execute 方法内填写准备测试用例、调用测试方法、汇报测试结果有关的代码。

2）运行自动化测试插件，首先使用变量记录此时 Execute 方法的 commandData、message 和 elements 三个参数，然后显示插件界面为：

```
1.public Result Execute(ExternalCommandData commandData, ref string message, ElementSet elements)
2.{
3.ZCExternalEventHandler.elements = elements;
4.ZCExternalEventHandler.message = message;
5.ZCExternalEventHandler.commandData = commandData;
6.
```

```
7.Form_Main form_Main = new Form_Main();
8.form_Main.Show();
9.return Result.Succeeded;
10.    }
```

3）插件窗体显示后，用户选择测试类所在的dll文件。插件将dll文件复制一份，然后加载复制后的dll文件，筛选出继承了IExternalCommand接口的类，如下所示：

```
1.private List < Type > GetClassWithIExternalCommand(string assemblefile)
2.{
3.    //复制dll文件
4.    string fileName = Path.GetFileNameWithoutExtension(assemblefile) + DateTime.Now.ToString("MM月dd日HH时mm分ss秒");
5.    dllPath_copyed = System.Environment.GetFolderPath(System.Environment.SpecialFolder.MyPictures) + @"\" + fileName + ".dll";
6.    File.Copy(assemblefile, dllPath_copyed, true);
7.
8.     //获取程序集下所有继承了IExternalCommand的类
9.    assembly = Assembly.UnsafeLoadFrom(dllPath_copyed);
10.        IEnumerable<Type> types = assembly.GetTypes();
11.        List<Type> result = new List<Type>();
12.        foreach (var item in types)
13.        {
14.            if (item.IsInterface)
15.            {
16.                continue;
17.            }
18.
19.            Type[] ins = item.GetInterfaces();
20.            foreach (Type ty in ins)
21.            {
22.                if (ty == typeof(Autodesk.Revit.UI.IExternalCommand))
23.                {
24.                    result.Add(item);
25.                    break;
26.                }
27.            }
28.        }
29.
30.        return result;
31.    }
```

这里需要复制一份的原因，是因为上面代码的第9行加载dll文件后，Revit会一直占用这个dll文件。被占用的dll文件无法删除，导致项目修改后无法重新编译。

获取了测试类的类型之后，在外部事件处理器中将筛选出来的类依次建立实例，运行其Execute方法即可，如本小节开头代码所示。Execute方法的参数来自第一步记录的变量。

第3节 与 Excel 和 CAD 交互

Q95 怎样导出和读取 Excel

常用的对接 Office 软件的类库有 NPOI、Aspose、OpenXML 等，其中 NPOI 和 OpenXML 都是免费的。为节约篇幅，下面以 NPOI 为例，介绍对接 2007 及 2007 以上版本 Excel（文件后缀为“. xlsx”）的方法。

1. 获取 NPOI 类库

在 Visual Studio 的 Nuget 包中搜索“NPOI”，安装到需要的项目上，如图 4. 3-51 所示。

安装完成后，在需要处理 Excel 的类中引用以下命名空间：

```
using NPOI.SS.UserModel;
using NPOI.XSSF.UserModel;
```

2. 读取 Excel

Excel 文件和 NPOI 类库中类的对应关系如图 4. 3-52 所示。

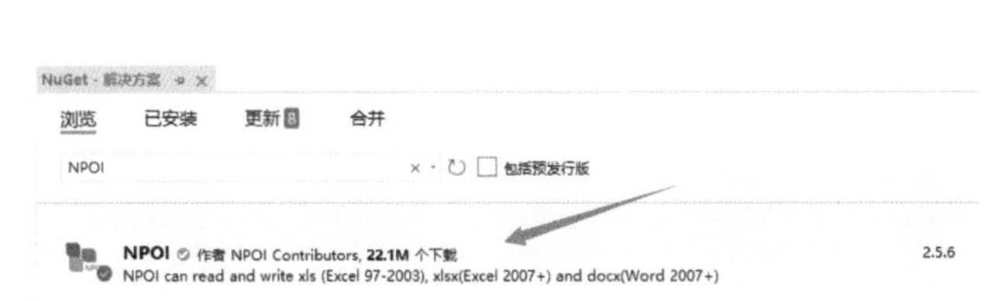

图 4. 3-51 安装 NPOI

图 4. 3-52 NPOI 类库中类的对应关系

读取 Excel 文件的关键代码为：

```
1.public List<PipeInfo> ReadFromExcel(string filePath)
2.{
3.    List<PipeInfo> result = new List<PipeInfo>();
4.    if (! File.Exists(filePath)) return result;
5.
6.    using (FileStream fs = new FileStream(filePath, FileMode.Open, FileAccess.Read))
7.    {
8.        //获取读取 Excel 文件的类
9.        fs.Position = 0;
10.           XSSFWorkbook workBook = new XSSFWorkbook(filePath);  //Workbook 对应一个 Excel 文件
11.           ISheet sheet = workBook.GetSheetAt(0); //Sheet 对应一张表
12.           IRow headRow = sheet.GetRow(0); //获取第一行，标题行
13.           int columnCount = headRow.LastCellNum; //获取列数量，注意 LastCellNum 是列的 index +1
```

```
14.
15.            for (int i = sheet.FirstRowNum + 1; i < =sheet.LastRowNum; i
+ +)//FirstRowNum 和 LastRowNum 都是从 0 开始算的
16.            {
17.                IRow row = sheet.GetRow(i);
18.                if (row = = null) continue;
19.                if (row.Cells.All(c => c.CellType = = CellType.Blank))
continue;
20.
21.                //读取单元格的值
22.                int index = (int)row.GetCell(0).NumericCellValue;
23.                string systemType = row.GetCell(1).StringCellValue;
24.                //……省略新建实体类、将实体类添加到返回值的代码
25.
26.            }
27.        }
28.        return result;
29.    }
```

3. 导出 Excel

导出 Excel 的代码如下所示，注意表单、行、单元格都需要新建。

```
1.public void WriteToExcel(string filePath, List <PipeInfo > pipeInfos)
2.{
3.    using (FileStream fs = new FileStream(filePath, FileMode.Create,
FileAccess.Write))
4.    {
5.        //新建一个文档对象
6.        IWorkbook workbook = new XSSFWorkbook();
7.        ISheet sheet = workbook.CreateSheet("sheet0"); //默认是不带表
单的，需要新建一个
8.
9.        //新建标题行
10.           IRow row = sheet.CreateRow(0);
11.           row.CreateCell(0).SetCellValue("序号");
12.           //……其他项目省略
13.
14.           //输入数据
15.           int rowCount = 1;
16.           foreach (var item in pipeInfos)
17.           {
18.               row = sheet.CreateRow(rowCount);
19.               row.CreateCell(0).SetCellValue(item.index);
20.             //其他内容省略
```

```
21.                 rowCount ++;
22.             }
23.
24.             //写入文件流
25.             workbook.Write(fs);
26.         }
27.     }
```

Q96 CAD 中的数据是怎样组织的

二次开发中对接 CAD，主要是为了读取 CAD 中的文字和曲线等信息。本小节先介绍 CAD 中的有关对象之间的关系和读取文字的方法，下一小节介绍读取曲线的方法。

曲线、文字、图块等图元，在 CAD 中派生于实体类 Entity，继承关系如图 4.3-53 所示。

每个实体 Entity 对应 CAD 数据库中的一条记录，这条记录称为 ** TableRecord，具体的层级关系如图 4.3-54 所示。

可见，为了读取实体，需要先获取表格，再查询对应的记录。过程中需要使用的类和相关的方法，如图 4.3-55 所示。

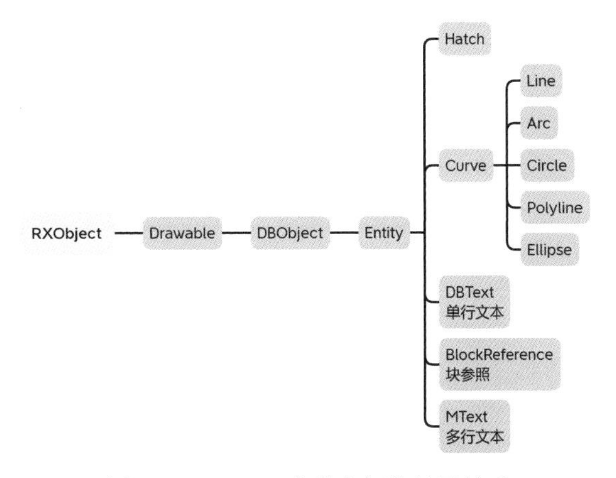

图 4.3-53　CAD 中类之间的继承关系

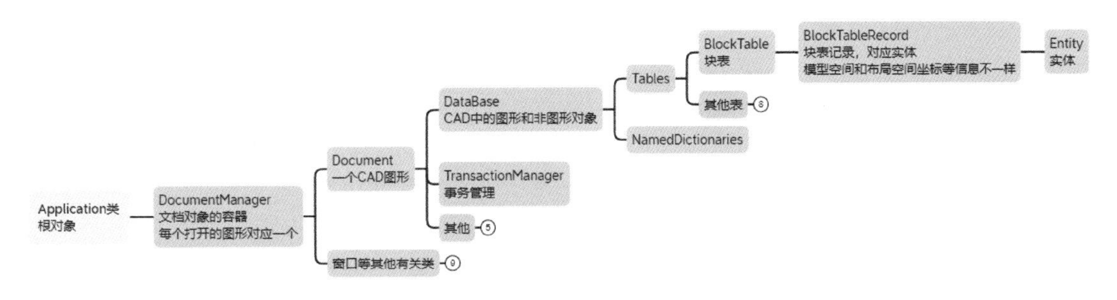

图 4.3-54　Entity 层级关系

因为我们需要在 Revit 中读取 CAD 信息，因此无法直接使用 AutoCAD 软件的类库（这些类库只能在 AutoCAD 软件运行过程中被调用），目前一般都使用 Teigha 等第三方类库，步骤如下：

1）添加对 Teigha 类库的引用。

2）新建 Revit 类型和 CAD 类型之间的转换类。

3）在 Revit 中获取 CAD 文件位置。

4）使用 Teigha 读取 CAD 文件。

图 4.3-55　读取实体有关方法

5）将 CAD 图元转换为 Revit 图元。

以在 Revit 中获取文字信息为例，具体步骤如下：

（1）添加对 Teigha 类库的引用　有时候 Teigha 加载会报错，此时可以使用以下代码：

```
Assembly.UnsafeLoadFrom (filePath);
```

其中 filePath 为 Teigha 的 dll 文件的全路径名称。. NET 的安全机制会阻止某些类库的运行，使用 Assembly 类手动加载类库可解决这类问题。

（2）新建 Revit 类型和 CAD 类型之间的转换类　根据自己项目需要，新建一个实体类。例如对于 CAD 中的文字，我们需要文字的位置、字符串、角度等信息，可新建类如图 4. 3-56 所示。

```
10  internal class CADTextModel
11  {
        6 个引用
12      public XYZ Location { get; set; }
        6 个引用
13      public string Text { get; set; }
        4 个引用
14      public double Angel { get; set; }
        5 个引用
15      public string Layer { get; set; }
16
17      public double diameter=0;
        1 个引用
18      public CADTextModel()
19      {
20          Location = null;
21          Text = "";
22          Angel = 0;
23          Layer = "";
24      }
```

图 4. 3-56　新建的文字实体类

（3）获取 CAD 文件所在的位置　如图 4. 3-57 所示，CAD 导入 Revit 后对应一个 ImportInstance。可以从 ImportInstance 对应的类别 CADLinkType 中获取 CAD 的文件位置。

如图 4. 3-57 所示，最后获取的 FilePath 并不可见，需要使用 ModelPathUtils 类的 ConvertModelPathToUserVisiblePath 方法转化为字符串类型的路径。具体代码如下所示，方法参数 item 是用户在 Revit 中点选的 CAD 文件。

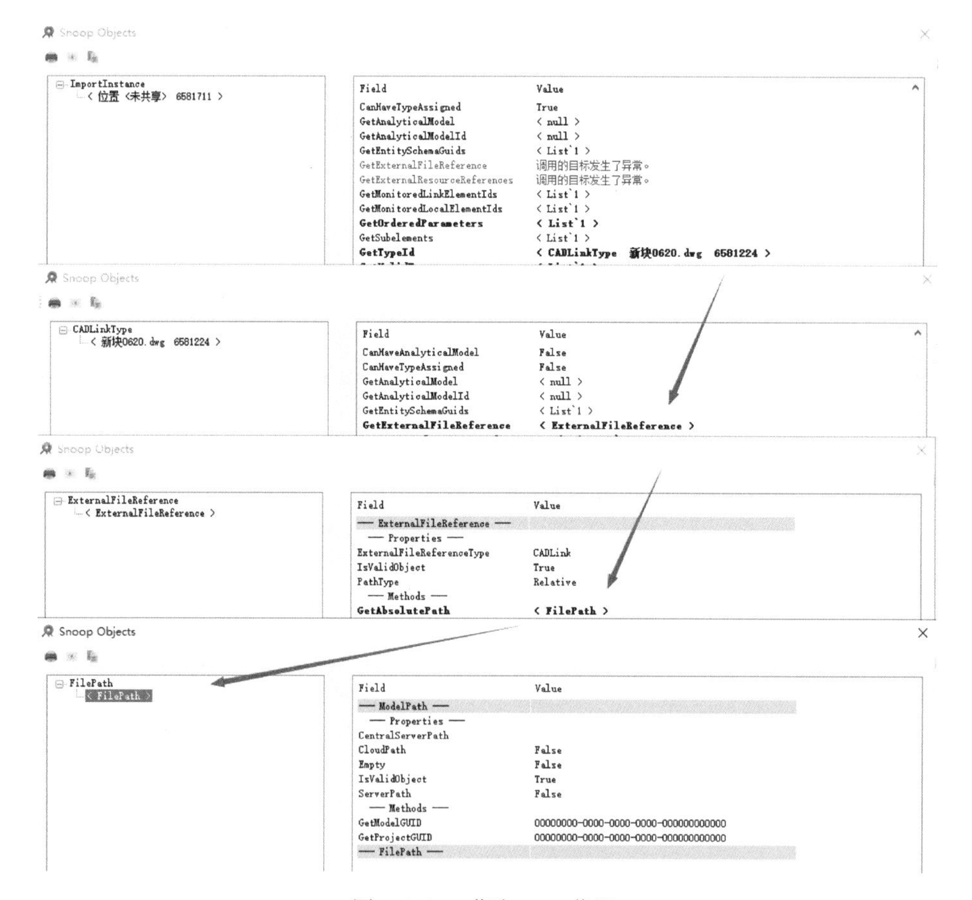

图 4. 3-57　获取 CAD 位置

```
1.public static string GetCADFileLocation(Element item)
2.{
3.    //用户点选后返回 CAD 文件路径
4.
5.    ElementId cadlinktypeId = item.GetTypeId();
6.    Element cadlinktype = item.Document.GetElement(cadlinktypeId);
7.
8.    string cadString = ModelPathUtils.ConvertModelPathToUserVisiblePath((cadlinktype as CADLinkType).GetExternalFileReference().GetAbsolutePath());
9.    transform = (item as ImportInstance).GetTransform();
10.
11.       //处理整个导入文件整体是一个块的问题
12.       GeometryElement geometryElement = (item as ImportInstance).get_Geometry(new Options());
13.       GeometryInstance dwgGeoInstance = geometryElement.First() as GeometryInstance;
14.       GeometryElement dwgGeos = dwgGeoInstance.GetSymbolGeometry();
15.       if (dwgGeos.Count() == 1 && dwgGeos.First() is GeometryInstance instance)
16.       {
17.           transform = transform.Multiply(instance.Transform);
18.       }
19.
20.       return cadString;
21.   }
```

注意上面代码中有一个类参数 transform 记录 CAD 文件在 Revit 中位置变换的矩阵。读取的 CAD 中图元位置的坐标是相对于 CAD 文件里面的坐标系的，需要使用 transform 参数转换成 Revit 坐标系下的坐标。

有的 CAD 图纸可能整体是一个图块，那么就需要考虑这个图块的坐标系转化，如上面代码的第 11 ~ 18 行所示。

(4) 使用 Teigha 读取 CAD 文件　Teigha 类库中各个类的名称和 CAD 中的基本一致，读取文字的代码如下所示：

```
1.public List<CADTextModel> GetCADTextInfo(string dwgFile)
2.        {
3.            List<CADTextModel> listCADModels = new List<CADTextModel>();
4.            //使用 Teigha 前，需要激活一下
5.            Teigha.Runtime.Services.odActivate(ActivationData.userInfo, ActivationData.userSignature);
6.    using (new Services())//初始化 Teigha.net 服务
7.    {
```

```
8.    //新建数据库
9.     using (Database database = new Database(false, false))
10.    {
11.    database.ReadDwgFile(dwgFile, FileShare.Read, true, ""); //将文件导入内存
12.     using (var trans = database.TransactionManager.StartTransaction())
13.      {
14.       using (BlockTable table = (BlockTable)database.BlockTableId.GetObject(OpenMode.ForRead))
15.        {
16.         using (SymbolTableEnumerator enumerator = table.GetEnumerator())
17.          {
18.          while (enumerator.MoveNext())
19.           {
20.             using (BlockTableRecord record = (BlockTableRecord)enumerator.Current.GetObject(OpenMode.ForRead))
21.           {
22.              foreach (ObjectId id in record)
23.              {
24.              Entity entity = (Entity)id.GetObject(OpenMode.ForRead, false, false);
25.              CADTextModel model = new CADTextModel();
26.               switch (entity.GetRXClass().Name)
27.                {
28.                  case "AcDbText":
29.                 DBText text = (DBText)entity;
30.                   model.Location = transform.OfPoint(ConverCADPointToRevitPoint(text.Position));
31.                   model.Text = text.TextString;
32.                   model.Angel = text.Rotation;
33.                   model.Layer = text.Layer;
34.                   model.SetDiameter();
35.                   listCADModels.Add(model);
36.                   break;
37.                 case "AcDbMText":
38.                 MText mText = (MText)entity;
39.                 model.Location = transform.OfPoint(ConverCADPointToRevitPoint(mText.Location));
40.                 model.Text = mText.Text;
41.                 model.Angel = mText.Rotation;
42.                 model.Layer = mText.Layer;
43.                 model.SetDiameter();
44.                 listCADModels.Add(model);
```

```
45.                     break;
46.                     default:
47.                      break;
48.                                                   }
49.                                               }
50.                                           }
51.                                       }
52.                                   }
53.                               }
54.                           }
55.                       }
56.                   }
57.                  return listCADModels;
58.            }
```

注意由于 Teigha 是一款收费的类库，所以每次使用前需要激活一下，如第4~5行代码所示。

第6~21行是对接 CAD 数据库的代码，格式比较固定。第28行以后是具体 CAD 类型和 Revit类型的转化代码。

Q97 怎样读取 CAD 图纸上的曲线

CAD 中的曲线类型和 Revit 中 GeometryElement 中的曲线并不完全一致。例如 CAD 中只有一根直线的多段线，在 Revit 中几何属性为直线；CAD 中闭合的样条曲线，Revit 中会分成2根首尾相连的样条曲线。

上一小节已经介绍了读取文字的方法，下面介绍读取曲线的方法。

1. 读取直线

读取直线的思路为获取端点，即将 CAD 的点转化为 Revit 的点，然后进行坐标系变化，具体代码为：

```
1.case "AcDbLine":
2.      Teigha.DatabaseServices.Line line = (Teigha.DatabaseServices.Line)
entity;
3.
4.      XYZ startPoint  = transform.OfPoint(ConverCADPointToRevitPoint(lin
e.StartPoint));
5.      XYZ endPoint  = transform.OfPoint(ConverCADPointToRevitPoint(line.E
ndPoint));
6.
7.      //消除误差，z 重新设置为 0
8.      if (startPoint.Z ! = 0)
9.      {
10.              startPoint  = new XYZ(startPoint.X, startPoint.Y, 0);
11.         }
12.         if (endPoint.Z ! = 0)
13.         {
```

```
14.             endPoint = new XYZ(endPoint.X, endPoint.Y, 0);
15.         }
16.
17.         if (startPoint.DistanceTo(endPoint) < 2 /304.8)//太短的线
18.         {
19.             break;
20.         }
21.         try
22.         {
23.             Autodesk.Revit.DB.Line Revitline = Autodesk.Revit.DB.Line.Cr
eateBound(startPoint, endPoint);
24.             listCADModels.Add(new CADGeometryModel() { CadCurve = Revit
line, LayerName = line.Layer });
25.         }
26.         catch (System.Exception)
27.         {
28.
29.         }
30.         break;
```

第4行ConverCADPointToRevitPoint方法，主要是进行单位转化。因为CAD中内部单位为毫米，Revit内部单位为英尺，具体为：

```
1.private double MillimetersToUnits(double value)
2.{
3.    return UnitUtils.ConvertToInternalUnits(value, DisplayUnitType.DU
T_MILLIMETERS);
4.}
5.private XYZ ConverCADPointToRevitPoint(Point3d point)
6.{
7.     return new XYZ(MillimetersToUnits(point.X), MillimetersToUnits
(point.Y), MillimetersToUnits(point.Z));
8.}
```

2. 读取圆弧

CAD中的圆弧和Revit一样，有法向量和基向量。另外CAD中的圆弧的StartAngle属性可以大于EndAngle。比较简单的转化方法是获取圆弧上的三个点，具体代码为：

```
1.case "AcDbArc":
2.      Teigha.DatabaseServices.Arc arc = (Teigha.DatabaseServices.Arc)en
tity;
3.    //获取起点和终点
4.      XYZ arcStart = transform.OfPoint(ConverCADPointToRevitPoint(arc.S
tartPoint));
5.      if (arcStart.Z ! = 0)
6.      {
```

```
7.         arcStart = new XYZ(arcStart.X, arcStart.Y, 0);
8.     }
9.     XYZ acrEnd = transform.OfPoint(ConverCADPointToRevitPoint(arc.End
Point));
10.        if (acrEnd.Z ! = 0)
11.        {
12.            acrEnd = new XYZ(acrEnd.X, acrEnd.Y, 0);
13.        }
14.       //获取第三点
15.        double endPara = arc.EndParam;
16.        double startPara = arc.StartParam;
17.        double midPara = (startPara + endPara) * 0.5;
18.        XYZ midPoint = transform.OfPoint(ConverCADPointToRevitPoint
(arc.GetPointAtParameter(midPara)));
19.        if (midPoint.Z ! = 0)
20.        {
21.            midPoint = new XYZ(midPoint.X, midPoint.Y, 0);
22.        }
23.
24.        if (radious > 2 /304.8)
25.        {
26.            try
27.            {
28.                Autodesk.Revit.DB.Arc arc2 = Autodesk.Revit.DB.Arc.Cre
ate(arcStart, acrEnd, midPoint);
29.            }
30.            catch (System.Exception)
31.            {
32.            }
33.        }
34.        break;
```

3. 读取圆

圆在 CAD 中的 RX 类名为 “AcDbCircle”，转化时读取圆心和半径即可。

4. 读取多段线

CAD 中的多段线由圆弧和直线组成。使用 IsOnlyLines 属性，可以判断多线段是否全部由线段组成。对于全部是线段的多段线，读取该多段线的顶点，然后用顶点的集合生成 Revit 类型的多段线即可。

Revit 中的多段线仅由线段组成，所以 CAD 多段线包含圆弧的情况需要另存为圆弧类型。

对于带圆弧的多段线，使用 GetArcSegmentAt 方法读取圆弧，该方法返回的类型为 CircularArc3d。需要将该类型的法向量 Normal 和计算角度的参考向量 ReferenceVector 转化为 Revit 中的向量，然后再生成 Revit 中的圆弧。关键代码为：

```
1.case "AcDbPolyline":
```

```
2.    Teigha.DatabaseServices.Polyline pl = (Teigha.DatabaseServices.Polyline)entity;
3.     if (pl.IsOnlyLines)
4.     {
5.         IList<XYZ> listPoints = new List<XYZ>();
6.         for (int i = 0; i < pl.NumberOfVertices; i++)
7.         {
8.             Point2d point2D = pl.GetPoint2dAt(i);
          …… //转化顶点，形成点集
9.         }
10.            try
11.            {
12.                Autodesk.Revit.DB.PolyLine polyline = Autodesk.Revit.DB.PolyLine.Create(listPoints);
13.                …… //记录其他信息，处理 catch 块
14.        }//有圆弧时。
15.        else
16.        {
17.            for (int i = 0; i < pl.NumberOfVertices - 1; i++)
18.            {
19.                SegmentType segmentType = pl.GetSegmentType(i);
20.                if (segmentType == SegmentType.Line)
21.                {
22.                  ……//转化直线
23.                }
24.                else if (segmentType == SegmentType.Arc)
25.                {
26.                    CircularArc3d arc3D = pl.GetArcSegmentAt(i);
27.                    XYZ pc = transform.OfPoint(ConverCADPointToRevitPoint(arc3D.Center));
28.                    XYZ referenceVector = ConvertCADVectorTORevitVector(arc3D.ReferenceVector);
29.                    XYZ normalVector = ConvertCADVectorTORevitVector(arc3D.Normal);
30.                  ……//将圆弧起点 Z 设置为 0
31.                    double tgStartAngle2 = arc3D.StartAngle;
32.                    double tgEndAngle2 = arc3D.EndAngle;
33.                    double r = MillimetersToUnits(arc3D.Radius);
34.
35.                    XYZ xAxis2 = referenceVector.Normalize();
36.                    XYZ yAxis2 = normalVector.CrossProduct(xAxis2).Normalize();
```

```
37.                     double startAngle2 = Math.Min(tgStartAngle2, tgEndAn
gle2);
38.                     double endAngle2 = Math.Max(tgStartAngle2, tgEndAngl
e2);
39.
40.                     if (r > 2 /304.8)
41.                     {
42.                         try
43.                         {
44.                             Autodesk.Revit.DB.Arc arc1 = Autodesk.Revi
t.DB. Arc.Create(pc, r, startAngle2, endAngle2, xAxis2, yAxis2);
45.                         …… //记录其他信息，处理 catch 块
46.                     }
47.
48.                 }
49.             }
50.         }
51.         break;
```

其中向量转化的方法为：

```
1.private XYZ ConvertCADVectorTORevitVector(Vector3d vector3D)
2.{
3.     Point3d point = new Point3d(vector3D.X, vector3D.Y, vector3D.Z);
4.     Point3d o = new Point3d(0, 0, 0);
5.
6.     XYZ point_r = ConverCADPointToRevitPoint(point);
7.     XYZ o_r = ConverCADPointToRevitPoint(o);
8.     return point_r - o_r;
9.}
```

5. 读取图块

图块的 RX 类名为“AcDbBlockReference”。读取图块信息的方法，详见本书关于几何专题的有关内容。

第4节 其他.Net有关技术

Q98 DataGridView 有哪些高级应用

DataGridView 是 Winform 中非常灵活的一个控件，下面介绍它的一些高级应用。

1. 在 DataGridView 中使用不同类型的控件

如图 4.4-58 所示，DataGridView 的列有一个 ColumnType 属性，默认是 TextBoxColumn，即只

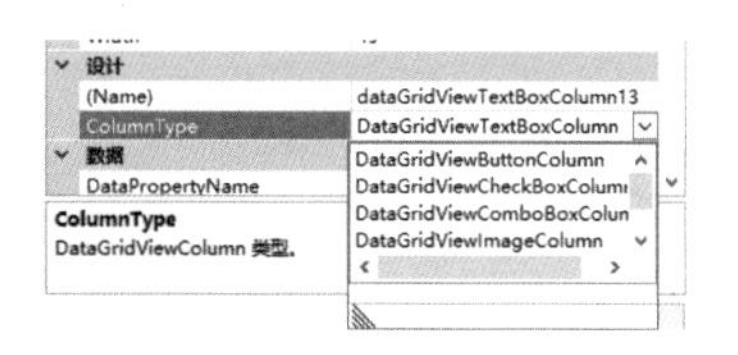

图 4.4-58 ColumnType 属性

显示文字。可以切换为下拉框、图片、选择框等多种样式。

2. 为列中的 Combox 注册选项修改事件

位于 DataGridView 上的 Combox 没有 SelectedIndexChanged 选择事件，所以需要使用 datagridview 的 EditingControlShowing 事件进行转换。

EditingControlShowing 事件在 DataGridView 的控件被编辑时触发。相关代码如下所示：

```
1.private void dataGridView6_EditingControlShowing(object sender, DataGridViewEditingControlShowingEventArgs e)
2.{
3.     pipeSysChanger.AddHandler(sender, e); //交接给事务处理类
4.}
```

上面代码第 3 行的 pipeSysChanger 是一个功能类的实例。

第 4 行为 datagridview 上的 Combox 注册事件的方法 AddHandler，如下所示：

```
1.public void AddHandler(object sender, DataGridViewEditingControlShowingEventArgs e)
2.{
3.      //过渡方法
4.      DataGridView dgv = sender as DataGridView;
5.
6.      int rowIndex = dgv.CurrentCell.RowIndex;
7.      int columnIndex = dgv.CurrentCell.ColumnIndex;
8.      if (rowIndex = = -1 | | columnIndex ! = 2)//定位到需要的列
9.      {
10.             return;
11.         }
12.         eleId = dgv.Rows[rowIndex].Cells[1].Value.ToString();
13.
14.         //为下拉框添加事件,
15.         //为例防止重复注册事件，需要在事件处理方法里面卸载该事件处理方法
16.         ComboBox combox = e.Control as ComboBox;
17.         combox.SelectedIndexChanged + = Combox_ItemChanged;
18.     }
```

上面代码第 16 行获取了表格上对应的 Combox。在第 17 行添加事件处理程序，并在事件处理程序中卸载事件，以防止重复注册：

```
1.private void Combox_ItemChanged(object sender, EventArgs e)
2.{
3.     ComboBox comboBox = sender as ComboBox;
4.     string text_on_combox = comboBox.Text; //获取用户当前显示的内容
5.     comboBox.SelectedIndexChanged = = Combox_ItemChanged; //注销事件处理程序，防止多次调用
```

```
6.      //具体的事件处理代码
7.      ……
8.}
```

3. 读取 datagridview 上 CheckBox 的值

当 CheckBox 没有被点选过时，其 Value 属性是 null。另外 value 属性的类型是 Object，还需要转化为 bool 类型，获取用户是否点选的代码如下所示：

```
1.DataGridViewCheckBoxCell checkBox = item.Cells[3] as DataGridViewCheckBoxCell;
2.if ((checkBox.Value ! = null && (bool)checkBox.Value = = true))
3.{
4.     //具体处理代码
5.}
```

4. 在 datagridview 中显示图片

将 datagridview 列的类型替换成 ViewImage 后，可通过以下代码在单元格中加载图片：

```
1.using (MemoryStream ms = new MemoryStream())
2.{
3.     Properties.Resources. 蝶阀 .Save(ms, System.Drawing.Imaging.ImageFormat.Png);
4.     Bitmap bitmap = new Bitmap(ms);
5.     dgv.Rows[1].Cells[1].Value = bitmap;
6.}
```

5. 单击即可编辑控件

默认状态下，需要双击鼠标，才能编辑控件。如果需要单击即可，需要将 Datagridview 的 EditMode 属性（图 4.4-59）改成 EditOnEnter。

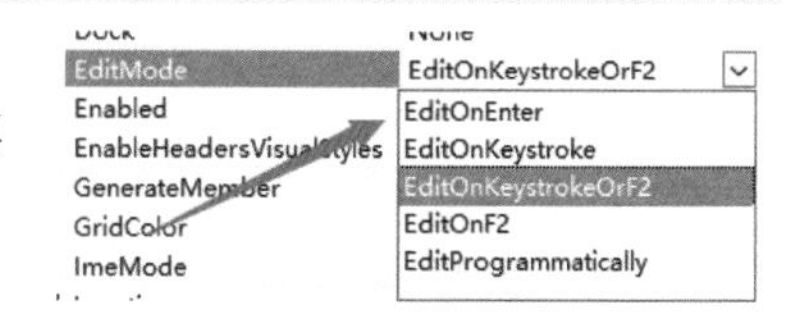

图 4.4-59 EditMode 属性

6. 退出编辑状态

默认状态下，修改完 datagridview 的单元格内容后，要单击其他单元格才能结束编辑状态，以下语句可以直接退出编辑：

```
cell.DataGridView.EndEdit ();
```

7. 保存中间数据

有时候希望表格能保存一些中间数据，这些数据又不希望被用户看到。此时可以新建一列用于存储数据，然后将该列的可见性设置为 false。

Q99 有哪些处理文件有关的类

插件开发过程中经常需要操作文件和文件夹，下面即介绍 .NET 中相关的类的常用方法，具体使用案例和更多用法详见 MSDN 文档。

1. File 类和 FileInfo 类

File 类和 FileInfo 类提供创建、复制、删除、移动、打开文件等操作。File 类提供的是静态方法，FileInfo 类则需要创建实例后使用。获取某个文件夹下所有文件对应的 FileInfo 类实例的代码如下：

```
1.DirectoryInfo root = new DirectoryInfo(FolderPath);
2.FileInfo[] files = root.GetFiles();
```

这两个类的有关方法见表 4.4-1。

表 4.4-1 文件类有关的方法

操作名称	方法	备注
删除文件	File. Delete( )	移到回收站
	fileInfo. Delete( )	永久删除
复制文件	fileInfo. CopyTo( )	目标文件夹不能有同名文件
	fileInfo. CopyTo(, true)	目标文件夹有同名文件的话，覆盖同名文件
判断文件是否存在	File. Exists( )	
移动文件	File. Move( ) fileInfo. MoveTo( )	目标文件夹不能有同名文件
运行文件	System. Diagnostics. Process. Start( )	

2. 文件夹有关操作

Directory 类和 DirectoryInfo 类用于操作文件夹，相关方法见表 4.4-2。

表 4.4-2 文件夹有关方法

操作名称	方法	备注
新建文件夹	Directory. Create( )	
删除文件夹	Directory. Delete( )	删除文件夹，方法不带 true 时只能删除空文件夹
判断文件夹是否存在	Directory. Exists( )	
获取文件夹下所有文件	Directory. GetFiles( )	如果需要获取子文件夹下所有文件，需要递归调用该方法，详见 MSDN 文档
获取上级目录	Directory. GetParent( )	

3. Path 类

代码文件路径，相关操作代码如下所示：

```
1.string fullPath = @ "d:\test\default.txt";
2.
3.string filename  = Path.GetFileName(fullPath); //返回带扩展名的文件名
"default.txt"
4.string extension = Path.GetExtension(fullPath); //扩展名 ".txt"
5.string fileNameWithoutExtension = Path.GetFileNameWithoutExtension(fu
llPath); //没有扩展名的文件名 "default"
6.
7.string dirPath = Path.GetDirectoryName(filePath) //返回文件所在目录 "
d:\test"
8.string fullPath1 = Path.Combine(@ "d:\test", "default.txt")  //返回 "
d:\test\default.txt"
```

4. 特殊文件夹的获取

Environment 类的 GetFolderPath 方法给出了桌面、文档、图片等特殊文件夹的位置，例如桌面的路径为：

string path = Environment.GetFolderPath (Environment.SpecialFolder.DesktopDirectory);

Revit 中的特殊文件夹通过 Application 类的属性获取，例如 CurrentUserAddinsLocation 属性的对应就是当前用户 addin 文件文件夹的位置。

5. StreamWriter 和 StreamReader

建立内存和硬盘数据之间联系的类，具体用法详见 MSDN 的 Common I/O Tasks 主题。

6. 打开和保存文件的对话框

打开文件对话框对应 OpenFileDialog 类，选择 xml 文件的代码如下所示：

```
1.OpenFileDialog openFileDialog = new OpenFileDialog();
2.openFileDialog.Filter = "数据文件 | *.xml";
3.openFileDialog.DefaultExt = ".xml";
4.if (openFileDialog.ShowDialog() == DialogResult.OK)
5.{
6.    return openFileDialog.FileName;
7.}
8.else
9.{
10.    return null;
11.}
```

提示用户选择保存 xml 文件的位置，需要使用 SaveFileDialog 类，代码如下所示：

```
1.SaveFileDialog saveFileDialog = new SaveFileDialog();
2.saveFileDialog.Filter = "数据文件 | *.xml";
3.saveFileDialog.InitialDirectory = System.Environment.GetFolderPath(System.Environment.SpecialFolder.Desktop);
4.saveFileDialog.Title = "保存视点文件";
5.saveFileDialog.FileName = DateTime.Now.ToString("MM 月 dd 日 HH 时 mm 分 ss 秒");
6.saveFileDialog.ShowDialog();
7.
8.string path = saveFileDialog.FileName;
9.
10.return path;
```

Q100 怎样使用 XML 序列化保存数据

前面章节我们介绍了利用 XML 文档模型的 API 保存信息到本地的方法。实际工作中更多的还是使用序列化技术。

序列化就是将对象转换为容易传输的格式的过程。常用的序列化方法有 XML 序列化、二进制序列化、Json 序列化，下面重点介绍 XML 序列化。

1. XML 序列化的对象

XML 序列化会将对象的公共属性和字段的值转换为 XML 流。一般来说，只有属于基本数据类型的变量可以转换。

如图 4.4-60 所示，PipesNeedToCheckInfo 类的 keyId、tableNum、ids 属于简单数据类型，可以进行 XML 序列化。变量 example 内部只有简单的数据类型，也能转换。而变量 xyz 是 Revit 的类，属于比较复杂的引用类型，无法直接序列化。另外变量 example 的 z 字段因为不是公共的，也无法序列化。

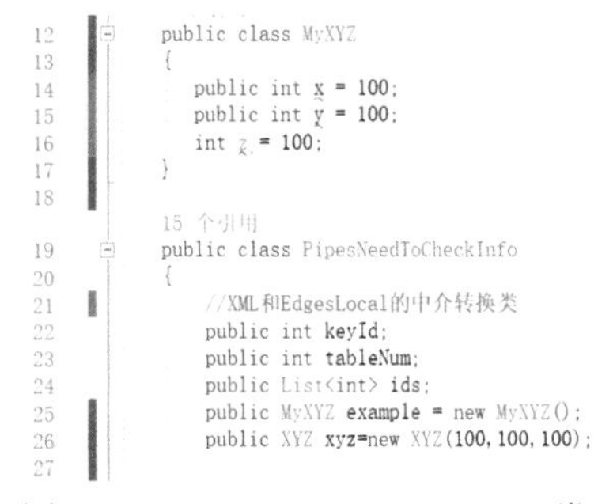

图 4.4-60　PipesNeedToCheckInfo 类

2. XML 序列化的具体步骤和代码

使用 XML 序列化保存数据到本地的步骤为：

1）新建 FileStream，连接到本地 XML 文件。

2）新建 XmlSerializer 类的实例，指定要转换的类型。

3）使用 XmlSerializer 类实例的 Serialize 方法序列化要保存的类。

4）关闭文件流。

将图 4.4-60 中 PipesNeedToCheckInfo 类形成的集合序列化，其代码如下所示：

```
1.private void InfoToXML(List<PipesNeedToCheckInfo> pipesNeedToCheckInfos)
2.        {
3.            FileStream fileStream = new FileStream(XMLPath_pipesToCheck + "pipes.xml", FileMode.Create);
4.            XmlSerializer xmlSerializer = new XmlSerializer(typeof(List<PipesNeedToCheckInfo>));
5.            xmlSerializer.Serialize(fileStream, pipesNeedToCheckInfos);
6.            fileStream.Close();
7.        }
```

导出的 XML 文档结果则如图 4.4-61 所示。


```
<?xml version="1.0"?>
- <ArrayOfPipesNeedToCheckInfo xmlns:xsi="http://www.w3.o
  - <PipesNeedToCheckInfo>
      <keyId>6872539</keyId>
      <tableNum>3</tableNum>
    - <ids>
        <int>6872539</int>
        <int>6872542</int>
      </ids>
    - <example>
        <x>100</x>
        <y>100</y>
      </example>
      <xyz/>
    </PipesNeedToCheckInfo>
  + <PipesNeedToCheckInfo>
  + <PipesNeedToCheckInfo>
  + <PipesNeedToCheckInfo>
</ArrayOfPipesNeedToCheckInfo>
```


图 4.4-61　导出的 XML 文档

读取保存的木地数据到内存的过程称为反序列化，其步骤为：

1）创建一个 FileStream，此时使用的是 Open 模式，而不是前面的 Create 模式。

2）新建一个 XmlSerializer 类的实例，指定要转换的类型。

3）使用 XmlSerializer 类实例的 Deserialize 方法反序列化，该方法返回类型是 Object，所以需要转换类型。

4）关闭文件流。

上面步骤对应的代码为：

```
1.public static List<PipesNeedToCheckInfo> XmlToInfo()
2.        {
```

```
3.            if (File.Exists(XMLPath_pipesToCheck + "pipes.xml"))
4.            {
5.                FileStream fileStream = new FileStream(XMLPath_pipesToCheck + "pipes.xml", FileMode.Open);
6.                XmlSerializer xmlSerializer = new XmlSerializer(typeof(List<PipesNeedToCheckInfo>));
7.                List<PipesNeedToCheckInfo> result = xmlSerializer.Deserialize(fileStream) as List<PipesNeedToCheckInfo>;
8.                fileStream.Close();
9.                return result;
10.               }
11.               else
12.               {
13.                   return new List<PipesNeedToCheckInfo>();
14.               }
15.           }
```

可见使用XML序列化保存数据，能省去操作XML文档模型过程中的各种添加节点的操作，还是很方便的。

使用XML反序列化时，要注意如果字段是有元素的列表，那么反序列化的结果是类新建过程产生的列表和反序列读取的列表合并的结果。如图4.4-62所示，在WorkSetInfo中有个字段是一个字符串列表。

```
12 个引用
public class WorkSetInfo
{
    public bool pipeAsDefaultWorkSet = true;
    public List<string> worksetNameOrder = new List<string>() { "专业", "楼层", "系统简称", "管道系统" };
    public bool pipeFragentPlusV=true;
}
```

图4.4-62　WorkSetInfo类

该类的一个实例，序列化成XML则如图4.4-63所示。

```
<?xml version="1.0"?>
- <WorkSetInfo xmlns:xsi="http://www.w3.org/2001/XMLSchema-instance" xmlns:xsd="http://www.w3.org/2001/XMLSchema">
    <pipeAsDefaultWorkSet>false</pipeAsDefaultWorkSet>
  - <worksetNameOrder>
      <string>专业</string>
      <string> </string>
      <string> </string>
      <string>管道系统</string>
    </worksetNameOrder>
    <pipeFragentPlusV>true</pipeFragentPlusV>
  </WorkSetInfo>
```

图4.4-63　WorkSetInfo类序列化结果

反序列化时，读出的列表是8个元素，而不是XML文件中的四个元素，如图4.4-64所示。

图4.4-64　反序列化结果

可见反序列化时，类中的集合会先生成，然后再加上 xml 文件中读取的元素。

Xml 序列化的其他一些注意点如下所示：

1）被序列化的类必须有一个默认构造函数。如果想要序列化的字段或是属性是一个类，那么这个类也必须有一个默认构造函数，否则会报错。

2）Xml 序列化只保存公开的属性和字段，如果想保存私有变量，可查询二进制序列化有关的资料。

3）对于类中不能序列化的公共变量，可以添加“［XmlIgnore］”标签。

因为 Xml 序列化在二次开发中使用非常频繁，可以使用泛型方法，方便今后调用：

```
1.public void InfoToXml<T>(T t)
2.{
3.    FileStream fileStream = new FileStream(filePath, FileMode.Create);
4.    XmlSerializer xmlSerializer = new XmlSerializer(typeof(T));
5.    xmlSerializer.Serialize(fileStream, t);
6.    fileStream.Close();
7.}
8.
9.public T XmlToInfo<T>()
10.    {
11.      if (File.Exists(filePath))
12.      {
13.          FileStream fileStream = new FileStream(filePath, FileMode.Open);
14.          XmlSerializer xmlSerializer  = new XmlSerializer(typeof(T));
15.          T t  = (T) xmlSerializer.Deserialize(fileStream);
16.          fileStream.Close();
17.          return t;
18.      }
19.      else
20.      {
21.          return default;
22.      }
23.    }
```

其中变量 filePath 是一个类变量，存储 xml 文件位置。反序列化的方法调用时，要指定类型，类似 Cast 方法，例如下面的语句：

```
MainViewModel viewModel  = xMLSerialHelper.XmlToInfo<MainViewModel>();
```

Q101 其他有关技术简介

1. 反射

在本书 Q14 问中，我们已经介绍了类在内存中的布局。类中的方法、静态变量等信息在堆中集中存放，不同的实例通过指针指向其类型信息。使用反射技术，可以获取这个类型信息。

对于实例，使用其继承自 Object 类的 GetType 方法；对于类型，使用 typeof 方法，可以获取类型的 Type 对象。Type 对象记录了有关类型的信息，部分成员见表 4.4-3。

本书 Q94 问中，大量使用了 Type 类有关的方法。读者可对照查看。

表 4.4-3　有关类型的方法

属性	描述
Assembly	返回所在的程序集 Assembly 实例
Attributes	获取修饰这个类型的特性
FullName	类的完全限定名
方法	描述
GetInterface	获取接口
GetMethod	获取方法

反射在二次开发中另一个重要的作用是解耦。例如以下语句可以获取程序运行时所在的路径：

```
Assembly.GetExecutingAssembly(). Location
```

这样无论用户将插件安装在哪个盘，都可以从这个路径出发，找到附带的族、图片等资源。另外一个例子是为插件按钮添加 PushButtonData，里面有一个参数名字是类的全名。如果用固定的字符串作为参数，就相当于“写死”了，程序集和类的名字都不能轻易变动了。而使用反射获取类型名，就解除了这种依赖关系。

2. WPF 技术

本书中与 UI 有关的例子都是基于 Winform 的，这是因为 Winform 比较容易上手，且对于一般的插件都能满足要求，适合入门者学习。

读者掌握 Winform 之后，可进一步学习 WPF 技术。WPF 的优点在于布局功能强大、可以利用数据绑定自动更新界面等，而且使用 WPF 还可在 Revit 中做出可停靠窗口、预览窗口等效果。

一般来说，用过 WPF，就不想再用 Winform 了。WPF 优点很多，因此相比 Winform 初期的学习难度比较大。限于本书篇幅，无法深入介绍 WPF 技术细节，读者可查阅相关资料。推荐的学习资源为中国水利水电出版社的《WPF 应用开发项目教程》一书。

3. MVVM 框架

MVVM 是 Model、View、View Model 的缩写。其中 View Model 是窗体 View 的模型类，用于传递数据和操作。

如图 4.4-65 所示，业务有关的类不和 UI 有关的类直接接触，这样可以提升业务类的扩展性。例如需要用户输入一个数字，项目 A 的界面使用文本框，项目 B 使用滑动条，采用 MVVM 模式时，业务类在 A、B 两个项目都能使用。

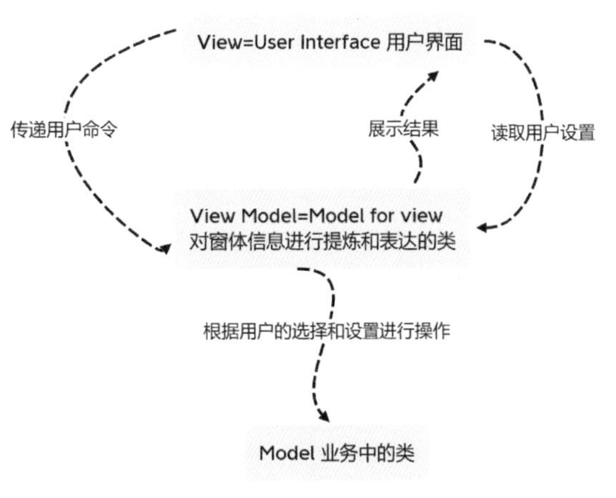

图 4.4-65　MVVM 框架

4. 并行计算

对建筑模型进行并行多线程访问是非常复杂的。例如一个线程删除了一个构件，另外一个线程再访问这个构件就会出错，而并行计算时计算机内部指令具体的执行顺序是很难控制的。因此 Revit 目前不支持多线程调用 API 函数。

但是学有余力的话，再学习一些并行编程的技术还是很有益处的。因为目前单个 CPU 计算能力似乎达到上限了，今后的趋势依然是多核化。

5. 图片有关操作

Revit 中导出图片操作有关代码为：

```
1.ImageExportOptions imageExportOptions = new ImageExportOptions();
2.
3.imageExportOptions.ExportRange = ExportRange.VisibleRegionOfCurrentView;
4.imageExportOptions.FilePath = MainLine.picFolderPath + viewPoint. view
PointName + "-" + viewPoint.saveTime;
5.imageExportOptions.HLRandWFViewsFileType = ImageFileType.JPEGLossless;
6.imageExportOptions.ImageResolution = ImageResolution.DPI_72;
7.imageExportOptions.ShadowViewsFileType = ImageFileType.JPEGLossless;
8.imageExportOptions.ZoomType = ZoomFitType.FitToPage;
9.imageExportOptions.PixelSize = 1024;
10.
11.uidoc.Document.ExportImage(imageExportOptions);
```

其中第4行代码为设置图片的保存位置。

6. 剪切板有关操作

剪切板对应的类为Clipboard，保存字符串到剪切板的代码为：

```
Clipboard.SetText (this.label1.Text);
```

保存其他类型数据的方法详见MSDN中的例子。

7. 安装包制作

可以使用Visual Studio制作插件安装包，具体可查询CSDN中的例子。

8. 其他Revit有关技术

限于本书篇幅，许多不常用的Revit技术没有进行介绍，读者可根据下面提示的资源进行学习。

（1）DMU模型动态更新技术　监听文档中发生的事件。例如标注删除之后，边上的引线需要一起删除；管道标高修改后，相关的共享参数需要联动修改等需求，都可以通过该技术实现，具体例子可搜索CSDN。

（2）可停靠窗口　生成类似Revit中项目浏览器一样的窗口，窗口必须是WPF对象，详见Revit开发指南中的例子。

（3）预览视图　Revit中有一个PreviewControl类，可以在WPF窗体中预览指定的视图，读者可查询CSDN中的例子。

（4）可扩展存储　为Revit中的元素添加附加数据，这些数据会一直存储于模型文件中，可在CSDN查询有关的例子。

9. 小结

如果把二次开发有关的技术比作大海，则笔者只是在海边捡到了几片贝壳。笔者能力有限，肯定还有很多不知道的技术。Autodesk技术专家宋姗老师曾鼓励笔者要"终身学习，与时俱进"。在本书的最后，附上宋老师的亲笔签名（图4.4-66），与读者共勉！

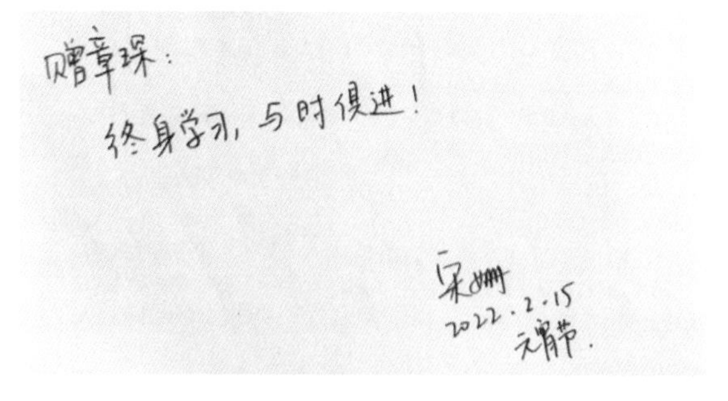

图4.4-66　宋姗老师的亲笔签名

参 考 文 献

[1] 宦国胜．API 开发指南：Autodesk Revit ［M］．北京：中国水利水电出版社，2016.
[2] 杨远丰．建筑工程 BIM 创新深度应用——BIM 软件研发 ［M］．北京：中国建筑工业出版社，2021.
[3] Autodesk Asia Pte Ltd. Autodesk Revit 二次开发基础教程 ［M］．上海：同济大学出版社，2015.
[4] Felipe de Abajo Alonso. Manual práctico de la API de Revit con C# ［Z］．Kindle 电子书，2022.
[5] 丹尼尔·索利斯，卡尔·施罗坦博尔．C#图解教程 ［M］．5 版．北京：人民邮电出版社，2019.
[6] 李馨．Visual C#2019 程序设计从 0 开始学 ［M］．北京：清华大学出版社，2021.
[7] 王涛．你必须知道的．NET ［M］．2 版．北京：电子工业出版社，2011.
[8] 金旭亮．编程的奥秘：．NET 软件技术学习与实践 ［M］．北京：电子工业出版社，2006.
[9] 沙行勉．编程导论：以 Python 为舟 ［M］．北京：清华大学出版社，2018.
[10] 伍逸．深入理解 C#中的 XML ［M］．北京：清华大学出版社，2012.
[11] 刘铁猛．深入浅出 WPF ［M］．北京：中国水利水电出版社，2010.
[12] 侯利军．精通 LINQ 数据访问技术：基于 C# ［M］．北京：人民邮电出版社，2008.
[13] 王端明．深入浅出 Windows API 程序设计 ［M］．北京：人民邮电出版社，2008.
[14] 史蒂·J. 戈特勒．3D 计算机图形学基础 ［M］．北京：清华大学出版社，2020.
[15] 何援军．几何计算 ［M］．北京：高等教育出版社，2013.
[16] 闫浩文，王明孝．计算几何：空间数据处理算法 ［M］．北京：科学出版社，2012.
[17] 程杰．大话设计模式 ［M］．北京：清华大学出版社，2007.
[18] 平泽章．面向对象是怎样工作的 ［M］．2 版．北京：人民邮电出版社，2020.
[19] Zann Nabousi Sara Ford. 快速编码 高效使用 Microsoft Visual Studio ［M］．北京：机械工业出版社，2012.
[20] 高见龙．Git 从入门到精通 ［M］．北京：北京大学出版社，2019.
[21] John Ousterhout. A Philosophy Of Software Design ［M］．Palo Alto：Yaknyam Press，2018.

致　谢

感谢机械工业出版社建筑分社薛俊高副社长的大力支持。

感谢 Autodesk 技术专家康益昇先生为本书提供序言。

感谢广联达贾合丰老师赠送宝贵的学习资料，感谢 Autodesk 周婧祎老师精彩的教学视频。

感谢杭州优辰建筑设计咨询有限公司许方德、刘斌、叶天翔等领导安排我进行二次开发方面的工作；感谢同事华建宋和李纪辉传授业务知识。

感谢橄榄山 Revit 二次开发群 BabyTrain、接口大师、面向 QQ 群编程、面向 StackOverflow 编程、妮可珍姬芭、仙人等群友平时的答疑解惑。

希望本书能够帮助工程专业的人员尽快掌握 Revit 二次开发技术。让我们一起努力，在追求个人身心幸福的同时，为推动技术进步和行业健康发展做出更大的贡献。